कृषि यंत्रीकरण निर्देशिका

कृषि यंत्रीकरण निर्देशिका

अनिल कुमार मिश्र
रणबीर सिंह

जल प्रौद्योगिकी केन्द्र
भा.कृ.अ.प.—भारतीय कृषि अनुसंधान संस्थान
नई दिल्ली—110012

SSPH

सतीश सीरियल पब्लिशिंग हाउस

403, एक्सप्रेस टॉवर, वाणिज्यिक परिसर, आजादपुर, नई दिल्ली—110033
दूरभाष: 011—27672852 फेक्स: 91—11—27672046
ईमेल: info@satishserial.com, hkjain1975@yahoo.com
वैबसाईट: www.satishserial.com

Published by :

SATISH SERIAL PUBLISHING HOUSE
403, Express Tower, Commercial Complex, Azadpur, Delhi-110033 (INDIA)
Phone : 011-27672852 Fax : 91-11-27672046
E-mail : info@satishserial.com, hkjain1975@yahoo.com

ISBN 978-93-86200-33-4 (PB)

Composed, Designed & Printed in India

भारतीय कृषि अनुसंधान परिषद
कृषि अनुसंधान भवन–II
पूसा, नई दिल्ली–110 012

INDIAN COUNCIL OF AGRICULTURAL RESEARCH
KRISHI ANUSANDHAN BHAVAN-II
PUSA, NEW DELHI-110 012

क. अलगुसुन्दरम
उप महानिदेशक (अभियांत्रिकी)
K. Alagusundaram
Deputy Director General (Engineering)

आमुख

भारत, विश्व का दूसरा सर्वाधिक जनसंख्या वाला देश है और विश्व के अन्य देशों की तुलना में सबसे अधिक युवा हमारे देश में रहते हैं। भारत की तीव्र गति से बढ़ती जनसंख्या हेतु भरण–पोषण, खाद्यान्न आपूर्ति एवं युवाओं को रोजगार देना एक बड़ी चुनौती है। भारत, विश्व की 2.4 प्रतिशत भूमि और 4 प्रतिशत कुल संरक्षित जल का उपयोग कर, विश्व की कुल जनसंख्या का 18 प्रतिशत तथा 15 प्रतिशत पशुधन को खिलाता है। विगत वर्ष 1960–2014 के बीच भारत की जनसंख्या 2.5 गुना बढ़ी, लेकिन हमारा कृषि उत्पादन 16 गुना बढ़ा है भारत के कृषि उत्पादन ने बड़े अंतर से जनसंख्या की वृद्धि की गति को पीछे छोड़ दिया है। भारत, का विश्व कृषि उत्पादन में आज दूसरा स्थान है। कृषि, भारत का विशालतम निजी क्षेत्र है। जो देश के कुल 47 करोड़ 10 लाख लोगों के कार्यबल के 54 प्रतिशत लोगों को रोजगार देता है। देश में वर्ष 2016–17 का रिकॉर्ड खाद्यान्न उत्पादन (273.36 मि. टन) पिछले 5 वर्षों के औसत से 6.37 प्रतिशत से अधिक व पिछले वर्ष 2015–16 के उत्पादन से अधिक 8.67 प्रतिशत अधिक प्राप्त हुआ है।

भारत कृषि प्रधान देश होने के कारण हमारे यहाँ उन्नत कृषि को वरीयता दी जा रही है और इसके लिये प्रयास भी किये जा रहे हैं। आज कृषि उत्पादकता बढ़ाने वाले संसाधन जैसे, अधिक उपज देने वाले बीज, उर्वरक, कृषि रसायन, कृषि उपकरण, बेहतर प्रबंधन क्रियाएं और संचार प्रणाली इत्यादि के प्रयोगों ने भारत को कृषि के क्षेत्र में वैश्विक अग्रणी बनाने में योगदान दिया है। खेती के सभी कार्यो में खेतिहर मजदूरों की बढ़ती कमी एक बड़ी समस्या बन कर उभर रही है। मजदूरों की कमी से जहाँ खेती के सभी कार्य जैसे; बुवाई, निराई–गुड़ाई, कटाई, मड़ाई, प्रसंस्करण आदि समय से नहीं हो पाते, वहीं महँगे मजदूर मिलने से खेती की प्रति

इकाई लागत बढ़ रही है। इन समस्याओं को ध्यान में रखते हुए भारतीय कृषि में यंत्रीकरण बहुत आवश्यक है। यंत्रीकरण हेतु ट्रैक्टर के उपयोग के साथ–साथ विभिन्न प्रकार के बुवाई, निराई–गुड़ाई, छिड़काव स्प्रेयर, सिंचाई हेतु यंत्र, कटाई, मड़ाई एवं ओसाई आदि यंत्रों की आवश्यकता है। खेती की प्रति इकाई क्षेत्रफल से अधिक फसलोत्पादन, कम श्रम, ईधन व समय में अधिकतम कार्य करने के लिए कृषि यंत्रों की महत्वपूर्ण भूमिका है। देश में बड़े पैमाने पर आज भी परम्परागत विधियों एवं मानव श्रम पर आधारित खेती की जाती है। इसका परिणाम बढ़ी हुई कृषि लागत और कुछ कम उत्पादकता है। वहीं, दूसरी और पश्चिमी देशों में खेती के विभिन्न कार्यों में यंत्रों का प्रयोग आम प्रचलन में है और इसी कारण वहाँ की कृषि उत्पादकता भारत जैसे विकासशील देशों की तुलना में कहीं अधिक है। हम सब जानते हैं कि कृषि उपकरणों में उपज व उत्पादकता बढ़ाने की असीमित संभावनायें हैं तथा ये रोजगार के साधन भी उपलब्ध कराने में भी सक्षम हैं।

आधुनिक कृषि की क्रियाएं काफी बदल गई है। आज ज्यादातर कृषिगत कार्य उपकरणों द्वारा किये जाते हैं। परम्परागत और अकुशल उपकरणों के स्थान पर सुधरे और विकसित कृषि यंत्रों के उपयोग को बढ़ावा देने के लिए नीतियाँ और कार्यक्रम बनाए गए हैं। इसके कारण किसान ट्रैक्टर, बिजली से चलने वाले जुताई यंत्र तथा कटाई यंत्र जैसे नई उपकरणों का उपयोग खेती में कर पा रहे हैं। कृषि उपकरणों की सहायता से आगतों के दक्ष एवं सटीक उपयोग द्वारा लागतों में कमी और उत्पादकता मे वृद्धि की जा सकती है। साथ ही साथ विभिन्न क्रिया कलापों में लगने वाले अत्यधिक परिश्रम को कम करके कृषि कार्य एवं कृषि मजदूरों को सम्मान दिला सकते हैं। विभिन्न अनुसंधानों से ज्ञात हुआ है कि कृषि उपकरणों के उपयोग से 15–20 प्रतिशत बीज व उर्वरक, 20–30 प्रतिशत समय व श्रम, 20–30 प्रतिशत मजदूरों की बचत की जा सकती है साथ ही साथ फसल घनत्व में 5–20 प्रतिशत तथा उत्पादकता में 10–15 प्रतिशत की वृद्धि सुनिश्चित की जा सकती है। इन उपकरणों को खरीदने में असमर्थ किसानों को कस्टम हायरिंग सेवाओं द्वारा सक्षम बनाने और उपलब्ध कराने के लिए प्रयास किए जा रहे हैं।

भारत में 80 प्रतिशत किसान छोटे एवं सीमांत किसान है, जिनकी जोत का औसत आकार 1.3 हेक्टेयर है। इनके लिए यंत्रीकरण की शीघ्र आवश्यकता है। भारतीय कृषि में उन्नतशील उपकरणों का उपयोग लगातार बढ़ता जा रहा है। कृषि के विभिन्न कार्यों को करने के लिये उपयुक्त उपकरणों का चयन व उपयोग उन्नत कृषि उद्योग बन गया है। इसलिये प्रयोग किये जाने वाले उपकरणों की उपलब्धता

के बारे में पर्याप्त जानकारी होना आवश्यक है। अधिकतर कृषि उपकरणों का निर्माण लघु उद्योगों द्वारा किया जा रहा है। सीमित साधन होने के कारण इस वर्ग के निर्माता अपने उत्पादनों का प्रचार–प्रसार नहीं कर पाते हैं। इस तथ्य को ध्यान में रखते हुये, इस प्रस्तुत पुस्तक में कृषि में प्रचलित तथा आधुनिक उपकरणों का वर्णन आवश्यकतानुसार किया गया है जो बहुत उपयोगी एवं सार्थक है।

लेखकों द्वारा राजभाषा में लिखे गए उच्च कोटि के लेखन और अथक प्रयास के लिये मैं इस पुस्तक के लेखकों डॉ. अनिल कुमार मिश्र एवं श्री रणबीर सिंह के कार्य की प्रशंसा करता हूँ व उन्हें बधाई देता हूँ। मुझे आशा है कि यह पुस्तक अपने मूल उद्देश्य की पूर्ति अवश्य करेगी एवं किसानों व उद्यमियों को वाँक्षित जानकारी उपलब्ध करा सकेगी।

स्थानः नई दिल्ली

दिनांकः 1 अगस्त, 2017

के. अलगुसुन्दरम

लेखकों के विषय में

डॉ. अनिल कुमार मिश्र, प्रधान वैज्ञानिक (मृदा एवं जल संरक्षण अभियांत्रिकी), भारतीय कृषि अनुसंधान संस्थान, नई दिल्ली के जल प्रौद्योगिकी केन्द्र में कार्यरत हैं। आपने कृषि अभियांत्रिकी में बी.टेक., एम.टेक. एवं पी.एच.डी. की उपाधियां अर्जित की हैं एवं विदेशों में प्रशिक्षण भी प्राप्त किया है। आपको वर्ष 2001–2002 में राष्ट्रीय कृषि विज्ञान अकादमी का युवा वैज्ञानिक पुरस्कार सहित बहुत सारे अन्य पुरस्कारों को प्राप्त करने का गौरव प्राप्त है। डॉ. मिश्र नें वर्ष 2002 से स्नात्तकोतर स्तर के विद्यार्थियों को पढ़ाने, राष्ट्रीय एवं अन्तर्राष्ट्रीय प्रशिक्षण कार्यक्रम आयोजित करने के साथ–साथ अभी तक 7 पुस्तकों, 69 शोध पत्र, 100 से अधिक लोकप्रिय आलेख तथा 12 तकनीकी प्रपत्रों का प्रणयन किया है। आपने 2016 तक 7 एम.टेक. एवं 4 पी.एच.डी. छात्रों का मार्ग दर्शन भी किया है। आप की विशेष रुचि मृदा एवं जल संसाधनों का संरक्षण, समुचित अनुप्रयोगों तथा दक्षतापूर्ण जल प्रबंधन में है। इसके साथ ही आप तकनीकियों को हमारे देश के किसानों के मध्य प्रचलित/प्रसारित करने में भी सिद्ध हस्त हैं और इसके लिए प्रशिक्षण, टेलीविजन, रेडियो तथा दूरसंचार के अन्य माध्यमों के प्रयोगों द्वारा कृषकों की सेवा में निरन्तर रत रहते हैं। आप के शोध कार्य पूर्वोत्तर पर्वतीय क्षेत्र, केन्द्रीय हिमालयी क्षेत्र, पश्चिमी हिमालयी क्षेत्र, अरावली पर्वतीय क्षेत्र, बुन्देलखण्ड़ और उत्तराखण्ड राज्यों में चल रहे हैं।

श्री रणबीर सिंह, वरिष्ठ तकनीकी अधिकारी के पद पर भारतीय कृषि अनुसंधान संस्थान, नई दिल्ली के जल प्रौद्योगिकी केन्द्र में कार्यरत हैं। इससे पूर्व आपने कृषि अभियांत्रिकी संभाग में पिछले 18 वर्षो तक कृषि यंत्रों एवं मशीनों के निर्माण, खेतों में प्रयोग, रख–रखाव प्रबंधन, फसलोत्पादन तथा कृषि यंत्रों के तकनीकी हस्तान्तरण का कार्य किया है। आपने एम. एस.सी. (कृषि) एवं नेट (सस्यविज्ञान) तथा एम.ए. अर्थशास्त्र की डिग्रियाँ अर्जित की हैं। श्री सिंह ने 75 से अधिक वैज्ञानिक व लोकप्रिय कृषि लेख लिखे हैं तथा 4 पुस्तकों तथा 14 प्रपत्रों का आलेखन भी किया है। इन्होंने कई सेमिनारों/ कार्यशाला /संगोष्ठियों इत्यादि में राष्ट्रीय एवं अन्तर्राष्ट्रीय स्तर पर भाग लिया है तथा दो कृषि समितियों के आजीवन सदस्य भी हैं। उन्हें कृषि लेखन कार्य के लिए पूसा संस्थान के अलावा उनकी पुस्तक ''**भारतीय कृषिः चुनौतियाँ एवं अवसर**'' के लेखन कार्य हेतु गृह मंत्रालय के ''**राजभाषा गौरव पुरस्कार**'' 2015 से महामहिम राष्ट्रपति जी के कर–कलमों द्वारा भी पुरस्कृत व सम्मानित किया जा चुका है। सम्प्रति आप भा.कृ.अ.प.–भा.कृ.अ.सं. नई दिल्ली स्थित जल प्रौद्योगिकी केन्द्र में जल संसाधन संरक्षण एवं उसके दक्षतापूर्ण प्रबंधन पर कार्य कर रहे हैं।

प्रस्तावना

भारतीय कृषि का वर्तमान एवं भविष्य, बहुत हद तक कृषि अनुसंधान व प्रसार पर निर्भर है। कृषि प्रसार, अनुसंधानकर्ताओं, नीति निर्माताओं एवं किसानों के बीच की एक अहम कड़ी है। देश की लगभग 65 प्रतिशत जनसंख्या प्रत्यक्ष एवं अप्रत्यक्ष रूप से कृषि पर निर्भर है। कृषि से उच्च उत्पादकता लेने में जितना उन्नत बीज, सिंचाई एवं उर्वरक आदि का महत्व है, उतना ही उन्नत कृषि यंत्रों का भी है। हमारे देश में आजादी के समय अधिकांश कृषि कार्य मनुष्यों एवं पशुओं द्वारा किए जाते थे, जिससे श्रम, समय, ऊर्जा तथा खर्च अधिक लगता था। परन्तु पिछले कुछ दशकों के दौरान देश में कृषि यंत्रीकरण में तेजी से वृद्धि हुई है। वर्तमान में अब बहुत से कृषि कार्य पावर चालित यंत्रों द्वारा सम्पन्न किये जा रहे हैं, जिससे देश में कृषि यंत्रों की मांग बढ़ी है। उन्नत कृषि तकनीक एवं आधुनिक कृषि यंत्रों के प्रयोग से उत्पादन में आशातीत वृद्धि भी संभव है। इससे कृषि उत्पादकता व उत्पादन के साथ–साथ रोजगार के भी अवसर बढ़ेंगे व श्रम में कमी आएगी अर्थात् कृषि यंत्र व मशीनें वर्तमान कृषि की रीढ़ हैं तथा कृषि की लगात कम करने और कम समय में अधिकतम कार्य करने में कृषि यंत्रों की महत्वपूर्ण भूमिका है। मजदूरों की समस्या, मौसम की अनियमितता, भूमि की उर्वरता में कमी, बुवाई में विरलता का सही मापदंड, द्वि–फसलीय या त्रिफसलीय फसलचक्रीय खेती आदि की समस्याओं का समाधान कृषि यंत्रों के उपयोग से काफी हद तक संभव है। हमारे देश में ही निर्मित प्रति वर्ष लगभग 30,000 करोड़ रुपयों के कृषि यंत्र बिकते हैं। इन यंत्रों का कृषि उत्पादन व उत्पादकता बढ़ाने तथा कृषि उत्पादों के प्रसंस्करण में महत्वपूर्ण स्थान है।

आधुनिक उन्नत यंत्रों एवं मशीनों को खरीदने के लिए कृषि यंत्र निर्माणकर्ताओं के नाम एवं पते अधिकांश किसानों को ज्ञात नहीं है यदि कुछ किसानों को ज्ञात भी है तो वे अंग्रेजी भाषा में लिखे हुए हैं जिन्हें पढ़ना किसानों के लिए कठिन है। हमारे देश में राजभाषा एवं किसान जनसम्पर्क की भाषा हिन्दी ही है। इसलिए इस पुस्तक में कृषि यंत्रों को बनाने वाले प्रमुख निर्माताओं के नाम पते, फोन न. तथा वेबसाइट इत्यादि अंग्रेजी भाषा के अतिरिक्त हिन्दी भाषा में भी लिखे गये हैं। जिन्हें हमारे किसान भाई एवं कृषि यंत्र उपभोक्ता, विस्तार कार्यकर्ता छात्र व शिक्षक–प्रशिक्षकगण पढ़ कर पत्राचार माध्यम से या सीधे फोन पर सम्पर्क करके लाभ उठा सकते हैं।

हमारे द्वारा कड़ी मेहनत, लगन से एवं किसानों की रुचि को ध्यान में रखकर यह पुस्तक द्विभाषा में तैयार की गयी है। हमें आशा ही नहीं पूर्ण विश्वास भी है कि प्रस्तुत पुस्तक कृषि संस्थानों, विश्वविद्यालयों, किसानों, सरकारी एवं गैर सरकारी संगठनों, शिक्षकों, कृषि यंत्र प्रसार कार्यकर्ताओं तथा एन.जी.ओ. आदि सम्बन्धित सभी प्रकार के पाठकों के लिए अत्याधिक उपयोगी सिद्ध होगी।

इस पुस्तक में कुछ त्रुटियाँ होना स्वाभाविक ही हैं। हम उन सभी पाठकों के सदा आभारी रहेंगे जो त्रुटियों को इंगित करते हुए, इस पुस्तक को और अधिक उपयोगी बनाने हेतु अपने अमूल्य एवं रचनात्मक सुझाव देंगे। यदि त्रुटियाँ / कमियाँ नहीं भी हों तो नये सुझावों को भेजने का कष्ट करें, ताकि हम अगले संस्करण में इन कमियों को दूर कर इसे एक आदर्श पुस्तक बनाने का प्रयास कर सकें।

स्थानः नई दिल्ली–12 **अनिल कुमार मिश्र**
दिनांकः 1 अगस्त, 2017 **रणबीर सिंह**

विषय सूची

अध्याय 1

भारत में फार्म यंत्रीकरण की स्थिति एवं विकास

आज प्रौद्योगिकी का युग है। विश्व के सभी क्षेत्रों में अधिकांश कार्य मशीनों से संचालित किये जा रहे हैं। कृषि में अब प्रति इकाई से अधिक उत्पादकता हेतु आधुनिक उन्नत कृषि यंत्रों का प्रयोग हो रहा है। कल तक जिन मशीनों को हम बेरोजगारी का साधन मानते थे, वहीं पर वे ही अब हमारी आवश्यकता बन गई हैं। हमारे दैनिक जीवन में प्रत्येक कार्य समय पर एवं सटीक व सुचारु रूप से करने के लिए मशीनों का महत्पूर्ण योगदान है। प्राचीन काल से भारतीय कृषि अर्थव्यवस्था आधार का मूल रही है, आज भारतीय कृषि, उत्पादन और उत्पादकता की वृद्धि के नये दौर से गुजर रही है। खेत–खलिहानों से लेकर खाद्यान्न भंडारण तक मशीनों का प्रयोग दिख रहा है। हमारे देश की तीव्र गति से बढ़ती जनसंख्या की खाद्यान्न आपूर्ति हेतु उन्नत बीज, रासायनिक उर्वरक, जैविक खाद, पीड़कनाशी एवं उन्नतशील कृषि यंत्रों के आदि पक्षों का महत्वपूर्ण योगदान रहा है, जिसके द्वारा कृषि का आधुनिकीकरण किया सकता है। खेती में कृषि यंत्रों का प्रयोग समय की आवश्यकता है, यदि किसानों को पैदावार व आय बढ़ानी है, तो कृषि यंत्रों का प्रयोग करना ही होगा। आधुनिक खेती में उन्नत कृषि यंत्रों को अपनाने से मेहनत व समय की बचत होती है और लागत भी कम आती है। उन्नत कृषि यंत्रों के प्रयोग से सही समय पर खेत की तैयारी, तय दूरी और सही गहराई पर बीज गिराना व उर्वरक की खपत कम कर, फसल की समय पर कटाई व गहाई कर सकते हैं। खेती और उससे जुड़े कार्यों में मजदूरों की कमी एक बड़ी समस्या बन गई है। कृषि यंत्रों के प्रयोग से इस कमी को पूरा किया जा सकता है। वर्तमान समय में ट्रैक्टर ही नहीं, बीज की बुवाई से लेकर फसल कटाई ओर निराई तक के लिए कृषि यंत्र बाजारों में उपलब्ध हैं, ऐसे में कृषि यंत्र किसानों के लिए बहुत ही उपयोगी हो गये है। यही कारण है कि किसान से पहले कहीं अधिक संख्या में कृषि यंत्रों का प्रयोग कर रह है। जो किसान उन्नत कृषि यंत्रों का प्रयोग कर रहे हैं, उनकी फसलों की उपज बढ़ने के अलावा वे खेती के सभी काम समय से पूरा कर लेते हैं अर्थात् कृषि यंत्रों के द्वारा समय से आगतों के दक्ष एवं सटीक उपयोग द्वारा लागतों में कमी और

उत्पादकता में पूर्वनिर्धारित आशातीत वृद्धि की जा सकती है। उन्नत कृषि यंत्रों एवं मशीनों को अपनाकर किसान अपने कृषि कार्यों को समय पर पूरा कर सकते हैं, जो उत्पादकता में बहुत सहायक है। साथ ही साथ विभिन्न क्रियाकलापों में लगने वाले अत्यधिक परिश्रम को कम करके कृषि कार्यों को समय से सम्पूर्ण कर के मजदूरों को सम्मान दिला सकते हैं।

देश में विभिन्न परीक्षणों द्वारा ज्ञात हुआ है कि कृषि यंत्रों के उपयोग से 15 से 20 प्रतिशत बीज, 15 से 20 प्रतिशत उर्वरक, 20 से 30 प्रतिशत समय तथा 20 से 30 प्रतिशत मजदूरों की बचत की जा सकती है। साथ ही साथ फसल घनत्व में 5 से 20 प्रतिशत तथा उत्पादकता में 10 से 15 प्रतिशत की वृद्धि की जा सकती है। देश में मानव श्रम की अधिकता के कारण यांत्रिकीकरण का मुद्दा अक्सर विवादास्पद रहा है, लेकिन इसके मूलरूप में अध्ययन किये गये तो, पाया गया कि कृषि यांत्रिकीकरण के आधुनिकीकरण द्वारा ही देश में अन्न उत्पादन में आवश्यक वृद्धि एवं अन्न सुरक्षा का वातावरण बनाया जा सकता है। कृषि यांत्रिकीकरण एक ऐसी प्रक्रिया है, जिसमें उपकरणों, मशीनों और औजारों का प्रयोग खेती को बढ़ावा देने और अनाज का उत्पादन बढ़ाने के लिए किया जाता है। 20 वीं सदी में कृषि के यांत्रिकीकरण की जो प्रक्रिया शुरू हुई थी, उसके फलस्वरूप किसानों के लिए बुवाई, रोपाई, फसल सुरक्षा, फसल कटाई की पद्धतियों में बदलाव आए। कम्बाईन, ट्रैक्टर, हार्वेस्टर, और अन्य मशीनों ने किसानों को उत्पादन बढ़ाने में समक्ष बनाया और विस्तारित श्रम शक्ति पर निर्भरता कम की। कृषि यांत्रिकीकरण के अन्तर्गत सभी प्रकार के कृषि औजारों, उपकरणों और मशीनों का डिजाइन तैयार करना, विनिर्माण, वितरण, प्रयोग और उनकी मरम्मत जैसे कार्य सम्मिलित हैं। इसके अन्तर्गत शक्ति के तीन मुख्य स्रोत जैसे मानव, पशु और मशीनें होती हैं जिनमें यंत्रीकरण (संचालक शक्ति) पर विशेष जोर दिया गया है। कृषि यांत्रिकरण खेत से उत्पादन, उत्पादकता और लाभ में वृद्धि करता हैं, क्योंकि इसके द्वारा कृषि यंत्र कार्य समय पर सुचारु रूप से सपन्न होते हैं। यंत्रीकरण के द्वारा निवेश का सही मापन और उपयोग सभंव हो पाता है तथा निवेश की हानि में कमी आती है। महंगे निवेश (बीज, रसायन, उर्वरक, सिंचाई) की उपयोग क्षमता में वृद्धि होती है, उत्पादन की इकाई लागत में कमी आती है एवं प्रचालन लागत में प्रतिस्पर्धात्मकता और लाभ में वृद्धि होती है। इसके अलावा यंत्रीकरण से फसल व उसके सह–उत्पादों को गुणात्मक एवं मात्रात्मक हानि में संरक्षित करने में सहायता मिलती है, मूल्य संवर्द्धन और कृषि प्रसंस्करण उद्यमों की स्थापना में मिलती है, जिससे, खेती की उपज से अतिरिक्त आय और रोजगार के अवसर पैदा किए किये जा सकते हैं। कृषि यंत्रों

में ट्रैक्टर सब से प्रमुख यंत्र है, बीज की बुवाई से लेकर फसल काटने तक में इसका प्रयोग किया जाता है। ट्रैक्टर, खेत और किसान दोनों की शान होता है तथा उनकी उन्नति का आधार होता है। हमारे देश सत्तर के दशक में अधिकतर खेती पशुशक्ति द्वारा ही होती थी, जिसमें देशी हल या अन्य यंत्रों द्वारा केवल 10–12 सें.मी. की गहराई तक की जुताई ही संभव हो पाती है। तदुपरान्त कम से कम 20–30 हार्सपावर या अधिक से अधिक 35 हार्सपावर के ट्रैक्टरों का प्रचलन था, जिससे 15–20 सें.मी. की गहराई तक जुताई संभव हो पाती थी। पिछले कुछ दशकों में 50–70 हार्सपावर तक ट्रैक्टरों का प्रचलन बढ़ा है। अतः अब मृदा की 50 सें.मी. की गहराई तक की जुताई संभव हो गयी है तथा देश में वर्ष 2015–16 के अन्तर्गत 5 लाख, 71 हजार 565 ट्रैक्टरों का निर्माण हुआ इनमें से 5 लाख 71 हजार 249 ट्रैक्टर देश में और विदेश में बेचे गये हैं (सारणी 1:1)। भारत कृषि यंत्र क्षेत्र का सबसे बड़ा बाजार बन कर उभरा है। देश की विकास दर को बढ़ाने में खेती का सबसे बड़ा योगदान है, इस को सरकार भी महसूस कर रही है। इसी कारण उसका ध्यान ग्रामीण अर्थव्यवस्था की ओर अधिक गया है। भारत में खेती की संभावनाएं बहुत हैं, अगर सही तरह से इनका प्रयोग किया जाए, तो हम देश ही नहीं विदेशों की अनाज समस्या को भी हल कर सकते हैं। भारत विश्व में ट्रैक्टर उत्पादन में प्रथम स्थान पर है। देश में हर वर्ष लगभग 5 से 6 लाख ट्रैक्टर का उत्पादन होता है। ट्रैक्टर का कृषि में उपयोग देश के विभिन्न राज्यों में कहीं अधिक एवं कहीं कम है। भारत में कृषि उपकरणों का बाजार 6.5 अरब अमरीकी डालर मूल्य का है और उसके विकास की व्यापक संभावनाएं हैं। ट्रैक्टर बाजार अगले 5 वर्षो में सीएजीआर का 8.9 प्रतिशत बढ़ने की संभावना है। सरकार और कृषि उपकरण उद्योग के संयुक्त प्रयासों के फलस्वरूप देश में पिछले वर्षों में यह प्रगति संभव हुई है।

सारणी 1.1. भारत में कृषि यंत्रों एवं मशीनों के उत्पादन एवं बिक्री की स्थिति

वर्ष	भारत में ट्रैक्टर की बिक्री	भारत में पावर टिलर की बिक्री	गांवों में विद्युतीकरण	इंजन चालित सिंचाई पम्प
200–01	251939	16018	508071	12823480
2001–02	217456	13563	508863	13141378
2002–03	168182	14613	492325	13792473
2003–04	189518	15665	495031	14115441
2004–05	246469	17481	498877	14446461
2005–06	291680	22303	471360	14843804
2006–07	352827	24791	487351	15368577
2007–08	346501	26135	487347	15674673
2008–09	347010	35331	492831	15963476
2009–10	440331	43464	497950	16193521
2010–11	545109	51414	537947	17167631
2011–12	607658	57232	557439	18171336
2012–13	590672	51237	560266	18859865
2013–14	696828	53927	–	–
2014–15	626839	–	–	–
2015–16	571249	–	–	–

स्रोत: ट्रैक्टर एवं पावर टिलर एशोसियेसन, नई दिल्ली, 2015

प्रक्षेत्र अथवा फार्म यांत्रिकीकरण का विकास

मुख्य रूप से खेत को तैयार करने के लिए फसल गहाई एवं ग्रामीण परिवहन के क्षेत्र में ही हुआ है जिसको कि सारणी 1.2 में प्रदर्शित किया गया है। इन कार्यों में 40 से 50 प्रतिशत तक यांत्रिकीकरण हो चुका है, लेकिन फसल सम्बन्धित अन्य कार्यों जैसे, बुवाई, खरपतवार निकालना, फसल कटाई, ढुलाई आदि कार्यों में यांत्रिकीकरण की परम आवश्यकता है। पिछले 4 दशकों में ट्रैक्टर और टिलरों के प्रयोग में 5 गुणा वृद्धि होना इसी बात का प्रमाण है। कृषि विभाग के अनुसार कृषि श्रमिकों और भारवाही पशुओं के योगदान (खेती के शक्ति स्रोत में) में काफी कमी आई है, जो 1971–72 में 63.5 प्रतिशत होता था वह 2009–2010 में घटकर 13.67 प्रतिशत रह गया। दूसरी तरफ ट्रैक्टरों, पावर टिलरों और मोटरों का योगदान इसी अवधि में 36.51 प्रतिशत से बढ़कर 86.33 प्रतिशत तक पहुंच गया।

सारणी 1.2. कृषि कार्यों में यांत्रिकीकरण का स्तर

क्र.सं.	कार्य	प्रतिशत
1.	खेत की तैयारी	40.3
	(क) ट्रैक्टर	15.6
	(ख) पशु	24.7
2.	बुवाई कार्य हेतु बुवाई यंत्र	28.9
	(क) ट्रैक्टर	8.3
	(ख) पशु	20.6
3.	सिंचाई	37.0
4.	फराल गहाई	–
	(क) गेहूँ	47.8
	(ख) धान	44.4
5.	फसल कटाई का कार्य	–
	(क) रीपर	0.56
	(ख) कम्बाईन	0.37
6.	पौध संरक्षण	34.2

स्रोतः 20 वीं राष्ट्रीय कृषि अभियंता कार्यशाला की स्मारिका, पी.ए.यू. लुधियाना (पंजाब), 2007

एन.सी.ए.ई.आर. द्वारा किये गये अध्ययन, जिसको कि सारणी 1.3 में दिखाया गया है, यह ज्ञापित करता है कि स्वामित्व वाले ट्रैक्टर एवं ट्रैक्टर उपयोगकर्ता के फार्म पर मानव श्रम का योगदान पशु फार्म की अपेक्षाकृत कम है लेकिन किराये के मानव श्रम में बढ़ोत्तरी पशु फार्म से अधिक है। इसके द्वारा इस तथ्य का पता लगता है कि मानव श्रम का कम होना दूसरे व्यवसाय में बढ़ोत्तरी द्वारा समायोजित हो जाता है।

सारणी 1.3. सहायक रोजगार प्रति हेक्टेयर

मानव श्रम	ट्रैक्टर स्वामित्व	ट्रैक्टर के उपयोगकर्ता	पशु फार्म
पारिवारिक मानव श्रम	17.6	33.7	48.6
किराये पर मानव श्रम	11.6	10.1	7.0

स्रोतः राजस्थान खेती प्रताप, अंक छः, दिसम्बर 2010

भारत में फार्म यांत्रिकीकरण अनुसंधान एवं विकास

कृषि यांत्रिकीकरण का प्रयोग किसानों द्वारा अपनाये जाने वाले यंत्रों के सुधार के लिए किया गया। कृषि का यांत्रिकीकरण सबसे पहले पश्चिमी यूरोप में हुआ और वह भी सन् 1750 ई. के बाद। सन् 1785 में राबर्ट राबिंसन ने कास्ट आयरन के बने हल के फाल का पेटेंट कराया तथा स्वयं तेज होने वाले फाल का पेटेंट सन् 1803 में हुआ। सन् 1830 में ही अच्छी सीडड्रिल का विकास हुआ। अमेरिका में सन् 1892 में पहला सफल ट्रैक्टर बनाया गया। सन् 1930 के बाद कृषि यंत्रों के बनाने के लिए बड़े–बड़े कारखाने स्थापित हो गये। आर्थिक बोझ तथा श्रमिकों की समस्या के कारण सन् 1920 के बाद कृषि में बिजली को प्रयोग होने लगा। भारत में सर्वप्रथम सन् 1914 में श्री जोगेन्द्र सिंह जी द्वारा भाप से चलने वाला ट्रैक्टर उनके क्षेत्र लखीमपुर (उत्तर प्रदेश) में लाया गया तथा पेट्रोल से चलने वाला ट्रैक्टर सन् 1920 में श्री खामेराओं जादव द्वारा लाया गया। सन् 1923 में 15 से 30 आश्व शक्ति के पेट्रोल चलित ट्रैक्टर खरीदे गये। इसके बाद देश में ट्रैक्टर आयात होते रहे किन्तु वर्ष 1971–72 से सबसे अधिक 19739 ट्रैक्टर आयात किये गये।

हमारे देश में सन् 1950 तक बहुत ही कम किसानों के पास ट्रैक्टर, डीजल इंजन और विद्युत मोटरें थीं। खेती के भारी ट्रैक्टर व यंत्र, सरकारी सगंठनों द्वारा मुख्य रूप से भूमि सुधार एवं बड़े सरकारी फार्मों के विकास के लिए आयातित किये जाते थे। छठे दशक के आरम्भ में तस्वीर बड़ी तेजी से बदली जब खेतों में गेहूँ और अन्य फसलों का समावेश हुआ तो उन्हें सिंचाई तथा उर्वरक सुविधाओं की आवश्यकता अधिक होती थी। प्रगतिशील वाटर लिफ्ट्स, मारवाड़ी पशुओं अथवा हाथ से चलाए जाने वाले विभिन्न प्रकार के पम्प फसलों की नई अधिक पैदावार वाली किस्मों की जल संबंधी आवश्यकताओं को पूर्ति नहीं कर सकते थे इसलिए लिफ्ट्स सिंचाई, जल्द ही विद्युत मोटरों अथवा डीजल ईंजन चालित पम्पों से यांत्रिकृत कर दी गई। छठे दशक के अन्त में और सातवें दशक के आरम्भ में उत्तर भारत के किसानों को भारी नुकसान हुआ, जिसका मुख्य कारण था, मानसून पूर्व की वर्षा शुरू होने से पहले गेहूँ के बढ़े हुए उत्पादन की कटाई एवं गहाई पूरी न कर पाना। गहाई की प्रक्रिया जल्द से जल्द पूरी करने की आवश्यकता को ध्यान में रखते हुए, किसानों ने सातवें दशक के आरम्भ में विद्युत मोटरों, डीजल, ईंजनों, ट्रैक्टरों से चलने वाले गहाई के यंत्रों को अपनाया। इसके बाद ही आरंभिक जुताई और आवागमन के लिए ट्रैक्टरों को व्यापक प्रयोग हुआ, साथ ही ट्रैक्टर तथा स्वचालित कटाई यंत्रों का भी उपयोग शुरू हुआ।

जहाँ भारतीय प्रगतिशील किसानों को कृषि यंत्रों ने सहारा दिया और ट्रैक्टर निर्माताओं ने कृषि यांत्रिकीकरण के विकास में महत्वपूर्ण भूमिका निभाई, वहीं दूसरी ओर केन्द्र व राज्य सरकार एवं उनके विभिन्न संगठनों ने भारतीय कृषि को कुशल उत्पादन यंत्रों में रूपान्तरित कर इस प्रगति में समान रूप से महत्वपूर्ण योगदान दिया है। फार्म उपकरण एवं मशीनरी, पावर टिलर, पशु ऊर्जा का उपयोग, कटाई उपरान्त प्रौद्योगिकी और कृषि क्षेत्र में ऊर्जा की आवश्यकता पर भारतीय कृषि अनुसंधान परिषद की अखिल भारतीय समन्वित अनुसंधान परियोजनाओं के साथ–साथ कृषि विश्वविद्यालयों के अनेकानेक कृषि अभियांत्रिक अनुसंधान कार्यक्रमों ने आधुनिक एवं कृषि यंत्र और मशीनरी के साथ–साथ कृषि यांत्रिकीकरण के दक्ष प्रबंधन की तकनीकों की एक बड़ी रेंज का उत्पादन किया है। इसके अतिरिक्त केन्द्र सरकार ने कृषि के प्रगतिशील यांत्रिकीकरण को सहारा देने एवं आगे बढ़ाने की दिशा में अनेक नीतिगत निर्णय लिए हैं।

आज यह भली–भांति सिद्ध हो चुका है कि कृषि यांत्रिकीकरण, किसानों की आवश्यकताओं का परिणाम है और कृषि यंत्रों को आधुनिक बनाने का एक आवश्यक निवेश है। फार्म यांत्रिकीकरण, कृषि आधुनिकीकरण के एक महत्वपूर्ण अंग के रूप में उभर कर सामने आया है। अब यह मान लिया गया है कि यांत्रिक शक्ति और उन्नत यंत्र उपलब्ध होने के कारण पंजाब और हरियाणा जैसे राज्य भू–उत्पादकता का स्तर बढ़ाने में समर्थ हुए हैं।

कृषि यांत्रिकीकरण के रूप

विश्व में मुख्यतः दो प्रकार का कृषि यांत्रिकीकरण हैं। प्रथम प्रकार के यांत्रिकीकरण में जहाँ कृषि भूमि नरम है, छोटी मशीनों व ट्रैक्टरों का उपयोग करके कृषि को बहुमुखी किया गया है। जिससे वहाँ के लागों को कार्य भी मिले, साथ में कृषि उत्पादन प्रचुर मात्रा में उपलब्ध हो। इस प्रकार के यांत्रिकीकरण में जापान, कोरिया और ताईवान अग्रणी हैं। द्वितीय प्रकार में कृषि यांत्रिकीकरण में बड़े ट्रैक्टरों और बड़ी कृषि मशीनरी का उपयोग किया जाता है। यह प्रणाली जहाँ जनसंख्या कम है और कृषि क्षेत्र बड़ी मात्रा में उपलब्ध है वहाँ कम व्यक्तियों द्वारा बड़े ट्रैक्टरों का उपयोग करके अधिक कृषि पैदावार ली जाती है। इस प्रकार के कृषि यांत्रिकीकरण में उत्तरी अमेरिका और आस्ट्रेलिया अग्रणी हैं।

भारत की भौगोलिक स्थिति, मृदा की बनावट, जलवायु, वर्षा की अनियमितता, जनसंख्या, भू आवंटन एवं आर्थिक दृष्टिकोण के आधार पर 16 पी.टी.ओ. हार्सपावर तक के ट्रैक्टर ही अनुकूल होंगे। जिससे कृषि के विकास को मिश्रित व समन्वित रूप दिया जा सके।

कृषि यांत्रिकीकरण के उद्देश्य

- फसल उत्पादकता वृद्धि में यांत्रिक शक्ति का अधिकतम उपयोग।
- समय, श्रम एवं खर्च में बचत।
- फसल योजना का समय पर सम्पादन।
- समय पर फसल की तैयारी तथा प्रबंधन।

कृषि यांत्रिकीकरण योजना की विशेषताएं

- विभिन्न कृषि यंत्रों के लिए अनुदान गद गें 150 करोड़ रो अधिक की राशि का प्रावधान।
- मांग आधारित पावर टिलर और ड्रिप सिंचाई तथा स्प्रिंकलर योजना का कार्यान्यवन।
- जिला स्तर पर नियमित अंतराल पर कृषि यांत्रिकीकरण मेला का आयोजना।
- यंत्रों पर अनुदान का वितरण; मेले के माध्यम से।
- किसान अपनी पसंद के विक्रेता से उचित मूल्य पर अपने पंसद का यंत्र खरीद सकते हैं।

भारत में कृषि यांत्रिकीकरण को प्रोत्साहित करने की योजनाएं

सरकार उत्पादकता बढ़ाने के लिए कृषि यंत्रीकरण पर जोर दे रही है और खेती कार्यों के लिए यंत्रों के प्रयोग के प्रति किसानों को प्रोत्साहित करने के लिए सस्ती दरों पर कृषि यंत्रों एवं मशीनों को उपलब्ध करा रही है। कृषि यंत्रीकरण को बढ़ावा देने के लिए सरकार ने जो उपाय किए हैं, उनका सक्षिप्त विवरण निम्नलिखित है–

1. **मैक्रोमेनेमेन्टः** इस योजना के द्वारा किसानों को विभिन्न प्रकार के उन्नत कृषि यंत्रों, छोटे ट्रैक्टर, पावर टिलर तथा शक्ति चालित कृषि यंत्रों पर अनुदान दिया जाता है।
2. **खेत की गहराई हेतु हलधर योजनाः** यह योजना छोटे एवं कमजोर किसानों के खेतों की उत्पादकता बढ़ाने तथा वर्षा जल संग्रहण करने की

क्षमता में वृद्धि करने की दृष्टि से गहरी जुताई की एक विशेष ''हलधर योजना'' प्रारम्भ की गई है। भूमि की गहरी जुताई से एक ओर जहाँ खेतों की उत्पादकता में वृद्धि होती है वहीं दूसरी ओर वर्षा जल को अधिक सोखने के कारण वर्षा जल के संग्रहण में वृद्धि होती है।

3. **पोस्ट हार्वेस्ट टेक्नॉलाजी एवं मैनेजमेंट योजना:** इस योजना का उद्देश्य पोस्ट हार्वेस्ट टेक्नॉलाजी उपकरणों की खरीद करने के लिए किसानों को प्रोत्साहित करना है जिससे कृषि उत्पादों की गुणवत्ता में सुधार करके किसानों को उपज का अधिक मूल्य दिलाया जा सके। इससे किसानों की आय बढ़ेगी तथा कृषि को लाभ का व्यवसाय बनाया जा सकेगा।
4. **राष्ट्रीय खाद्य–सुरक्षा मिशन:** इस मिशन का लक्ष्य सतत् आधार पर इनकी उत्पादकता और उत्पादन को बढ़ाना है जिससे कि देश की खाद्य–सुरक्षा सुनिश्चित हो सके। साथ ही साथ भूमि की उर्वरता एवं उत्पादकता का संरक्षण, रोजगार अवसरों का सृजन तथा किसानों की आर्थिक उन्नयन करना है। नवीन उन्नत कृषि यंत्रों के उपयोग को प्रोत्साहित करने के लिए मिशन के द्वारा निम्न यंत्रों पर अनुदान उपलब्ध कराया जाता है (सारणी 1.4)।

सारणी 1.4. कृषि यंत्रों पर सरकार द्वारा दिया जाने वाला अनुदान

फसल	कृषि यंत्र	अनुदान
धान, गेहूँ, दलहन	कोनोवीडर, नेपसेक स्प्रेयर	रू. 3 हजार प्रति किसान या लागत का 50 प्रतिशत जो भी कम हो।
धान, गेहूँ, दलहन	जीरो टिलेज सीडड्रिल, सीड कम फर्टीलाईजर ड्रिल, मल्टीक्राप प्लान्टर।	रू. 15 हजार प्रति मशीन या लागत का 50 प्रतिशत जो भी कम हो।
धान, गेहूँ, दलहन	रोटावेटर	रू. 30 हजार प्रति मशीन या लागत का 50 प्रतिशत जो भी कम हो।
धान, गेहूँ, दलहन	डीजल/इलेक्ट्रिकल पंप सेट (10 एच.पी. तक के)	रू. 10 हजार प्रति मशीन या लागत का 50 प्रतिशत जो भी कम हो।
गेहूँ, दलहन	स्प्रिंकलर	रू. 7.5 हजार प्रति हेक्टेयर या लागत का 50 प्रतिशत जो भी कम हो।
धान	पावर वीडर	रू. 15 हजार प्रति मशीन या लागत का 50 प्रतिशत जो भी कम हो।

5. कृषि यंत्रों एवं उपकरणों के निर्माताओं को पंजीयन

इस योजना में किसानों को उत्तम गुणवत्ता के ट्रैक्टर, पावर टिलर, कम्बाईन हार्वेस्टर, शक्ति चालित कृषि यंत्र, हस्त चालित कृषि यंत्र, बैलचालित कृषि यंत्र, पौध संरक्षण यंत्र, ड्रिप, स्प्रिंकलर एवं सिंचाई पंप मिल सके।

6. राष्ट्रीय कृषि यंत्र, विकास योजना

इस योजना द्वारा उन्नत कृषि यंत्र जैसे, रोटावेटर, रिवर्सिबल हल, आफसेट डिस्क हैरो, रीपर कम बांइडर एवं कम्बाईन हार्वेस्टर का प्रदर्शन किसानों के खेतों में किया जाता है ताकि किसानों को उन्नत कृषि यंत्र, अपनाने के लिये प्रेरित किया जा सके। किसान इन यंत्रों का उपयोग कर लागत में कमी के साथ उत्पादन में वृद्धि कर सकते हैं।

7. कस्टम हायरिंग सेवाएं

इस योजना के द्वारा छोटे एवं सीमांत किसानों को ट्रैक्टर तथा कृषि यंत्रों का लाभ दिलाने के उद्देश्य से ट्रैक्टर चालित कृषि यंत्र जैसे रोटावेटर, स्ट्रा–रीपर, कल्टीवेटर, हल, थ्रेशर आदि तथा स्वचालित मशीन जैसे कम्बाईन हार्वेस्टर, रीपर कम बांइडर, राइस ट्रांसप्लान्टर आदि सरकार द्वारा निर्धारित किराया दर पर किसानों को उपलब्ध कराये जाते हैं।

8. प्रशिक्षण, परीक्षण व प्रदर्शन के द्वारा कृषि यंत्र, का सुदृढ़ीकरण एवं प्रोत्साहन योजना

इस योजना के द्वारा उन्नत कृषि यंत्र, जैसे रोटावेटर, रिवर्सिबल हल, जीरो टिलेज सीड ड्रिल, राइस ट्रांसप्लान्टर, शुगरकेन प्लान्टर व कम्बाईन, पैड़ी कम्बाईन हार्वेस्टर आदि का प्रदर्शन किसानों के खेतों में किया जाता है। महिलाओं द्वारा उपयोग किये जाने वाले कृषि यंत्र जैसे व्हील हो, डोरा, मेज शेलर, लो–लिफ्ट पंप, कोनो वीडर आदि का भी प्रदर्शन किया जाता है।

भारत में कृषि यांत्रिकीकरण हेतु महत्वपूर्ण सुझाव

- जमीन में जैविक तत्वों की मात्रा बढ़ाने एवं फसल अपशिष्ट सम्मिलित करने के लिए किसानों को प्रोत्साहित किया जाए तथा इस कार्य हेतु पशु व ट्रैक्टर चालित उपकरणों को विकसित कर उपलब्ध कराए जाएं।

- समय–समय पर मिट्टी पलटने हेतु कस्टम हायरिंग केन्द्रों द्वारा मिट्टी पलट यंत्र उपलब्ध कराए जाएं।
- उठी हुई क्यारियां बनाने हेतु, सटीक रूप से समतल बनाने वाले उपकरण तथा जल उपयोग दक्षता सुधारने हेतु कस्टम हायरिंग केन्द्रों द्वारा उपलब्ध कराए जाएं।
- ऊर्जा बचाने हेतु संरक्षण जुताई (लेजर लैण्ड लेवलर, जीरो टिल ड्रिल व रेज्ड बेड प्लान्टर) की मशीन, हैपी सीडर, कम्बाइन एवं थ्रेशर आदि को प्रदर्शित एवं प्रोत्साहित किया जाए।
- सिंचाई जैसे ड्रिप एवं स्प्रिंकलर प्रणाली को प्रोत्साहित किया जाए ताकि ऊर्जा की बचत हो सके और जल का अनुचित उपयोग रोका जा सके।
- पिछड़ी खेती वाले क्षेत्रों में पशु एवं हस्त चालित उन्नत कृषि यंत्रों को लोकप्रिय बनाने की योजना आरम्भ की जानी चाहिए।
- कृषि यांत्रिकीकरण के विकास में तेजी लाने के लिए विभिन्न प्रकार की कृषि मशीनरी पर विशेष प्रोत्साहन एवं उच्च सब्सिड़ी देनी चाहिए।
- जब तक कि बदलाव कि स्थिति गति पकड़े, तब तक अकुशल यंत्रों के स्थान पर उन्नत यंत्रों का उपयोग करने के लिए वित्तिय प्रोत्साहन दिए जाने चाहिए।

भविष्य में कृषि यांत्रिकीकरण की प्राथतिकताएं

1. कृषि कार्य के लिए ऊर्जा की उपलब्धता बढ़ानी होगी।
2. मृदा एवं जल संरक्षण हेतु उन्नत कृषि यंत्र तथा तकनीक को समुचित प्रयोग करना होगा।
3. खाद्यान्नों, दलहनों, तिलहनों एवं अन्य फसलों की पैदावार बढ़ाने के लिए उन्नत कृषि यंत्रों का प्रयोग बढ़ना होगा।
4. पहाड़ी क्षेत्रों की उत्पादन बढ़ाने के लिए यंत्र एवं तकनीक का उपयोग बढ़ाना होगा।
5. ऊर्जा एवं कृषि लागत की कार्य क्षमता बढ़ानी होगी।

6. कृषि यंत्रों से होने वाले लाभ को छोटे एवं सीमांत किसानों तक पहुंचाना होगा।

हमारे देश की परिस्थितियों को देखते हुए नये कृषि यंत्रों में निम्नलिखित गुण होने चाहिए:

1. यंत्र बिल्कुल सादे और चलने में सरल होने चाहिए ताकि किसानों को उनका उपयोग करने में कठिनाई न हो और कम कुशल कारीगर भी उनकी मरम्मत कर सकें।
2. यंत्र सस्ते होने चाहिए तथा जिन्हें छोटे एवं सीमांत किसान भी उन्हें खरीद सकें।
3. नये यंत्र पुरानों की अपेक्षा थोड़ी मेहनत में अधिक काम करने वाले होने चाहिए।
4. नये यंत्र ऐसे हों, जिन्हें किसान प्रचलन में लाकर चला सकें।

हमारे देश में पिछले 4 दशकों में फार्म यांत्रिकीकरण की वृद्धि दर तेज रही है। ट्रैक्टर, पम्पसेटों तथा विभिन्न प्रकार के उन्नत कृषि यंत्रों की मांग बढ़ी है। वर्तमान में प्रिसिजन यंत्रों के प्रयोग करने से खेत तैयारी में 25 से 30 प्रतिशत ऊर्जा की बचत, बुवाई में 15 से 25 प्रतिशत बीज एवं उर्वरक की बचत, स्प्रिंकलर एवं ड्रिप सिंचाई पद्धतियों के उपयोग से 30 से 50 प्रतिशत पानी की बचत, फसल सुरक्षा हेतु स्प्रेयर प्रयोग से 25 से 30 प्रतिशत पीड़कनाशी तथा कटाई एवं गहाई यंत्रों से 10 से 15 प्रतिशत फसल उत्पाद को हानि से बचाया जा सकता है। ऐसी आशा की जाती है कि कृषि क्षेत्र में दूसरी क्रांति लाने तथा उसे बनाए रखने में कृषि यंत्रों का विशेष योगदान होगा।

कृषि यांत्रिकीकरण का क्षेत्र दिनों दिन उन्नति की ओर ही बढ़ेगा, क्योंकि जनसंख्या में हो रही वृद्धि की भोजन आपूर्ति अब उत्पादन भर से ही नहीं बल्कि उत्पादकता में वृद्धि लाने से होगी। आज कृषि क्षेत्र में नवीन शाखाओं का जैसे, मेकाट्रानिकक्स, रोबोट एवं ड्रोन तकनीकी का समावेश हुआ है जिससे कृषि में नवीन यांत्रिकीकरण की सम्भावनाएँ बढ़ी हैं आज यांत्रिकीकरण की आवश्यकता हमारे देश में ही नही बल्कि विश्व भर में आंकी जा रही है। आज यह कृषि उत्पादन एवं उत्पादकता बढ़ाने हेतु एक आवश्यक आवश्यकता है। प्रसिद्ध कृषि वैज्ञानिक **डॉ. एम.एस. स्वामिनाथन के अनुसार,**"खेती में फार्म यांत्रिकीकरण के विभिन्न

आयामों को प्रोत्साहन देकर 21 वीं सदी की कृषि क्रांति संभव है। इससे न केवल शहरीकरण व औद्योगीकरण से उत्पन्न मजदूर समस्या से समाधान पाया जा सकता है, अपितु कृषि उत्पादन प्रति इकाई समय, प्रति इकाई लागत बढ़ाई जा सकती है।"

कृषि यांत्रिकीकरण के परिप्रेक्ष्य में उपर्युक्त वक्तव्य आज के भारत के प्रक्षेत्रों का आकार–प्रकार एवं कृषकों की आर्थिक स्थिति को देखते हुए दिये गये है। भारत में कृषि जोतों के घटते हुए आकारों के कारण यांत्रिकी करण बेहद परेशानी और जोखिम भरा है। भविष्य में यह भी सम्भव है कि सभी जोतों की जी.आई.एस. मैपिंग हो जाय और देश की आवश्यकताओं की पूर्ति के लिए अमेरिका, रूस अथवा कनाड़ा की तर्ज पर सभी मेंड़ों को तोड़ते हुए बड़े–बड़े प्रेक्षत्रों की रचना कर दी जाय। स्मामित्व कागज पर वैसे ही बना रहे परन्तु जमीन पर वैज्ञानिक विधियों से उन्नत खेती होना प्रारम्भ हो जाय। इसके लिए सरकारी ठोस योजना निर्माताओं और अभियंताओं की फौज उन्नत से उन्नत तकनीकियों का प्रयोग करेगी ऐसी सम्भावनाएं है। अन्यथा देश को आत्मनिर्भर बनाने की हमारी कोशिश मूर्त रूप ले पायेगी इसमें सन्देह है। देर–सबेर हमें उन्नत तकनीकियों को या तो बाहर से आयात करना पड़ेगा या वे यही इसी देश में बनाई जायेगी परन्तु उनका प्रयोग अवश्यम्भावी है और तब के लिए जिन उन्नतशील यंत्रों का वर्णन यहाँ किया जा रहा है वे शायद म्यूजियम में रखने की वस्तु बन जायेंगे परन्तु आज वे ही हमारे देश के उन्नतशील यंत्र हैं और आवश्यकता है कि उनका भली–भाँति प्रयोग किया जाय।

❑❑❑

अध्याय 2

आधुनिक कृषि उन्नत यंत्र एवं मशीनें

देश की तीव्र गति से बढ़ती जनसंख्या की खाद्य सुरक्षा हेतु वर्तमान में जल, जमीन, जंगल, जन, एवं जानवरों के संरक्षण के लिए आधुनिक खेती से अधिकाधिक फसलोत्पादन में नवीनतम कृषि तकनीकों, उन्नतशील प्रजातियों का प्रयोग और फसल संरक्षण अति आवश्यक है। ठीक उसी प्रकार खेती में प्रति इकाई क्षेत्र से प्रति इकाई समय में कृषि उत्पादकता को बढ़ाने, उत्पादकता में क्षेत्रीय अंतरालों को घटाने, किसानों की आमदनी बढ़ाने, खाद्य सुरक्षा सुनिश्चित करने और वर्तमान समय की आवश्यकताओं को पूरा करने के लिए आधुनिक उन्नत कृषि यंत्र एवं मशीनों का प्रयोग भी आवश्यक है, क्योंकि आगामी युग में जलवायु परिवर्तन, जनसंख्या विस्फोट, शहरीकरण, बढ़ती जनसंख्या के लिए भोजन एवं खाद्य सामग्री की मांग में आश्चर्य जनक वृद्धि इत्यादि जैसी प्रमुख चुनौतियाँ अधिक प्रबल होंगी, जो तेजी से परिवर्तित होती जलवायु, फसल, जमीन, जल, स्वास्थ्य एवं पर्यावरण के लिए हानिकारक हैं।

आधुनिक कृषि यंत्रों एवं मशीनों द्वारा कम समय, श्रम, ईंधन एवं खर्च के साथ–साथ प्राकृतिक संसाधनों का संरक्षण भी होता है तथा बेहतर उपज भी प्राप्त की जा सकती है। इससे जहाँ एक ओर खाद्यान्न की बढ़ती मांग की पूर्ति की जा सकती है, वहीं दूसरी ओर किसानों को भी अपनी उपज का पर्याप्त लाभ मिलेगा। खेती में आधुनिक उन्नत कृषि यंत्र एवं मशीनों का इस्तेमाल समय की आवश्यकता है, अगर किसानों को पैदावार एवं आमदनी आय दोगुनी बढ़ानी है, तो आधुनिक कृषि एवं मशीनों का प्रयोग करना ही होगा। खेती और उस से जुडे कार्यो में मजदूरों की कमी एक बहुत समस्या बन गई है, कृषि मशीनों से इस कमी को पूरा किया जा सकता है। हमारे देश में आजादी के बाद खेती में अनेकानेक क्रांतिकारी बदलाव आए। बैलों की जगह ट्रैक्टर ने ले ली, रहट की जगह नलकूप तथा पम्प सेट आ गए अनाज भंड़ारण में बोरियों की जगह कुटलें ले चुकें है। पिछले कई वर्षो में भारतीय कृषि अभियंताओं ने अनेक यंत्र, मशीनें एवं उपकरण तैयार किये हैं, जिन्होंने विभिन्न फसलों हेतु खेत को तैयार करने, बुवाई, निराई–गुड़ाई, कटाई एवं गहाई के कार्यों को सुविधाजनक व आसान बना दिया है। दिनांक 29.7.2014 को भा.कृ.अनु.

परिषद की स्थापना दिवस के मौके पर देश के वर्तमान प्रधानमंत्री माननीय श्री नरेन्द्र मोदी जी ने कम जमीन और कम समय में एग्रीकल्चर प्रोडक्सन को बढ़ाने में मद्द के लिए सांइटिफिक टेक्नोलोजी के इस्तेमाल पर जोर दिया है। प्रस्तुत लेख में प्राकृतिक संरक्षण एवं उच्च आय एवं उत्पादकता के लिए कुछ प्रमुख कृषि यंत्रों एवं मशीनों का विवरण दिया जा रहा है जिनके उपयोग से जमीन एवं जल की स्थिति में सुधार किया जा सकता है, जैसे;

2.1 ट्रैक्टर का चयन

खेत की मशीनरी में सब से पहले ट्रैक्टर का नाम आता है। ट्रैक्टर का प्रयोग कारखानों एवं कृषि दोनों में किया जाता है। कारखानों में सामानों को एक स्थान से दूसरे स्थान पर पहुँचाने के लिए तथा कृषि में जुताई, बुवाई, निराई–गुड़ाई, फसल सुरक्षा हेतु रसायनों के छिड़काव, सिंचाई, कम्पोस्ट बनाने, फसलों की कटाई, गहाई से लेकर अनाज मंड़ियों तक ले जाने इत्यादि सभी कार्यो में ट्रैक्टर का प्रयोग किया जाता है। इसके अलावा ट्रैक्टर का उपयोग कृषि मशीनरी हेतु शक्ति स्रोत के रूप में तथा अन्य कृषि यंत्र जैसे रोटावेटर, कल्टीवेटर, सीड कम फर्टी ड्रिल एवं थ्रेशर आदि को संलग्न कर संचालित करने हेतु किया जाता है (चित्र 2.1)।

चित्र 2.1: कृषि के विभिन्न कार्यों में ट्रैक्टर का उपयोग

एक अच्छा ट्रैक्टर खेत और किसान दोनों की शान होता है, उनकी उन्नति का आधार होता है। समय के साथ किसानों की आवश्यकताएं भी बल रही हैं, अब किसान ट्रैक्टर से ज्यादा से ज्यादा काम करना चाहता है। बाजारों में उपलब्ध प्रत्येक ट्रैक्टर में भिन्नता पाई जाती है, इसलिए प्रत्येक का पूर्णतः विवरण देना कठिन है। पूरे ट्रैक्टर में इंजन, क्लच, गीयर बॉक्स, विभेदक (Differential), अन्तिम प्रचालन डिवाइस, ब्रेक, शक्ति निकास, हिंजिज व ड्राबार, बेल्ट–पूली, स्टीयरिंग, पावर टेक ऑफ शॉफ्ट आदि मुख्य भाग होते हैं। विभिन्न बाजारों में ट्रैक्टरों की कीमतें 2.50 से 8 लाख तक होती है। यद्यपि ट्रैक्टर खरीदने के लिए विभिन्न राज्यों की सरकारें अधिकतम 50 हजार रूपयों का अनुदान दे रही हैं तथापि मंहगाई के इस दौर में अब ट्रैक्टर खरीदना हरेक किसान के वश में नहीं रह गया है। ट्रैक्टर एक बहुउद्देशीय यंत्र है, जिसे खरीदने से पहले यह बात ध्यान में रखनी

चाहिए कि वह जमीन जिस पर किसान ट्रैक्टर का उपयोग करना चाहता है, कितनी है। कही ऐसा न हो जाये कि ट्रैक्टर कम हार्स पावर वाला खरीद लाये और फिर वह पूरी भूमि की समय पर जुताई एवं बुवाई करने में असमर्थ रहे। साथ ही साथ अधिक हार्सपावर का ट्रैक्टर खरीदना भी अनुपयुक्त रहेगा, क्योंकि अधिक हार्सपावर ट्रैक्टर से एक वर्ष औसत कृषि के 500 से 700 घंटे से अधिक कार्य न होने से उसकी लागत पर व्यर्थ ही ब्याज देना पड़ेगा। यदि किसान वर्ष में साधारणतया रबी की फसल ही लेता है, तो प्रति 5 एकड़ जमीन के लिए दो हार्सपावर के हिसाब से ट्रैक्टर का चयन करना चाहिए अर्थात् 100 एकड़ जमीन के लिए 40 से 45 हार्सपावर वाला ट्रैक्टर उपयोगी सिद्ध हो सकता है। जो ट्रैक्टर आप खरीदने जा रहे हैं, उसके डीलर का कार्यालय एवं वर्कशाप आपके निवास स्थान से अधिक दूरी पर नहीं होना चाहिए, क्योंकि यदि ठीक सीजन के समय आपके ट्रैक्टर में कुछ टूट–फूट होती है एवं पाटर्स तथा मरम्मत की सुविधा समय पर उपलब्ध नहीं हो पाती है, तो ट्रैक्टर खरीदना अनुपयुक्त है। वर्तमान समय में नये–नये ट्रैक्टर बाजार में आ रहे हैं और जिसके जानकार आपके क्षेत्र में नहीं हैं, वे खरीदे न जाएं। हमारे देश में वर्ष 2015–16 के अन्तर्गत कुल 5,71,565 ट्रैक्टरों का निर्माण हुआ तथा 5,71,249 बिक्री किये गये थे (स्रोतः ट्रैक्टर निर्माण संगठन, नई दिल्ली के आँकड़े)।

2.2 छोटे किसानों के लिए पावर टिलर

हमारे देश में पहली हरित क्रांति में कृषि उत्पादन बढ़ाने में ट्रैक्टर एवं अन्य उपकरणों का योगदान रहा है। पिछले कुछ वर्षो में संयुक्त परिवारों का बटवारा होने से प्रति व्यक्ति औसतन भूमि सिर्फ 0.12 हेक्टेयर तक आ गई है। इतनी छोटी जमीन हेतु ट्रैक्टर रखना किसान के लिए लाभदायक नहीं है।

चित्र 2.2: छोटे किसानों हेतु पावर टिलर

अतः ऐसी भूमियों में खेती के लिए समय से जुताई, बुवाई, निराई–गुड़ाई, अनाज हेतु बालियों की थ्रेशिंग तथा ढुलाई तक मिनी ट्रैक्टर या पावर टिलर की आवश्यकता होती है। पावर टिलर को छोटा ट्रैक्टर भी कहा जाता है। इनकी हार्सपावर 2 से 12 तक होती है। छोटे पावर टिलर को चलाने के लिए ड्राइवर अधिकतर हैंडिल पकड़कर पीछे–पीछे पैदल चलते है और बड़े पावर टिलर में बैठने

की व्यवस्था होती है। छोटे पावर टिलर में दो पहिए तथा ये 2 हार्सपावर के होते है। ट्रैक्टर और टिलर में केवल इनके रोटावेटर का ही अन्तर है, बाकि सभी काम एक जैसे हैं। ट्रैक्टर से केवल सीधी जुताई होती है, जबकि पावर टिलर से आगे पीछे, घुमावदार किसी भी स्थिति में जुताई कर सकते हैं। इसका रोटावेटर न केवल जुताई करता है, बल्कि खेत की भूमि को अच्छी तरह मिश्रित भी करता है। औद्यानिक फसलों, आलू, गन्ना, औषधीय पौधों आदि खेत में मेंड़ बनाना, नाली तैयार करना, निराई–गुड़ाई और खरपतवार निकालना आदि कार्यो में टिलर ही उपयुक्त है (चित्र 2.2)। इससे सोयाबीन, मूँग, उड़द, मूँगफली, अरहर, मक्का, कपास, सब्जी, आदि फसलों की निराई–गुड़ाई भी कर सकते हैं। अंगूर के बागों में विभिन्न रसायनों का स्प्रे या सिंचाई आदि कार्यो में टिलर ही कारगर यंत्र है। डेढ़ टन तक माल की ढुलाई तथा सिंचाई पम्प को चलाने में पावर टिलर का प्रयोग किया जा सकता है। इसके अलावा खेत की अच्छी जुताई करना, रिजर द्वारा नाली बनाना, धान की फसल में पड़लिंग करना, 7 किलोवाट का जनरेटर चलाना, थ्रेशर चलाना, धान की हलिंग करना, आटा चक्की चलाना, कुट्टी काटना, तेल पेरना और गन्ने की पेराई के लिए 13 हार्सपावर का पावर टिलर उपयोगी होता है। इस यंत्र में इंजन, संचरण प्रणाली, प्रचालक पहिया, टूलबार, गियर बॉक्स, शाफ्ट, वी–बेल्ट, आइलर पुली आदि मुख्य भाग होते हैं। पावर टिलर में 5 टाईन वाला कल्टीवेटर, 10 ब्लेड वाली छोटी रोटरी, छोटी ट्रौली, सीडड्रिल, रीजर, और स्प्रे पंप आदि लगा कर आवश्यकतानुसार काम सफलतापूर्वक कर सकते हैं। पावर टिलर बैल चालित हल का एक अच्छा विकल्प है। पहाड़ी खेती मे तो केवल पावर टिलर ही उपयुक्त है। देश के पहाड़ी राज्यों और दक्षिण भारत में पावर टिलर की मांग तेजी से बढ़ रही है। किसान इस यंत्र को किराये पर चलाकर अतिरिक्त आय भी प्राप्त कर सकते हैं। इसकी कीमत 90,000 से 1,50,000 हजार रूपये तक है तथा विभिन्न राज्य सरकारें अधिकतम 60,000 हजार का अनुदान भी दे रही हैं।

2.3 ट्रैक्टर चालित लेजर लैण्ड लेवलर

आधुनिक खेती में ट्रैक्टर एवं भारी–भरकम कृषि मशीनों के उपयोग के कारण खेती में समतलता एवं मेंडें सुरक्षित नहीं रहीं, जिससे वर्षा जल का अधिकांश भाग बहकर नष्ट हो जाता है। इसके अलावा कृषि जमीन की समतलता बिगड़ती जा रही है, साथ ही फसलों को दिए गए पोषक तत्वों का एक बड़ा हिस्सा भी वर्षा जल के साथ बहकर नष्ट हो जाता है। इस समस्या के कारण फसल की औसत पैदावार में गिरावट आ जाती है। कभी–कभी एक ही तरह के कृषि यंत्रों द्वारा एक ही

गहराई पर बार–बार जुताई करने के कारण अधो–भूमि में हल तल के नीचे सख्त (कठोर) परतों का निर्माण हो जाता है, जिसके कारण मृदा में वायु नमी के आवागमन में बाधा पहुँचती है। साथ ही पौधों की जड़ों का विकास भी ठीक तरह से नहीं हो पाता है।

चित्र 2.3: लेजर लेंड लेवलर

इस प्रकार की समस्याओं के निवारण के लिए आधुनिक कृषि यंत्र लेजर लैण्ड लेवलर के उपयोग से खेतों को पूर्णतया समतल किया जा सकता है। यह यंत्र चार उपकरणों से मिलकर बना होता है। जिसके तीन उपकरण कन्ट्रोल बौक्स, लेजर ग्राही और मांजा (बकेट) एक ट्रैक्टर में लगे होते हैं तथा लेसर ट्रांसमीटर खेत के बाहर तिपाई पर रखा जाता है यह लेसर ट्रांसमीटर खेत के बहार तिपाई पर रखा जाता है। यह लेसर ट्रांसमीटर खेत के समान्तर लेजर तरगें अपने चारों ओर भेजता है जिन्हें मांझे पर लगा लेजर ग्राही (रिसीवर) पकड़ लेता है और उन्हें कन्ट्रोल बॉक्स को भेजता है। ट्रैक्टर ड्राइवर की सीट की बगल में लगा हुआ यह कन्ट्रोल बॉक्स मांझे को आवश्यकतानुसार ऊपर नीचे करता रहता है, जिससे खेत में चलता हुआ ट्रैक्टर खेत को पूर्ण रूपेण समतल कर देता है। यदि एक एकड़ खेत का ढ़लान 10 सें.मी. से कम है तो समय दो घन्टे प्रति एकड़ लगता है। इस यंत्र द्वारा समतल भूमि पर जल, उर्वरक, खाद, पोषक तत्व आदि एकसार वितरित होते हैं तथा उनका न्यूनतम क्षरण होता है। इस तकनीक से 20 से 30 प्रतिशत पानी की बचत, 40 से 50 प्रतिशत पैदावार में वृद्धि एवं 30 प्रतिशत कृषि योग्य भूमि बढ़ जाती है। इसकी कीमत 3.25 से 4.50 लाख रूपये तक है तथा इस पर 50 प्रतिशत तक अनुदान विभिन्न राज्य सरकार दे रही हैं (चित्र 2.3)।

लेजर लैंण्ड लेवलर द्वारा किये गये भूमि समतलीकरण एवं साधारण लेवलर द्वारा किये गये समतलीकरण में अन्तर

1. साधारण लेवलर से कराये गये समतलीकरण की तुलना में कम समय लगता है।
2. फसल को समान नमी मिलने के कारण खरपतवार की समस्या का निराकरण।

3. फसल का अच्छा जमाव व बढ़त होनें से फसल के उत्पादन में समानता।
4. बीज दर, उर्वरक एवं रसायन के दर में कमी।

लेजर लैण्ड लेवलर द्वारा कराये गये समतलीकरण से लाभ

1. सिंचाई में 35 प्रतिशत तक पानी की बचत होती है।
2. सिंचाई में लगनें वाले ईधन/बिजली की बचत।
3. खेत की सस्य क्रियाओं में 10 प्रतिशत समय की बचत।
4. खेत समतल करनें में कम ईधन का उपयोग।
5. खेत की जमीन में 3.5 प्रतिशत तक अधिकतम उपयोग।
6. उत्पादन में 50 प्रतिशत तक की वृद्धि से आमदनी का अतिरिक्त साधन।
7. ट्रैक्टर क्षमता की आवश्यकता 50–55 अश्वशक्ति।

लेजर लेवलर के कलपुर्जे

1. लेजर ट्रांसमीटर।
2. मशीन कन्ट्रोल रिसीवर।
3. कन्ट्रोल बॉक्स।
4. स्क्रेपर, जन्द्र, मंजा।

लेजर ट्रांसमीटर का विवरण

1. लेजर तरंगदैर्ध्य (लेजर ट्रांसमीटर इनफ्रारेड) 635 न्यूटन मीटर से 780 न्यूटन मीटर।
2. रोटेशन स्पीड 600 राउड प्रति मिनट।
3. शुद्धता 1.5 मि.मी./30 मी0।
4. स्वता लेवलिंग रेंज 5 डिग्री।
5. वर्किंग रेंज 800 से 1500 मीटर (व्यास)।
6. वजन 2.1 कि.ग्रा.।

7. कार्य तापमान रेंज 20 से 60 डिग्री सेल्सियस।
8. बिना किसी ढ़लान मोड़े कार्य प्रारम्भ करता है।
9. रिर्चाजेबल बैटरी 16 घंटा।

मशीन कन्ट्रोल रिसीवर या लेजर सेंसर

1. लेजर सेंसिंग रेंज 360 डिग्री।
2. वजन 2.5 कि.ग्रा.।
3. लेजर मशीन नियंत्रण अपनी 25 सें.मी. लम्बे सतह पर लेजर बीम रिसीव करता है।
4. यह सभी भारी मशीनों के साथ उपयोग में लाया जाता है।
5. यह सभी प्रकार के लेजर पर कार्य करता है।
6. लीड डिरप्ले ग्रेड, अपग्रेड, आनग्रेड, ब्लोग्रेड एवं लेजर रिसीपर के साथ लेजर बीम।

कन्ट्रोल बॉक्स

1. मशीन नियंत्रण बॉक्स, संगत मशीन कन्ट्रोल रिसीवर के साथ Directional Solenoid वाल्व के लिये बनाया गया है और सभी प्रकार के वाल्व के लिये बदला जा सकता है।
2. कन्ट्रोल बॉक्स में तीन स्विच होते हैं।
3. कन्ट्रोल बॉक्स के माध्यम से लेजर लेवलर को ऊपर उठाया और गिराया जा सकता है।
4. इसके माध्यम से लेजर लेवलर को आटोमैटिक एवं मैनुअल मोड में चलाया जाता सकता है।
5. आटोमैटिक एवं मैनुअल विधि के लिए स्विच।
6. मैनुअली ऊपर और नीचे हाइड्रोलिक स्विच।
7. लीड डिस्प्ले ग्रेड, अपग्रेड, आनग्रेड, ब्लोग्रेड एवं लेजर रिसीवर के साथ लेजर बीम।

लेजर लेवलर की कार्य–विधि

1. सबसे पहले तिपाई स्टैण्ड को खेत के किसी एक किनारे पर खड़ा कर दिया जाता है।
2. तिपाई स्टैण्ड के ऊपर लेजर ट्रांसमीटर को फिट कर दिया जाता है।
3. लेजर ट्रांसमीटर को 6 बोल्ट / 12 बोल्ट की बैटरी से करेन्ट दिया जाता है।
4. लेजर ट्रांसमीटर को ऑन करके एक मिनट के अन्दर तिपाई स्टैण्ड में लगी लोहे की राड के माध्यम से ट्रांसमीटर को ट्रैक्टर की छतरी से थोड़ा ऊपर उठा कर कस दिया जाता है।
5. लेजर ट्रांसमीटर में एक मिनट के अन्दर पंखा चलता है। जब पंखा चलना शुरू हो जाता है तब लेजर ट्रांसमीटर लेजर बीम देनें लगता है।
6. मशीन कन्ट्रोल रिसीवर / लेजर सेन्सर लेजर बीम को लेनें के लिए लेवलर के ऊपर लगे लोहे की पाइप को ऊपर या नीचे उठाते है।
7. जब लेजर सेन्सर में हरी लाइट जलनें लगती है तब उसी जगह राड को कस दिया जाता है।
8. इस प्रकार कन्ट्रोल बॉक्स में हरी लाइट जलनें लगती हैं।
9. इसके बाद लेजर सेन्सर को ऊपर उठानें पर लेवलर नीचे की ओर आने लगता है, लेजर सेन्सर को नीचे गिरानें पर लेवलर ऊपर आनें लगता है।
10. लेवलर को उसी तरीके से ऊपर नीचे उठा कर सेट कर सकते है।
11. सेटिंग होनें पश्चात् ट्रैक्टर को स्टार्ट करके अन्दर से बाहर की ओर निकलते हुए गोलाई में चलाते है।

ट्रैक्टर चालित लेजर लैण्ड लेवलर के प्रयोग से लाभ

1. खेत में पानी, उर्वरक एवं कीटनाशी दवाओं का एक समान फैलाव होने से 15–20 प्रतिशत पैदावार बढ़ती है।
2. पानी का पूरा–पूरा इस्तेमाल होता है और सिंचाई पानी की 30 से 40 प्रतिशत की बचत होती है।
3. जल उपयोग की दक्षता 50 प्रतिशत बढ़ जाती है।

4. खेती लायक क्षेत्रफल में लगभग 3–5 प्रतिशत की वृद्धि होती है।
5. खरपतवारों के अँकुरण में कमी आती है।
6. खेती की सिंचाई करने में समय, ईंधन व ऊर्जा की बचत होती है।
7. फसलों की अधिक उत्पादकता प्राप्त होती है।

खेत को ट्रैक्टर चालित लेजर लैण्ड लेवलर से समतल करते समय निम्न बातों का ध्यान रखें:

1. खेत में खरपतवार एवं फसलों के अवशेषों का कचरा नहीं होना चाहिए।

2. खेत की गहरी व बारीक जुताई होनी चाहिए तथा खेत में नमी का सही अनुपात होना चाहिए।

3. लेजर उपकरण की व्यवस्था को सेट तथा समायोजित करने तथा ट्रैक्टर चलाने के लिए कुशल संचालक की आवश्यकता पड़ती है।

4. अनियमित व छोटे आकार के खेतों में कम सफलता मिलती है।

5. तिपाई स्टैण्ड को पेड़ों के बीच या बाग में सेट नही करना चाहिये। बिजली के तार के नीचे नही सेट करना चाहिये, इससे खेत एक साथ लेवल नही होगा।

6. कोहरा होनें पर लेजर ट्रांसमीटर सही तरह से कार्य नहीं करेगा।

7. ट्रांसमीटर को ऑन करनें के बाद पंखा चलना चाहिए। यदि पंखा नही चल रहा है तो ट्रांसमीटर को दुबारा ऑन करना चाहिए।

8. कन्ट्रोल बॉक्स में लगी बटन आटो मैटिक में होना चाहिए।

9. यदि बैटरी चार्ज नही है तो ट्रांसमीटर कार्य नही करेगा।

2.4 ट्रैक्टर चालित रोटावेटर

परम्परागत विधि में फसलों की बुवाई से पूर्व खेत की दो–तीन बार देशी हल से जुताई फिर डिस्क हैरो द्वारा जुताई तथा अन्त में खेत को समतल करने के लिए पटेला चलाना पड़ता था, लेकिन अब इन सबके स्थान पर प्राकृतिक संसाधन संरक्षण के लिए रोटावेटर का प्रयोग किया जा सकता है। यह एक बहुद्द्देशीय आधुनिक

चित्र 2.4: ट्रैक्टर चालित रोटावेटर

ट्रैक्टर चालित प्राथमिक भू–परिष्करण कृषि के लिए जुताई यंत्र है। जिसके द्वारा खेत में फसल अवशेषों को छोटे–छोटे टुकड़ों में काटकर जमीन में दबा दिया जाता है। इसका प्रयोग गीली एवं सूखी जमीन में 5 से 6 इंच गहराई तक मिट्टी को मुलायम करने में किया जाता है।

इस यंत्र का उपयोग हरी खाद बनाने में भी होता है। इस यंत्र द्वारा खेत में बचे फसल अवशेषों को छोटे–छोटे टुकड़ों में काटकर जमीन में दबा दिया जाता है जिससे फसल अवशेषों का विघटन शीघ्र हो जाता है। यह यंत्र 35 हार्सपावर के ट्रैक्टर से चलता है। रोटावेटर को ट्रैक्टर की पी.टी.ओ. शॉफ्ट द्वारा शक्ति दी जाती है (चित्र 2.4)।

इसके रोटर की गति 250 से 300 चक्कर प्रति मिनट तक होती है, जबकि ट्रैक्टर पी.टी.ओ. की गति 540 चक्कर प्रति मिनट तक होती है। रोटावेटर के फाले अंग्रेजी के अक्षर 'एल' आकार के होते हैं तथा एक के बाद एक विपरीत दिशा में धुरी पर लगे होते हैं। यह मशीन 1.25, 1.55, 1.65 एवं 1.84 मीटर चौड़ाई में उपलब्ध होती है। इसका आकार मशीन द्वारा कटी जमीन की चौड़ाई से निर्धारित होता है। इससे एक घंटे में लगभग एक एकड़ खेत अच्छी महीन जुताई की जाती है व एक हेक्टेयर खेत की जुताई हेतु लगभग 3.6 घन्टे का समय लगता है तथा खेत तैयार करने की लागत लगभग 600 रू. प्रति हेक्टेयर आती है। यह कृषि यंत्र बड़े–बड़े ढ़ेलों को तोड़ने के अलावा खरपतवारों को भी जड़ से उखाड़ने का काम करता है तथा यंत्र फसल के डण्ठलों व अवशेषों को एक ही बार में खाद में परिवर्तित करने में सहायता करता है। इसका प्रयोग धान रोपाई के लिए पड़लिंग में भी किया जा सकता है। यह यंत्र विभिन्न आकार में बाजार में उपलब्ध होता है, जिस कारण इसकी कीमत भी अलग–अलग होती है तथा इसकी कीमत 60 हजार से एक लाख बीस हजार रू. तक होती है। इस पर लगभग 40 हजार रूपयों तक अनुदान है।

ट्रैक्टर चालित रोटावेटर के लाभ

1. रोटावेटर डिस्क हैरो, कल्टीवेटर एवं लेवलर तीनों यत्रों का काम एक बार में करके खेत को बुवाई योग्य बनाता है।
2. रोटावेटर खेतों में पिछली फसल की जड़ों और घासों को जमीन में मिला देता है जो कार्बनिक खादों का काम करता है।
3. रोटावेटर ट्रैक्टर की घिसाई, डीजल एवं समय की बचत और जमीन की नमी को बनाये रखता है।
4. सूखी, गीली एवं हर तरह की जमीन में ठीक काम करता है।
5. रोटावेटर चलाने से से ट्रैक्टर पर अतिरिक्त लोड नहीं पड़ता है।
6. रोटावेटर के प्रयोग से फसलों में 10 से 20 प्रतिशत पानी की बचत होती है।
7. इस मशीन से 50 से 60 प्रतिशत समय और 40 से 60 प्रतिशत ऊर्जा की बचत होती है।

2.5 ट्रैक्टर चालित डिस्क हैरो

चित्र 2.5: ट्रैक्टर चालित डिस्क हैरो

यह यंत्र देश के सभी क्षेत्रों में विभिन्न फसलों के लिए खेत तैयार करने सर्वाधिक प्रयोग किया जाने वाला यंत्र है (चित्र 2.5। डिस्क हैरो द्वारा जमीन की 5 से 7 सें.मी. गहराई तक उथली जुताई होती है, जिससे कड़ी जमीन के ढेले टूट जाते है तथा खरपतवार नष्ट हो जाते हैं। इस यंत्र द्वारा जुताई करने पर भूमि की ऊपरी सतह भुरभुरी व समतल हो जाती है, जिससे बीज का अँकुरण अच्छा होता है।

इसके प्रयोग से घासपात व फसल अवशेष आदि कट कर भूमि में मिल जाते हैं, जो ह्युमस का कार्य करते हैं। डिस्क हैरो के तवे गोल होते हैं जो भूमि को काटते हैं तथा उच्च कार्बन इस्पात के बने होते हैं। डिस्क हैरो में कानकेव डिस्क, गैंग बोल्ट, स्पेसर, फ्रेम, लीवर, बियरिंग, बमपर, स्क्रेपर, पेटी, हरीस एवं स्टैन्डड आदि मुख्य भाग होते हैं। डिस्क हैरो, गैंग की व्यवस्था के अनुसार तीन प्रकार के होती है, सिंगल एक्शन एवं डबल एक्शन डिस्क हैरो तथा आफसेट हैरो। भारत में

अधिकांश डबल एक्शन डिस्क हैरो ही प्रचलित है। इसमें दो डिस्क समूह आगे की ओर तथा दो उसके पीछे लगे होते हैं। आगे वाले गैंग की डिस्क भूमि को बीच से बाहर की तरफ और पीछे वाले गैंग की डिस्क बाहर से बीच की तरफ पलटते हैं, जिससे जमीन एक बार में ही दो बार पलट जाती है। इसके डिस्क का व्यास 45 से 60 सें.मी. होता है। डिस्क हैरो से अधिक गहराई के लिए टिल्ट (झुकाव) कोण 20 डिग्री का होना चाहिए। इसके अगले और पिछले गैंग को एक साथ मिलकर रखने वाले जोड़ पर ग्रीस या तेल नहीं लगाना चाहिए अन्यथा धूल और मिट्टी की रगड़ से जोड़ के भाग जल्दी घिस जाएंगे। इस यंत्र पर विभिन्न राज्य सरकारें 50 प्रतिशत या अधिकतम बीस हजार रू. का अनुदान देती हैं।

2.6 ट्रैक्टर चालित कल्टीवेटर

ट्रैक्टर चालित कल्टीवेटर डिस्क हैरो के बाद सबसे अधिक प्रयोग किया जाने वाला बहुउपयोगी यंत्र है (चित्र 2.6)। यह दो प्रकार का होता है, स्प्रिंग लोडिड एवं रिजिड़ टाईन कल्टीवेटर। स्प्रिंग लोडिड कल्टीवेटर में खुर्पे मुख्य फ्रेम के ऊपर इस प्रकार लगे होते हैं, कि कोई भी बाधा आने पर स्प्रिंग पीछे की तरफ खिंचकर फिर वापस अपने स्थान पर आ जाते हैं।

चित्र 2.6: ट्रैक्टर चालित कल्टीवेटर

इस प्रकार के कल्टीवेटर का उपयोग छोट पत्थर तथाढ़ेलों वाली भमि में किया जता है। रिजिड़ टाइन कल्टीवेटर में टाइन को मुख्य फ्रेम में दृढ़ता से बोल्ट द्वारा कस दिया जाता है। दोनों ही कल्टीवेटर्स में 7, 9, 11, या 13 टाइन लगे होते हैं, जो उच्च कार्बन स्टील के बने होते हैं। इस यंत्र द्वारा जुताई, बुवाई एवं निराई आदि कार्य किये जा सकते हैं। जुते हुए खेतों में कल्टीवेटर का प्रयोग से खेत की घास समाप्त होती है, मिट्टी भुरभुरी हो जाती है, मिट्टी में नीचे दबे हुए ढेले ऊपर आकर टूट जाते है तथा जो फसल के उचित विकास में सहायक है। इस यंत्र पर विभिन्न राज्य सरकारें 50 प्रतिशत या अधिकतम बीस हजार रू. का अनुदान देती हैं।

2.7 ट्रैक्टर चालित मिट्टी पलट (मोल्ड बोर्ड) हल

मिट्टी पलटने तथा खरपतवारों को नीचे दबाने के लिए यह बहुत ही उपयोगी यंत्र है। इस प्रकार के हलों में एक लोहे का नुकीला फाल होता है जो मिट्टी को

चीरता है परन्तु काटी हुए मिट्टी फाल के पीछे लगे हुए मोल्ड बोर्ड या पंखे पर चढ़ जाती है और पंखा अपनी घुमावदार संरचना द्वारा मिट्टी को एक तरफ पलट देता है। यह ट्रैक्टर चालित यंत्र अधिक गहरी जुताई करता है। वर्तमान परिदृश्य में जैविक व संरक्षण खेती हेतु मिट्टी की उर्वरा शक्ति बनाये रखने तथा सही फसल चक्र नहीं अपनाने की स्थिति में 3 वर्षों के अन्तराल पर समस्त खेती की मिट्टी को इस यंत्र की सहायता से पलटना आवश्यक हो गया है। इस यंत्र पर विभिन्न राज्य सरकारें 50 प्रतिशत या अधिकतम बीस हजार रू. का अनुदान देती हैं (चित्र 2.7)।

चित्र 2.7: ट्रैक्टर चालित मिट्टी पलट हल

2.8 रिज मेकर

यह आधुनिक ट्रैक्टर चालित यंत्र मेंड़ बनाने का कार्य करता है (चित्र 2.8)। आज कल मजदूरों की कम उपलब्धता और उनकी अधिक मजदूरी को देखते हुए रिज मेकर बहुत उपयोगी सिद्ध हो रहा है। इस यंत्र से मेड़े बनाने के साथ–साथ फसलों की निराई भी की जा सकती है। इस यंत्र से सिंचाई जल उपयोग दक्षता तो बढ़ती ही है साथ ही पानी की भी बचत होती है। रिज मेकर से 30 सें.मी. चौड़ी नाली तथा 40 से 70 सें. मी. चौड़ाई की मेंड़ बनाई जा सकती है। इस यंत्र से तीन नालियां तथा चार मेडें एक साथ बनाई जा सकती हैं। इस यंत्र के प्रयोग से नाली बनाने में लगने वाली ऊर्जा, समय एवं धन की बचत होती है। खेती में रिज मेकर के प्रयोग से मजदूरों पर निर्भरता में भी कमी आती है तथा उच्च गुणवत्ता वाली अधिक फसल उपज ली जा सकती हैं (चित्र 2.8)।

चित्र 2.8: ट्रैक्टर चालित डिस्क हैरो रिज मेकर

2.9 रिज पैकर

रिज मेकर द्वारा बनी मेंड़ों को दबाने व उनको सही आकर देने हेतु रिज पैकर का प्रयोग किया जाता है। यह यंत्र एक साथ तीन नाली एवं चार मेंड़ों को एक साथ

आकार देता है। यह फार्म उपकरण 30 सें.मी. चौडी नाली तथा 40 सें.मी. चौड़ी मेंड़ बनाने के लिए उपयोगी है। इस यंत्र द्वारा दबाई गई मेंड़ ज्यादा टिकाऊ व सुरक्षित रहती है। ये मेड़ें अगली फसल के लिए भी इस्तेमाल की जा सकती है।

2.10 ट्रैक्टर चालित मेंड़ बनाने का यंत्र

ये यंत्र डिस्क एवं ब्लेड टाईप प्रकार के होते हैं। ब्लेड टाइप मेड़ बनाने वाले यंत्र दो चपटे लोहे के खुले 'वी' आकर के ब्लेड लगे होते है जो मिट्टी को एकत्र कर मेड़ बनाते हैं (चित्र 2.9)। मध्यम किस्म के 100 सें.मी. लम्बे ब्लेड द्वारा 15 से 20 सें.मी. ऊँची मेड़ बन जाती है (चित्र 2.9)।

चित्र 2.9: ट्रैक्टर चालितमेंड़ बनाने का यंत्र

2.11 सीड ड्रेसर

विभिन्न फसलों के बीजों को बोने से पहले बीजोपचारित करना आवश्यकता होती है, जिसके लिए सीड ड्रेसर का प्रयोग किया जाता है। इस यंत्र में लोहे के फ्रेम पर एक ड्रम लगा होता है। जिसमें बीज को भर कर उसमें विभिन्न प्रकार की आवश्यक पीड़कनाशियों की को डाला जाता है, फिर ड्रम के ढ़क्कन को बंद करके हैंड़िल के द्वारा यंत्र को घुमाया जाता है। इस यंत्र में बीज की मात्रा का 3/4 भाग ही भरा जाता है।

2.12 ट्रैक्टर चालित जीरो–टिलेज ड्रिल

जीरो–टिलेज तकनीक का खेती में लागत कम करने फसलों की बुवाई समय पर करने तथा प्राकृतिक संसाधनों के संरक्षण में अनोखी विधि है। इससे गेहूँ की बुवाई बहुपयोगी एवं लाभकारी साबित हुई है। आजकल किसान जीरो टिलेज से धान, बाजरा, कपास, मक्का, अरहर, एवं सरसों के खेतों में सीधे गेहूँ, मूँग, चना तथा सरसों की बुवाई करने लगे हैं, परन्तु यह मशीन विशेष रूप से गेहूँ की बुवाई के लिए डिजाइन की गई थी। इस तकनीक द्वारा अगेती एवं पछेती दोनों तरह की बुवाई कर सकते हैं। अच्छी पैदावार के लिए बीज एवं उर्वरक की मात्रा पारम्परिक विधि के बराबर ही रखनी चाहिए। सामान्यतः धान, मक्का, कपास, व अरहर की

चित्र 2.10: ट्रैक्टर चालितनो टिल सीड कम फर्टी–ड्रिल

पछेती किस्मों की कटाई के उपरान्त खेत में गेहूँ की फसल के लिए खेत तैयार करने का समय नहीं मिल पाता है और किसान के पास खेत को खाली छोड़ने के अलावा कोई उपाय नहीं रहता है। जीरो–टिलेज ड्रिल से बुवाई करके किसान इस समस्या का समाधान कर सकते हैं। इस मशीन द्वारा पूर्व फसलों की कटाई करने के उपरान्त उसी खेत की बिना जुताई किये गेहूँ की बुवाई कर सकते हैं। यह मशीन साधारण बुवाई मशीन की तरह ही होती है उसी तरह ही कार्य करती है, इसमें केवल अन्तर फरो–ओपनर का होता है जो नूकीले चाकू की तरह होते हैं तथा जिनमें बीज बिना किसी कठिनाई के उचित गहराई पर पहुँच जाता है। इस मशीन में सन्तुलित एवं उचित मात्रा में बीज गिराने के लिए फ्लूटेड रोलर लगाए गए है तथा उर्वरक डालने के लिए खाचेंदार ऊर्ध्वाधर रोलर्स लगाए गए हैं। उर्वरक की मात्रा को उर्वरक के बक्से में किये छिद्रों के आकार को कम या अधिक करके निर्धारित किया जाता है (चित्र 2.9)।

उर्वरक व बीज गिराने की इकाइयों को चलाने के लिए शक्ति, सामने की तरफ दिये गये पहिए से चैन और गरारी के द्वारा दी जाती है। बीज की गहराई को कम या अधिक करने के लिए मशीन के दोनों तरफ पहिये लगे होते हैं। यह मशीन 35 या उससे अधिक अश्व–शक्ति वाले ट्रैक्टर द्वारा चलाई जा सकती है। यह मशीन 9/11 कूंडों में बुवाई के लिए उपलब्ध है। कूंड खोलने वाले भाग (फरो–ओपनर) अंग्रेजी के अक्षर 'टी ' के आकार के होते हैं (चित्र 2.10)। कूंड से कूंड की दूरी कम या अधिक करने का प्रावधान होता है। प्रायः इस मशीन का आकार लगभग 1800 मि.मी. लम्बाई, 600 मि.मी. चौडाई, 1100 मि.मी. ऊँचाई तथा भार 250 कि.ग्रा. होता है। इस तकनीक के प्रयोग से एक और गेहूँ के उत्पादन लागत में कमी आती है तो वहीं दूसरी तरफ पर्यावरण हितैषी भी है। अतः इस तकनीक को किसानों में और अधिक लोकप्रिय बनाने की आवश्यकता है।

जीरो–टिलेज ड्रिल द्वारा गेहूँ की बुवाई से लाभ

1. इस मशीन से गेहूँ की बुवाई करने पर खेत तैयार करने पर होने वाले खर्च में 2500 से 3000 रुपये प्रति हेक्टेयर की दर से बचत कर सकते हैं।
2. इस मशीन से 1.5 हेक्टेयर प्रति घन्टे से बुवाई की जा सकती है।
3. देरी से बुवाई की अवस्था में इस मशीन से बुवाई संभव है।
4. जीरो–टिलेज ड्रिल के प्रयोग से 75–85 प्रतिशत ईधन, ऊर्जा एवं समय की बचत होती है।
5. सामान्य बुवाई की अपेक्षा गेहूँ के बीजों का अँकुरण 2–3 दिन पहले ही हो जाता है तथा जुताई न होने के कारण खरपतवारों के बीज मिट्‌टी में निचली सतह में पड़े रहने के कारण मंडूसी का प्रकोप कम होता है।
6. इस विधि से 15 से 20 प्रतिशत पानी की बचत होती है।
7. समय से गेहूँ की बुवाई होने से 20 से 25 प्रतिशत ज्यादा पैदावार मिलती है।
8. मृदा एवं पर्यावरण प्रदूषण में कमी आती है।
9. पिछली फसल के अवशेष भूमि में मिलकर या सड़कर मृदा गुणवत्ता में वृद्धि करते हैं।
10. बुवाई में गेहूँ का कम बीज गिरता है जिससे बीज के मूल्य में कमी आती है।

जीरो–टिलेज ड्रिल की शर्ते एवं सावधानियाँ

1. पिछली फसलों के ठूंठ 15 सें.मी. से अधिक नहीं होने चाहिए।
2. पारम्पारिक बुवाई विधि की तुलना में अधिक नमी पर बुवाई करें, जिससे ट्रैक्टर धँसे नहीं।
3. जहाँ सम्भव हो, बुवाई धान की दो लाइनों के मध्य में ही करें, जिससे जमाव अच्छा होता है।
4. इस मशीन से उन क्षेत्रों में बुवाई की जाती है जहां पर जमीन भारी हो अथवा उचित जल–निकास की व्यवस्था नहीं हो।

2.12 रेज्ड बेड प्लान्टर (मेंडों पर बुवाई यंत्र)

चित्र 2.11: ट्रैक्टर चालित रेज्ड़ बेड प्लान्टर

यह ट्रैक्टर चालित यंत्र गेहूँ शोध निदेशालय (डी. डब्ल्यु. आर.) करनाल, हरियाणा द्वारा मेंड़ों पर गेहूँ की बुवाई के लिए विकसित किया गया है (चित्र 2. 11)। यह यंत्र सिंचित क्षेत्रों के लिए धान, सोयाबीन, कपास व मक्का आदि के बाद गेहूँ की बुवाई हेतु उपयुक्त है। उत्तर–पश्चिमी भारत में प्रचलित फर्टी–सीडड्रिल द्वारा समतल भूमि में बुवाई करने की अपेक्षा इस विधि द्वारा बुवाई करने पर उपज में 5 से 10 प्रतिशत कम बीज, उर्वरकों एवं सिंचाई जल की कम खपत होती है तथा फसल गिरने की कम संभावना होती हैं।

यह यंत्र अच्छी जुती हुई भूमि पर एक बार में ही मेंड़ बनाकर उन पर बीज की बुवाई और मेंड़ों को सही आकार में रखने का कार्य करता है। यह यंत्र दो मेंड़ों पर 6 लाइनों में बुवाई करता है। उभरी हुई क्यारियों की चौडाई को 56 से 70 सें. मी. के बीच समायोजित किया जा सकता है। इसको 35 से 45 अश्व–शक्ति के ट्रैक्टर द्वारा चलाया जा सकता है। इसकी कार्य क्षमता 0.2 हेक्टेयर प्रति घन्टा है। इस यंत्र में उभरी हुई मेंड़ बनानें के लिए रिजर लगे होते हैं। बीज को नियमित तथा निर्धारित मात्रा में गिराने के लिए फ्लुटेड रोलर लगे होते हैं। उर्वरक को कप के आकार वाले रोटर द्वारा गिराया जाता है। मेड़ों को समतल तथा आकार देने के लिए एक बड़ा शेपर यंत्र के पीछे लगा होता है। मेंड़ों की बीच की नालियों से सिंचाई की जाती है तथा बरसात में जल निकासी का लाभ भी इन्ही नालियों से होता है। इस पद्धति में बुवाई के लिए जमीन का भुरभुरा होना आवश्यक है तथा अच्छे जमाव के लिए पर्याप्त नमी होनी चाहिए। गेहूँ के तुरन्त बाद पुरानी मेंड़ों को पुर्नप्रयोग करके खरीफ फसलों जैसे मूँग, मक्का, कपास, सोयाबीन, अरहर आदि फसलें उगाई जा सकती हैं। इस विधि से दलहन व तिलहन की 15 से 20 प्रतिशत अधिक उपज मिलती है तथा रबी मौसम की फसलों में फेलेरिस माइनर नामक खरपतवार का मेंड के ऊपर कम जमाव होता है।

2.13 ट्रैक्टर चालित एक्वा–फर्टी–सीडड्रिल

हमारे देश की कुल 143 मिलियन हेक्टेयर कृषि योग्य भूमि का 75 प्रतिशत वर्षा आधारित तथा बारानी खेती के अन्तर्गत आता है। देश में लगभग 95 प्रतिशत ज्वार तथा बाजरा तथा 90 प्रतिशत मोटे अनाजों का उत्पादन वर्षा आधारित क्षेत्रों से ही आता है। इसके अलावा 91 प्रतिशत दालों तथा 85 प्रतिश्त तिलहनों की पैदावार बारानी क्षेत्रों से आती है। वर्षा आश्रित तथा बारानी क्षेत्रों में आधुनिक कृषि यंत्रों का सही समय पर प्रयोग कर प्रति इकाई क्षेत्र उत्पादकता को कई गुना बढ़ाया जा सकता है। इस सम्बन्ध में पूसा एक्वा–फर्टी सीडड्रिल की महत्वपूर्ण भूमिका हो सकती है (चित्र 2.12)।

चित्र 2.12: ट्रैक्टर चालित एक्वा फर्टी सीडड्रिल

इस यंत्र के प्रयोग से समय, धन, श्रम, व ऊर्जा की बचत के साथ–साथ क्षमतापूर्वक फसलों की बुवाई की जा सकती है। पूसा एक्वा फर्टी–सीडड्रिल बारानी क्षेत्रों में रबी की फसलों की बुवाई के लिए उपयोगी है। सामान्यतः बारानी क्षेत्रों में बुवाई के समय खेत में नमी की कमी होती है। इस मशीन से फसलों की बुवाई करने पर उत्पादन में 10–12 प्रतिशत की वृद्धि हो सकती है। इसका मुख्य कारण है कि इस मशीन से बुवाई करने पर बीज उचित गहराई और उचित दूरी पर समान रूप से गिरता है, साथ ही अनावश्यक रूप से बीज भी गिरने से बचाता हैं। फसल की बुवाई लाइनों में होने से निराई–गुड़ाई भी आसानी से की जा सकती है। इस मशीन से पंक्तियों में बीज के साथ उर्वरक का घोल भी डाला जाता है, जिससे बीजों के जमने और पौधो के प्रारभिक विकास में सहायता मिलती है।

इस मशीन के मुख्य भागों में बीज बक्सा, बीज की उपयुक्त नियंत्रण प्रणाली, कूंड बनाने के शॉवल तथा उर्वरक घोल डालने के लिए प्लास्टिक पाइपों का पेरिस्टालस्टिक पम्प इस तरह डिजाइन किया है कि उरर्वक घोल की आवश्यक मात्रा टैंक से मशीन के किसी भाग को बिना कोई नुकसान नहीं पहुँचाये सीधे पाइप से होता हुआ जमीन में पहुँच जाए। गेहूँ की बुवाई के लिए इससे 8000 से 10000 लीटर उर्वरक घोल की मात्रा प्रति हेक्टेयर खेत में डाली जा सकती है। बीज की मात्रा के नियंत्रण के लिए फ्लुटेड रोलर प्रणाली का उपयोग किया जाता है। यह

मशीन 45 अश्व–शक्ति के ट्रैक्टर से चलती है तथा इससे एक घन्टे में एकड़ क्षेत्र की बुवाई की जा सकती है।

2.14 रोटरी टिलेज

इस तकनीक द्वारा गेहूँ या अन्य फसलों की बुवाई रोटरी टिल–ड्रिल से की जा सकती है। यह मशीन एक बार में ही जमीन को भुरभुरी कर देती है साथ ही खाद व बीज भी डालती है तथा पाटा भी लगाती है। इस मशीन से एक बार में 7 से 9 पंक्तियों में बुवाई की जाती है तथा बीज एवं उर्वरक पारम्पारिक विधि की तरह ही उपयोग किए जाते हैं। यह मशीन एक घन्टे में एक एकड़ क्षेत्र की बुवाई कर सकती है।

2.15 रोटरी डिस्क–ड्रिल

यह एक ऐसी मशीन है जो बिखरे पड़े फसल अवशेषों में सीधे बुवाई के लिए बनाई गई है। धान की फसल के अलावा गन्ना, कपास, बाजरा, अरहर आदि के खेतों में भी इस मशीन द्वारा बिना जुताई किए गेहूँ की बुवाई संभव है। इस मशीन में लगे तवे/डिस्क बचे हुए डण्ठलों को काटते हुए बुवाई कर देते हैं। इस विधि से बोए गए गेहूं के गिरने की आशंका कम रहती है, जिससे जमीन में कार्बनिक पदार्थ की मात्रा भी बढ़ जाती है। फसलों के अवशेषों को जमीन की सतह पर रखने से नमी तो बनी ही रहती है साथ ही साथ खरपतवार एवं दीमक की समस्या भी कम होती है।

2.16 हैप्पी सीडर

चित्र 2.13: ट्रैक्टर चालित हैप्पी सीडर

विश्व खाद्य संगठन के अनुसार संरक्षण कृषि, किसानों का जीवन स्तर तथा आजीविका के बेहतर साधनों को बढ़ावा देती है। अन्य देशों के तरह हमारे देश भी संरक्षण खेती को प्रयोग बढ़ता जा रहा है। वर्तमान में संरक्षण हेतु अनेक यंत्र प्रयोग किये जा रहे है, जिनमें से सर्वाधिक उपयोगी एवं बहुउपयोगी यंत्र हैप्पी सीडर है (चित्र 2.13)। जिसको

धान–गेहूँ फसल चक्र में फसल अवशेष एवं बुवाई के लिए प्रयोग किया जाता है। यह यंत्र कम्बाईन द्वारा धान कटाई के बाद उसके अवशेषों में गेहूँ की बुवाई हेतु प्रयुक्त किया जाता है। यह यंत्र में नो टिल सीड कम फर्टी ड्रिल के सभी गुण है। इस यंत्र में फसल के अवशेषों आदि को दबाने के लिए चौपर लगा रहता है,जो अवशेषों को मृदा में दबा देता है, जिससे बुवाई में सुविधा के साथ–साथ फसल अवशेषों से कार्बन की मात्रा भी मिल जाती है।

यह 40 से 45 अश्व शक्ति ट्रैक्टर से चालित होता है। इससे एक घंटे में एक एकड़ खेत की बुवाई की जा सकती है तथा इसकी कीमत लगभग 60–80,000 रूपये है। इस पर सरकार की तरफ से अधिकतम 40,000 रूपये का अनुदान है।

2.17 दो पंक्तियों में गन्ना बुवाई यंत्र

गन्ना भारत की प्रमुख शर्करा वाली फसल है, जिसमें गन्ने बुवाई के समय अधिक श्रम की आवश्यकता होती है तथा बुवाई हेतु समय पर श्रमिक भी नहीं मिल पाते हैं। इस समस्या को ध्यान में रखते हुए, ट्रैक्टर चालित गन्ना बुवाई यंत्र का विकास किया गया है, जो एक साथ में कूंड खोलने का कार्य, गन्ने के टुकड़े काटने का कार्य, कटे हुए टुकड़ों को कूंड में डालने का कार्य, उर्वरक व पेस्टीसाइड को कूंड में डालने का कार्य तथा कूंड को मिट्टी में ढ़कने एवं ढकी हुई मिट्टी को दबाने का कार्य करता है (चित्र 2.14)। इस यंत्र को चलाने के लिए 50 अथवा अधिक हार्सपावर ट्रैक्टर की आवश्यकता होती है। इस यंत्र को चलाने के लिए ट्रैक्टर के हाइड्रोलिक के साथ जोड़ा जाता है।

चित्र 2.14: ट्रैक्टर चालित शुगरकेन प्लान्टर

इस यंत्र से दो पंक्तियों के मध्य दूरी 75 सें.मी. एवं कूंड की गहराई 15 से 20 सें.मी. रखी जा सकती है। इस यंत्र से प्रति हेक्टेयर बीज दर 40 से 50 हजार गन्ने के टुकड़ों लगते हैं। इसकी कार्य क्षमता 0.20 हेक्टेयर है तथा बुवाई करने पर लागत में 60 प्रतिशत की कमी आती है। इस यंत्र पर सरकार 40 हजार रूपये का अनुदान दे रही है।

2.18 ट्रैक्टर चालित फर्टिलाईजर ब्रॉडकास्टर

इस ट्रैक्टर चालित यंत्र का प्रयोग दानेदार उर्वरकों जैसे यूरिया एवं डी.ए.पी. आदि को खेत में खड़ी फसल जैसे; गेहूँ में छिड़काव के लिए किया जाता है। इस यंत्र को ट्रैक्टर के पीछे लगा कर तथा पी. टी.ओ. द्वारा संचालित किया जाता है। इस यंत्र के ब्रॉडकास्टर में एक हॉपर तथा एक घुमने वाली डिस्क लगी होती है। हॉपर में से उर्वरक को तीव्र गति से घूमने वाली डिस्क पर गिरने दिया जाता है जिसका डिस्क की अपकेन्द्री शक्ति द्वारा चारों तरफ एक समान छिड़काव होता है। इस यंत्र के संचालन के लिए 35 हार्सपावर के एक ट्रैक्टर की आवश्यकता होती है तथा कार्य क्षेत्र क्षमता 2.50 हेक्टेयर प्रति घंटा है (चित्र 2.15)। इसकी कीमत लगभग 15 हजार रूपये है।

चित्र 2.15: ट्रैक्टर चालित उर्वरक छिड़काव यंत्र

2.19 स्वचालित पैडी ट्रांसप्लान्टर

भारत में उगाई जाने वाली खाद्यान्न फसलों में धान का प्रथम स्थान है, जिसे उगाने के लिए अधिक श्रम, समय एवं खर्च करना पड़ता है, विशेषकर मानव द्वारा धान रोपाई में अधिक श्रम लगता है जिसे कम करने के लिए स्वचालित धान रोपाई यंत्र विकसित किया गया है। यह धान की पौध रोपाई हेतु श्रमिकों का अभाव तथा समय पर उपलब्धता नहीं होने पर अच्छा यंत्र है जिसके द्वारा कम समय में अधिक पौध की रोपाई पंक्तियों में सटीक रूप से हो जाती है। इस यंत्र में इंजन, रनिंग गियर और रोपाई डिवाइस मुख्य भाग होते हैं तथा पौध की ट्रे को दांए घुमाने का मैकनिज्म एवं धान रोपाई हेतु फोर्क का प्रबंध होता है। पौध रखने की ट्रे एक शेड की छत की तरह होती है जिसमें मैट टाईप नर्सरी को रखा जाता है (चित्र 2.16)। खेत में रोपाई करते समय पौध, इस यंत्र के पौध ट्रे में लगा दिया जाता है। खेत में रोपाई के समय पौध ट्रे एक टाईपराईटर की तरह इधर उधर खिसकती है तथा पिकिंग फोर्क इस ट्रे में से एक–एक करके धान की पौध को उठा कर भूमि में गाड़ती रहती है। इस यंत्र द्वारा दो या दो से कम आदमी मिलकर धान की रोपाई पहले से तैयार पड़े भूमि में कर सकते हैं। इसकी कार्य क्षमता 0.2 हेक्टेयर प्रति घंटा

है। इस यंत्र को चलाने के लिए 3.5 से 5 हार्सपावर गेसोलीन इंजन की आवश्यकता होती है तथा इससे धान रोपाई के खर्च में 60 प्रतिशत श्रम एवं 40 प्रतिशत कमी आती है। इसकी कीमत 2.5 से 3.50 लाख रूपये है और इस पर विभिन्न राज्य सरकारें 80 हजार रू. तक अनुदान दे रही हैं।

चित्र 2.16: स्वचालित पैडी ट्रांसप्लान्टर

2.20 सौर चालित नेपसेक छिड़काव यंत्र

एक समान दबाव तथा मानव द्वारा किये जाने वाले प्रयासों में कमी जैसे गुणों वाला सौर ऊर्जा से चालित पूसा नेपसैक स्प्रेयर विकसित किया गया है (चित्र 2.17)। इसमें एक लैड अम्ल वाली बैटरी होती है जिसे 60 डब्ल्यु, एस.पी.वी. पैनल से चार्ज किया जा सकता है तथा स्प्रेयर को लगातार 6 घन्टों तक उपयोग में लाया जा सकता है।

चित्र 2.17: सौलर बैटरी चालित स्प्रेयर

इसमें डायाफ्राम की तरह का पम्प लगा होता है, जिसमें बिना किसी स्पंदन के 4 कि. ग्रा. प्रति सें.मी. वर्ग का दबाव रहता है जो कि महीन तथा एक समान छिड़काव के लिए पर्याप्त है। इस प्रणाली में किसान अलग से बैटरी को चार्ज करके उसे पम्प में जोड सकते हैं एवं फिर उसका 6 घन्टे तक लगातार उपयोग भी कर सकते हैं। इसमें किसानों को सोलर पॉवर पैनल के भार को साथ में ले जाने की आवश्यकता नहीं पड़ती। इसकी कार्य क्षमता 0.35 हेक्टेयर प्रति घन्टा है।

2.21 पावर स्प्रेयर

चित्र 2.18: पावर स्प्रेयर

फसलों एवं औद्यानिकी को विभिन्न प्रकार के रोगों एवं कीटों के नुकसान से बचाने व कम व समय में अधिक स्प्रे करने हेतु केरोसीन प पेट्रोल चालित पावर स्प्रेयर बाजार में उपलब्ध है। इस यंत्र द्वारा एक स्थान पर खड़े होकर 30 मीटर दूरी तक स्प्रे किया जा सकता है (चित्र 2.18)। यह बागबगीचों में कीटनाशक, बीमारीनाशक और खरपतवारनाशक दवाओं का छिड़काव करने में सक्षम है। फसल में यह एक बार में 12 फुट तक छिड़काव कर सकता है।

2.22 स्वचालित (सेल्फ प्रोपेल्ड) पावर वीडर

चित्र 2.19: पावर वीडर

लगभग 45 सें. मी. पंक्ति से पंक्ति की दूरी पर बोई गई, फसलें जैसे, गन्ना, कपास, मक्का, टमाटर एवं दलहनी में खरपतवार नियंत्रण हेतु स्वचालित पावर वीडर का प्रयोग किया जाता है। इस यंत्र में रोटरी वीडर, स्वीप ब्लेड, रिजर एवं ट्रॉली आदि अटेचमेंट लगाये जा सकते हैं। यह एक 2.5 से 3.75 हार्सपावर के इंजन (डीजल/पेट्रोल) द्वारा चालित यंत्र है। इंजन की पावर "वी" बेल्ट–पुली के द्वारा ग्राउड पहियों को प्रेषित की जाती है। गहराई बनाए रखने के लिए इस यंत्र में पीछे एक टेल पहिया लगाया गया है।

रोटरी पावर वीडर की तीन पंक्तियों में प्रत्येक डिस्क पर एक दूसरे की विपरीत दिशा में 6 घुमावदार ब्लेड लगे होते है। इन ब्लेड के घूमने से मिट्टी एवं घास आदि कटकर मिश्रित हो जाते है। रोटरी टिलर की कार्य करने की क्षमता 500 मि.मी. चौड़ाई में होती है तथा इसकी कार्य क्षमता 1.0 से 1.2 हेक्टेयर प्रति दिन होती है। इसकी अनुमानित कीमत 60 से 70 हजार रूपये तक होती है (चित्र 2.19)।

2.23 कटाई रीपर तथा रीपर बाइन्डर मशीन

चित्र 2.20: स्वचालित रीपर

कटाई रीपर दो प्रकार के होते हैं जो परिपक्व गेहूँ की फसल को डेढ़ से दो इंच ऊँचाई से काटते हैं। इन रीपरों से गेहूँ की कटाई करने से भूसे को कोई नुकसान नहीं होता है। इनकी कार्य क्षमता 2.5 से 3.0 हेक्टेयर प्रति दिन होती है (चित्र 2.20)। स्वचालित रीपर बाइन्डर ऐसी मशीन है जो परिपक्व गेहूँ, धान, जई, जौ एवं अन्य फसलों को जमीन से 5 सं 7 सें. मी. ऊँचाई से काटकर स्वतः धागे द्वारा बण्डल भी बनाती है। इस यंत्र में 10.2 हार्सपावर डीजल इंजन लगा होता है, इसकी डीजल खपत 1 लीटर प्रति घंटा है तथा कार्यक्षमता 0.40 हेक्टेयर प्रति घन्टा है। हर कम्पनी के रीपर का आकार, क्षमता व कीमत आदि अलग–अलग है।

2.24 ट्रैक्टर चालित वर्टीकल कनवेयर रीपर

चित्र 2.21: ट्रैक्टर चालित वर्टीकल कनवेयर रीपर

यह यंत्र धान एवं गेहूँ फसलों की कटाई का कार्य करता है। इस रीपर को 35 एच.पी.या अधिक के ट्रैक्टर के आगे लगाया जाता है। ट्रैक्टर की पी.टी.ओ. से पुली, गियर बॉक्स यूनिवर्सल शाफ्ट और सीधी शाफ्ट के द्वारा रीपर को कटबार और कनवेयर को गति दी जाती है (चित्र 2.21)। रीपर के सामने की ओर सात कटार विभाजक और स्टार व्हील लगे होते हैं, जो फसल को एकत्रित करने तथा कटर बार से सामने लाने का कार्य करता है तथा फसल को काटकर जमीन पर गिरा देता है।

ट्रैक्टर से चलने वाले इस रीपर की अपनी विशेषता है, यह दूसरी कटाई यंत्रों से अलग है। इस यंत्र द्वारा कटाई के बाद बेल्ट कनवेयर की सहायता से कटी फसल को मशीन के दाहिनी दिशा में ले जाता है तथा उसे लाइन से मशीन की दिशा में जमीन पर रखता है। गेहूँ की बाली इस यंत्र के सम्पर्क में नहीं आती है, जिससे फसल टूटने से होने वाली हानि कम होती है। यह रीपर कटाई के बाद फसलों को एक दिशा में लाइन में रखता है, जिससे फसलों को एकत्र करना व बंडल बनाना आसान हो जाता है। इसके द्वारा कम खर्च में ज्यादा फसल काटी जा सकती है। इसका प्रयोग उन फसलों के लिए किया जाता है, जिनके बीच में कोई अन्तः फसल न बोई गई हो। इस यंत्र से किसानों को भूसा भी प्राप्त हो जाता है। इसका भार 205 कि.ग्रा., कटरबार की कार्यकारी चौड़ाई 2050 मि.मी., कार्य क्षमता 0.31 हेक्टेयर प्रति धंटा है।

2.25 ब्रश कटर

यह धान, गेहूँ, जौ, तिलहन, मक्का, बाजरा व चारा आदि खड़ी फसलों को काटने का यंत्र है। यह खरपतवार व जंगल की सफाई भी कर सकता है। इसे चलाना आसान एवं खर्च कम आता है। इस यंत्र से फसल कटाई के अलावा घासफूस एवं छोटी मोटी झाड़ी, जंगल को भी साफ कर सकते हैं। इस यंत्र में पेट्रोलचालित एक छोटा इंजन लगा होता और एक आदमी इस मशीन को बेल्ट की सहायता से अपनी कमर में बांध कर आसानी से फसल काट सकता है। इसमें एक टोकरी भी लगी होती है, जो फसल को काट कर एकत्र भी करती है। बाजार में इसकी कीमत 18 से 20 हजार रूपए है (चित्र 2.22)। आजकल मजदूरों की कमी के चलते यह यंत्र बहुत ही उपयोगी है।

चित्र 2.22: ब्रश कटर

2.26 बासमती धान थ्रेसर

चित्र 2.23: पावर बासमती थ्रेषर

यह धान के बीज को स्पष्ट या अस्पष्ट यांत्रिकी क्षति से बचाव के लिए एक उपयुक्त मशीन है जो गहाई कार्य को समय से व कम लागत में भी करने में सक्षम है, इसे 45 अश्व–शक्ति वाले ट्रैक्टर के पी.टी.ओ. से चलाते हैं व इसकी कार्य क्षमता 1000 सं 1500 कि.ग्रा. प्रति घन्टा है (चित्र 2.23)। यह मशीन अधिक कार्य क्षमता की वजह से गहाई के कार्य को समय से सम्पन्न करने में सहायक है जिससे किसान अगली फसल को समय से बुवाई करके इसका लाभ प्राप्त कर सकता है।

2.27 कम्बाईन हावेस्टर

चित्र 2.24: स्वचालित कम्बाईन

कम्बाईन हारवेस्टर एक ऐसी मशीन है जिसमें कटाई/गहाई तथा बोरे में अनाज भरने तक का कार्य एक साथ कर सकते हैं। इस मशीन के निमार्ण का उद्देश्य यह है कि कटाई, गहाई, भंडारण जैसे तीन महत्वपूर्ण कार्य समय से हो जाय, जोकि पूर्वकाल में अलग–अलग मशीनों से किया जाता था तथा जिससे किसान को अधिक समय तक जोखिम उठाना पड़ता था। कम्बाईन हार्वेस्टर द्वारा गेहूँ, धान, सरसों, तिलहन, सोयाबीन, चना, आदि की कटाई तथा गहाई एक साथ कर सकते हैं (चित्र 2.24)। कम्बाईन से 2.7–5 मी. की चौडाई तक फसल काट सकते हैं। इस यंत्र में 50 से 60 एच. पी. इंजन, कटर बार, गहाई इकाई, सफाई इकाई, ग्रेन टैंक आदि, मुख्य भाग हैं। इस यंत्र से बहुत कम नुकसान होता है, साथ ही गिरी हुई फसल की भी कटाई की जा सकती है। इस मशीन द्वारा कटाई, गहाई तथा सफाई तीनों कार्य एक साथ कर सकते हैं। इससे समय की बचत तो होती ही है, साथ ही किसानों को फसल उत्पादों के बाजार में समय से पहुँचने पर फसल उत्पादों की अच्छी कीमत भी मिल जाती है। इस मशीन से दानों की ठूंठ तथा हानि कम से कम होती है। इस मशीन की कार्य क्षमता 3.7 से 5 हेक्टेयर प्रति घन्टा है। ट्रैक्टर चालित कम्बाईन 55 से 65

अश्व–शक्ति वाले ट्रैक्टरों से चलाई जाती है। इस कम्बाईन से ईंधन की खपत 7 से 12 ली. प्रति घन्टा है। इसके प्रयोग से किसानों को फसलों से भूसा प्राप्त नहीं होता है। इस मशीन से श्रमिकों की कमी तथा समय की बचत संभव है। नमी वाले खेतों में अच्छा कार्य करता है। कम्बाईन को 2.8 कि.मी. प्रति घंटा की गति से चलाया जाता है तथा यह लगभग 30 सें.मी. ऊँचाई से फसल काटती है। इसमें ईधन की खपत 7 से 12 लीटर प्रति घंटा होती है जो बहुत मितव्ययितापूर्ण है। स्वचालित कम्बाईन की कीमत 7 से 10 लाख रू. तक होती है।

2.28 स्ट्रा रीपर

गेहूँ एवं धान आदि की कम्बाईन द्वारा कटाई के पश्चात् उनके अवशेषों के प्रबंधन हेतु स्ट्रा रीपर का विकास किया गया है, जो ट्रैक्टर की पी.टी.ओ. से चलता है। इसे चलाने के लिए 35 या अधिक हार्सपावर के ट्रैक्टर की आवश्यकता होती है। यह 2 मीटर कटाने की चौड़ाई तथा 4 कि.मी. प्रति घंटे की गति से 0.5 हेक्टेयर प्रति घंटा की दर से कार्य करता है (चित्र 2.25)।

चित्र 2.25: स्ट्रॉ रीपर

परम्परागत थ्रेशर की तरह, इसमें कटरबार, फीडिंग अगर तथा थ्रेसिंग सिलेंडर आदि मुख्य भाग होते हैं। दाने वाली कम्बाईन चलाने के बाद फसलों के छूटे हुए डंठल, स्ट्रा कम्बाइन से काटकर एकत्र कर सिलेंडर–कानकेव यूनिट में भेजे जाते हैं जहाँ पर ये छोटे–छोटे टुकड़ों बदल जाते हैं। कानकेव यूनिट से गुजरने वाले भूसे पर पंखे से हवा दी जाती है जिससे भूसा आगे चलकर ट्रैक्टर के पीछे लगी ट्राली, जिसमें तारों की जालिया लगी होती हैं, में एकत्र कर लिया जाता है। इस यंत्र द्वारा एक घंटे में लगभग एक एकड़ क्षेत्र के फसल अवशेषों की कटाई करके भूसा बनाया जा सकता है। इस यंत्र पर 20,000 रू. तक का अनुदान उपलब्ध है। यह यंत्र देश के अनेक राज्यों के कस्टम हायरिंग केन्द्रो पर भी उपलब्ध है।

2.29 बहु–फसलीय गहाई यंत्र

यह यंत्र बहु–फसलीय प्रकार का थ्रेसर है जिससे गेहूँ, धान, मक्का, ज्वार, सोयाबीन, सूरजमुखी, कुसुम, चना, अरहर, अलसी एवं सरसों आदि फसलों की मड़ाई की जा सकती है। यह थ्रेसर 5 अश्व शक्ति के बिजली की मोटर या डीजल इंजन से चलता है। यह यंत्र बहु फसलीय प्रकार का होने के कारण अलग–अलग फसल के लिए अलग–अलग समायोजन करना पड़ता है (चित्र 2.26)।

चित्र 2.26: पावर मल्टीक्रॉप थ्रेशर

इस यंत्र में खूंटीदार बेलन, भराव द्वार, कानकेव, शेकर, असेम्बली, पहिए, अनाज द्वार, ब्लोअर, मोटर, सफाई छनना एवं अर्द्ध षट्कोणीय ढक्कन आदि मुख्य भाग हैं। यह यंत्र 5 अश्व शक्ति, 1440 चक्कर तीन फेज की विद्युत मोटर या 7.5 एच.पी. के इंजन द्वारा चालित होता है। इसका भार 500 कि.ग्रा. तथा विभिन्न फसलों में कार्य क्षमता औसत 75 से 1400 कि.ग्रा. प्रति घंटा है। इस यंत्र के सही प्रचालन हेतु गेहूँ, धान और इसी प्रकार की अन्य फसलों की मड़ाई करने के लिए उसकी बालियों को पहले अन्दर की तरफ धकेलना चाहिए, मक्का और ज्वार की मड़ाई के लिए केवल उनके भुट्टों को ही थ्रेशर में डालना चाहिए, चना, सोयाबीन और कुसुम की मड़ाई के लिए तने को थ्रेशर में पहले डालना चाहिए, अरहर और सरसों की मड़ाई के लिए उनके तने को पकड़कर सिर्फ फलियों को थ्रेशर में डालना चाहिए एवं सूरजमुखी की मड़ाई के लिए उसके सिर के साथ तीन–चार का तना होना चाहिए।

2.30 पावर चालित गन्ना कटाई यंत्र

यह भारत के लिए एक नई मशीन है, हमारे यहाँ अभी तक 4 से 5 शुगरकेन हारर्वेस्टर है। यह एक चाफर प्रकार का शुगरकेन हार्वेस्टर यंत्र है। जो गन्ने को जड़ों के नजदीक से व ऊपरी हिस्से को काटता है, साथ ही साथ गन्ने के ऊपरी लगी पत्तियों को साफ करके पूरे गन्ने के छोटे–छोटे टुकड़े करके साथ–साथ चलने वाली ट्रैक्टर ट्रॉली मे भरता जाता है (चित्र 2.27)।

यह यंत्र एक समय में दो पंक्तियों की कटाई करता है। इसमें 337 / 252.75 हार्सपावर का इंजन लगा होता है तथा यह एक दिन में लगभग 400 टन गन्ने की कटाई कर सकता है। इसके टायर सिल्क ट्रैंक चैन प्राईमरी प्रकार के होते हैं तथा इसमें दो हाईड्रोस्टाटिक पम्प जो परिवर्तनशील गति प्रदान करते है, लगे होते हैं। इसकी कीगत 105 लाख है। इस मशीन का वजन कम होने के कारण खेत की जमीन पर कम दबाव पड़ता है तथा ठूंठों की कटाई की आवश्यकता नहीं होती है, क्योंकि हारर्वेस्टर मशीन उन्हें काटते हुए चलती है।

चित्र 2.27: शुगरकेन हार्वेस्टर

2.31 पावर चालित स्ट्रॉ–बेलर

इस यंत्र का प्रयोग पुआल या फसल अवशेषों के आयताकार बंडल तैयार करने के लिए किया जाता है। यह यंत्र ट्रैक्टर के पी.टी.ओ. द्वारा चलाया जाता है जिसमें रील प्रकार कि स्ट्रॉ पिकअप असेम्बली और स्ट्रॉ को सघंनन कर बांधने इकाई होती है। यह स्वचालित रूप से रील कि यहायता से खेत में से फ़सल अवशेषों को उठाकर फीडर की सहायता से बंडल चेम्बर में स्थानांतरित करता है। उसके बाद रेसिप्रोकेटिंग रैम की सहायता से स्ट्रॉ को दबाकर संकुचित किया जाता है और अलग–अलग लंबाई के बंडल तैयार किए जाते हैं। यह स्वचालित रूप से धातु के तार या नाइलॉन रस्सी का उपयोग कर गांठ भी बांधता है। इस यंत्र को चलाने हेतु 35 या अधिक हार्सपावर के ट्रैक्टर की आवश्यकता होती है (चित्र 2.28)। इसकी कीमत 7.0 लाख रूपये तक होती है।

चित्र 2.28: पावर चालित स्ट्रॉ–बेलर

2.32 कॉटन–पिकर

चित्र 2.29. कॉटन पिकर

यह यंत्र कपास के पौधे के फूल के खुले हुए खोल में से कपास को निकालकर खोल को पौधे पर छोड़ देता है। कॉटन पिकर मशीन को अक्सर स्पिण्डल टाइप हार्वेस्टर कहा जाता है। स्पिण्डल अपने अक्ष पर उच्च गति से घूमती है जो एक घूमने वाले ड्रम पर लगी होती है जिसके कारण स्पिण्डल कपास के खोल में घुस जाती है। कपास के सूक्ष्म धागे नमीयुक्त स्पिण्डल के चारों ओर लिपट जाती है जो एक विशेष उपकरण जिसे डॉफर कहते है कि सहायता से निकल जाते है और उसके उपरान्त कपास को मशीन के ऊपर लगी बड़ी बास्केट में डाल दिया जाता है (चित्र 2.29)। इस यंत्र की परिचालन गति 2.92 से 5.0 कि.मी. प्रति घंटा तथा कार्यक्षमता 2.24 से 4.40 हेक्टेयर प्रति दिन है। इस यंत्र में ईंधन खपत 22 लीटर प्रति हेक्टेयर तथा इसकी कीमत 15 से 25 लाख है।

2.33 पोस्ट होल डिगर

चित्र 2.30: पोस्ट होल डिगर

इस यंत्र के प्रयोग से पौधों की रोपाई कम समय में अधिक एवं 3 से 4 फुट आकार के गहरे गडढ़े बनाये जा सकते हैं। इन गडढ़ों का उपयोग बाग़वानी हेतु बड़े पौधों को रोपने के लिए किया जाता है। इसे चलाने के लिए 30 से 35 हार्सपावर के ट्रैक्टर की आवश्यकता होती है (चित्र 2.30)। इसके ऑगर का व्यास 9, 12, 18, 24, 30 व 36 इंच में उपलब्ध है। इस यंत्र को ट्रैक्टर की पी.टी.ओ. शाफ्ट द्वारा शक्ति दी जाती है तथा इसकी कार्य क्षमता 20 से 30 गडढ़े प्रति घंटा है। इस पर सरकार 80 प्रतिशत तक अनुदान दे रही है।

2.34 सब सोयलर (चिजलर)

चित्र 2.31: सब सोयलर

सब–स्वायलिंग वह क्रिया है जिसमें फाल के द्वारा अत्याधिक गहराई की मिट्टी को काटा, तोड़ा तथा ढ़ीला किया जाता है जिससे मिट्टी में वायुसंचार एवं जल धारण क्षमता बढ़ जाती है। आधुनिक खेती में भारी एवं अत्याधिक मशीनों के प्रयोग से ऊपरी उपजाऊ सतह कड़ी बन जाने से मिट्टी में हवा व पानी का आनाजाना कम हो जाता है, जिससे मिट्टी के सख्त होने के कारण पानी जमीन में नीचे की ओर नहीं जा पाता है और खेतों में पानी भराव जैसी समस्या पैदा होने लगती है, इतना ही नहीं, इन्हीं सख्त परतों के चलते पौधों की जड़ें भी भूमि में ज्यादा गहराई तक नहीं जा पाती है। सख्त परतों के कारण पोषक तत्वों व पानी का प्रयोग भी नहीं कर पाने से उपज कम होती है।

इस समस्या के निदान हेतु सबस्वायलर यंत्र विकसित किया गया है। इस यंत्र को खींचने के लिए 50 हार्सपावर से अधिक शक्ति वाले ट्रैक्टर की आवश्यकता होती है (चित्र 2.31)। इसका मुख्य कार्य मृदा की कड़ी परतों को तोड़ना है। यह कई का आकार, प्रकार व नामों से बाजार में उपलब्ध है। इस यंत्र को हल्की बलुई दोमट, दोमट व चिकनी जमीन में 5 वर्ष में एक बार अवश्य प्रयोग करना चाहिए। इसके प्रयोग से खेत में दीमक का असर कम होता है, क्योंकि दीमक घर खत्म हो जाते है। इस यंत्र को फरवरी–मार्च महीनों में प्रयोग करना अच्छा होता है।

2.35 रोटरी स्लेशर

इस यंत्र का प्रयोग बागबगीचों, ऑयल पाम के खेतों, ग्रास ट्रफ, सड़क के किनारों का रखरखाव एवं औद्योगिक भूमियों में किया जाता है। यह यंत्र घास, खरपतवारों एवं ठंठ को 25 मि.मी. ऊँचाई तक काटता है, जो 40 हार्सपावर के ट्रैक्टर से संचालित होता है तथा कटिंग की ऊँचाई 25 से 150 मि.मी. तक ट्रैक्टर की हाइड्रोलिक प्रणाली के द्वारा नियंत्रित होती है (चित्र 2.32)। इसकी एक बार में

कटाई की चौड़ाई 4, 5 एवं 6 फीट तथा इसमें कटाई हेतु ब्लेड स्टील के होते है, जो घिस जाने पर बदले जा सकते हैं।

चित्र 2.32: रोटरी स्लेशर

2.36 मोबाईल श्रेडर

यह 40 हार्सपावर के ट्रैक्टर द्वारा संचालित यंत्र किया जाता है। जिसका प्रयोग मक्का, कपास एवं अलसी के पौधों के लम्बे डंठलों के बारीक टुकड़े काटकर ट्रैक्टर ट्रॉली में भरने के लिए किया जाता है (चित्र 2.33)। जिससे अगली फसल के लिए खेत तैयार करने में आसानी होती है। ये अवशेष खेत में मिलाने से हरी खाद का काम करते हैं, साथ ही इनका उपयोग बायोमास के ब्लाक बनाने में ईट के भट्ठों व पॉवर प्लान्ट में ईंधन के रूप में भी होता है। यह यंत्र एक घंटे में एक एकड़ की कटाई कर सकता है।

चित्र 2.33: मोबईल श्रेडर

सारांश

वर्तमान में कृषि यंत्रों के बिना खेती करना कठिन ही नहीं बल्कि असंभव है। फसल की बुवाई या कटाई हो, मजदूरों की कमी की समस्या हर समय रहती है। ऐसे में किसानों के लिए सिंचाई के लिए सेंटीफ्यूगल पम्प, कल्टीवेटर, डिस्क हैरो, डिस्क प्लाऊ, रोटावेटर, पावर टिलर, सीड ड्रिल, पोटेटो प्लांटर, रीपर, स्ट्रॉ–रीपर, थ्रेशर एवं गन्ना कटाई यंत्र आदि आधुनिक कृषि यंत्र एवं मशीनों को प्रयोग करके खेती के कठिन कार्य आसान बनाये जा सकते हैं। कम्बाईन जैसी मंहगी मशीनें होने के कारण देश में उपलब्ध कस्टम हायरिंग केन्द्रों से किराए पर ले कर प्रयोग कर सकते हैं।

❑❑❑

अध्याय 3

छोटे एवं सीमांत किसानों के लिए कृषि उपकरण

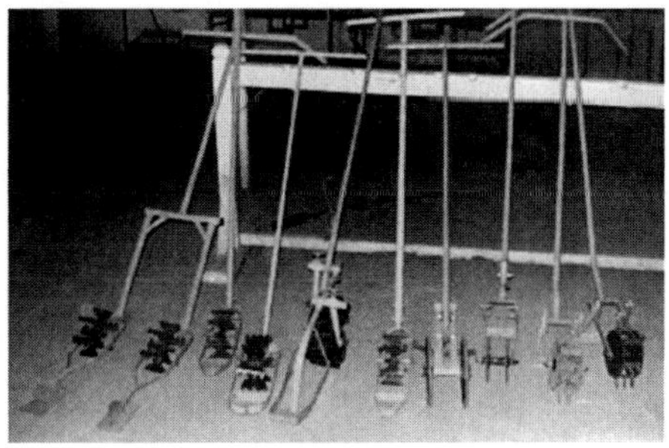

चित्रः 3.1 छोटे कृषि उपकरण

प्रति इकाई क्षेत्र से अधिक खाद्यान्न उत्पादन के लिए अच्छा बीज, जैविक खाद, रासायनिक उर्वरक, फसल सुरक्षा उपाय, सिंचाई की उचित व्यवस्था तथा आधुनिक उन्नत कृषि उपकरणों का प्रयोग आवश्यक होता है। हमारे देश में तीव्र गति से बढ़ती जनसंख्या के कारण कम होती जमीन ओर छोटे होते खेत जैसी समस्या प्रबल होती जा रही है। इस समस्या के समाधान के लिए हमें प्रति इकाई क्षेत्र से फसलों की पैदावार बढ़ाने की आधुनिक तकनीकियों में सबसे उन्नत तकनीकी खेती में उन्नत कृषि उपकरणों का अधिक से अधिक प्रयोग करना आवश्यक है। हमारे देश में एक और समस्या है कि एक तो खेत छोटे हैं और अधिकतर किसानों की स्थिति ऐसी नहीं है, जो ट्रैक्टर जैसी मंहगी मशीनें खरीद सकें। इन समस्याओं का समाधान का बहुत आसान है। सस्ती, छोटी कृषि मशीनें एवं उपकरणों का उपयोग। आजकल ऐसी बहुत सारी छोटी कृषि मशीनें/उपकरण हैं जो खर्च, जगह, स्थिति और रखरखाव सभी में अनुकूल बैठती हैं (चित्र 3.1)। छोटे कृषि उपकरणों का प्रयोग करने से मानव श्रम की बचत तो होती ही है साथ ही उत्पादन में भी वृद्धि होती है। इससे कार्य भी जल्दी पूरा होता है। छोटे किसानों तक इन उपकरणों की पहुँच से कृषि के क्षेत्र में विकास को गति मिलती है।

3.1 बैल चालित समेकित बीज एवं उर्वरक बुवाई यंत्र

यह एक पशुचालित बहुउद्देश्य, सरल एवं कम भार वाला यंत्र है। इसके द्वारा किसान अपने खेत की तैयारी, बुवाई, गुड़ाई और मेंड़ बनाने जैसे कार्य कर सकते हैं। इसके साथ विभिन्न कार्यों में काम आने वाले उपकरणों में रिजर, कल्टीवेटर,

मिट्टी पलटने वाला हल, मेड़ बनाने वाले उपकरण आदि उर्वरक एवं बीज डालने वाले बक्सों को हटाकर एक ही फ्रेम पर लगाये जा सकते हैं। इस उपकरण में उर्वरक एवं बीज की उचित मात्रा देने के लिए फ्लूटेड रोलर मापक प्रणाली लगाई गई है, जो चेन एवं दांतेदार पहिए के द्वारा चलाई जाती है। इसमें उर्वरक एवं बीज को कूंड़ में वांछित गहराई पर डाल सकते हैं। इसकी बनावट तथा मरम्मत साधारण है जिसको एक गाँव का कारीगर भी बना सकता है। इसमें समायोजन की सभी सुविधाएं होती हैं। इसके द्वारा प्रारंभिक जुताई से लेकर बीज बोने तक के अधिकतर कार्य किये जा सकते हैं। अलग–अलग उपकरण खरीदने की तुलना में लगभग 25 प्रतिशत तक खर्च की बचत की जा सकती हैं। इसका भार 100 कि.ग्रा. तथा कार्यक्षमता एक हेक्टेयर प्रतिदिन है। इस चलाने के लिए एक जोड़ी बैलों की आवश्यकता होती है।

3.2 बैल चालित बीज एवं उर्वरक यंत्र

इस यंत्र में देशी हल के ऊपर एक उर्वरक एवं बीज बॉक्स लगा दिया जाता है इन बॉक्सों में विभिन्न प्रकार की उर्वरक व बीज प्रणालियाँ लगी होती हैं। इस उपकरण का प्रयोग अधिकतर गन्ने की दो पंक्तियों के बीच में गेहूँ बोने के लिए किया गया है व इसकी कार्यक्षमता 0.3 हेक्टेयर प्रतिदिन है।

3.3 पडल भूमि में पूर्व अंकुरित धान बुवाई यंत्र एवं ड्रम सीडर

भारतीय कृषि अनुसंधान संस्थान नई दिल्ली ने गीली भूमि में सीधी बुवाई के लिए मानव चालित यंत्र का विकास किया है। इस यंत्र द्वारा दो आदमियों की सहायता से एक दिन में लगभग 1.5 से 2.6 एकड़ खेत में बुवाई की जा सकती है। इस यंत्र में एक बीज बक्सा, बीज गिराने वाले रोलर, कूंड़ बनाने वाले भाग, दो पहिए तथा खींचने के लिए एक हैण्डिल आदि मुख्य भाग हैं। इस यंत्र के प्रयोग से पहले खेत को अच्छी तरह तैयार कर लेते हैं, एवं खेत की गीली जुताई करके समतल कर लेते है। खेत की मिट्टी को 12 से 14 घंटे तक बैठने देते हैं। इसके बाद बुवाई करते समय यदि अधिक पानी है तो उसे निकाल देते हैं। पहले से पूर्व अंकुरित ध ाान को यंत्र में रखकर बुवाई करते हैं। ध्यान रखें कि अँकुरण की लंबाई 5 मि.मी. कम हो।

धान की बुवाई हेतु तमिलनाडु कृषि विश्वविद्यालय, कोयम्बटूर ने भी चार पंक्तियों वाला ड्रम सीडर विकसित किया है तथा इसका भार 8 कि.ग्रा. है। बीज

दर के अनुसार ड्रम में लगे छिद्रों को बंद भी किया जा सकता है। ड्रम में अंकुरित बीज को इसके आधे हिस्से तक ही भरा जाता है। इस यंत्र को खेत में चलाने के लिए खेत की उथली मचाई की जाती है। मचाई के बाद खेत में पानी निकाल देते हैं। दूसरे दिन इस यंत्र को 1 से 1.5 कि. मी. प्रति घंटा की गति से हल्के पानी भरे खेत में चलाते हैं। खेत में पड़ रहे पहिए के निशान अगले चक्र के लिए मार्गदर्शन का काम करते हैं। इस यंत्र को खेत में चलाते समय इस बात का ध्यान रखें कि ड्रम के छिद्रों से बीज गिरता रहे। जब ड्रम खाली होने लगे तो और बीज भर दें। यंत्र के प्रयोग से बीज पंक्तियों में बोया जाता है, जिससे यांत्रिक निराई यंत्रों का उपयोग आसानी से किया जा सकता है। अतः निराई में लगने वाली लागत व कठिन श्रम में कमी आती है। इससे एक घंटे में 900 वर्ग मीटर धान के खेत की बुवाई की जाती है (चित्र 3.2)।

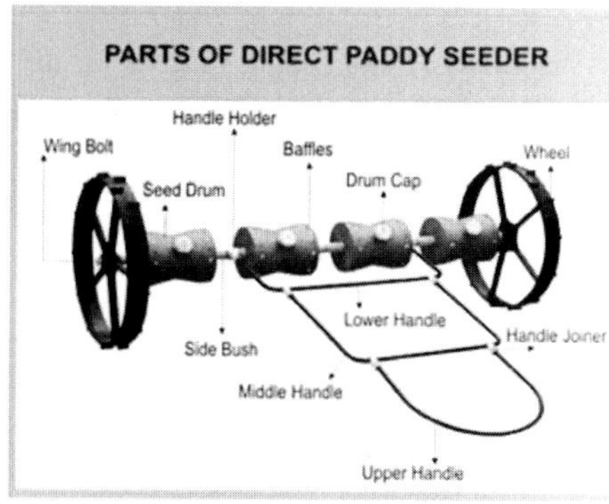

चित्र 3.2: पैड़ीड्रम सीडर

3.4 मानव चालित लहसुन बुवाई यंत्र

इस यंत्र में एक पहिए वाला हो होता है जिस पर लहसुन बोने की प्रणाली लगी होती है। इसमें एक गोल प्लेट खड़ी रूप में लगी होती है जिसका पहिया तथा हो, पहिए से चेन एवं गरारी की सहायता से चलाया जाता है। खड़ी प्लेट की परिधि पर चम्मच के आकार की पंखुड़ियां लगी होती है (चित्र 3.3)। यह बीज के बक्से में लहसुन की फलियों को उठाकर बीज की नाली में गिराती हैं और फलियां जमीन पर कूंड़ में गिर जाती है। इसकी कार्य क्षमता 0.3 से 0.4 हेक्टेयर प्रतिदिन है।

चित्र 3.3: मानव चालित लहसुन बुवाई यंत्र

3.5 मानव चालित सीड ड्रिल

कम क्षेत्रफल या प्रयोगात्मक प्रेक्षत्र में गेहूँ एवं मक्का आदि की बुवाई हेतु उन्नत हस्त चालित सीड–ड्रिल का विकास किया गया है। इस यंत्र से बुवाई के समय एक आदमी संचालित करता है तथा दूसरा आदमी हाथ से बीज की बुवाई करता चलता है (चित्र 3.4)।

चित्र 3.4: मानव चालित सीड ड्रिल

3.6 मानव चालित डिब्बलर

इस हस्त चालित यंत्र का विकास विभिन्न फसलों जैसे; गेहूँ, चना, मटर, अरहर, मक्का व भिण्डी आदि फसलों को छोटे क्षेत्र में बुवाई के लिये किया गया है। इस यंत्र से एक बार में 1 से 3 बीज एक साथ गिरते हैं। इसका वजन 3 कि.ग्रा. तथा कार्य क्षमता 8–10 हजार वर्ग मीटर प्रति दिन है। शून्य जुताई एवं फसल अवशेष की उपस्थित में बीज की बुवाई के साथ उर्वरक भी आसानी से डाला जा सकता है (चित्र 3.5)। बीज व उर्वरक उपयोग दक्षता में वृद्धि के साथ–साथ फसल उत्पादन में 20 प्रतिशत तक की वृद्धि होती है। इस यंत्र की कीमत लगभग 2–3 हजार रूपये तक होती है।

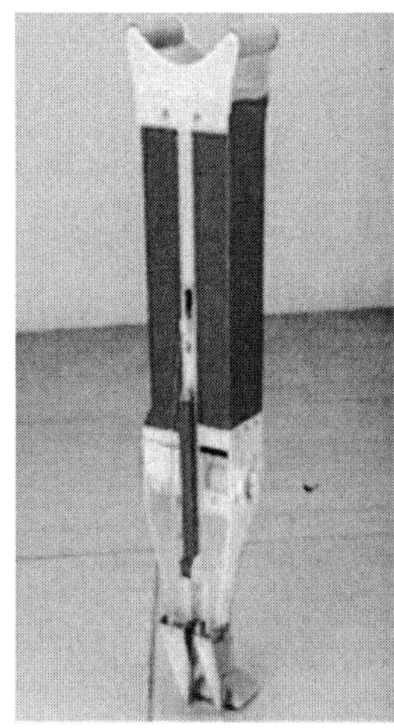

चित्र 3.5: डिब्बलर

3.7 हस्त चालित सब्जियों व फूलों की पौध रोपाई यंत्र

यह एक पुरुष/महिला द्वारा चालित इस बुवाई यंत्र है इस यंत्र द्वारा एक उचित लाइन में एवं उचित दूरी पर सब्जियों (टमाटर, बैंगन, पत्तागोभी मिर्च, फूलगोभी, करेला) एवं फूलों (गेंदा) की रोपाई की जा सकती है। रोपाई के लिये पौध को प्रो–ट्रे में तैयार किया जाता है। इस यंत्र द्वारा रोपाई करने में, पारंपारिक रोपाई की तुलना में कम समय में अधिक पौध की रोपाई की जा सकती है तथा यह उपयोग में भी सरल है (चित्र 3.6)।

चित्र 3.6 क,,ख, ग: प्लग प्लान्टर

इस को प्रयोग करने में मांसपेशीय विकार तथा शारीरिक थकान में कमी एवं कार्य क्षमता में वृद्धि होती है। किसान बिना झुके पौधे लगा सकते हैं एवं पौधों की रोपाई एक पंक्ति में होती है। इस यंत्र से एक व्यक्ति 7 घंटे में औसतन 5000 से 7000 पौधे आसानी से लगा सकता है। इस यंत्र की कीमत मात्र 3 हजार रूपये है।

3.8 मेड़ बनाने वाला यंत्र

मेंड़ व नाली हेतु हस्त चालित यंत्र का भार 3 कि.ग्रा. है। खेत में नाली/मेंड़ बनाने हेतु आवश्यक है कि खेत अच्छी तरह से तैयार हो। यदि नाली बनानी है तो इस यंत्र को सीधे खेत में चला दें व दोबारा उसी नाली पर एक बार पुनः नाली बना दें तो मेंड़ बन जाती है। इस यंत्र से एक घंटे में 25 मीटर लंबी, 0.3 मी. चौड़ी व 0.14 मीटर ऊँची बनाई जा सकती है।

3.9 मानव चालित बीज उपचार ड्रम

अधिकतर किसान बीज उपचार का कार्य हाथ से करते हैं। इस कार्य को सुरक्षित तरीके से करने लिये बीज उपचार ड्रम व्यावसायकि रूप से बाजार में उपलब्ध है। बीज में दवा/रसायन मिलाने से पहले श्रमिकों को हाथ में प्लास्टिक के दस्ताने व नाक पर मास्क पहनने चाहिए जिससे उनके स्वास्थ्य पर असर न पड़े। इसके बाद इस ड्रम में दो तिहाई बीज भरने के बाद निर्धारित मात्रा में दवा डालने के बाद पानी के छींटे डाले जाते हैं व इसके ढ़क्कन को कसकर बंद कर दिया जाता है। ड्रम को हत्थे से 20 से 25 बार घुमाते हैं (चित्र 3.7)।

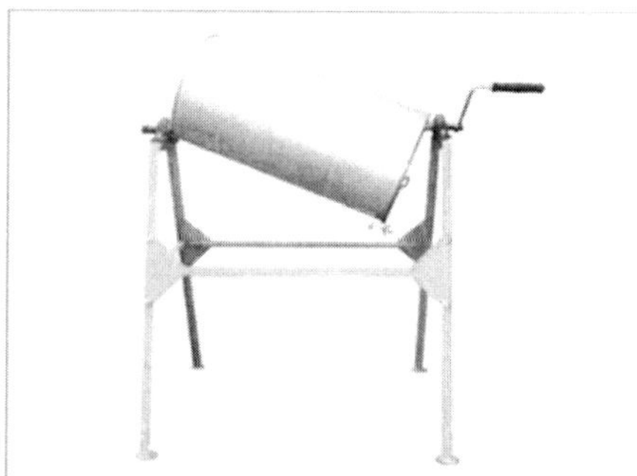

चित्र 3.7: बीज उपचार ड्रम

इसके 1 से 2 मिनट के बाद ही ड्रम में लगे ढ़क्कन को खोला जाता है व उपचारित बीज को अलग बोरे या बर्तन में निकाला जाता है। एक बार में बीज (लगभग 20 कि.ग्रा.) को उपचारित करने (बीज भरना, उपचारित करना व निकालना) में 5 से 6 मिनट का समय लगता है। हाथ के दस्ताने व नाक पर लगे मास्क को तब तक नहीं हटाना चाहिए जब तक कार्य पूर्ण न हो। बच्चों को कार्य स्थल से दूर रखना चाहिए। कार्य पूर्ण होने के बाद, श्रमिक अपने हाथ, पैर व चेहरे

को अच्छी तरह से साबुन से धो लें। परंपरगत तकनीक की अपेक्षा यह उन्नत यंत्र श्रमिक के स्वास्थ्य की सुरक्षा को बढ़ाता है क्योंकि रसायन से सीधा संपर्क नहीं रहता है।

3.10 शक्ति चालित बुवाई एवं निराई यंत्र

यह छोटे एवं पहाड़ी क्षेत्रों के किसानों के लिए एक पंक्ति में विभिन्न फसलों जैसे गेहूँ, सरसों, चना, जौ, बाजरा, मूँग व उड़द आदि की बुवाई एवं निराई हेतु बहुउद्देश्य सरल एवं कम भार वाला यंत्र है। इसका इंजन पेट्रोल से स्टार्ट होता है और कैरोसीन से चलता है इस यंत्र में कूंड़ की गहराई कम–ज्यादा करने के लिए इकाई लगाई गई है। इसकी कार्यक्षमता 0.06 हेक्टेयर प्रति घंटा है।

3.11 पैड़ी कोनोवीडर

खरीफ मौसम की फसलों में एस. आर.आई अथवा श्री पद्धति (सिस्टम ऑफ राइस इंटेंसीफिकेशन) से पंक्तियों में रोपी गई धान के खेतों में 2 से 3 सें.मी. पानी भरकर 2–3 दिन बाद कोनोवीडर को पंक्तियों के बीच चलाकर खरपतवार उसी खेत में दबा दिये जाते हैं जिससे वायु संचार अच्छा होता है तथा जैविक अवशेषों का विघटन भी होता है। विभिन्न संस्थानों ने कोनोवीडर का विकास किया है जो खरपतवार को कुचलकर मिट्टी में मिलाता है।

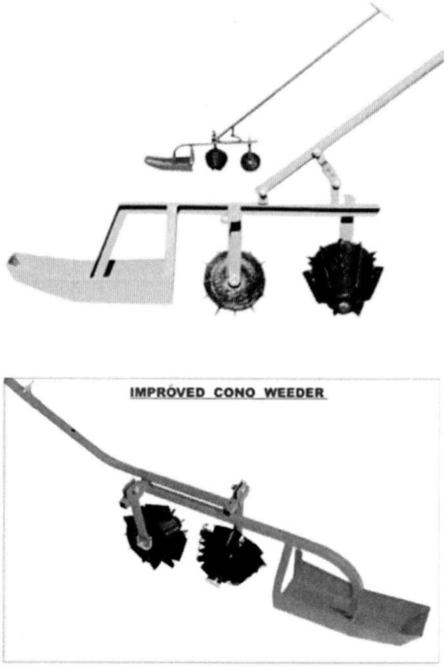

चित्र 3.8: पैड़ी कोनोवीडर

इसका वजन 9 कि.ग्रा. है तथा इससे एक घंटे में 175 वर्ग मीटर पंक्तियों में रोपी गई धान के खेत में निराई की जा सकती है। इस यंत्र में दो रोटर, फ्लोट, फ्रेम और हैंडिल लगे होते हैं। रोटर त्रिशंकु आकार के होते हैं एवं इसकी सतह पर लंबाई में चौरस दांतेदार स्ट्रिप जुड़ी होती है। रोटर विपरीत क्रम में आगे–पीछे लगे होते हैं। फ्लोट, रोटर और हैंडिल फ्रेम के साथ जुड़े होते हैं। रोटर असेम्बली को कीचड़ में धसने नहीं देते हैं तथा फ्लोट कार्य की गहराई को नियंत्रित करते हैं।

रोटर के अभिविन्यास जमीन के शीर्ष 3 सें.मी. में आगे–पीछे संचालन करते हैं जिससे खरपतवार को जड़ से उखाड़ने में मदद मिलती है (चित्र 3.8)। इस यंत्र को धान की रोपाई के 20 से 25 दिन बाद जब खरपतवार छोटा (1–3 सें.मी.) हो तब चलाने से अच्छा परिणाम मिलता है। यह उपकरण खड़े होकर चलाया जाता है जिससे कि पंरपरागत विधि में झुककर कार्य करने से छुटकारा मिलता है। यह यंत्र खरपतवार कुचलकर मिट्टी में दबाने के अलावा खेत की ऊपरी सतह को खुरचकर फसल की जड़ों को हवा देने का भी काम करता है। इस यंत्र की कार्य क्षमता लगभग 0.18 हेक्टेयर प्रतिदिन है। इसकी कीमत 1500 से 3000 रूपये है तथा इस पर सरकार द्वारा अधिकतम तीन हजार रूपयों का अनुदान है।

3.12 व्हील हैंड हो

व्हील हैंड हो एक व्यापक रूप से स्वीकार किया गया खरपतवार नियंत्रण करने में सक्षम यंत्र है। यह यंत्र एक आदमी द्वारा चालित होता है तथा संचालन एवं कार्य की गहराई के लिए हैंडिल की ऊँचाई को व्यवस्थित किया जाता है और पहिए को बार–बार धकेलने एवं खींचने की प्रक्रिया द्वारा चालित किया जाता है। इस यंत्र से खरपतवार कटकर जमीन में दब जाते हैं (चित्र 3.9)। इस यंत्र में फ्रेम, सीधे ब्लेड़, प्रतिवर्ती ब्लेड, स्वीप, वी–ब्लेड़, टाइन कल्टीवेटर, रैक आदि लगाने का प्रावधान होता है। इसकी कीमत 2000 से 3000 हजार रूपये होती है तथा सरकार इस पर मूल्य का 50 प्रतिशत तक अनुदान देती है।

चित्र 3.9: पहिये वाला हो

3.13 द्वि–पहिए वाला निराई यंत्र

काली मिट्टी के क्षेत्र में पंक्तियों वाली फसलों में खरपतवार की निराई हेतु केन्द्रीय कृषि अभियांत्रिकी संस्थान, भोपाल द्वारा विकसित द्वि–पहिया निराई यंत्र का वजन 5 कि.ग्रा. है। इसको आगे–पीछे धक्का देते हुए चलाया जाता है। इस चलाने के लिए खेत में उचित नमी की मात्रा होनी चाहिए। सामान्यतः इस यंत्र को बीज बुवाई के 20 से 25 सें.मी. दिन बाद जब खरपतवार छोटा हो तब चलाने से अच्छा परिणाम मिलता है।

3.14 स्वचालित रोटरी पावर वीडर

यह एक डीजल इंजन चालित यंत्र है। इंजन की पावर वी बेल्ट–पुली के द्वारा ग्राउंड व्हील को प्रेषित की जाती है। गहराई बनाए रखने के लिए इस यंत्र में पीछे एक पहिया लगाया गया है। रोटरी वीडिंग अटेचमेंट द्वारा खरपतवार नष्ट करने की प्रक्रिया की जाती है। रोटरी वीडर की तीन पंक्तियों में प्रत्येक डिस्क पर एक दूसरे से जमीन एवं घास आदि कटकर मिश्रित हो जाती हैं (चित्र 3.10)।

चित्र 3.10: पावर वीडर

रोटरी वीडर की 400 मि.मी. चौड़ाई में कार्य करने की क्षमता होती है तथा फसल क्षेत्र में जमीन एवं घास आदि को काटकर मिश्रित करने हेतु गहराई आवश्यकतानुसार निर्धारित की जा सकती है। इस यंत्र का प्रयोग गन्ना, मक्का, कपास, टमाटर, बैंगन और दलहन जैसी फसलों में किया जाता है; जिनका फासला 450 सें.मी. से ज्यादा है। इसकी कार्यक्षमता 0.1 से 0.12 हेक्टेयर प्रति घंटा है एवं इसकी कीमत 60 हजार से 80 हजार रूपये के बीच होती है।

3.15 दवा/रसायनों को छिड़कने वाले यंत्र

फसलों को बीमारियों/कीड़ों से बचाने के लिये रोगनाशक/कीटनाशक दवाओं को छिड़कने की आवश्यकता होती है। जिस यंत्र से दवा को द्रव रूप में छिड़का जाता है उसे स्प्रेयर कहते हैं। स्प्रेयर के कई भाग होते है जैसे, टैंक, पंप, हौज पाइप, बूम/लैंस, वाल्व तथा नौजिल आदि। ये कई प्रकार के होते हैं जैसे:

(क) **हैंड स्प्रेयर**

इसके टैंक की क्षमता 2 लीटर होती है तथा इसका प्रयोग कमरे तथा किचन गार्डन में प्रयोग होता है।

(ख) **फुट स्प्रेयर**

यह पैर से चलाया जाता है। किसी भी फसल में दवा छिड़कने हेतु उपयुक्त है। इस स्प्रेयर में पैर से चलने वाला पैडल द्वारा पिस्टन की गति ऊपर व नीचे

कराकर दाब उत्पन्न किया जाता है। इसमें दाब 17 से 21 कि.ग्रा. प्रति वर्ग सें.मी. बनता है (चित्र 3.11)।

चित्र 3.11: फुट स्प्रेयर

(ग) **नेपसेक स्प्रेयर**

यह किडनी के आकार का होता है और इसे पीठ पर लादकर तथा दवा भर कर प्रयोग किया जाता है। इस स्प्रेयर में एक पम्प तथा लगभग 16 लीटर क्षमता के टैंक से संलग्ल वायु चैम्बर रहता है (चित्र 3.11)। पम्प का हत्था यंत्र उपयोग करने वाले व्यक्ति के हाथ के नीचे रहता है जिससे वह पम्प को एक हाथ से चला सकता है। इस यंत्र द्वारा कम ऊँचाई वाले पेड़ों, झाड़ियों तथा पक्तियों में बोई गई फसलों पर छिड़काव किया जाता है। एक महिला श्रमिक इसे लगभग 0.4 हेक्टेयर क्षेत्रफल में स्प्रे कर सकती है। इस यंत्र की कीमत एक हजार रूपये तक होती है तथा इस पर सरकार का अनुदान 50 प्रतिशत है।

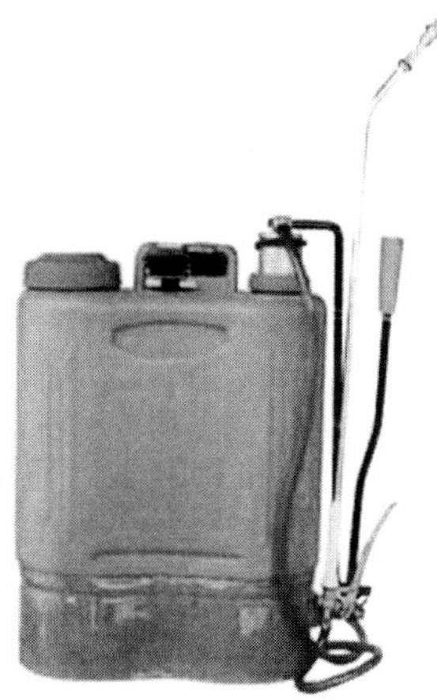

चित्र 3.11: नेपसेक स्प्रेयर

(घ) **शैकर स्प्रेयर**

इसमें घड़े के आकार की टंकी लगी होती है तथा यह अधिक प्रेशर बनाता है।

(ड) कम्प्रैसन स्प्रेयरः

यह एल.पी.जी. सिलेंडर की तरह का होता है। आलू की फसल पर दवा स्प्रे करने हेतु उपर्युक्त है।

(च) बकेट या स्टिरर पम्प स्प्रेयर

इस यंत्र में एक बाल्टी दवा के घोल भरने के लिये उपयोग की जाती है जिसमें एक सिलिंडर वाला पम्प डुबाया जाता है। पम्प आधार भाग बाल्टी के बाहर रहता है जिसे पैर से दबाकर रखा जाता है। एक लम्बा पाइप इस पम्प से लगा होता है। एक व्यक्ति पाइप द्वारा घोल पर दबाव बनाता है तथा दूसरा व्यक्ति पाइप पकड़कर छिड़काव कार्य करता है। कम क्षेत्रफल में दवा छिड़काव हेतु उपयुक्त है।

3.16 रोटरी डस्टर

चित्र 3.12: रोटरी डस्टर

इसका प्रयोग कम क्षेत्र तथा पंक्तियों में लगी फसलों जैसे; आलू, तम्बाकू, कपास आदि पर किया जाता है। यह दो मॉड़लों में उपलब्ध है—पेट पर लटकाने वाला तथा कंधे पर या पीठ पर लटकाने वाला। इसयंत्र में हवा का बहाव पंखे (ब्लोवर) द्वारा एक कक्ष में उत्पन्न किया जाता है। गियर्स की सहायता से पंखा एक हाथ से जुड़ा होता है (चित्र 3.12)। इस हत्थे को धीरे घुमाने पर गियर्स द्वारा पंखे को तेजी से घुमाया जाता है जिससे हवा का बहाव उत्पन्न होता है जो धूलि कक्ष से धूल को चूषण क्रिया विधि द्वारा चूषक नलिका से होता हुआ निस्तारक नलिका तक पहुँचाता है जहाँ से धूल गुबार के रूप में बहार निकलती है।

3.17 उन्नत दांतेदार हंसिया

देशी हंसिया का वजन भी अधिक होता है व साथ ही प्रतिदिन इसकी धार को तेज करना पड़ता है। विभिन्न संस्थानों ने उन्नत हंसिये का विकास किया है जो पतली डंठल वाली फसलों जैसे धान, गेहूँ, सोयाबीन, चना, घास आदि की कटाई के लिए अधिक उपयुक्त है जबकि देशी हंसिया से दाब या खींचने की क्रिया द्वारा

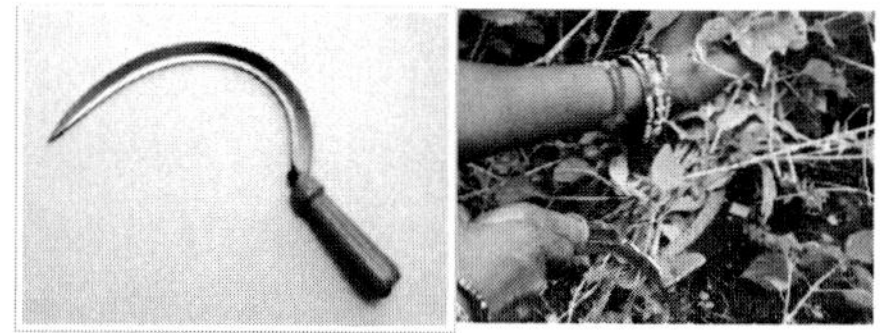

चित्र 3.13 क व ख: उन्नत हंसिया

कटाई की जाती है। परंपरागत हंसिये की तुलना में उन्नत हंसिया के ब्लेड़ को तेज करने की आवश्यकता नहीं पड़ती है व यह उन्नत हंसिया, कर्मी के लिये सुरक्षित भी है। परंपरागत विधि की अपेक्षा इस उपकरण से श्रम में भी कमी आती है (चित्र 3.13)। इसका हैण्डिल लकड़ी या प्लास्टिक का आरामदायक होने के कारण प्रयोग करने में आसान होता हैं।

3.18 मूँगफली स्ट्रिपर

तमिलनाडु कृषि विश्वविद्यालय, कोयम्बटूर ने मूँगफली के पौधे फली निकालने के लिये इसका विकास किया है। कर्मियों को बैठने हेतु चार स्टूल भी इस उपकरण के साथ दिये गये हैं जिससे कि कार्य के समय घुटने के दर्द व अंग के सुन्न होने से इनको बचाया जाये। इसके अतिरिक्त इससे कोहनी का उपकरण के साथ टकराव भी नहीं होता है। प्रदर्शन के दौरान यह पाया गया कि इस उपकरण को कर्मी सुचारु–रूप से चला सकते हैं व इससे परंपरागत विधि की तुलना में प्रति कर्मी उत्पादकता लगभग दोगुनी हो जाती है व लगने वाले श्रम में भी कमी आती है।

3.19 कपास के डंठल उखाडने का जबड़े वाला उपकरण

व्यावसायिक रूप से उपलब्ध जबड़े वाला कपास डंठल उखाड़ने के उपकरण को एक डंठल से दूसरे डंठल तक आसानी से ले जा सकते हैं क्योंकि इसका वजन कम है। पारंपारिक तकनीक की अपेक्षा उपकरण द्वारा कार्य करने से प्रति वर्ग मीटर कार्य क्षमतानुसार कर्मी के श्रम में भी कमी आती है।

3.20 अष्टकोणीय ट्युबलर मक्का शेलर

छिलके रहित मक्का के भुट्टे से दाना निकालने का कार्य अधिकतर महिलायें हाथ की उंगलियों या हंसिया या डंडे से पीटकर करती हैं। इस कार्य को सुगम बनाने हेतु केन्द्रीय अभियांत्रिक संस्थान, भोपाल ने अष्टकोणीय ट्युबलर मक्का शेलर का विकास किया है (चित्र 3.14 क व ख)।

चित्र 3.14 क व खः हाथ से पकड़ने वाला अष्टकोणीय ट्युबलर मक्का शेलर

चित्र 3.15 गः मक्का शेलर

भुट्टे को इस उपकरण को मरोड़ते हुए दाना निकाला जाता है। इसका वजन लगभग 220 ग्राम है। परंपरागत विधि की अपेक्षा इस यंत्र द्वारा प्रति कि.ग्रा. कार्य क्षमता के अनुसार महिला कर्मी के श्रम में 15 प्रतिशत की कमी आती है व परंपरागत विधि की तुलना में महिलाओं की उत्पादकता भी 1.6 गुना अधिक पाई गई हैं। उंगली में चोट लगने की आशंका नहीं के बराबर है, इसलिए इससे कार्य कर्मी के हिसाब से भी सुरिक्षत है।

3.21 रोटरी मक्का शेलर

यह हस्त चालित उपकरण है जो व्यावसायकि रूप से बाजार में उपलब्ध है। एक हाथ से कर्मी इसे चलाते है और दूसरे हाथ से भुट्टे को एक–एक करके उपकरण में डालते हैं। भुट्टे से दाना निकालने के बाद खाली भुट्टे की गुल्ली निकास द्वारा से अपने आप बाहर निकलती रहती है (चित्र 3.15 ग)। इससे एक घंटे में 73 कि.ग्रा. मक्का से दाने निकाले जा सकते हैं।

3.22 मक्का के छिलके व दाना निकासी यंत्र

इस उपकरण का विकास कृषिरत महिला अनुसंधान निदेशालय, भुवनेश्वर द्वारा किया गया है जिसमें मक्का के भुट्टे के छिलके उतारने की आवश्यकता नहीं है। इस उपकरण को हाथ से चलाया जाता है। हाथ से चलाने की गति 50 से 55 चक्कर प्रति मिनट रखी जाती है (चित्र 3.16)। इसमें दो कर्मियों की आवश्यकता पड़ती है—एक कर्मी मशीन को चलाने व दूसरा भुट्टे को डालने हेतु। जब पहला कर्मी थकने लगे, तो दूसरा कर्मी उपकरण को चलाने के कार्य में लगाया जाये जिससे कि मशीन को 1 घंटा तक लगातार चलाया जा सकें।

चित्र 3.16: मक्का के छिलके व दाना निकासी शेलर

उसके बाद 15 मिनट का विराम दें। भुट्टे सूखे होने चाहिए। इस उपकरण में एक बार में ही भुट्टा डालते हैं। इससे एक घंटे में 80 कि.ग्रा. भुट्टे के दाने निकाले जा सकते हैं। पारंपारिक तकनीक की अपेक्षा कार्य क्षमतानुसार इस उपकरण से महिला कर्मी के श्रम में लगभग 49 प्रतिशत तक कमी आ सकती है। इस मशीन से प्राप्त मक्का के दाने को बीज के रूप में भी प्रयोग किया जा सकता है।

3.23 हस्त चालित मूँगफली के दाने निकालने का उपकरण (डिकार्टिकेटर)

इस यंत्र का विकास केन्द्रीय कृषि अभियांत्रिकी संस्थान, भोपाल ने किया है।इस यंत्र का उपयोग ग्रामीण महिलाओं द्वारा बैठकर मूँगफली की फलियों दाने निकालने हेतु किया जाता है। छोटे किसानों के लिये यह यंत्र काफी उपयोगी

चित्र 3.17: मूँगफली के दाने निकालने का उपकरण

है तथा इसे आसनी से कहीं भी ले जाया जा सकता है। इस यंत्र में फ्रेम, जालीदार कान्केव, बीटर तथा एक हैंडिल होता है।

कान्केव में लोहे की अर्द्ध चन्द्रकार जाली लगी होती है जिसमें 10 मि.मी. चौड़े तथा 4 से 5 सें.मी. लंबे छिद्र होते हैं (चित्र 3.17)। कान्केव की बनावट के अनुसार ही एक गोलाकार खंड होता है। जिसमें दांतेदार आयताकार प्लेट लगी होती है। मूँगफली जैसे ही कान्केव तथा बीटर के बीच आती है, रगड़ के कारण उसका दाना अलग हो जाता है तथा और छिलके, कान्केव की जाली से नीचे गिर जाते हैं। महिलाओं के लिये इसकी कार्यक्षमता एक घंटे में 35 से 50 कि.ग्रा छीलने की है तथा इसका भार 14 कि.ग्रा. है इसकी कीमत 2400 रूपये है।

3.24 मानव चालित पैड़ी थ्रेशरः

यह यंत्र पहाड़ी क्षेत्रों के लिए विशेष रूप से तैयार किया गया है। कम भार होने के कारण एक आदमी पीठ पर लादकर आसानी से विभिन्न ऊँचाइयों पर गहाई के लिये ले जा सकता है। इसकी कार्यक्षमता 30 से 35 कि.ग्रा. प्रति घंटा है। इसका भार 26 कि.ग्रा. है। यह पैरो से चलने वाला यंत्र है जो धान की थ्रेशिंग करने के लिये प्रयोग किया जाता हैं (चित्र 3.18)। एक आदमी इस थ्रेशर को पैरों से चलाता है तथा दूसरा आदमी कटी फसल को घुमाव वाली उपकरण प्रणाली के नीचे रखता है ओर दाना अलग हो जाता है।

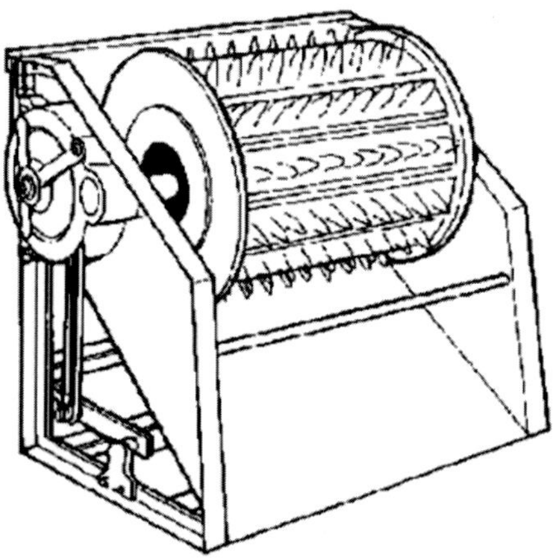

चित्र 3.18: मानव चालित पैड़ी थ्रेसर

3.25 ब्रश कटर

यह इंजन चालित धान व गेहूँ कटाई यंत्र है तथा इससे श्रम, समय व खर्च में कमी आती है। इस यंत्र से हरी व सूखी घास की भी कटाई आसानी से कर सकते हैं। इस यंत्र के पेट्रोल टैंक की क्षमता 1 लीटर है। इसकी कीमत 12–18 हजार रूपये है (चित्र 3.19 क व ख)।

चित्र 3.19 क व ख: मानव चालित धान व गेहूँ कटाई यंत्र

3.26 धान ओसाने का उपकरण

केन्द्रीय धान अनुसंधान संस्थान, कटक (ओडिशा) ने ओसाई उपकरण का विकास किया है। इस उपकरण के संचालन के समय दो कर्मियों की आवश्यकता पड़ती है। एक उपकरण को चलाने के लिये व दूसरा मिश्रित धान को भरने, साफ अनाज को अलग रखने आदि कार्य के लिये। कर्मी कुर्सी या स्टूल पर भी बैठकर आसानी से उपकरण के हैंडिल को चला सकते हैं। इस उपकरण से सुचारु रुप से कार्य सम्पन्न किया जाता है क्योंकि परंपरागत विधि की तरह हवा का इंतजार नहीं करना पड़ता है (चित्र 3.20 क व ख)। उपकरण को छायादार स्थान पर रखकर ओसाने का कार्य किया जा सकता है जिसके कारण अचानक वर्षा आने से भी अनाज को नुकसान नहीं पहुँचता है।

चित्र 3.20 क व ख: ओसाई यंत्र

3.26 सुरक्षित चारा कटाई मशीन के सुरक्षा उपकरण

प्रत्येक ग्रामीण परिवार में पशुओं के लिये चारा काटने की मशीन रखते हैं जिसे पशुओं की संख्यानुसार प्रायः दिन में दो बार चलाते हैं। यह मशीन बच्चों की पहुँच में भी रहती है, जिसे वे खेल का एक साधन मानते हैं। अधिकतर इस मशीन का पहिया खुला रहता है जिससे आये दिन दुर्घटना/चोट लगने की आशंका बनी रहती है। इस मशीन के तेज ब्लेड़ व फीड रोलर से दुर्घटना/चोट लगने की आशंका रहती है। यदि शरीर का कोई अंग इसमें फंस जाय तो वह उस को नुकसान पहुँचा सकता है।

इस प्रकार असंभावित घटना से बचाव के लिये ब्लेड़ गार्ड, जो कि माइड स्टील की चादर का बना होता है (चित्र 3.21 क व ख)। प्रत्येक ब्लेड़ पर नट–बोल्ट की

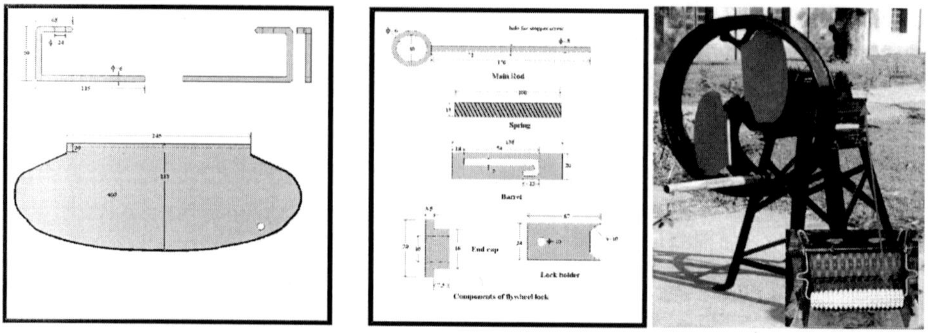

चित्र 3.21: चारा कटाई मशीन के सुरक्षा उपकरण

सहायता से लगाया जाता हे। ब्लेड़ की धार बनाते समय इसे खोलकर हटा देते हैं। फ्लाईव्हील लॉक एवं चेतावनी रोलर का विकास किया गया है। इन सुरक्षा साधनों को आसानी से बनाया जा सकता है। इन सुरक्षा उपकरणों को नई पुरानी मशीनों पर भी लगा सकते हैं।

3.27 आलू के चिप्स बनाने का यंत्र

आलू के चिप्स बनाने हेतु प्रचलित सामान्य हस्तचालित यंत्रों की अपेक्षा अधिक उपयोगी है। इसका विकास केन्द्रीय कृषि अभियांत्रिकी संस्थान, भोपाल ने किया है (चित्र 3.22)। इसमें 70 मि.मी. व्यास तथा 110 मि.मी. ऊँचाई के 6 बेलनाकार पाकेट होते हैं जिसमें से प्रत्येक में 0.5 कि.ग्रा. आलू आ जाता है। इसका काटने वाला भाग भी एक प्लेट पर आधारित 6 ब्लेड़ों से बना होता है जो घुमते बेलनाकार प्लेटों के ठीक नीचे स्थित रहता है। यदि छंटाई किये गये आलुओं का उपयोग किया जाये तो यह आलू स्लाइसर बहुत अच्छा काम करता है। इसकी सहायता से 1.2 से 1.6 मि.मी. मोटे चिप्स बनाये जा सकते है एवं इसकी क्षमता 30 कि.ग्रा. प्रति घंटा है। इसकी कीमत 12 हजार रूपये है।

चित्र 3.23: चिप्स बनाने का यंत्र

3.28 आलू का छिलका उतारने का यंत्र

आलू के चिप्स बनाने हेतु किसी भी आकार के आलूओं का छिलका उतारने वाला एक सरल हस्तचालित यंत्र है। इसकी क्षमता 30 से 35 कि.ग्रा. प्रति घंटा है तथा इसका भार लगभग 25 कि.ग्रा. है। इसकी कीमत 17 हजार रूपये है।

3.29 लो लिफ्ट पंप

यह मानव चालित यंत्र है। इस यंत्र द्वारा 5 से 8 फीट गहराई से 8 हजार लीटर तथा 15 से 18 फीट गहराई से 4 हजार लीटर पानी प्रति घंटे निकाला जा सकता है। इस यंत्र से परंपरागत विधियों की अपेक्षा कम समय एवं श्रम लगता है। नदी, नालों, कुओं एवं तालाबों से सिंचाई में उपयोगी है। यह विधि छोटे किसानों के बीच बहुत ही लोकप्रिय हो रही है। इसे चलाने के लिए पेट्रोल, डीजल अथवा मिट्टी तेल की आवश्यकता नहीं है। इस यंत्र का आसानी से कहीं भी ले जाया जा सकता है।

छोटे किसान उन्नत यंत्रों का उपयोग कैसे करें?

पिछले चार दशकों में देश में लगभग विभिन्न आकार व प्रकार के 400 से अधिक यंत्र बनाए गए हैं जो कि किसानों के लिए बहुत उपयोगी हैं। अधिकतर किसान इन्हें खरीद नही रहे हैं, क्योंकि इन यंत्रों की उपयोगिता छोटे व सीमांत किसानों के खेतों में सिर्फ 1–2 दिन के लिये ही है। ऐसे किसानों को भी इन यंत्रों का लाभ दिलाने के लिये अधिक कार्यक्षमता वाले यंत्रों को किराये पर उपलब्ध कराना चाहिए, जिससे अधिकतर किसान इन यंत्रों का उपयोग कर लाभ उठा सकें। उपरोक्त उपकरणों की तकनीकी जानकारी हेतु नजदीक भारतीय कृषि अनुसंधान परिषद के विभिन्न संस्थानों व कृषि विश्वविद्यालयों से संपर्क कर सकते हैं।

❑❑❑

अध्याय 4

भारत में सब्जी उत्पादन एवं संसाधन के उन्नत कृषि यंत्र

सब्जियों का दैनिक जीवन में बहुत अधिक महत्व है। हमारे देश में 2013—14 के अन्तर्गत 9.2 मिलियन हेक्टेयर क्षेत्रफल से 162.9 मिलियन टन सब्जियों का उत्पादन तथा उत्पादकता 17.3 टन प्रति हेक्टेयर प्राप्त हुई है एवं सब्जियों की उपलब्धता 145 ग्रा. प्रति व्यक्ति प्रति दिन थी। वर्ष 1991—92 से 2013—14 में क्षेत्रफल विस्तार में 64.6 प्रतिशत एवं उत्पादन में 177.1 प्रतिशत वृद्धि दर्ज की गई लेकिन अभी भी सब्जी उत्पादन एवं उत्पादकता की दृष्टि से एक लम्बी यात्रा तय करनी है, क्योंकि हमारी सब्जियों की अनुमानित माँग सन् 2020 तक 225 मिलियन टन एवं 2030 तक 350 मिलियन टन होगी। इस लक्ष्य को हासिल करने के लिये उत्पादकता को बढ़ाना ही होगा, जिसमें उन्नत तकनीकियों का समावेश ही एक साधन है, क्योंकि भविष्य में कृषि भूमि क्षेत्र बढ़ाने की सम्भावना नहीं के बराबर है। इसलिए प्रति इकाई क्षेत्र से प्रति इकाई समय में उत्पादकता वृद्धि ही एक मात्र समाधान है, जिसके लिए सब्जी उत्पादन में यंत्रीकरण की आवश्यकता है। भारत में सब्जियों की उत्पादकता को सारणी 4.1 में दर्शाया गया है।

सारणी 4.1 भारत में विभिन्न वर्षो में सब्जियों के अन्तर्गत क्षेत्रफल, उत्पादन एवं उत्पादकता

वर्ष	क्षेत्रफल (000 हेक्टेयर)	उत्पादन (000 टन में)	उत्पादकता (टन/हेक्टेयर)
1987—88	4120	48927	11.9
1991—92	5593	58532	10.5
1992—93	5045	63806	12.6
1993—94	4876	65787	13.4
1994—95	5013	67286	13.4
1995—96	5335	71594	13.4

सारणी 4.1 जारी ..

क्रमशः

1996—97	5515	75594	13.6
1997—98	5607	72683	13.0
1998—99	5873	87536	14.9
1999—2000	5991	90823	15.2
2001—02	6250	93849	15.0
2002—03	6156	88622	14.4
2003—04	6092	84815	13.9
2004—05	6092	101246	14.5
2005—06	6744	111399	15
2006—07	7213	114993	15.4
2007—08	7581	128449	15.2
2008—09	7848	120977	16.4
2009—10	7981	133732	16.2
2010—11	8495	146555	16.7
2011—12	8989	156325	17.3
2012—13	9205.2	162186.6	17.6
2013—14	9396.0	162896.9	17.3
औसत वृद्धि दर	3.72	5.62	1.86

स्रोतः एन.एच.बी. डाटाबेस—2014

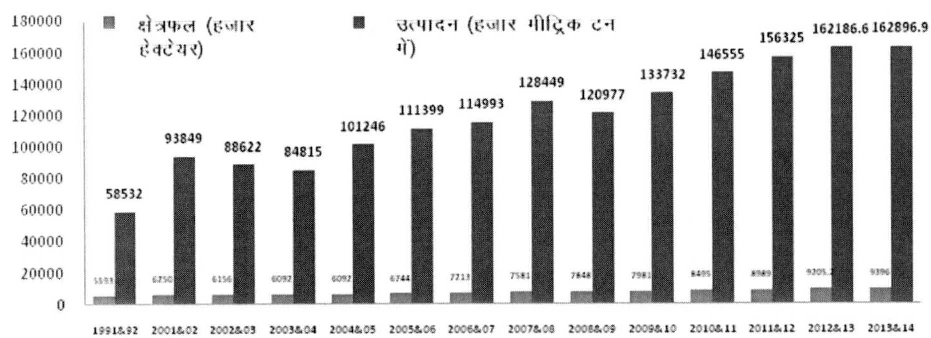

चित्रः 4.1 भारत प्रतिवर्ष में सब्जियों की फसलों का क्षेत्रफल व उत्पादन

हमारे देश का कुल सब्जी उत्पादन में आलू (28.9%) टमाटर (11.3%) प्याज (10.3%) एवं बैंगन (8.1%) का मुख्य योगदान है जबकि पत्तागोभी (5.4%) फूलगोभी (4.6%), भिण्डी (3.9%) तथा मटर (2.4%) अन्य मुख्य सब्जियाँ हैं।

भिण्डी उत्पादन में भारत का विश्व में प्रथम स्थान है। विश्व का 73 प्रतिशत भिण्डी उत्पादन भारत में होता है। भारत के विभिन्न राज्यों में सब्जियों की सर्वाधिक उत्पादकता 28.4 टन प्रति हेक्टेयर में तमिलनाडु है। इसके बाद केरल (23.6 टन प्रति हेक्टेयर) एवं उत्तर प्रदेश (21.3 टन प्रति हेक्टेयर) का स्थान आता है। देश में 13457.9 मिलियन टन का सब्जी उत्पादन करके पश्चिमी बंगाल प्रथम स्थान पर है (चित्र 4.2) जबकि उत्तर प्रदेश 10510.6 मिलियन टन सब्जी उत्पादन करके दूसरे स्थान पर है। भारत में राज्यवार सब्जी के क्षेत्रफल, उत्पादन एवं उत्पादकता को सारणी 4.2 में दिया गया है।

सारणी 5.2 भारत के प्रमुख राज्यों के अन्तर्गत सब्जी का क्षेत्रफल, उत्पादन एवं उत्पादकता (2013–2014)

राज्य	क्षेत्रफल (000 हेक्टेयर में)	उत्पादन (मि.टन में)	उत्पादकता (टन / हेक्टेयर में)
पश्चिमी बंगाल	1565.0	13457.9	16.7
उत्तर प्रदेश	640.1	10510.6	20.6
बिहार	370.8	8002.0	18.6
मध्य प्रदेश	328.6	7369.9	20.6
आन्ध्र प्रदेश	379.0	6887.4	19.9
गुजरात	396.0	5696.0	14.0
उड़ीसा	203.8	4441.0	13.9
महाराष्ट्र	364.5	4013.6	30.0
तमिलनाडु	302.1	2909.7	18.9
कर्नाटक	223.5	2889.5	13.5
हरियाणा	377.0	2148.3	13.5
छत्तीसगढ़	225.9	2073.9	20.6
झारखण्ड	355.2	2007.8	16.5
पंजाब	144.7	1930.2	24.2
केरल	212.9	1541.2	10.8
असम	76.6	890.0	18.9
हिमाचल प्रदेश	98.0	786.0	22.1
जम्मू एवं कश्मीर	220.7	678.5	7.5

सारणी 5.2 जारी ..

क्रमशः

उत्तराखण्ड	68.4	581.0	11.5
राजस्थान	171.6	554.9	16.7
त्रिपुरा	37.4	515.7	11.8
दिल्ली	50.6	411.0	12.8
मेघालय	54.1	348.0	16.0
मिजोरम	40.6	343.9	10.8
मणिपुर	35.3	321.3	6.2
नागालैण्ड	57.6	81.2	5.2
सिक्किम	89.1	29.7	11.4
गोवा	11.3	24.1	7.5
अण्डमान एवं निकोबार	3.6	12.6	25.0
पण्डिचेरी	16.0	0.5	18.1
दादर एवं नागर हवेली	0.6	0.0	5.0
लक्ष्यद्बीप	0.02	0.0	1.3
दमन एवं दीप	0.0	0.0	0.0
चण्ड़ीगढ़	0.0	0.0	0.0
सम्पूर्ण भारत	7216.3	88977.1	17.3

स्रोतः इण्डियन हार्टीकल्चर डेटाबेस–2014

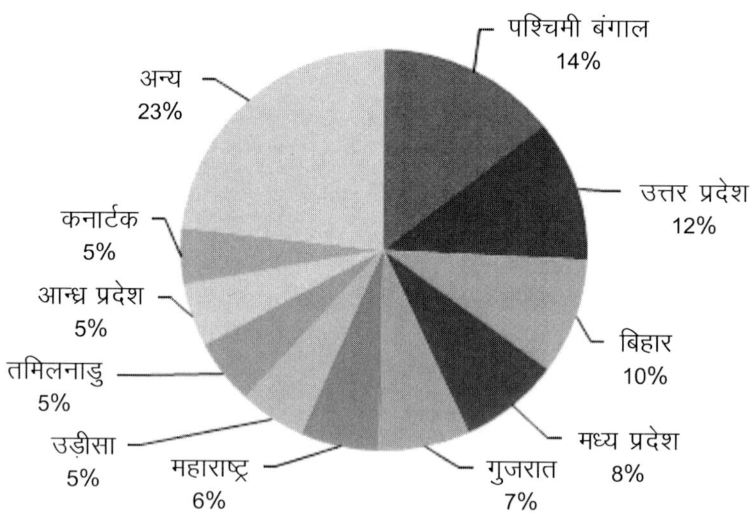

चित्रः 4.2 (क)

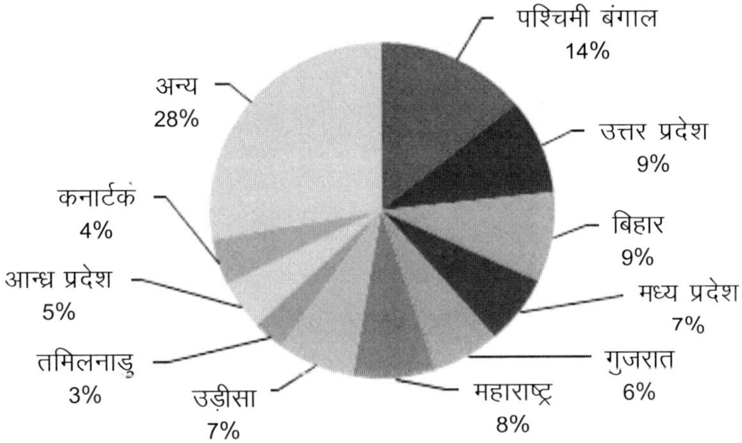

चित्रः 4.2 (ख) वर्ष 2013–14 के अन्तर्गत देश के अग्रणी प्रदेशों का सब्जी उत्पादन में योगदान व क्षेत्रफल

शाकीय फसलों की सांख्यिकी

विश्व के कुल सब्जी के उत्पादन में चीन (49.5%) का प्रथम स्थान है जबकि भारत (14.1%), संयुक्त राज्य अमेरिका (3.19%), तुर्की (2.4%) तथा मिश्र (1.78%) का स्थान क्रमशः दूसरा, तीसरा, चौथा व पांचवा है। विश्व में सब्जी की खेती लगभग 58.97 मिलियन हेक्टेयर क्षेत्रफल में होती है। सब्जी के अन्तर्गत क्षेत्रफल के मामले में भी चीन विश्व में 24.56 प्रतिशत क्षेत्रफल के साथ पहले स्थान पर तथा 9.21 मिलियन हेक्टेयर क्षेत्रफल के साथ भारत दूसरे स्थान पर है। नाइजीरिया (2.69%), संयुक्त राज्य अमेरिका (1.12%) तथा तुर्की क्रमशः तीसरे, चौथे तथा पाँचवें स्थान पर है।

कृषि में यंत्रीकरण से अभिप्राय खेती की विभिन्न प्रक्रियाओं में मशीनों तथा मानव चालित औजारों और उपकरणों के उपयोग से है। कृषि के व्यापारीकरण के लिए लागत–कुशल तकनीक के प्रयोग की आवश्यकता है और यंत्रीकरण ऐसी ही तकनीक का महत्वपूर्ण घटक है। भारत में सब्जियों वाली फसलों में कृषि यंत्रीकरण का स्तर बहुत कम है। जिस प्रकार की प्रौद्योगिकी या तकनीक आजकल हम अपना रहे हैं, वह कम उत्पादक है। सब्जी उत्पादन में कृषि यंत्रों का प्रयोग बढ़ाकर हम प्रति इकाई क्षेत्र के उत्पादकता स्तर को बढ़ा सकते हैं। इसके अलावा सब्जी उत्पादन में प्रति इकाई समय की बचत व प्रति इकाई लागत घटाई जा सकती है। सिंचाई के उन्नत यंत्रों जैसे ड्रिप व स्प्रिंकलर द्वारा प्रति इकाई जल उपयोग से

अधिक उत्पादन प्राप्त किया जा सकता है। सब्जियों के फसलोत्पादन में उन्नत कृषि यंत्रों द्वारा आज किसान किसी भी कृषि कार्यो में होने वाले खर्च, श्रम, ऊर्जा, ईधन, एवं समय में बचत करके अध्कि लाभ कमा सकते हैं तथा अधिक उत्पादन प्राप्त कर सकते हैं। आज के परिप्रेक्ष्य में किसानों को सब्जी उत्पादन को जीविकोपार्जन के साथ–साथ व्यवसाय के रूप में भी अपनाने की आवश्यकता है, जिसमें उन्नत कृषि यंत्र एक अच्छा साथ निभा सकते हैं। आज सब्जियों में कृषि यंत्रीकरण को अपनाने के मुख्य कारणों में मजदूरों की कमी, जनसंख्या की वृद्धि, खरपतवारों की वृद्धि और उत्पादन पर व्यय में कमी आदि हैं। सब्जी फसलों से अधिक उत्पादन लेने के लिए यह आवश्यक हो गया है कि सभी कृषि कार्य ट्रैक्टर एवं कृषि यंत्रों द्वारा समय पर पूरे किये जायें। आज कम समय में कम लागत लगाकर अधिक उत्पादन लेने की आवश्यकता है और यह तभी सम्भव है, जब सब्जी फसलों का प्रत्येक कार्य उन्नतशील यंत्रों एवं मशीनों द्वारा उचित समय पर उचित ढंग से किया जाये।

सब्जियों की उन्नत किस्में एवं उगाने की नई–नई तकनीकियाँ, उन्नत कृषि यंत्र एवं मशीनें विकसित की गई हैं, जिन्हें अपनाकर किसान अधिक सब्जी उत्पादन द्वारा कम समय में आमदनी बढ़ा सकते हैं। सब्जियों में केवल ट्रैक्टर ही नहीं, बल्कि बीज की बुवाई से लेकर फसल कटाई तक के लिए मशीनें बाजार में उपलब्ध है। इन सभी को ट्रैक्टर या अन्य शक्ति स्रोतों द्वारा चलाया जाता है। यही कारण है कि किसान पहले से कहीं अत्यधिक संख्या में कृषि मशीनें प्रयोग करने लगे हैं। जो किसान कृषि में मशीनों का प्रयोग कर रहे हैं, वे खेती के सभी काम कम समय से पूरा लेते हैं, जिससे पैदावार में वृद्धि होती है। प्रसिद्ध कृषि वैज्ञानिक डॉ.एम.एस. स्वामीनाथन के अनुसार **''खेती में कृषि अभियांत्रिकी के विभिन्न आयामों के त्वरित उपयोग से कृषि यंत्रीकरण एवं औद्योगीकरण को प्रोत्साहन देकर 21 वीं सदी की कृषि क्रांन्ति सम्भव है''।** इससे न केवल शहरीकरण व औद्योगीकरण से उत्पन्न मजदूर समस्या से छुटकारा पाया जा सकता है, बल्कि कृषि उत्पादन प्रति इकाई समय व प्रति इकाई लागत में अधिक बढ़ाया जा सकता है। कृषि एवं खाद्य प्रसंस्करण द्वारा किसान अपने उत्पाद का अधिक मूल्य प्राप्त कर सकते हैं। सिंचाई के उन्नत साधनों तथा टपक (ड्रिप) व बौछारी (स्प्रिंकलर) पद्धति द्वारा प्रति इकाई जल उपयोग तथा अधिक उत्पादन प्राप्त किया जा सकता है।

भारत में सब्जी की खेती में यंत्रीकरण–अनुसंधान एवं विकास की आवश्यकता

भारत में पिछले तीन दशकों के दौरान सब्जी के उत्पादन में तीव्र वृद्धि हुई है। भारत का सब्जी उत्पादन में चीन के बाद विश्व में दूसरा स्थान होने के बावजूद सब्जी की फसलों के यंत्रीकरण का स्तर बहुत निम्न है। अधिकतर किसानों को निम्न गुणवत्तापूर्ण किस्म के औजारों एवं उपकरणों को विभिन्न क्रियाओं में प्रयोग करना पड़ता है जिससे उच्च लागत, कृषि उत्पादन साधनों का ह्रास तथा फसल के उत्पाद की हानि होता है। दक्षतापूर्ण एवं अच्छी गुणवत्ता के हस्त चालित औजार एवं उपकरण सभी कार्य हेतु विकसित किये गये है एवं व्यावसायिक रूप से उपलब्ध हैं परन्तु किसानों को इसका ज्ञान न होने के कारण प्रयोग में नहीं लाये जा रहे हैं। किसानों की उत्पादकता बढ़ाने एवं अवशेष हानि रोकने के लिए इन यंत्रों को लोकप्रिय बनाने की आवश्यकता है। शुष्क अवस्था में उच्च मूल्यवान सब्जी फसलों का शीघ्र सड़न होता है। इसके लिए उच्च दक्षता, स्व–संचालित, कार्य संचालन में समय की बचत करने, अवशेष हानि कम करने के लिए तथा अधिकतम उत्पादन देने वाली परिशुद्ध मशीनों व तकनीक की आवश्यकता है। इस लेख में सब्जी की फसलों के यंत्रीकरण की स्थिति एवं भविष्य की अनुसंधान एवं विकास आवश्यकता पर बल दिया जा रहा है।

भारत में वर्ष सन् 1947 के अन्तर्गत कुल सब्जी उत्पादन सिर्फ 20 मिलियन टन था, जो वर्ष 1998–99 के दौरान 87.5 मिलियन टन बढ़ गया। वर्तमान 2013–14 में सब्जी का 162.187 मिलियन टन उत्पादन हुआ है। वर्ष 2020 तक 220 मिलियन टन सब्जी का उत्पादन होने का अनुमान है। हमारे देश में 50 से अधिक प्रकार की सब्जियाँ जैसे सोलेनेशी (टमाटर, बैंगन, आलू आदि), कुकुरबिटेशी (लौकी, ककड़ी, तोरई आदि), जड़ एवं गाँठ प्रकार (मूली, शलजम आदि), कोल लैग्युम तथा पत्तीदार सब्जियाँ उगाई जा रही हैं। इनमें से मुख्य सब्जियों का क्षेत्रफल, उत्पादन एवं उत्पादकता सारणी 4.3 में दिये गये है।

सारणी 4.3: भारत में मुख्य सब्जियों के क्षेत्रफल, उत्पादन एव उत्पादकता (2013–14)

सब्जियाँ	क्षेत्रफल (हजार हेक्टेयर में)	उत्पादन (मि.टन में)	उत्पादकता (टन / हेक्टेयर)
आलू	1973	41555	21.06
टमाटर	882	18736	21.2
प्याज	1204	19402	16.1
बैंगन	711	13558	19.06
टोपिकाओं	288	8139	35.6
पत्तागोभी	400	9039	22.5
फूलगोभी एवं ब्रोकली	434	8573	19.7
भिण्डी	533	6346	11.9
मटर	434	3869	8.9
चुकन्दर	106	1088	10.2
अन्य	2491	32592	13.08
कुल	9396	162897	17.33

स्रोतः एन.एच.बी. डेटाबेस–2014

बागवानी में यंत्रीकरण का उपयोग बहुत ही कम है क्योंकि आमतौर पर किसान पुराने ढंग के औजार और खेती की विधियाँ तथा व्यवहारिक भण्डारण एवं फसल उत्पाद की प्रसंस्करण अपनाते हैं, जिसके परिणाम स्वरूप उत्पादन कम, उच्च लागत तथा भण्डारण में उठाने–रखने या लाने–ले जाने, प्रसंस्करण के दौरान उत्पाद का अत्यधिक ह्रास होता है। यदि उन्नत हस्त चालित औजारों, मशीनों एवं उच्च तकनीकी प्रौद्योगिकों का प्रयोग फसलों के उत्पादन एवं प्रसंस्करण में करें, तो पैदावार में टिकाऊपन ला सकते है तथा ह्रास को कम से कम कर सकते हैं।

वर्तमान में ज्यादातर प्रक्षेत्र संचालन पारम्परिक विधियों द्वारा किया जाता है, जिससे प्रक्षेत्र संचालन कार्यों में देरी होती है, लागत अधिक आती है तथा उत्पादन भी कम मिलता है। कृषि उत्पादन बढ़ाने, उत्पादन खर्च को कम करने, समय पर कृषि कार्य करने, कृषि कार्यों में परिश्रम को कम करने, कार्यों में परिशुद्धता लाने तथा ग्रामीण क्षेत्रों में उत्पादकता बढ़ाकर आय और आमदनी के स्रोत बढ़ाने में उच्च क्षमता एवं दक्षता वाले उपकरणों, तकनीकियों एवं प्रक्रियाओं की आवश्यकतायें निम्नवत् हैः

1. खेत में समय पर कार्य करने एवं सब्जी फसलों का उत्पादन एवं उत्पादकता बढ़ाने हेतु छोटे किसानों के लिए उचित औजार एवम् यंत्र।
2. हाईटेक उच्च तकनीक बागवानी हेतु आधुनिक तकनीकियों का प्रयोग एवं उपकरण, आधुनिक ग्रीनहाउस तथा संरक्षित खेती, स्व–संचालित एवं माइक्रो प्रोसेसर आधारित नियंत्रित वातावरण अनुकूलनता, जल एवं पौध संरक्षण उपकरणों का प्रयोग।
3. बहु राष्ट्रीय/राष्ट्रीय कम्पनियों की नई प्रजातियों, तकनीकियों, तथा उपकरणों का कान्ट्रेक्ट फार्मिंग द्वारा अपनाया जाना।
4. उत्पाद के पैकेजिंग, परिवहन, भण्डारण तथा उन्नत बाजार प्रणालियों का प्रयोग।
5. बागवानी निर्यात् बढ़ाने के लिए अच्छी कटाई उपरान्त उपकरण, पैकेजिंग, कूल चेन, शीत भण्ड़ारण (कोल्ड स्टोरेज) की आवश्यकता तथा परिवहन प्रणालियों की कुशलता।
6. बागवानी उत्पादन की वृद्धि एवं प्रसंस्करण से उन्नत सुरक्षित जीवन तथा मल्यूवर्धन हेतु।

वतर्मान में बागवानी में यंत्रीकरण का स्तर बहुत अच्छा नहीं है, इसलिये पैदा की गई सब्जियां निम्न गुणवत्ता वाली होती हैं और उनका बाजार भाव भी कम मिलता है। सब्जी की फसलों का उत्पादन, उत्पादकता तथा उत्पाद की गुणवत्ता बढ़ाने के लिये विभिन्न प्रकार के उपलब्ध उन्नत औजार एवं उपकरण एवं उनकी आवश्यकतायें नीचे दिये गये हैं।

हस्त चालित औजार

कुदाली, फावड़ा, कुल्हाड़ी, गेंती, खुरपा, सब्बल, चाकू, स्क्रेटियर, प्रुनिंग–सा वीडर, स्प्रेयर एवं डस्टर, दराँती आदि हस्त चालित औजार किसानों द्वारा पौधशाला एवं सब्जियों को उगाने में प्रयोग किये जाते हैं। इन स्थानीय उपलब्ध औजारों की गुणवत्ता अच्छी नहीं है, तथा इनको बदलने की आवश्यकता है। अच्छी गुणवत्ता के विभिन्न प्रकार के हस्त चालित औजार जैसे; प्रूनिंग स्क्रेटियर, प्रूनिंग चाकू, थिनिंग कैंची, वीडिंग फौर्क, और पौध रोपण यंत्र, हस्त चालित वीडर/कल्टीवेटर, प्रूनिंग सा, फावडा, गाडर्न हो, गाडर्न रैक, डिगिगं फौर्क, ग्रास कटर, हस्त चालित पहिये वाला हो एवं सीडर, उन्नत दराँती विकसित किये गये हैं। अब ये यंत्र विभिन्न

निर्माणकर्ताओं द्वारा देश में बनाए एवं बेंचे जा रहे हैं। इनको छोटे किसानों के लिए लोकप्रिय बनाने की आवश्यकता है।

विभिन्न कृषि कार्यो हेतु उपकरण

सब्जी के फसलों की खेती में विभिन्न प्रकार के उन्नतशील यंत्र वर्तमान में प्रयोग किये जा रहे हैं जिसे सारणी 4.2 में दिये जा रहे है।

सारणी 4.2: सब्जियों की फसलों में प्रयोग हेतु उन्नतशील कृषि यंत्र

कृषि कार्य	उपकरण
पौधशाला तैयारी	पशु एवं ट्रैक्टर चालित हल, कल्टीवेटर, हैरो, रोटावेटर आदि।
भिण्डी, मटर, आलू की बुवाई / रोपाई	मानव,पशु, ट्रैक्टर एवं स्वचालित बीज बुवाई यंत्र तथा न्युमैटिक प्लान्टर।
खरपतवार नियंत्रण (वीडिंग / होइंग)	हस्त चालित खुरपा, फावडा, ग्रबर, व्हील हैन्ड हो, कोनोवीडर, पशु चालित वीडर / स्वीप, स्वचालित वीडर, ट्रैक्टर चालित स्वीप, कल्टीवेटर।
छिड़काव / बुरकाव	मानव चालित क्रम्प्रेशन स्प्रेयर, पैर से चलाने वाला; दवा छिड़काव(फुट) स्पग्रेर, पीठ पर रखकर चलने वाला (नेपसैके) स्प्रेयर, छोटे इंजन से चलने वाला स्प्रेयर एवं डस्टर, हस्त चालित डस्टर, कन्ट्रोल्ड ड्रापलेट स्प्रेयर आदि।
कटाई एवं चुनाई	मानव चालित चुनाई या चाकू, खुरपा, फावड़ा, आलू फसल हेतु पशु / ट्रैक्टर चालित डिगर।

बीजों की जीवन क्षमता की जाँच

बीजों की उच्च गुणवत्ता फसलों के सही परिपक्वता पर कटाई करने पर प्राप्त होती है। बीज के भण्डारण के समय उचित तापक्रम एवं आर्द्रता होनी चाहिए। वांक्षनीय एवं अवांछनीय बीजों को अलग करने के लिए विद्यतु चालित उपकरणों के विकास की आवश्यकता है। सब्जी की बीजों के भण्डारण एवं पैकेजिंग के लिए आधारभूत तकनीकियों को विकसित करने की आवश्यकता है।

पौध की तैयारी

पौध उगाने के लिए नियंत्रित तापक्रम एवं आर्द्रता की आवश्यकता पड़ती है। इसके लिए विभिन्न परिकल्पनाओं के ग्रीनहाउस विकसित किये गये हैं जो

व्यवसायिक रूप से उपलब्ध हैं। मिट्टी, बालू, गोबर की खाद के मिश्रण को ट्रे या कपों में भरकर माध्यम तैयार करते हैं तथा बीजों की बुवाई हाथों से की जाती है। विकसित देशों में ट्रे एवं कपों में बीजों की बुवाई के यंत्र उपलब्ध हैं। भारतीय दशाओं में इसको मूल्यांकित, अपनाने एवं लोकप्रिय बनाने की आवश्यकता है। पौधशाला को मृदा सौर्यकरण (सोलेराइजेशन) की सहायता से स्टेरिलाइजेशन करने से मृदा जनित कीडे–मकोड़े एवं बीमारी का नियंत्रण हो जाता है। इसे और प्रभावी एवं विकसित किये जाने की आवश्यकता है।

खेत की तैयारी

सब्जी की खेती में पारम्पारिक जुताई उपकरण/यंत्र प्रयोग किये जाते हैं। पारम्पारिक जुताई कई बार की जाती है और पाटा लगया जाता है। इसमें बिना जुती जमीन नहीं बचती तथा अवशेष भी नहीं रहने पाते हैं। खेत की तैयारी के लिए पावर टिलर या ट्रैक्टर चालित रोटावेटर के प्रयोग द्वारा समय एवं ईंधन की बचत होती हैं। सब्जी के फसलों को उगाने के लिए उत्तथापित (उठी हुई) क्यारी रोपण (Raised bed) तकनीक की आवश्यकता पड़ती है। यह तकनीक अत्यधिक वर्षा के जल की निकासी, सिंचाई जल की बचत, मृदा की ऊपरी सतह उपयुक्त बनाये रखने एवं अधिक पैदावार के लिए अत्यधिक उपयोगी है। सब्जियों की मेंड़ों के ऊपर खेती करने के लिए पशु एवं ट्रैक्टर चालित उपकरण विभिन्न प्रक्षेत्र प्रयोग के लिए विकसित किये गये हैं तथा वे आसानी से उपलब्ध हैं। इस तकनीक के विस्तृत अध्ययन की आवश्यकता है।

बुवाई, रोपाई एवं प्रत्यारोपण यंत्र

वर्तमान में सब्जी बीजों की सामान्य रूप से बुवाई, रोपाई, पौध–रोपण मानव द्वारा की जाती है। जबकि इन सभी कार्यो के लिए उन्नत मानव, पशु, पावर टिलर एवं ट्रैक्टर चालित सीड ड्रिल/प्लान्टर उपलब्ध हैं। इनके द्वारा मोटे बीजों एवं उर्वरकों का उचित संस्थापन किया जाता है। स्वचालित एवं अर्ध–स्वचालित आलू बुवाई यंत्र व्यवसायिक रूप से उपलब्ध हैं। इनकी कार्य क्षमता 3–4 हेक्टेयर प्रति दिन है। एक समय में एक बीज बोने के लिए न्युमैटिक प्लान्टर (वायु दबाव बुवाई यंत्र) उपलब्ध है। ये 2,4 एवं 6 पंक्तियों वाले हैं तथा बाजार में उपलब्ध हैं। इन प्लान्टरों की बीज जीवन क्षमता 100 प्रतिशत है। इनसे बुवाई करने पर अँकुरण के बाद विरलीकरण (थिनिंग) की आवश्यकता नहीं पड़ती है। इन यंत्रों को प्रसारित, मूल्यांकित, परावर्तित तथा लोकप्रिय बनाने की आवश्यकता है। भिण्डी व हरी मटर

के लिए विकसित रेज्ड बेड प्लान्टिग उपकरण अपनाये जा रहे हैं। सब्जी के पौध रोपने का कार्य अधिकतर मानव द्वारा किया जा रहा है। जबकि देश में मटर, टमाटर, फूलगोभी, पत्तागोभी, मिर्च तथा अन्य सभी फसलों की पौध रोपने के यंत्र (ट्रांसप्लान्टर) उपलब्ध हैं और बडे–बडे खेतों पर उपयोग भी किये जा रहे हैं। इन्हें आवश्यकता के अनुसार मूल्यांकित व परिवर्तित करके छोटे किसानों द्वारा अपनाने की आवश्यकता है।

खरपतवार निकालना, निराई–गुड़ाई तथा मिटट्ी चढ़ाने के यंत्र

सब्जी की फसलों में खरपतवार नियंत्रण एवं निराई–गुड़ाई करने के लिए मानव चालित व्हील हैन्ड हो उपलब्ध है। खुरपियों की तुलना में इनकी निराई–गुड़ाई क्षमता 3–4 गुना अधिक है। पंक्तियों में बुवाई की फसलों के लिए पावर वीडर एवं ट्रैक्टर चालित स्वीप कल्टीवेटर उपलब्ध है। जड़ वाली फसलों में मिट्टी चढ़ाने के लिए रिजर उपलब्ध है। आलू एवं अन्य फसलों के लिए उन्नत क्रियाओं जैसे; रोपण, अन्तः खेती, मिट्टी चढ़ाना, स्प्रेयिंग एवं कटाई के उचित यंत्र उपलब्ध हैं। इन सभी यंत्रों को लोकप्रिय बनाने तथा ग्राम स्तर तक पहुँचाने की आवश्यकता है।

छिड़काव तथा भुरकाव यंत्र

सब्जी की फसलों को कीड़ों एवं बीमारियों से बचाने के लिए छिड़काव एवं भुरकाव यंत्रों का प्रयोग करते है, ये यंत्र मनुष्य द्वारा चलाये जाते है इन यंत्रों में हैण्ड कम्प्रेशन स्प्रेयर, पैर से चलाने वाला स्प्रेयर, पीठ पर रखकर लीवर से चलने वाला स्प्रेयर, छोटे इंजन से चलने वाला स्प्रेयर एवं डस्टर, हाथ से चलने वाला डस्टर तथा कन्ट्रोल ड्रापलेट स्प्रयेर प्रचलित है। ट्रैक्टर चालित स्प्रेयर भी उपलब्ध हैं तथा प्रयोग में लाये जा रहे हैं। फसलीय पर्णीय छिड़काव में रसायनों के प्रयोग हेतु ब्लास्ट स्प्रेयर का प्रयोग किया जाता है। तेज हवा की अवस्था में पर्णीय छिड़काव नहीं करना चाहिए। सभी स्प्रेयरों के प्रयोग से 30–50 प्रतिशत रसायनों की बचत होती है। सभी फसलों में विभिन्न तरह के यंत्रों का बड़े पैमाने पर प्रचार–प्रसार करने की आवश्यकता है।

खुदाई एवं कटाई के यंत्र

आलू के खुदाई तथा उत्तोलक यंत्र विभिन्न डिजाइनों में उपलब्ध हैं। इनको भी मूल्यांकित, प्रसारित एवं लोकप्रिय बनाने की आश्यकता है। गाजर के बीजों को मेंड

के ऊपर बुवाई एवं खुदाई के लिए यंत्र भारतीय कृषि अनुसंधान संस्थान पूसा, नई दिल्ली ने विकसित किया है (चित्र 4.2)। प्याज खुदाई के लिए भी इस संस्थान ने यंत्र विकसित किये हैं।

चित्र 4.2: आलू खुदाई यंत्र

भारतीय दशाओं में टयुलबर/जड़ फसलों जैसे; शकरकन्द, मूली, गााजर, अदरक, टोपिका आदि के लिए खुदाई यंत्र उपलब्ध नही हैं इनके लिए खुदाई एवं कटाई यंत्र विकसित करने तथा बड़े पैमाने पर अपनाने की आवश्यकता है (चित्र 4.3)। पत्तागोभी, फूलगोभी, टमाटर, बैंगन की कटाई अधिकांशतः मानव द्वारा की जाती है। जिसके लिए ज्यादा कृषि मजदूरों की आवश्यकता होती है। बड़े स्तर पर व्यवसायिक/प्रत्यक्ष खेती के लिए ट्रैक्टर चालित अर्ध स्वचालित एवं स्वचालित कटाई यंत्रों के अनुसंधान एवं विकास कार्यो की आवश्यकता है।

चित्र 4.3: गाजर खुदाई यंत्र

सब्जियों की कटाई के मानव यंत्र

विकसित देशों जैसे यू.एस.ए., फ्रांस, जपान, इटली, यू.के. आदि में उच्च मूल्य वाले फलों एवं सब्जी की फसलों की कटाई के लिए सूक्ष्म प्रक्रिया आधारित रोबोट्स कटाई यंत्र उपलब्ध हैं। ये परिपक्व फलों में रंग, मुलायमता तथा अन्य प्राचलों (पैरामीटर) के आधार पर सन्तोषजनक चयन कर सकते हैं। इन देशों में मजदूरी खर्च बहुत ऊँचा है। हमारी दशाओं में भी निकट भविष्य में इन यंत्रों की आवश्यकता अधिक होगी।

सतह–आच्छादित खेती

पिछले 10–15 वर्षों से सतह–आच्छादित खेती तकनीक प्रचलित हुई है। प्लास्टिक पलवार तकनीकियों में क्रमशः ग्रीनहाउस व प्लास्टिक टनल प्रचलित हैं। भारत में सन् 1983 के दौरान ग्रीनहाउस के अन्तर्गत कुल 05 हेक्टेयर था यह 2010 में बढ़कर लगभग 500 हेक्टेयर हो गया। इस प्रकार प्रति वर्ष वृद्धि दर 40 प्रतिशत

से अधिक है। भारतीय दशाओं में ग्रीनहाउस खेती की यह वृद्धि दर लगातार आय प्राप्ति तथा आर्थिकी के कारण है। इसके निम्नलिखित विशिष्टताएं हैं:

1. ताजी सब्जियाँ, फलों तथा फूलों की बारह मासी तथा बेमौसमी उपलब्धता रहती है।
2. बागवानी फसलों की खेती बड़े शहरों के पास के खेतों में (परिनगरीय खेती) की जाती है।
3. बागवानी–फसलों की स्थानीय तीव्र जलवायुयिक दशाओं में उपलब्ध माँग।
4. विदेशी सब्जियों जैसे; ब्रोकोली, चायनीज कैबेज, पार्सले ब्रूसल्स, चैरी टमाटर आदि की उपलब्धता व माँग।
5. ताजे बागवानी–उत्पादों का निर्यात।
6. बीज तथा वनस्पति प्रर्वधन में उच्च गुणवत्ता की पौध बनना।
7. औषधीय एवं सुगन्धित पौधें की सघन खेती।
8. उच्च गुणवत्ता का संकर बीज उत्पादन।

(क) हरितगृह

चित्र 4.4: हरित गृह की संरचना

ग्रीनहाउस खेती की शुरुआत उच्च उत्पादन लागत साधनों की उपयोग क्षमता बढ़ाने के लिए अनुमोदित की गयी थी। इस विधि द्वारा खुली खेती की तुलना में फसलों की उत्पादकता अधिक होती है तथा बेमौसमी फसलों को भी उगाया जा सकता है। खुली खेती की तुलना में इस विधि से 10–100 गुना कुल लागत की वापसी सम्भव है। विकसित देशों में ग्रीनहाउस की अभिकल्पना में सूक्ष्म प्रोसेसर आधारित स्वःचालित नियंत्रित तापक्रम, प्रकाश, वातायन एवं फर्टिगेशन, पंखा, हीटर, मेकैनिकल जाली, फोगिंग तथा मिसटिंग प्रणाली उपलब्ध हैं तथा प्रयोग में लाये जा रहे हैं। भारतीय कृषि अनुसंधान संस्थान, नई दिल्ली ने ग्रीन हाउस में वातावरण नियंत्रण के लिये एक सूक्ष्म नियंत्रक विकसित किया है। यह एक कम्प्यूटर और ए.डी./डी.ए. द्वारा नियंत्रित है (चित्र 4.4)।

इसमें थर्मोस्टोरेज तथा ICLM-335 तापक्रम सेन्सर का प्रयोग किया गया है। सूक्ष्म नियंत्रक के सोलह चैनलों को सूचना भेजने की क्षमता विशेष रूप से या लगातार, सभी समय तथा सम्बन्धित युक्ति में सॉफ्टवेयर की स्थिति पर निर्भर करता है। प्रयोगशाला तथा खेतों में सूक्ष्म नियंत्रक का परीक्षण सन्तोषजनक रहा है। इस प्रकार की इकाइयाँ भारत में भी स्थापित की गयी हैं। इसमें सर्वप्रथम बहुराष्ट्रीय सहभागिता, नीदरलैन्ड तथा इजराइल की है। इसी प्रकार की स्वदेशी ग्रीनहाउस की इकाइयाँ बड़े शहरों के नजदीक तथा बेमौसमी सब्जियों को उगाने के लिए लद्दाख, हिमांचल प्रदेश तथा उत्तराखण्ड प्रदेश के पहाड़ी क्षेत्रों में स्थापित की गयी हैं। इस प्रकार के ग्रीनहाउस की माँग दिन–प्रतिदिन बढती जा रही है। विभिन्न एग्रो–क्लाईमेटिक क्षेत्र में सब्जी की खेती के लिए मानक ग्रीनहाउस अभिकल्पना की आवश्यकता है। विकसित देशों में पूर्णतः यंत्रीकृत और स्वचालित नियंत्रित ग्रीनहाउस हैं। पौधशाला तैयारी, बुवाई, पौध–रोपण, खरपतवार नियंत्रण एवं निराई–गुड़ाई, सिंचाई छिड़काव तथा कटाई संचालन के सभी कार्य यंत्रीकृत एवं स्वचालित नियंत्रित हैं। इसी प्रकार की एक जैसी सुविधाएं भारतीय दशाओं में भी आवश्यक है। ग्रीनहाउस को स्वचालित एवं यंत्रीकृत करने के लिये अनुसधान एवम् विकास की आवश्यकता है।

(ख) प्लास्टिक टनल (सुरंग नुमा) तकनीक

भारत में प्लास्टिक टनल (सुरंगनुमा) तकनीकियाँ सभी स्थानों के योग्य हैं और ये साधारणतः कम लागत वाली होती है तथा आसानी से स्थापित की जा सकती हैं। टनल, पौधें की उचित वृद्धि एवं रख–रखाव में सहायक है। ये पनीरी तथा उच्च मूल्य के फल एवं सब्जी फसलों के लिए अच्छे होते हैं। प्लास्टिक टनल बनाने के लिए ट्रैक्टर चालित यंत्र उपलब्ध है। इस प्रकार की प्रौद्योगिकियाँ एवं उपकरणों का देश में प्रचार तथा अपनाने की आवश्यकता है।

(ग) प्लास्टिक पलवार

प्लास्टिक पलवार दक्षिण कोरिया, जापान, यू.एस.ए. तथा अन्य विकसित देशों में अति प्रचलित है। यह उच्च मूल्यवान फसलों को उगाने, नमी संरक्षण, खरपतवार नियंत्रण तथा कीड़े–मकोड़ों के नियंत्रण में सहायक है। इन देशों में ट्रैक्टर चालित मल्च प्लान्टर उपलब्ध हैं। इसके द्वारा रोपाई के समय 6–7 सें.मी. प्लास्टिक के साथ में ड्रिप सिंचाई प्रणाली बिछाते हैं, तथा इसके द्वारा 90–120 सें.मी. प्लास्टिक

मल्च मृदा सतह के ऊपर बिछा सकते हैं। भारतीय दशाओं में तकनीकी एवं आर्थिक दृष्टि से इस प्रकार की प्रौद्योगिकियों की आवश्यकता है।

दबावयुक्त सिंचाई पद्धति

बागवानी–फसलों में सिंचाई हेतु स्प्रिंकलर, ड्रिप सिंचाई, संयुक्त दबावयुक्त सिंचाई पद्धतियां प्रसिद्ध हो रही हैं। पंक्तियों में उगाई जाने वाली फसलों में सिंचाई प्रणाली तथा सिंचाई पाइप बदलने की आवश्यकता नहीं होती है। तंग (संकरी) पंक्ति वाली फसलों एवं ग्रीनहाउस में सूक्ष्म स्प्रिकलरों का प्रयोग किया जाता है। स्प्रिंकलर प्रणाली प्राकृतिक वर्षा की तरह है। सूक्ष्म सिंचाई पद्धति में कार्यो की उच्च क्षमता तथा सिंचाई की कम लागत होती है। इसमें 40–60 प्रतिशत पानी की बचत, मजदूर की कमी तथा समतल का प्रवाह प्रक्षेत्र दशाओं में प्रयोग किया जाता है। यह पद्धति जल एवं पोषक की उपयोग क्षमता को बढ़ाने में काफी प्रभावी है।

ड्रिप सिंचाई पद्धति में मुख्यतः 1, 2, 4 एवं 8 लीटर प्रति घण्टा रिसाव दर वाले ड्रिपर प्रयोग किये जाते हैं। ड्रिप सिंचाई कम दबाव वाली तकनीक है जिसमें जल समान रूप से कम मात्रा में ड्रिपर्स जल उत्सर्जको द्वारा नियंत्रित रूप से बूँद–बूँद करके पौधों की आवश्यकतानसुार, जड़ क्षेत्र में दिया जाता है। ड्रिप सिंचाई में जल नियंत्रित अन्तराल पर देने से जड़ों में जल दबाव नही पड़ता है और पौधे के लिए मृदा का नमी स्तर सदैव अनुकूल बना रहता है। इसलिए ड्रिप सिंचाई से पानी की बचत के अलावा सतह सिंचाई की अपेक्षा उपज में भारी वृद्धि देखी गयी है। सिंचाई के दौरान टेन्सियोमीटर नमी तनाव आधारित सूचना उपलब्ध कराता है। ड्रिप सिंचाई किसी अन्य विधियों की अपेक्षा काफी लाभप्रद है। माइक्रो सिंचाई पद्धति तकनीकी का आर्थिक विवरण उच्च लाभप्रद होने के कारण सब्जी–फसलों के लिए स्वचालित नियंत्रण एवं सार्वजनिक पैमाने पर अपनाने की आवश्यकता है।

फर्टीगेशन

फर्टीगेशन तकनीक का प्रयोग सिंचाई जल में उर्वरक को मिलाकर देने में होता है। ड्रिप सिंचाई प्रणाली में घुलनशील रासायनिक उर्वरकों को सिंचाई जल में मिश्रित करके ड्रिप के माध्यम से सीधे पौधें की जड़ों को दिया जाता है। यह उच्च दक्षता एवं कम लागत वाली विधि है। उर्वरक डिलिवरी (प्रसरण) पद्धति में शाकनाशी, कीटनाशी तथा अन्य रसायनों को प्रयोग कर सकते हैं। ड्रिप सिंचाई द्वारा जल की विभिन्न प्रकार की पारम्पारिक हानियों जैसे गहन रिसाव (परिस्रवण)

प्रवाह तथा मृदा वाष्पीकरण आदि से बचाया जा सकता है। इसके विभिन्न कार्यो को सम्पादित करने हेतु मुख्य अवयवों जैसे; उर्वरक टैंक, उर्वरक घोलक, ड्रिपर, छन्नक, दाबमापी, फिटिंग्स वाल्व, और उर्वरक अन्तः क्षेपक यंत्र आदि हैं। फसल तथा मृदा की आवश्यकताओं के अनुरूप उर्वरक एवं जल को जड़ क्षेत्र में देना चाहिए। इस तकनीक के आर्थिक अध्ययन को संचालित करने एवं बडे पैमाने पर अपनाने की आवश्यकता है।

सब्जी फसलों में यंत्रीकरण करने के उपाय

भारत में सब्जी की खेती में यंत्रीकरण का स्तर बहुत ऊँचा उठाना है, इन फसलों में यंत्रीकरण की दर में वृद्धि हेतु निम्न उपाय करने चाहिएः

1. देश में किसानों के लिए उन्नत एवं अच्छी गुणवत्ता के हस्त चालित औजारों तथा उपकरणों की व्यापारिक उपलब्धता एवम् लोकप्रिय बनाने की आवश्यकता है। सभी किसानों के लिए टी. वी., समाचार पत्र में विज्ञापन तथा उपकरणों के प्रदर्शन तथा सभी यंत्रों की उन्नति पर अनुदान दिया जाना चाहिए।
2. विकसित देशों में उपलब्ध उच्च क्षमता, परिशुद्ध उपकरणों का प्रसार–प्रचार करना चाहिए।
3. उच्च तकनीकियों द्वारा सब्जी की खेती के लिए प्रसार–प्रचार करना चाहिए।
4. बागवानी फसलों तथा सब्जी अनुसंधान यंत्रीकरण संगठन की सुविधाओं व उपलब्धता की शुरुआत करनी चाहिए। अखिल भारतीय अनुसंधान परियोजना द्वारा बागवानी फसलों एवं स्थानीय विभिन्न क्षेत्रों में यंत्रीकरण को पहचानने/अनुकूलता विकसित की सही तकनीकी शुरुआत करने की अति आवश्यकता है।
5. अखिल भारतीय अनुसंधान परियोजनाओं में कटाई उपरान्त प्रयोग एवं प्रसंस्करण, पैकेजिंग, हैन्डलिंग तथा बागवानी उत्पाद परिवहन के सही उपकरण का विकास तथा प्रौद्योगिकी की शुरुआत करनी चाहिए।

निष्कर्ष

सब्जी खेती में यंत्रीकरण की उत्पादन तथा कटाई उपरान्त कार्यो में बहुत महत्वपूर्ण भूमिका है। इसके द्वारा उत्पादन में वृद्धि फलों एवम् सब्जियों के ताजापन व गुणवत्ता में वृद्धि, कटाई एवं कटाई उपरान्त नुकसान में कमी, कम उत्पादन लागत, समय पर कार्य, समय में बचत, घरेलू खपत तथा निर्यात में वृद्धि हो सकती है।

चित्र 4.5: ट्रैक्टर भिण्डी बुवाई यंत्र/भिण्डी प्लान्टर

चित्र 4.6: शक्ति चालित मेंड़ों पर गाजर

चित्र 4.7: ट्रैक्टर चालित लहसुन प्लान्टर

अध्याय 5

औद्यानिकी फसलों में कृषि यंत्रीकरण

भारतीय कृषि, रोजगार सृजित करने के अलावा आजीविका, खाद्य, पोषण और पर्यावरण सुरक्षा में भी सुनिश्चिता प्रदान करती है; और यह देश में लगभग 52 प्रतिशत श्रमिकों को रोजगार भी प्रदान करती है। भारतीय सकल घरेलू उत्पाद में सिर्फ 14 प्रतिशत के योगदान के बावजूद, आज भी कृषि और इससे जुड़े व्यवसाय, देश की अर्थव्यवस्था तथा 70 प्रतिशत जनसंख्या की आजीविका के आधार हैं। वर्तमान में किसानों, वैज्ञानिकों एवं नीति निर्माताओं के संगठित प्रयासों से भारतीय कृषि को ऊँचाई मिली है, वर्ष 2014–15 में भारत ने 25 करोड़ 20 लाख टन अनाज, 2 करोड़ 60 लाख टन तिलहन, 1 करोड़ 70 लाख टन दलहन, 25 करोड़ 70 लाख टन फल एवं सब्जियाँ और 14 करोड़ 60 लाख टन दूध उत्पादित किया है। भारत में 94 लाख हेक्टेयर क्षेत्रफल में लगभग 60 से 70 प्रकार की सब्जियों की खेती व्यावसायिक स्तर पर की जाती है जिससे वर्तमान समय में 163 लाख टन सब्जियाँ उपलब्ध हो पा रही है।

देश की आर्थिक प्रगति एवं सामाजिक विकास में औद्यानिक फसलों का महत्वपूर्ण योगदान है। ये खाद्यान्न फसलों की तुलना में न केवल अधिक आय प्रदान करती है एवं रोजगारोन्मुखी है बल्कि पोषण–सुरक्षा तथा पौष्टिक गुणों के विभिन्न अवयवों को भी पूरा करती हैं। भारत विश्व में फलों एवं सब्जियों बड़ा उत्पादक देश है। शरीर को स्वस्थ रखने के लिए प्रति व्यक्ति प्रति दिन 90 ग्राम फल तथा 284 ग्राम सब्जी खाने की संस्तुति इंडियन काउंसिल ऑफ मेडिकल रिसर्च ने किया है, परन्तु हमारे देश में प्रति व्यक्ति 55 ग्राम फल एवं 125 ग्राम सब्जी का ही उपयोग हो पाता है। वर्तमान समय में औद्यानिक फसलों की खेती में आधुनिक कृषि यंत्रों एवं मशीनों का उपयोग महत्वपूर्ण है। आलू की फसल को छोड़कर अन्य सभी फसलों में यंत्रीकरण का स्तर निम्न है। बागवानी फसलों में उन्नत कृषि यंत्रों द्वारा आज किसान किसी भी कृषि कार्यो में होने वाले खर्च, श्रम, ऊर्जा, ईंधन, एवं समय में बचत करके अधिक लाभ कमा सकते हैं तथा अधिक

उत्पादन प्राप्त कर सकते हैं। आज के परिप्रेक्ष्य में किसानों को बागवानी उत्पादन को जीविकोपार्जन के साथ–साथ व्यवसाय के रूप में भी अपनाने की आवश्यकता है, जिसमें उन्नत कृषि यंत्र एक अच्छा साथ निभा सकते हैं। आज सब्जियों में कृषि यंत्रीकरण को अपनाने के मुख्य कारणों में मजदूरों की कमी, जनसंख्या की वृद्धि, खरपतवारों की वृद्धि और उत्पादन पर व्यय में कमी, आदि हैं। उद्यान फसलों से अधिक उत्पादन लेने के लिए यह आवश्यक हो गया है कि सभी कृषि कार्य ट्रैक्टर एवं कृषि यंत्रों द्वारा समय पर पूरे किये जायें। आज कम समय में कम लागत लगाकर अधिक उत्पादन लेने की आवश्यकता है और यह तभी सम्भव है, जब उद्यान फसलों का प्रत्येक कार्य उन्नतशील यंत्रों एवं मशीनों द्वारा उचित समय पर उचित ढंग से किया जाये, जैसेः

सारणी 5.1: औद्यानिकी फसलों में प्रयोग हेतु उन्नतशील औजार

कृषि कार्य	उपकरण
हस्त चालित यंत्र	प्रूनिंग स्केटियर, प्रूनिंग चाकू, थिनिंग कैंची, वीडिंग फोर्क, और पौध रोपण यंत्र, हस्त चालित वीडर/कल्टीवेटर, प्रूनिंग सा, फावडा, गार्डन हो, गार्डन रैक, डिगिंग फौर्क, ग्रास कटर, हस्त चालित पहिये वाला हो एवं सीडर, उन्नत दराँती आदि।
खेत की तैयारी	पशु एवं ट्रैक्टर चालित हल, कल्टीवेटर, हैरो, रोटावेटर आदि।
भिंडी, मटर, आलू की बुवाई/रोपाई	मानव, पशु, ट्रैक्टर एवं स्वचालित बीज बुवाई यंत्र तथा न्युमैटिक प्लान्टर।
खरपतवार नियंत्रण (वीडिंग/होइंग)	हस्त चालित खुरपा, फावड़ा, ग्रबर, व्हील हैन्ड हो, कोनोवीडर, पशु चालित वीडर/स्वीप, स्वचालित वीडर, ट्रैक्टर चालित स्वीप, कल्टीवेटर।
छिड़काव/बुरकाव	मानव चालित क्रम्प्रेशन स्प्रेयर, पैर से चलने वाला, दवा छिड़काव (फुट) स्पग्रेर, पीठ पर रखकर चलने वाला (नेपसैक) स्प्रेयर, छोटे इंजन से चलने वाला स्प्रेयर एवं डस्टर, हस्त चालित डस्टर, कन्ट्रोल ड्रापलेट स्प्रेयर आदि।
कटाई एवं चुनाई	मानव चालित चुनाई या चाकू, खुरपा, फावड़ा, आलू फसल हेतु पशु/ट्रैक्टर चालित डिगर।

(क) हस्त चालित औजार

कुदाली, फावड़ा, कुल्हाड़ी, गेंती, खुरपा, सब्बल, चाकू, स्क्रेटियर, प्रूनिंग–सा वीडर, स्प्रेयर एवं डस्टर, दराँती आदि हस्त चालित औजार किसानों द्वारा पौधशाला एवं सब्जियों को उगाने में प्रयोग किये जाते है (चित्र 5.1)। इन स्थानीय उपलब्ध औजारों की गुणवत्ता अच्छी नहीं है तथा इनको बदलने की आवश्यकता है।

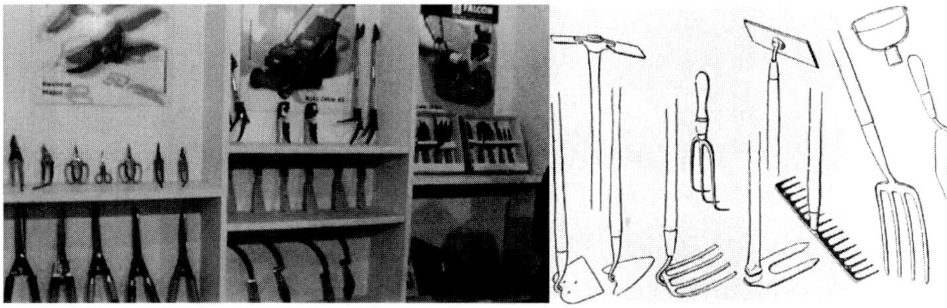

चित्र 5.1: औद्यानिक फसलों हेतु हस्त चालित उपकरण

अच्छी गुणवत्ता के विभिन्न प्रकार के हस्त चालित औजार जैसे; प्रूनिंग स्केटियर, प्रूनिंग चाकू, थिनिंग कैंची, वीडिंग फोर्क, और पौध रोपण यंत्र, हस्त चालित वीडर/कल्टीवेटर, प्रूनिंग सा, फावडा, गार्डन हो, गार्डन रैक, डिगिगं फौर्क, ग्रास कटर, हस्त चालित पहिये वाला हो एवं सीडर, उन्नत दराँती विकसित किये गये हैं। अब ये यंत्र विभिन्न निर्माणकर्ताओं द्वारा देश में बनाए एवं बेंचे जा रहे हैं। इनको छोटे किसानों के लिए लोकप्रिय बनाने की आवश्यकता है। प्रमुख हस्त चालित यंत्रों का विवरण निम्नलिखित है।

1. फावड़ा

यह उद्यान में पौधा लगाने से पहले खेत को प्रथम जुताई कार्य करने के लिए उपयोगी यंत्र है (चित्र 5.2)। यह छोटे–छोटे जगह में खेत तैयार करने के लिए उपयोगी है। इस यंत्र द्वारा आलू, मूँगफली, मूली, लहसुन, प्याज इत्यादि की खुदाई हेतु प्रयोग किया जाता है।

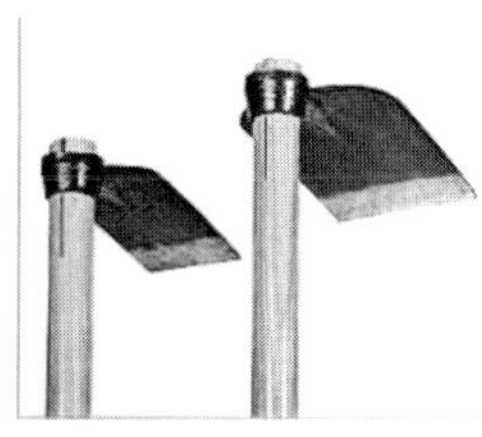

चित्र 5.2: फावड़ा

2. बेलचा

छोटे पौधों को नर्सरी से निकालने के काम आता है। इस यंत्र से नर्सरी से पौध निकालने में उसके जड़ का नुकसान नहीं होता है।

चित्र 5.3: गार्डन रेक

3. बहुउद्देश्य गार्डन रेक

यह उपकरण जमीन समतल करने एवं खरपतवार एकत्र करने के लिए अच्छा यंत्र है। इसे मिट्टी के बड़े ढेलों को तोड़ने के काम में भी लाया जाता है। यह पंजे की शक्ल का एक हाथ यंत्र है जिसमें एक लकड़ी या लोहे के टुकड़े में नीचे की

ओर झुके हुए दाँत लगे होते है। बाँस या लकड़ी का बना एक हैंडिल इसमें लगा होता है। यंत्र में लम्बे हैण्डल के होने से शरीर सीधा रहता है एवं मांसपेशियों के विकार में निदान मिलता है। इस यंत्र की पकड़ आरामदायक है तथा मजबूत स्टील ब्लेड के साथ–साथ कम भार वाला है (चित्र 5.3)। इससे शारीरिक थकान में कमी आती है तथा कार्य क्षमता में वृद्धि पाई जाती है। रेक में 8 से 11 दांते होते हैं।

4. जल का केन (हजारा)

चित्र 5.4: हजारा

बुवाई वाले क्यारियों के सिंचाई में उपयोगी होता है। गमले में लगे पौधों की सिंचाई के लिए यह उत्तम है। यह बाजार में अलग–अलग क्षमता में उपलब्ध है (चित्र 5.4)। इसके पानी के बर्तन से लम्बा नल निकलता है, जिसके ऊपर फुहार लगाने से पानी छोटी–छोटी बूँदों के रूप में बाहर निकलता है।

5. गार्डन डिब्बलर

चित्र 5.5: बागवानी डिब्बलर

इसका आकार एक मोटे बेलन जैसा होता है। बेलन का निचला भाग लोहे का, आकार में गोल होता है। ऊपर की ओर लकड़ी का एक छोटा–सा हत्था लगा होता है इसको जमीन में गाड़ देने से एक छेद बन जाता है, जिससे बल्ब कंद या पौध को आसानी से लगाया जा सकता है (चित्र 5.5)।

6. प्रूनिंग सिकेटियर

चित्र 5.6: कटाई–छंटाई सिकेटियर

इसका आकार कैंची से मिलता–जुलता होता है। इसमें ऊपर व नीचे दो तेज धार वाले फल लगे होते हैं, जिसकी सहायता से छोटी शाखाओं को आसानी से काटा जा सकता है। यह पेंसिल जैसी मोटी शाखाओं को काटने के लिए उपयोगी है। इसे सुखे फूल एवं टहनियों को काटने के उपयोग में भी लाते हैं (चित्र 5.6)।

7. प्रूनिंग चाकू

शाखाओं एवं सकर के प्रूनिंग में उपयोगी है तथा ग्राफ्टिंग के लिए इसका प्रयोग किया जाता है।

8. बडिंग चाकू

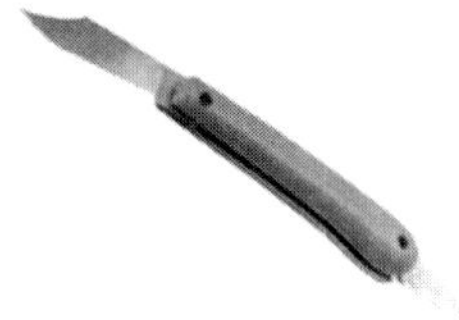
चित्र 5.7: बडिंग चाकू

इसके घुमावदार नोंक पौधों पर खड़ी कट करने में सहायक होते हैं। इसका दूसरा किनारा तने के छिलकों को अलग हटाने में प्रयोग होता है। इसके अलावा डाल को काटने एवं छांटने के लिए भी किया जाता है। इसका प्रयोग चश्मा चढ़ाने में तथा गुलाब जैसे पौधों से आँख निकालकर उसे दूसरे पौधें में लगाने के लिए किया जाता है (चित्र 5.7)।

9. ग्राफ्टिंग चाकू

इसका प्रयोग ग्राफ्टिंग के लिए करते हैं। इस चाकू का उपयोग काटने–छांटने के लिए भी किया जाता है।

10. प्रूनिंग आरी

चित्र 5.8: प्रूनिंग आरी

इसका प्रयोग 6 से.मी. व्यास से अधिक मोटी शाखाओं को काटने में होता है। यह एक साधारण दाँतों वाली, गोलाई लिए हुए आरी होती है, जिसका प्रयोग पौधों की सूखी तथा रोगगस्त शाखाओं को काटने के लिए होता है (चित्र 5.8)।

11. वृक्ष छंटाई यंत्र (पोल प्रूनर)

यह 4 से 5 मीटर ऊँची डालियों को काटने के काम में आता है। इसका ब्लेड एक रस्से द्वारा संचालित होता है।

12. हेज कैंची (हैजशियर)

चित्र 5.9: हेज कैंची

यह हेज एवं झाड़ियों को काटने–छाँटने के काम में आता है तथा इसके फलक कार्बन स्टील के बने होते हैं और उन पर लकड़ी के हत्थे लगे रहते हैं (चित्र 5.9)।

13. वीडिंग फोर्क

यह नर्सरी के लिए बहुउपयोगी यंत्र है। इसका मुख्य काम खरपतवार हटाना, पौध लगाना और क्यारियों में चिन्ह बनाने इत्यादि काम में भी इसका उपयोग किया जा सकता है।

14. तलवार

यह बागों एवं उसके आसपास में उगे बड़ी घास एवं खरपतवार को काटने में उपयुक्त होता है। इससे कम समय में एक व्यक्ति द्वारा अधिक क्षेत्रों में खरपतवार काटा जा सकता है।

15. बिल हुक

यह मुख्यतः फल वृक्षों की सूखी रोगग्रसित शाखाओं को काटने के लिए प्रयोग किया जाता है। काटने का भाग दोनों तरफ से तेज धार वाला होता है। पकड़ने के लिए इसमें एक छोटा–सा लकड़ी का हत्था लगा होता है।

16. पी.ए.यू. मानव चालित लहसुन बुवाई यंत्र

चित्र 5.10: मानव चालित लहसुन बुवाई यंत्र

इस मानव चालित यंत्र को पंजाब कृषि विश्वविद्यालय लुधियाना (पी.ए.यू.) के कृषि अभियांत्रिकी कालेज ने विकसित किया है। इस यंत्र द्वारा एक लाईन में लहसुन की बुवाई की जाती है। मुख्य रूप से यह पहिए वाला निराई–गुड़ाई यंत्र है, जिस पर लहसुन बोने की प्रणाली लगी है। इस प्रणाली में एक गोल प्लेट लगी होती है, जिसको पहिए से चैन एवं गरारी की सहायता से चलाया जाता है। खड़ी परिधि पर चम्मच के आकार की पंखुड़ियाँ लगी होती हैं। ये पंखुडियाँ बीज के बक्से से लहसुन की कलियों को उठाकर बीज की नली में गिराती हैं और ये कलियाँ जमीन पर कूंड में गिर जाती हैं (चित्र 5.10)। जिनको पीछे लगे लोहे के पट्टे द्वारा मिट्टी से ढ़क दिया जाता है। मार्कर द्वारा कतार से कतार की दूरी समायोजित की जाती है। पौधे से पौधे की दूरी गोल प्लेट पर लगी पंखुडियों की संख्या को कम या अधिक करके किया जाता है। इसकी कार्य क्षमता 0.3–0.4 हेक्टेयर प्रति दिन तथा वजन 12 कि.ग्रा. है।

17. हस्त चालित 'पूसा' क्रिसेन्ट (चन्द्राकार) हैन्ड हो

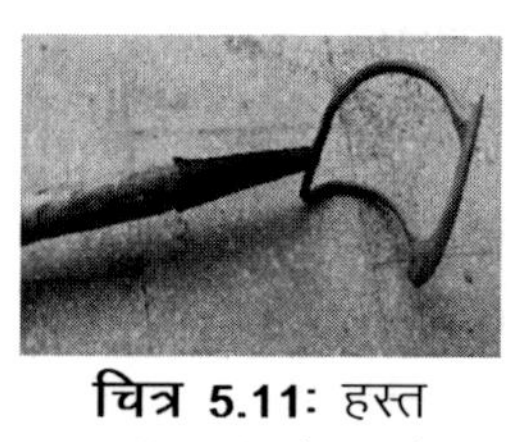

चित्र 5.11: हस्त चालित क्रिसेन्ट हो

यह भारतीय कृषि अनुसंधान संस्थान, नई दिल्ली द्वारा विकसित सभी फसलों के लिए सस्ता एवं सरल हस्त चालित औजार है, जिसमें एक लम्बी लकड़ी का हैण्डिल

तथा लोहे का अर्ध–चन्द्राकार ब्लेड लगा होता है, (चित्र 5.11)। इस यंत्र द्वारा मनुष्य सीधा खड़ा होकर पंक्तियों में बोई गयी सब्जियों की फसलों में निराई–गुड़ाई एवं खरपतवार का नियंत्रण कर सकता है। इसका भार 02 कि.ग्रा. तथा इसकी कार्य क्षमता 0.08 हेक्टेयर/दिन है।

18. पूसा खुरपा एवं दरांती

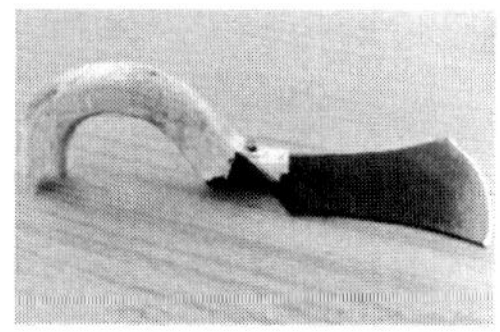

चित्र 5.12: 'पूसा' खुरपा एवं दरांती

हमारे देश में निराई–गुड़ाई मुख्यतः हस्त चालित यंत्रों से की जाती है। निराई–गुड़ाई के यंत्रों में खुर्पी का अपना प्रमुख स्थान है और देश के हर भाग में किसी न किसी रूप में इसका प्रयोग होता है। अतः यह विभिन्न प्रकार व नापों में उपलब्ध है (चित्र 5.12)। खुर्पी द्वारा हल्के खरपतवारो को आसानी से निकाला जा सकता है। परन्तु खेतों में दूब, बथुआ (बड़ा होने पर) चौलाई आदि कुछ ऐसे खरपतवारों को नष्ट करने मे खुर्पी से काफी समय एवं शक्ति लगती है। अधिकतर किसान भाईयों को इस कार्य के लिए खुर्पी के साथ–साथ दरांती का प्रयोग भी करना पड़ता है। वस्तुतः निराई–गुड़ाई के लिए खुर्पी और दरांती दोनों को ही खेत में ले जाना पड़ता है। इससे खुर्पी व दरांती दोनों का कार्य किये जा सकते हैं।

19. पहिये वाला गुड़ाई यंत्र

चित्र 5.13: पहिये वाला गुड़ाई यंत्र

भारतीय कृषि अनुसंधान संस्थान, नई दिल्ली द्वारा इस यंत्र का विकास चौड़ी पंक्तियों वाली फसलों में निराई–गुड़ाई द्वारा खरपतवारों को नश्ट करने के लिए किया गया है, (चित्र 5.13)। इसको बनाने में इस बात का ध्यान रखा गया है कि चलाने वाले को कम से कम थकावट हो। इस यंत्र को आगे की ओर धकेलकर चलाया जाता है। इसकी कार्य क्षमता 0.15–0.75 हेक्टेयर प्रति घण्टा तथा भार 11 कि.ग्रा. है।

रचना एवं कार्य प्रणाली

यह यंत्र सामान्य व्हील हैण्ड हो के आकार का है। परन्तु इस यंत्र में हैंडिल की ऊँचाई के अनुसार कम या ज्यादा करने का प्रावधान होता है तथा जमीन एवं फसल के अनुसार इसके ब्लेड की गहराई नट–बोल्ट द्वारा कम या अधिक की जा सकती है। हैण्डिल के कोण को 30–80 डिग्री तक रखा जा सकता है। निराई–गुड़ाई करने वाले फालों को 50–65 मि.मी. के फ्रेम पर लगाया गया है।

'पूसा' पहिये वाले गुड़ाई यंत्र के लाभ

यह समय पर खरपतवारों को नष्ट करने में सहायक है और चलाने वाले के लिए काफी आरामदायक है। निराई–गुड़ाई करने में अन्य तरीकों की अपेक्षा इससे कार्य करने पर काफी कम खर्च होता है।

21.'सिंह' हस्त चालित गुड़ाई यंत्र (सिंह हैंड हो)

चित्र 5.14: 'सिंह' हस्त चालित गुड़ाई यंत्र

सिंह हैण्ड हो का डिजाइन कृषि संचालक सन्त बहादुर सिंह द्वारा तैयार किया गया था। उन्हीं के नाम पर इसका नाम सिंह हैण्ड हो पड़ा है। इसमें तीन नोकदार साधारण लोहे के हुक होते हैं जो एक कोणीय लोहे के टुकड़े पर जुड़े रहते हैं। इन हुकों की शक्ल सर्प के फन के आकार की होती है। कोणीय लोहे की बीच मे ऊपर की ओर एक कुल्फीनुमा पाइप जुड़ा रहता है, जिसे सामी कहते हैं। सामी में दो छिद्र होते हैं जिसमें 135 सें.मी. लम्बा बांस फिट कर दिया जाता है। बांस को पकड़कर यह प्रयोग में लाया जाता है। इसका वजन 2 कि.ग्रा. एवं खिंचाई 25.3 कि.ग्रा. है (चित्र 5.14)।

22.''शर्मा''हस्त चालित गुड़ाई यंत्र

इससे खुरपे की अपेक्षा 4–5 गुना जल्दी कार्य होता है। इसमें एक 1.6 मीटर दस्ते में अग्रेजी के वी (V) के आकार की तेज फाली (ब्लेड) होती है। दस्ता लम्बा होने से खड़े–खड़े निराई कर सकते हैं। इसकी तेज फाली से घास और मिट्टी बहुत आसानी से कट जाती है।

23. तीन फालों वाला गुड़ाई यंत्र

यह बागवानी फसलों में अन्तः गुड़ाई तथा खरपतवार नियंत्रण में प्रयोग होता है। इसके द्वारा सब्जी के पौधे के चारों ओर तथा पंक्तियों के बीच में आसानी से निराई–गुड़ाई कर सकते हैं। यह तीन फालों का यंत्र है। फाल का आकर तिकोना तथा अंग्रेजी के अक्षर वी (V) के आकार का होता है। इसकी बनावट सरल है। इस यंत्र के तीन मुख्य भाग फ्रेम, फाल तथा लकड़ी या बांस का हैण्डिल है। फाले लोहे के फ्रेम में जुडे होते हैं। मजदूर हैंडिल को पकड़कर तथा थोडा सा झुककर निराई–गुड़ाई का कार्य करता है। इस यंत्र से सही काम लेने के लिए खेत में उचित

नमी का होना आवश्यक है। इसके ब्लेड़ के कार्य की चौड़ाई 150–200 मि.मी. (50 मि.मी. प्रति टाइन) टाइन का व्यास 12 मि.मी. तथा हैण्डिल का व्यास तथा लम्बाई 35 मि.मी. एवं 1400 मि.मी. होती है।

24. उन्नत दाँतेदार हंसिया

विभिन्न संस्थानों ने उन्नत हंसियों का विकास किया है जो पतले डंठल वाली फसलों जैसे; धान, गेहूँ, सोयाबीन, चना एवं घास आदि की कटाई करने के लिए अधिक उपयुक्त है। फसल की कटाई का कार्य इस उन्नत हंसिया से आरी क्रिया द्वारा सम्पन्न होती है। जबकि देशी हंसिया से दाब या खीचने के क्रिया द्वारा कटाई की जाती है। परंपरागत हंसिये की तुलना में उन्नत हंसिया के ब्लेड को तेज करने की आवश्यकता नहीं पड़ती है व यह उन्नत हंसिया कर्मी के लिये सुरक्षित भी है। परंपरागत विधि की अपेक्षा इस यंत्र से कर्मी के श्रम में भी कमी आती है।

25. ब्रश कटर

यह एक आधुनिक कटाई–छंटाई यंत्र है। इसके उपयोग से सीधी खड़ी फसल जैसे; गेहूँ, गन्ना आदि की कटाई की जा सकती है। साथ ही अधिक ऊंचे खरपतवार व झाडियां आदि भी काटी जा सकती हैं। इसमें एक छोटा पॉवर इंजन लगा होता है, यह एक मजदूर द्वारा आसानी से संचालित किया जा सकता है। यह कम जोत वाले किसानों के लिए उपयोगी कटाई यंत्र है (चित्र 5.15)।

चित्र 5.15: ब्रश कटर

26. वृक्ष छंटाई यंत्र (पोल प्रूनर)

यह 4–5 मीटर ऊँची डालियों को काटने के काम में आता है। इसका ब्लेड एक रस्से द्वारा संचालित होता है (चित्र 5.16)।

चित्र 5.16: वृक्ष छटाई यंत्र

27. फल तोड़कर संग्रह करने वाला यंत्र

यह 3 से 4 मीटर ऊँची डालियों से फल तोड़ कर सुरक्षित संग्रह करने के काम में आता है।

खेत की तैयारी के यंत्र

औद्यानिकी खेती में पारंपारिक जुताई उपकरण/यंत्र प्रयोग किये जाते हैं। पारम्परिक खेती में जुताई कई बार की जाती है और पाटा लगया जाता है। इसमें बिना जुती जमीन नहीं बचती तथा अवशेष भी नहीं रहने पाते हैं। खेत की तैयारी के लिए पावर टिलर या ट्रैक्टर चालित रोटावेटर के प्रयोग द्वारा समय एवं ईंधन की बचत होती हैं। सब्जी के फसलों को उगाने के लिए उठी हुई क्यारी रोपण (Raised bed) तकनीक की आवश्यकता पड़ती है। यह तकनीक अत्यधिक वर्षा के जल की निकासी, सिंचाई जल की बचत, मृदा की ऊपरी सतह उपयुक्त बनाये रखने एवं अधिक पैदावार के लिए अत्यधिक उपयोगी है। सब्जियों की मेंड़ों के ऊपर खेती करने के लिए पशु एवं ट्रैक्टर चालित उपकरण विभिन्न प्रक्षेत्र प्रयोग के लिए विकसित किये गये हैं तथा वे आसानी से उपलब्ध हैं। इस तकनीक के विस्तृत अध्ययन की आवश्यकता है।

बुवाई, रोपाई एवं प्रत्यारोपण यंत्र

वर्तमान में सब्जी के बीजों की सामान्य रूप से बुवाई, रोपाई, पौध–रोपण मानव द्वारा की जाती है। जबकि इन सभी कार्यो के लिए उन्नत मानव, पशु, पावर टिलर एवं ट्रैक्टर चालित सीड ड्रिल/प्लान्टर उपलब्ध हैं। इनके द्वारा मोटे बीजों एवं उर्वरकों का उचित संस्थापन किया जाता है। स्वचालित एवं अर्ध–स्वचालित आलू बुवाई यंत्र व्यवसायिक रूप से उपलब्ध हैं। इनकी कार्य क्षमता 3–4 हेक्टेयर प्रति दिन है। एक समय में एक बीज बोने के लिए न्युमैटिक प्लान्टर (वायु दबाव बुवाई यंत्र) उपलब्ध है। ये 2,4 एवं 6 पंक्तियों वाले हैं; तथा बाजार में उपलब्ध हैं। इन प्लान्टरों की बीज जीवन–क्षमता 100 प्रतिशत है। इनसे बुवाई करने पर अंकुरण के बाद विरलीकरण (थिनिंग) की आवश्यकता नहीं पड़ती है। इन यंत्रों को प्रसारित, मूल्यांकित, परावर्तित करने तथा लोकप्रिय बनाने की आवश्यकता है। भिंडी व हरी मटर के लिए विकसित रेज्ड बेड प्लाटिंग उपकरण अपनाये जा रहे हैं। सब्जी के पौध रोपने का कार्य अधिकतर मानव द्वारा किया जा रहा है। जबकि देश में मटर, टमाटर, फूलगोभी, पत्तागोभी, मिर्च तथा अन्य सभी फसलों की पौध रोपने के यंत्र (ट्रांसप्लान्टर) उपलब्ध हैं और बडे–बडे खेतों पर उपयोग किये जा रहे हैं। इन्हें आवश्यकता के अनुसार मूल्यांकित व परिवर्तित करके छोटे किसानों द्वारा अपनाने की आवश्यकता है।

खरपतवार निकालना, निराई–गुड़ाई तथा मिटट्ी चढा़ने के यंत्र

सब्जी की फसलों में खरपतवार नियंत्रण एवं निराई–गुड़ाई करने के लिए मानव चालित व्हील हैन्ड हो उपलब्ध है। खुरपियों की तुलना में इनकी निराई–गुड़ाई क्षमता 3–4 गुना अधिक है। पंक्तियों में बुवाई की फसलों के लिए पावर वीडर एवं ट्रैक्टर चालित स्वीप कल्टीवेटर उपलब्ध है। जड़ वाली फसलों में मिट्टी चढ़ाने के लिए रिजर उपलब्ध है। आलू एवं अन्य फसलों के लिए उन्नत क्रियाओं जैसे; रोपण, अन्तः खेती, मिट्टी चढ़ाना, स्प्रेयिंग एवं कटाई के उचित यंत्र उपलब्ध हैं। इन सभी यंत्रों को लोकप्रिय बनाने तथा ग्राम स्तर तक पहुँचाने की आवश्यकता है।

छिड़काव तथा बुरकाव यंत्र

औद्यानिकी फसलों को कीड़ों एवं बीमारियों से बचाने के लिए छिड़काव एवं भुरकाव यंत्रों का प्रयोग करते हैं। ये यंत्र मनुष्य द्वारा चलाये जाते हैं। इन यंत्रों में हैण्ड कम्प्रेशन स्प्रेयर, पैर से चलाने वाला स्प्रेयर, पीठ पर रखकर लीवर से चलने वाला स्प्रेयर, छोटे इंजन से चलने वाला स्प्रेयर एवं डस्टर, हाथ से चलने वाला डस्टर तथा कन्ट्रोल ड्रापलेट स्प्रेयर प्रचलित है। ट्रैक्टर चालित स्प्रेयर भी उपलब्ध हैं तथा प्रयोग में लाये जा रहे हैं। पर्णीय छिड़काव में रसायनों के प्रयोग हेतु ब्लास्ट स्प्रेयर का प्रयोग किया जाता है। तेज हवा की अवस्था में पर्णीय छिड़काव नहीं करना चाहिए। सभी स्प्रेयरों के प्रयोग से 30–50 प्रतिशत रसायनों की बचत होती है। सभी फसलों में विभिन्न तरह के यंत्रों का बड़े पैमाने पर प्रचार–प्रसार करने की आवश्यकता है।

1. हस्त चालित डस्टर

इस यंत्र द्वारा आदमी शरीर पर आगे की ओर लटकाकर पौधों पर पाउडर का छिड़काव करता है।

2. नैपसैक स्प्रेयर

इस हस्त चालित यंत्र को आदमी अपनी पीठ पर बाँध कर छोट–बड़े बाग में पीड़कनाशक दवाओं का छिड़काव आसानी से कर सकता है। इसका प्रयोग तरल उर्वरक के स्प्रे के लिए भी होता है। इस यंत्र में 3.5 मी. ऊँचाई तक खड़ी फसलों में स्प्रे कर सकते हैं। इसमें 16 से 20 ली. क्षमता वाली दाब रहित टंकी होती है। इसकी कार्य क्षमता 0.5 से 1.0 हेक्टेयर प्रति दिन है।

3. सौर चालित नैपसेक छिड़काव यंत्र

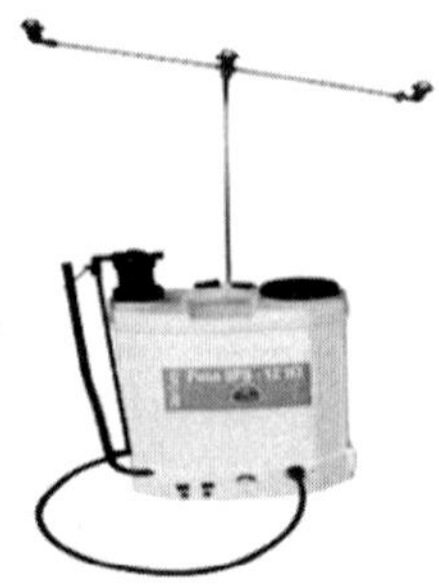

चित्र 5.17: सौलर चालित स्प्रेयर

एक समान दबाव तथा मानव द्वारा किये जाने वाले प्रयासों में कमी जैसे गुणों वाला सौर ऊर्जा से चालित पूसा नेपसैक स्प्रेयर विकसित किया गया है। इसमें एक लैड अम्ल वाली बैटरी होती है जिसे 60 वाट की सोलर फोटो बोल्टायिक (60 डब्ल्यु, एस.पी.वी.) पैनल से चार्ज किया जा सकता है तथा स्प्रेयर को लगातार 6 घन्टे तक उपयोग में लाया जा सकता है (चित्र 5.17)। इसमें डायाफ्राम की तरह का पम्प लगा होता है, जिसमें बिना किसी स्पंदन के 4 कि. ग्रा. प्रति सें.मी. वर्ग का दबाव रहता है जो कि महीन तथा एक समान छिड़काव के लिए पर्याप्त है। इस प्रणाली में किसान अलग से बैटरी को चार्ज करके उसे पम्प में जोड़ सकते हैं एवं फिर उसका 6 घन्टे तक लगातार उपयोग भी कर सकते हैं। इसमें किसानों को सोलर पॉवर पैनल के भार को साथ में ले जाने की आवश्यकता नहीं पड़ती। इसकी कार्य क्षमता 0.35 हेक्टेयर प्रति घन्टा है।

4. ड्रोन

मानव रहित विमान, जिसे आम भाषा में ड्रोन कहा जाता है, इसका 1980 के दशक के बाद से व्यवसायिक रूप से प्रयोग किया जा रहा है (चित्र 5.18)। हालांकि, आज ड्रोन का उपयोग न केवल सैन्य और सुरक्षा से संबंधित कार्यों में हो रहा है बल्कि कृषि प्रयोजनों में भी यह कारगर सिद्ध हो रहा है।

चित्र 5.18: कृषि में ड्रोन का प्रयोग

भारत में ड्रोन का उपयोग फसलों में लगने वाले रोगों के बारे में जानकारी प्राप्त करने तथा रोग व कीट नियंत्रण के लिए पेस्टीसाइडों का छिड़काव करने के लिए किया जाता है। इसके अलावा देश में कृषि क्षेत्र में आंकड़ों को एकत्रित करने में भी यह सहायक है। ड्रोन की खोज होने से खेती की निगरानी करना आसान और बचतपूर्ण हो गया है। ड्रोन फसल की उत्पादकता को बढ़ाने और उसकी उपज को कम करने हेतु उचित समय पर जल, उर्वरकों, कीटनाशकों जैसे निवेशों की मात्रा का प्रयोग करने हेतु लोकप्रिय प्रौद्योगिकी बन गई है। ड्रोन की सहायता से फसल

की स्थिति पर दृष्टि रखी जा सकती है, फार्म पर नियंत्रण किया जा सकता है, फसल पर पोषणिक एवं जल दबाव की चौकसी की जा सकती है और यहाँ तक कि ऊपर से ही फसल पर उर्वरक एवं पेस्टीसाइड का छिड़काव किया जा सकता है।

चित्र 5.19: खेतों में ड्रोन द्वारा रसायनों का छिड़काव

ड्रोन को रिमोट कन्ट्रोल की सहायता से कम्प्युटर प्रोग्राम द्वारा किसी भी ऑपरेटर द्वारा भूमि की सतह से ऊपर उड़ाकर उसकी गति 50 कि.मी. प्रति घंटा तक प्राप्त की जा सकती है (चित्र 5.19)। भारत एक कृषि प्रधान देश है इसलिए यहाँ ड्रोन की कृषि क्षेत्र में आवश्यकता है, फसलों पर पेस्टीसाइडों का छिड़काव जोखिम भरा काम होता है (चित्र 5.18। कीटनाशकों के प्रभाव से किसानों को गंभीर बीमारी होने की आशंका बनी रहती है। कई बार किसानों को अपनी जान भी गंवानी पड़ती है। सबसे ज्यादा परेशानी गन्ना, ज्वार, बाजरा, मक्का, अरहर, जैसी ऊँचाई वाली फसलों में कृषि कार्यों को करने तथा बागवानी में आती है। ऐसे में ड्रोन सभी फसलों में छिड़काव करने में सक्षम है। एक एकड़ के खेत में यदि मजदूर दिन भर काम करते हैं तो यह काम ड्रोन आधे घंटे में कर देता है। ड्रोन एक बार में लगभग 5 से 7 लीटर कीटनाशकों का स्प्रे कर सकता है। ड्रोन द्वारा किसानों को निम्नलिखित सूचना प्राप्त होती है:

1. ड्रोन द्वारा ऊपर से निगरानी करके मृदा में सिंचाई की समस्या से लेकर कीट और कवकीय संक्रमण का पता लगाया जा सकता है।
2. ड्रोन द्वारा फसल का प्रत्येक सप्ताह प्रति दिन और यहाँ तक कि प्रति घंटे भी सर्वेक्षण किया जा सकता है।
3. ड्रोन द्वारा स्वस्थ तथा रोगग्रस्त पौधों के बीच का अन्तर पता चल जाता है।

1. ट्रैक्टर चालित स्प्रेयर

इसका उपयोग बड़े खेतों एवं बागवानी में पीड़कनाशियों को छिड़कने के लिए किया जाता है। दाब उत्पन्न करने के लिए रोटर वेन पम्प या टुल्लू पम्प लगा होता है जिसे ट्रैक्टर के पी.टी.ओ. शॉफ्ट द्वारा चलाया जाता है। इसमें फ्रेम पर एक पम्प,

दाबमापी, टंकी, प्रेशर रिलिफ वाल्व, सक्शन एवं निकास नली, बूम तथा समायोज्य फ्रेम (एडजेस्टेबल) नॉजल लगे होते हैं (चित्र 5.20)। इस फ्रेम को ट्रैक्टर के तीन प्वाइंट लिंकेज से जोड़ा जाता है और इस स्प्रेयर के बूम को आवश्यकतानुसार ऊपर या नीचे किया जा सकता है।

चित्र 5.20: पावर–चालित स्प्रेयर

यह स्प्रेयर एक या दो 200 लीटर की टंकी या एक 400 लीटर की टंकी के साथ उपलब्ध है। इसका बूम 6. 5 लीटर लम्बा होता है जिसमें 12–14 समायोज्य नॉजल लगे होते हैं। सिंगल ड्रम वाले स्प्रेयर का भार 150 कि.ग्रा. तथा डबल ड्रम वाले स्प्रेयर का भार 200 कि.ग्रा. होता है। खड़ी फसल में स्प्रेयर के प्रयोग के लिए ट्रैक्टर चालन के लिए खेतों में समुचित रास्ते का प्रावधान करना आवश्यक है।

खुदाई एवं कटाई के यंत्र

आलू के खुदाई तथा उत्तोलक यंत्र विभिन्न डिजाइनों में उपलब्ध हैं। इनको मूल्यांकित, प्रसारित एवं लोकप्रिय बनाने की आश्यकता है। भारतीय कृषि अनुसंधान संस्थान पूसा, नई दिल्ली ने गाजर के बीजों को मेंड के ऊपर बुवाई एवं खुदाई के लिए यंत्र विकसित किया है। प्याज खुदाई के लिए भी इस संस्थान ने यंत्र विकसित किये हैं। भारतीय दशाओं में टयुबर/जड़ फसलों जैसे शकरकन्द, मूली, अदरक, टोपियोका आदि के लिए खुदाई यंत्र उपलब्ध नहीं है। इनके लिए खुदाई एवं कटाई यंत्र विकसित करने तथा बड़े पैमाने पर अपनाने की आवश्यकता है। पत्तागोभी, फूलगोभी, टमाटर, बैंगन की कटाई अधिकांशतः मानव संसाधनों द्वारा की जाती है। जिसके लिए अधिक कृषि श्रमिकों की आवश्यकता होती है। बड़े स्तर पर व्यवसायिक/प्रत्यक्ष खेती के लिए ट्रैक्टर चालित अर्ध स्वचालित एवं स्वचालित कटाई यंत्रों के अनुसंधान एवं विकास कार्यो की आवश्यकता है।

सब्जियों की कटाई के मानव यंत्र (रोबोट या रोबो)

विकसित देशों जैसे; यू.एस.ए., फ्रांस, जापान, इटली, यू.के. आदि में उच्च मूल्य वाले फलों एवं सब्जी की फसलों की कटाई के लिए सूक्ष्म प्रक्रिया आधारित रोबोटस कटाई यंत्र उपलब्ध हैं। ये परिपक्व फलों में रंग, मुलायमता तथा अन्य प्रचालकों

(पैरामीटर्स) के आधार पर संतोषजनक चयन कर सकते हैं। इन देशों में श्रमिकों का खर्च बहुत ऊँचा है। हमारी दशाओं में भी निकट भविष्य में इन यंत्रों की आवश्यकता अधिक होगी।

हरितगृह

चित्र 5.21: ग्रीनहाऊस की संरचना

ग्रीनहाउस खेती की शुरुआत उच्च उत्पादन लागत साधनों की उपयोग क्षमता बढ़ाने के लिए अनुमोदित की गयी थी। इस विधि द्वारा खुली खेती की तुलना में फसलों की उत्पादकता अधिक होती है तथा बेमौसमी फसलों को भी उगाया जा सकता है (चित्र 5.21)। खुली खेती की तुलना में इस विधि से कुल लागत की 10–100 गुना वापसी सम्भव है। विकसित देशों में ग्रीनहाउस की अभिकल्पना में सूक्ष्म प्रोसेसर आधारित स्वःचालित नियंत्रित तापक्रम, प्रकाश, वातायन एवं फर्टिगेशन, पंखा, हीटर, मैकेनिकल जाली, फोगिंग तथा मिसटिंग प्रणाली उपलब्ध हैं तथा प्रयोग में लाये जा रहे हैं।

भारतीय कृषि अनुसंधान संस्थान, नई दिल्ली ने वातावरण नियंत्रण के लिये एक सूक्ष्म नियंत्रक ग्रीनहाउस को विकसित किया है। यह एक कम्प्यूटरीकृत संरचना है और ए.डी./डी.ए. द्वारा नियंत्रित है। इसमें थर्मोस्टोरेज तथा तापक्रम सेन्सर का प्रयोग किया गया है। सूक्ष्म नियंत्रक के सोलह चैनलों को सूचना भेजने की क्षमता विशेष रूप से या लगातार, सभी समय तथा सम्बन्धित युक्ति में सॉफ्टवेयर की स्थिति पर निर्भर करती है। प्रयोगशाला तथा खेतों में सूक्ष्म नियंत्रक का परीक्षण संतोषजनक रहा है। इस प्रकार की इकाइयाँ भारत के अन्य भागों में भी स्थापित की गयी हैं।

इसमें सर्वप्रथम बहुराष्ट्रीय सहभागिता, नीदरलैन्ड तथा इजराइल की है। इसी प्रकार की स्वदेशी ग्रीनहाउस की इकाइयाँ बड़े शहरों के नजदीक तथा बेमौसमी सब्जियों को उगाने के लिए लद्दाख, हिमांचल प्रदेश तथा उत्तराखण्ड प्रदेश के पहाड़ी क्षेत्रों में स्थापित की गयी हैं। इस प्रकार के ग्रीनहाउस की माँग दिन–प्रतिदिन बढ़ती जा रही है। विभिन्न एग्रो–क्लाईमेटिक क्षेत्र में सब्जी की खेती के लिए मानक ग्रीनहाउस अभिकल्पना की आवश्यकता है। विकसित देशों में पूर्णतः यंत्रीकृत और स्वचालित नियंत्रित ग्रीनहाउस हैं। पौधशाला तैयारी, बुवाई, पौध–रोपण, खरपतवार

नियंत्रण एवं निराई–गुड़ाई, सिंचाई छिड़काव तथा कटाई संचालन के सभी कार्य यंत्रीकृत एवं स्वचालित नियंत्रित हैं। इसी प्रकार की एक जैसी सुविधाएं भारतीय दशाओं में भी आवश्यक है। ग्रीनहाउस को स्वचालित एवं यंत्रीकृत करने के लिये अनुसंधान एवं विकास की आवश्यकता है।

प्लास्टिक टनल (सुरंग नुमा) तकनीक

भारत में प्लास्टिक टनल (सुरंगनुमा) तकनीकियाँ सभी स्थानों के योग्य हैं और ये साधारणतः कम लागत वाली होती हैं तथा आसानी से स्थापित की जा सकती हैं। टनल, पौधों की उचित वृद्धि एवं रख–रखाव में सहायक है। ये पनीरी तथा उच्च मूल्य के फल एवं सब्जी फसलों के लिए अच्छे होते हैं। प्लास्टिक टनल बनाने के लिए ट्रैक्टर चालित यंत्र उपलब्ध भी है (चित्र 5.22)। इस प्रकार की प्रौद्योगिकियाँ एवं उपकरणों का देश में प्रचार तथा अपनाने की आवश्यकता है।

चित्र 5.22: प्लास्टिक टनल

प्लास्टिक पलवार

प्लास्टिक पलवार दक्षिण कोरिया, जापान, यू.एस.तथा अन्य विकसित देशों में अति प्रचलित है। यह उच्च मूल्यवान फसलों को उगाने, नमी संरक्षण, खरपतवार नियंत्रण तथा कीड़े–मकोड़ों के नियंत्रण में सहायक है। इन देषों में ट्रैक्टर चालित मल्च प्लान्टर उपलब्ध हैं (चित्र 5.23 क व ख)। इसके द्वारा रोपाई के समय 6–7 सें.मी. प्लास्टिक के साथ में ड्रिप सिंचाई प्रणाली बिछाते हैं तथा इसके द्वारा 90–120 सें.मी. प्लास्टिक मल्च मृदा सतह के ऊपर बिछा सकते हैं। भारतीय दशाओं में तकनीकी एवं आर्थिक दृष्टि से इस प्रकार की प्रौद्योगिकियों की आवश्यकता है।

चित्र 5.23 क व ख: प्लास्टिक पलवार

दवाबयुक्त सिंचाई पद्धति

चित्र 5.24: प्लास्टिक पाइप द्वारा ड्रिप सिंचन

बागवानी–फसलों में सिंचाई हेतु स्प्रिंकलर, ड्रिप सिंचाई, संयुक्त दबावयुक्त सिंचाई पद्धतियां प्रसिद्ध हो रही हैं। पंक्तियों में उगाई जाने वाली फसलों में सिंचाई प्रणाली तथा सिंचाई पाइप बदलने की आवश्यकता नहीं होती है। तंग (संकरी) पंक्ति वाली फसलों एवं ग्रीनहाउस में सूक्ष्म स्प्रिकलरों का प्रयोग किया जाता है। स्प्रिंकलर प्रणाली प्राकृतिक वर्षा की तरह है। सूक्ष्म सिंचाई पद्धति में कार्यो की उच्च क्षमता तथा सिंचाई की कम लागत होती है। इसमें 40–60 प्रतिशत पानी की बचत, मजदूर तथा समतल का प्रवाह प्रक्षेत्र दशाओं में प्रयोग किया जाता है (चित्र 5.24)। यह पद्धति जल एवं पोषक तत्वों की उपयोग क्षमता को बढ़ाने में काफी प्रभावी है।

ड्रिप सिंचाई पद्धति में मुख्यतः 1, 2, 4 एवं 8 लीटर प्रति घण्टा रिसाव दर वाले ड्रिपर प्रयोग किये जाते हैं। ड्रिप सिंचाई कम दबाव वाली तकनीक है जिसमें जल को समान रूप से कम मात्रा में ड्रिपर्स जल उत्सर्जकों द्वारा नियंत्रित रूप से बूंद–बूंद करके पौधों की आवश्यकतानसुार पौधों की जड़ में दिया जाता है। ड्रिप सिंचाई में जल को नियंत्रित अन्तराल पर देने से जड़ों में जल दबाव नही पड़ता है, और पौधों के लिए मृदा का नमी स्तर सदैव अनुकूल बना रहता है। इसलिए ड्रिप सिंचाई से पानी की बचत के अलावा सतह सिंचाई की अपेक्षा उपज में भारी वृद्धि देखी गयी है। सिंचाई के दौरान टेन्सियोमीटर नमी तनाव आधारित सूचना उपलब्ध कराता है। ड्रिप सिंचाई किसी अन्य विधियों की अपेक्षा काफी लाभप्रद है। माइक्रो सिंचाई पद्धति तकनीकी का आर्थिक विवरण उच्च लाभप्रद होने के कारण सब्जी–फसलों के लिए स्वचालित नियंत्रण एवं सार्वजनिक पैमाने पर अपनाने की आवश्यकता है।

फर्टीगेशनः सिंचाई सह उर्वरक प्रयोग

फर्टीगेशन तकनीक का प्रयोग सिंचाई जल में उर्वरक को मिलाकर देने में होता है। ड्रिप सिंचाई प्रणाली में घुलनशील रासायनिक उर्वरकों को सिंचाई जल में मिश्रित करके ड्रिप के माध्यम से सीधे पौधों की जड़ों को दिया जाता है। यह उच्च दक्षता एवं कम लागत वाली विधि है। उर्वरक डिलिवरी (प्रसरण) पद्धति में

शाकनाशी, कीटनाशी तथा अन्य रसायनों को प्रयोग कर सकते हैं। ड्रिप सिंचाई द्वारा जल की विभिन्न प्रकार की पारम्पारिक हानियों जैसे; गहन रिसाव (परिस्रवण) प्रवाह तथा मृदा वाष्पीकरण आदि से बचाया जा सकता है। इसके विभिन्न कार्यो को सम्पादित करने हेतु मुख्य अवयवों जैसे; उर्वरक टैंक, उर्वरक घोलक, ड्रिपर, छन्नक, दाबमापी, फिटिंग्स वाल्व और उर्वरक अन्तः क्षेपक यंत्र आदि हैं। फसल तथा मृदा की आवश्यकताओं के अनुरूप उर्वरक एवं जल को जड़ क्षेत्र में देना चाहिए। इस तकनीक के आर्थिक अध्ययन को संचालित करने एवं बडे पैमाने पर अपनाने की आवश्यकता है।

प्रतिकूल मौसम में पौध तैयार करने की प्लास्टिक ट्रे (प्लग ट्रे)

कभी–कभी ऐसा देखने में आता है कि प्रतिकूल वातावरण जैसे, कई दिनों तक रुक–रुक कर वर्षा होने, तेज धूप तथा तेज ठंढ में क्यारी तैयार करने, बीज पौधा और जमाव होने में कठिनाई होती है। ऐसी परिस्थितियों में सब्जियों की पौध प्रोट्रे या प्लास्टिक ट्रे विधि द्वारा तैयार की जाती है (चित्र 5.25)। सामान्य रूप से तैयार की गयी पौध की अपेक्षा प्लास्टिक ट्रे में तैयार की गयी पौध की गुणवत्ता अच्छी होती है जिससे उत्पादन अधिक होता है। परंपरागत विधि से पौधशाला तैयार करने की अपेक्षा प्लास्टिक ट्रे में कम समय लगता है तथा तैयार पौध में एकरूपता होती है। प्लास्टिक ट्रे में मिट्टी का मिश्रण उपयोग नहीं करते हैं क्योंकि मिट्टी काफी कड़ी हो जाती है; जिससे पौधों का विकास नहीं हो पाता है। भारत में सबसे अधिक उपलब्ध प्लास्टिक ट्रे मिश्रण में नारियल का अवशेष, वर्मीकुलाइट एवं परलाइट का उपयोग होता है।

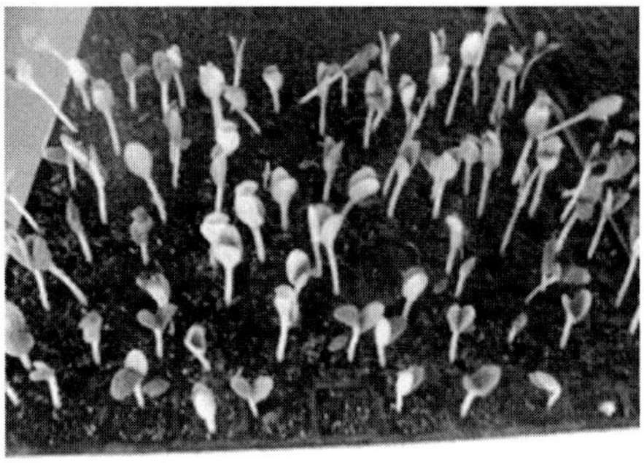

चित्र 5.25: पौध तैयार करने हेतु प्लास्टिक ट्रे

नारियल मिश्रण के साथ वर्मीकुलाइट या परलाईट को शामिल करने से पानी को ज्यादा देर तक अवशोषित करने की क्षमता बढ़ जाती है। कोकोपीट, वर्मीकुलाइट व परलाइट को 3:1:1 के अनुपात या मिट्ट्टी, बालू व अच्छी तरह से सड़ी हुई गोबर की खाद 1:1:1 के अनुपात में मिश्रण बनाकर ट्रे के खानों को भर कर एवं बीजों की बुवाई एक सें.मी. गहराई पर करते हैं। आमतौर पर टमाटर व बैंगन के लिए 18 से

20 सें.मी. आकार के खानों वाली ट्रे तथा शिमला मिर्च व मिर्च के लिए 8 से 10 घन सें.मी. आकार के खानों वाली ट्रे उपयुक्त रहती है।

शक्ति चालित औद्यानिकी यंत्रों का विवरण

1. ट्रैक्टर चालित रोटावेटर

परंपरागत विधि में फसलों की बुवाई से पूर्व खेत की दो–तीन बार देशी हल से जुताई फिर डिस्क हैरो द्वारा जुताई तथा अन्त में खेत को समतल करने के लिए पटेला चलाना पडता था, लेकिन अब इन सबके स्थान पर प्राकृतिक संसाधन संरक्षण के लिए रोटावेटर का प्रयोग किया जा सकता है। यह एक ट्रैक्टर चालित बहुउद्देशीय आधुनिक कृषि के लिए जुताई यंत्र है (चित्र 5.26)। रोटावेटर को ट्रैक्टर की पी.टी.ओ. शाफ्ट द्वारा शक्ति दी जाती है। इसके रोटर की गति 250 से 300 चक्कर प्रति मिनट तक होती है जबकि ट्रैक्टर पी.टी. ओ. की गति 540 चक्कर प्रति मिनट तक होती है। रोटावेटर के फाले अंग्रेजी के अक्षर 'एल' आकार के होते हैं तथा एक के बाद एक विपरीत दिशा में धुरी पर लगे होते हैं। यह मशीन 1.25,1. 55,1.65 एवं 1.84 मीटर चौड़ाई में उपलब्ध होती है। इसका आकार मशीन द्वारा कटी जमीन की चौडाई से निर्धारित होता है। एक हेक्टेयर खेत की जुताई हेतु लगभग 3.6 घन्टे का समय लगता है तथा खेत तैयार करने की लागत लगभग 600 रु. प्रति हेक्टेयर आती है। यह कृषि यंत्र बड़े–बड़े ढेलों को तोड़ने के अलावा खरपतवारों को भी जड़ से उखाड़ने का काम भी करता है तथा यंत्र फसल के डण्ठलों व अवशेषों को एक ही बार में खाद में परिवर्तित करने में सहायता करता है। इसका प्रयोग धान रोपाई के लिए पडलिंग में भी किया जा सकता है।

ट्रैक्टर चालित रोटावेटर के लाभ

1. रोटावेटर द्वारा डिस्क हैरो, कल्टीवेटर एवं लेवलर तीनों यंत्रों का काम एक बार में करके खेत को बुवाई योग्य बनाता है।
2. रोटावेटर खेतों में पिछली फसल की जड़ों और घासों को जमीन में मिला देता है जो कार्बनिक खादों का काम करता है।
3. रोटावेटर ट्रैक्टर की घिसाई, डीजल एवं समय की बचत और जमीन की नमी को बनाये रखता है।
4. सूखी, गीली एवं हर तरह की जमीन में ठीक काम करता है।

5. रोटावेटर चलाने से से ट्रैक्टर पर अधिक लोड नहीं पडता है।
6. रोटावेटर के प्रयोग से फसलों में 10 से 20 प्रतिशत पानी की बचत होती है।
7. इस मशीन से 50 से 60 प्रतिशत समय और 40 से 60 प्रतिशत ऊर्जा की भी बचत होती है।

2. रिज मेकर

यह आधुनिक ट्रैक्टर चालित यंत्र मेंड़ बनाने का कार्य करता है। आज कल मजदूरों की कम उपलब्धता और उनकी अधिक मजदूरी को देखते हुए रिज मेकर बहुत उपयोगी सिद्ध हो रहा है। इस यंत्र से मेड़े बनाने के साथ–साथ फसलों की निराई भी की जा सकती है। इस यंत्र से सिंचाई जल उपयोग दक्षता तो बढ़ती ही है साथ ही पानी की भी बचत होती है। रिज मेकर से 30 सें.मी. चौड़ी नाली तथा 40 से 70 सें.मी. चौड़ाई की मेंड बनाई जा सकती है। इस यंत्र से तीन नालियां तथा चार मेडें एक साथ बनाई जा सकती हैं। इस यंत्र के प्रयोग से नाली बनाने में लगने वाली ऊर्जा, समय एवं धन की बचत होती है। खेती में रिज मेकर के प्रयोग से मजदूरों पर निर्भरता में भी कमी आती है तथा उच्च गुणवत्ता वाली अधिक फसल उपज ली जा सकती है।

3. ट्रैक्टर चालित वायवीय बुवाई यंत्र (न्यूमैटिक प्लान्टर)

चित्र 5.26: न्यूमैटिक प्लान्टर

बुवाई के प्रारम्भिक तरीकों जैसे हल के पीछे हाथ से बुवाई करना, या बैल व ट्रैक्टर चालित यंत्र से बुवाई करने से बीज अनियमित तरीके से गिरते हैं। अत्यधिक महँगे बीजों की बुवाई करने के लिए माड़यूलर (Modular) प्लान्टर के विकास की आवश्यकता थी। पौध वैज्ञानिकों को एक ऐसे यंत्र की आवश्यकता थी जो कि प्रयोगात्मक प्रक्षेत्र में पौधे से पौधे एवं कतार से कतार की सुनियोजित दूरी पर बीज की बुवाई कर सके। वायवीय बुवाई यंत्र की परिकल्पना इन्हीं परिस्थितियों में बुवाई करने के लिए की गयी है (चित्र 5.26)।

इस प्लान्टर का विकास इस प्रकार किया गया है कि यह मशीन सही मात्रा में तथा आवश्यक दूरी पर बीज गिराये। इस मशीन में बुवाई करने पर दो प्लाटों के बीच अलग–अलग प्रकार के बीज (वैराइटी) आपस में मिश्रित नहीं होते हैं। इस मशीन द्वारा एक–एक बीज को जमीन में सही जगह पर गिराने के कारण मूल्यवान बीज की बचत होती है। फसल को विरलीकरण (थिनिंग) करने की समस्या भी कम हो जाती है। प्रत्येक पौधे को सही मात्रा में प्रकाश, पानी एवं पोषक तत्व मिलने से फसल की पैदावार बढ़ जाती है। इन यंत्रों का 06 एवं 10 पंक्तियों में बुवाई के लिए विकास किया गया है। इस मशीन से भिण्डी (ओकरा) तथा मूली आदि सब्जी के फसलों की बुवाई की जा सकती है। इस यंत्र में एक मुख्य ढाँचा (70 X 70 X 5 मि.मी.), हॉपर, मापक पहिया, चूषक / एस्पीरेटर ब्लोअर, कूंड खोदने वाले भाग, बीज का प्लेट (सीड प्लेट) (280 मि.मी. व्यास एवं 425 मि.मी. मोटी) आदि मुख्य भाग होते हैं।

यह यंत्र खिंचाव दाब के सिद्धान्त पर कार्य करता है। इस यंत्र में मापक कक्ष में खिंचाव दाब उत्पन्न करने के लिए एस्पीरेटर का प्रयोग किया जाता है। मापक प्लेट में बने छेद पर इस दाब के कारण बीज चिपक जाता है। ये बीज छिद्र के साथ तब तक चिपके रहते हैं जब तक कि वे उस जगह तक नहीं पहुँचते, जहाँ पर यह दाब समाप्त नहीं हो जाता है। जैसे ही खिंचाव का दाब वायुमण्डलीय दाब के बराबर आ जाता है वैसे ही बीज गुरुत्वाकर्षण के कारण नीचे गिर जाते हैं। बीज का गिरना, पूर्वनिर्धारित पौध से पौध की दूरी पर होता है। चूंकि बीज वायुदाब से उपर उठते हैं, इसलिए इसमें किसी प्रकार का मशीनी टूट–फूट नहीं होती है। ट्रैक्टर की इंजन की गति व एस्पीरेटर / ब्लोअर की गति इस अनुपात में रखी जाती है कि कहीं–कहीं बीज का न गिरना (मिसिंग हिल) तथा एक जगह एक से ज्यादा बीज गिरना (मल्टीपल हिल) कम से कम हों। प्रत्येक फसल के लिए यह दाब गति अलग–अलग होती है। अतः अलग–अलग फसल के लिए ब्लोअर की गति को फसल के अनुसार समायोजित करना आवश्यक है।

सारणी 5.1: मशीन की तकनीकी एवं कार्यकारी विषेशताएँ

कुल माप (ल.×चौ.×ऊ.) मि. मी.	1450 × 2450 × 1250
वजन (कि.ग्रा.)	200
पंक्तियों की संख्या	6, 4 एवं 2 जिसे समायोज्य
पंक्तियों की दूरी (मि.मी.)	250 या अधिक
एस्पीरेटर की गति (च. प्र. मि.)	6000
बीज मापन	वायुदाबीय, डिस्क चूशक सिद्धान्त
पौधें की दूरी का समायोजन	स्प्रोकेट के अनुपात को बदलकर
कार्य क्षमता (है./घण्टा)	0.50–1.0
शक्ति स्रोत	35 अष्व षक्ति का ट्रैक्टर
खिंचाव (बल न्युटन)	2000
कार्यकारी चौड़ाई (मि. मी.)	2000–3000
प्रचालन गति (कि. मी./घण्टा)	3–5
आवश्यक श्रम शक्ति श्रमिक (घण्टा/हेक्टेयर)	1–2

4. दो पंक्ति वाला ट्रैक्टर चालित सब्जी का पौध रोपाई यंत्र

सब्जी का उत्पादन आज भी अधिकतर मानव श्रम पर ही निर्भर करता है। मजदूरी बढ़ने के कारण किसानों को मिलने वाला लाभ कम हो जाता है। सब्जी की खेती के लिए विभिन्न प्रकार के उपकरण उपलब्ध हैं, जिसके प्रयोग से श्रमिकों की उत्पादकता बढ़ाई जा सकती है। कुछ सब्जियों जैसे; गाजर, मूली, शलजम, मटर आदि के बीज सीधे खेतों में बोये जाते हैं। जबकि अन्य सब्जियों जैसे फूलगोभी, पत्तागोभी, बैंगन, लौकी, टमाटर, मिर्च, प्याज आदि की पहले नर्सरी में रोपाई की जाती है। पौधों की रोपाई का कार्य प्रायः हाथ से ही किया जाता है जिसमें श्रम अधिक लगने के कारण महँगा पड़ता है। ट्रैक्टर से चलने वाला दो पंक्तियों में सब्जी का पौध रोपाई यंत्र बाजार में उपलब्ध है, जिससे उपरोक्त सब्जियों के पौध की रोपाई की जा सकती है। इस यंत्र से रोपाई करने पर मानव श्रम में रोपाई की तुलना में खर्च लगभग 84 प्रतिशत कम आता है (चित्र 5.27)।

यंत्र की बनावट

सब्जी रोपाई के इस यंत्र में एक मुख्य ढाँचा होता है, जिस पर अन्य भाग कसे होते हैं (चित्र 5.27)। मुख्य ढाँचे के अलावा इसमें दो पक्तियों में रोपाई के लिए दो

चित्र 5.27: दो पंक्ति वाला ट्रैक्टर चालित सब्जी का पौध रोपाई यंत्र

माडयूलर रोपाई इकाई के लगे होते हैं। प्रत्येक इकाई में एक सीट, दो ढाँचेदार पहिए, पौध रखने के लिए प्लास्टिक ट्रे, कूँड बनाने के लिए शू–प्रकार का फरो ओपेनर, फिंगर संवाहक (फिगर गाईड टनल), पिकर व्हील टाईप पौध मापक प्रणाली लगी होती है। इसके अतिरिक्त मुख्य ढाँचे के अगले भाग से दोनों पंक्तियों के बगल में सिंचाई की नाली बनाने के लिए दो कूंड खोदक लगे होते हैं। पौध रोपण प्रणाली को गति खांचेदार पहिए से चेन स्प्रोकेट की मदद से मिलती है। ये खाँचेदार पहिए अपने अक्ष पर अन्दर की ओर तिरछे लगे होते हैं जिससे कि पौध जमीन में लग जाने के बाद मिट्टी को कसा (काम्पैक्ट) जा सके। दोनों माडयुलर इकाइयाँ मुख्य ढाँचे से क्लैम्प की मदद से कसी होती हैं जिससे उन्हें खिसका कर पंक्तियों के बीच की दूरी को समायोजित किया जा सके।

यंत्र की कार्य प्रणाली

ट्रैक्टर चालित दो पंक्तियों से सब्जी की पौध लगाने वाला यह यंत्र अर्ध–स्वचालित है। इस मशीन को ट्रैक्टर से चलाते हैं एवं इसकी पौध मापक प्रणाली को चैन एवं स्प्रेकेट की सहायता से कसाव पहिए (कम्पैक्शन व्हील) से शक्ति प्रदान की जाती है। धुली हुयी जड़ वाली सब्जी की पौध (सीडलिंग) को ट्रे में रख देते हैं। सीट पर बैठा व्यक्ति एक–एक पौध को मशीन के घूमते हुए फिंगर पर रखता जाता है। स्प्रिंग दबाव वाला पिकर फोर्क टनल में जब पहुँचता है तो टनल के दोनों दीवारों के दबाव के कारण स्प्रिंग दब जाती है, जिससे फिंगर पर रखा हुआ पौध स्प्रिंग दबाव से फोर्क में कसा रहता है और गिरता नहीं है। जैसे ही फोर्क नीचे कूंड के पास पहुँचता है तो टनल से बाहर आ जाने के कारण स्प्रिंग का दबाव समाप्त हो जाता है और पौध खड़ी अवस्था में जमीन पर गिर जाता है। ठीक उसी समय कसाव पहिए पौधे के दोनों तरफ की मिट्टी को पौध के पास करके मिट्टी को दबा देते हैं जिससे कि पौधे की जमीन में रोपाई हो जाती है। मुख्य ढाँचे के अगले भाग से लगा कूंड खोदक पौध की पंक्ति के किनारे नाली बनाता जाता है, जिसका उपयोग सिंचाई के लिए किया जाता है।

सारणी 5.2: तकनीकी एवं कार्यकारी विशेषताएं

प्रकार	ट्रैक्टर चलित यंत्र अर्ध स्व–चालित
समग्र माप (ल.×चौ.×ऊँ.) मि.मी.	1850 ×1520 ×160
मशीन का कुल वजन (कि.ग्रा.)	225
पौध ट्रे की संख्या	2
पंक्तियों की संख्या	2
मापक प्रणाली का प्रकार	पिकर व्हील
पंक्ति से पंक्ति की दूरी (मि.मी.)	600 समायोज्य
कूंड खोदक	शू टाईप
पौध की अवस्था	खुली जड़ों वाली पौध
आवश्यक व्यक्तियों की संख्या	दो
प्रचालन गति (कि.मी./घण्टा)	1.0
कार्य क्षमता (है./घण्टा)	0.08–0.09

5. पॉवर टिलर

चित्र 5.28: पावर टिलर

औद्यानिकी फसलें लेने वाले तथा कम जोत वाले किसानों के लिए पॉवर टिलर एक बहुपयोगी कृषि यंत्र है। पावर टिलर दो पहियों का मिनी ट्रैक्टर है जिसके द्वारा छोटे खेतों व बागों में जुताई, निराई–गुड़ाई तथा अन्य कार्य जैसे; पम्प का चलाना, ट्रॉली द्वारा ढुलाई करना आदि कार्य किये जा सकते हैं (चित्र 5.28)। इसके द्वारा वे सभी कृषि कार्य जिनमें सामान्यतः ट्रैक्टर की आवश्यकता होती है, जैसे; जुताई, गुड़ाई, सिंचाई, पीड़कनाशी का छिड़काव, थ्रेशर चलाना आदि किये जा सकते हैं। इसमें 5–12 हार्स पावर का इंजन लगा होता है। कम वजन वाले पावर टिलर का प्रयोग पर्वतीय क्षेत्रों के लिए सुगम व उपयुक्त है।

6. ट्रैक्टर चालित वीडर

ट्रैक्टर चालित कल्टीवेटर से भी निराई कार्य अच्छी तरह हो जाता है। परन्तु कतारों की दूरी ऐसी होनी चाहिये कि ट्रैक्टर उसमें चल सकें। इन यंत्र में 7, 9, 11

या 13 स्प्रिंग लोडिड या रिज्ड टाइनों के साथ खुरपे या स्वीप लगे होते हैं (चित्र 5.29)। भारतीय मृदाओं के लिए (जैसेः काली मृदाएं) तथा अधिक दूरी पर बोई गई फसलों के लिए ट्रैक्टर चालित वीडर प्रयोग में लाये जाते हैं। इससे मिट्टी भुरभुरी हो जाती है। इसकी कार्य क्षमता 0.50 है./घण्टा है।

चित्र 5.29: ट्रैक्टर चालित वीड़र

7. 'पूसा' गतिशील फलों एवं सब्जियों का भंडारण एवं बिक्री रेड़ी

रेड़ी फलों एवं सब्जियों के भण्डारण के दौरान उनके आस–पास के पर्यावरण को नियंत्रित करते हुए उन्हें परिरक्षित करने की आवश्यकता होती है। पूसा संस्थान ने फलों एवं सब्जियों की चलती–फिरती बिक्री के लिए एक रेड़ी तैयार की है तथा इसे अल्पावधि के लिए ताजी सब्जियों को सुरक्षित भण्डारण करने हेतु वाष्पन द्वारा शीतलित कक्ष के रूप में रूपान्तरित किया गया है (चित्र 5.30)। रेड़ी के डिजाइन मे उपयुक्त सुधार किये गये हैं ताकि मुख्य मंच के नीचे 8.0 घन फुट अतिरिक्त भण्डारण स्थान उपलब्ध कराया जा सके।

चित्र 5.30: सौर ऊर्जा द्वारा फलों एवं सब्जियों का भण्डारण एवं बिक्री रेड़ी

यह मंच रेड़ी के चारों पहियों के बीच लगाया जाता है। इस उद्देश्य को विद्यमान रेड़ी पर 1120 X 480 X 450 मि.मी. के उपलब्ध स्थान का उपयोग किया जाता है। निचले भाग को वाष्पन प्रणाली को शीतल करने के लिए व्यवस्थाओं का प्रावधान किया गया है ताकि फलों एवं सब्जियों को फुटकर बिक्री के दौरान लम्बी अवधि तक सुरक्षित रखा जा सके। पानी का उपयोग करने के लिए शीतलन पैडों और पानी की नलिकाओं और पानी की प्रणाली के चारों ओर वितरित होने के लिए 8.0 घन फुट का सब्जियों व फलों का

भण्डारण स्थान भी रखा गया है। इसके अलावा मंच के ऊपर दो स्थिर कुप्पियों (फनलों) युक्त बाल्टी की सहायता से पेड़ पर पानी छिड़काने की व्यवस्था भी की गई है। फुटकर बिक्री की इस रेड़ी को वाष्पन प्रणाली से शीतल करते हुए उपयोग में लाने का प्राथामिक परीक्षण आरम्भ में इस पर बिना भार लादे किया गया अर्थात् शीतलन पैड से युक्त भण्डारण क्षेत्र मे कोई भी सब्जी या फल भण्डारित नहीं किया गया। तापमान व आर्द्रता नापने की दस्ती युक्ति की सहायता से तापमान तथा सापेक्ष आर्द्रता में विविधता को नापा गया। भण्डारण कक्ष में न्युनतम और अधिकतम तापमान गिरावट क्रमशः 5–10 सें. रिकार्ड की गई जबकि मार्च–अप्रैल महीनों में सापेक्षा आर्द्रता 5–15 प्रतिशत के बीच पाई गई। इस रेड़ी में टमाटर, बदंगोभी, फूलगोभी, गाजर, मेथी, एवं पत्तीदार सब्जी भण्डारित किए गये। परिणामों से यह पता चला है कि मेथी को छोड़कर इन सब्जियों को इस युक्ति से लगभग 7 दिनों तक सुरक्षित भण्डारित किया जा सकता है और उनकी गुणवत्ता स्वीकार्य बनी रहती है। इस रेड़ी को पंखे एवं प्रकाश से युक्त करके सौर ऊर्जा चालित बनाते हुए सुधारा गया है।

8. बहुउद्देशीय बागवानी हेतु हाइड्रोलिक लिफ्ट प्रणाली

चित्र 5.31: बागवानी हेतु हाइड्रोलिक लिफ्ट प्रणाली

बागबगीचों की प्रूनिंग यानी कैनोपी एक बहुत ही आवश्यक, लेकिन कठिन काम है। पेड़ बड़े होने के कारण किसानों की पहुंच चोटी तक नही हो पाती है, जिससे पेड़ों की सही कटिंग नही होती है। कटिंग सही नही होने से पेड़ों पर नई टहनियों का विकास नहीं हो पाता है। इसका सीधा असर पैदावार पर पड़ता है। नागपुर के संतरे के बाग हो या उत्तर प्रदेश के अमरूद या फिर किसी भी तरह के फलदार पेड़ों के बाग बगीचों में समय पर और सही तकनीक से प्रूनिंग न होने के चलते पैदवार पर असर पड़ रहा है। इन सब बातों के अलावा पेड़ों की प्रूनिंग काफी खर्चीली और जोखिम भरा काम भी है। किसान पेड़ों पर चढ़ कर, डालों पर लटक कर सही तकनीक से प्रूनिंग नही कर पाते हैं। लेकिन अब इस समस्या का समाधान के लिए आर्चर्ड प्रूनर उपलब्ध है। बाग में बड़े पेड़ों से फल तोड़ने, कटाई, छँटाई, कीटनाशक छिड़काव तथा चंदवा प्रबंधन जैसे कठिन कार्य आसानी से करने के लिए इस का प्रयोग किया जाता है। यह यंत्र 12 एच.पी. इंजन से चलता है तथा इसका भार 200 कि.ग्रा. होता है। "ग्रास

ब्लेड्स'' कृषि मशीनरी निर्माण कंपनी ने आर्चर्ड प्रूनर बनाएं है, जो 24 से 60 हॉर्सपावर के ट्रैक्टर से चलता है (चित्र 5.31)।

9. ट्रैक्टर चालित लॉन मोअर

यह घास काटने की मशीन है, जिसका प्रयोग लॉन की घास काटने तथा उसे एक समान बनाने के लिए किया जाता है। इसमें एक बेलन होता है जिस पर कुछ फलक या ब्लेड लगे रहते हैं। चलाने पर बेलन घूमता है तथा उसमें लगे ब्लेड घास को काटते हैं। ब्लेड़ों को समायोजित करके इच्छानुसार घास की ऊँचाई व नीचाई से कटाई की जा सकती है। गृहवाटिका के लिए एक छोटा लॉन मोअर उपयोगी रहता है। ट्रैक्टर चालित मोअर का आकार 1.75 से 2 मीटर होता है। इनकी कार्य क्षमता 2 से 8 हेक्टेयर प्रति दिन है (चित्र 5.32)।

चित्र 5.32: ट्रैक्टर चालित लॉन मोवर

औद्यानिकी प्रसंस्करण हेतु यंत्र

भारत विश्व में फलों एवं सब्जियों का दूसरा सबसे बड़ा उत्पादक देश है। यहाँ इनका 16.9 करोड़ टन से अधिक का वार्षिक उत्पादन होता है, लेकिन देश के अन्तर्गत अनुमानतः 20 से 30 प्रतिशत फल एवं सब्जियां खेत में उपभोक्ताओं के पास पहुँचने के दौरान नष्ट हो जाती हैं। दूसरी मुख्य बात यह है कि बिना मौसम के फल और सब्जियां नहीं मिल पाती हैं या दूर के स्थानों में भेजने के दौरान भी खराब हो जाती हैं और खर्च बढ़ जाता है। इसलिए प्रतिकूल मौसम में फल व सब्जियों का अभाव होता है। फलों एवं सब्जियों के इस नुकसान से बचने के लिए इनकी प्रोसेसिंग करके उत्पाद तैयार करना उचित रहता है। जिससे एक तो हम अनावश्यक हानि से बच सकते हैं, दूसरे हम इनसे बनने वाले उत्पादों की कीमत बढ़ने से ज्यादा लाभ भी प्राप्त कर सकते हैं। लेकिन चिंता की बात है कि हमारे देश में फलों एवं सब्जियों के कुल उत्पादन का मात्र 2–3 प्रतिशत ही प्रोसेसिंग हो पाता है, जबकि यदि हम अन्य विकसित राष्ट्रों से इसकी तुलना करें, तो ये आंकड़े अमेरिका में 65 प्रतिशत, चीन में 23 प्रतिशत तथा फिलिपींस में 75 प्रतिशत के लगभग है। हमारे देश के सकल घरेलू उत्पाद में खाद्य प्रसंस्करण क्षेत्र की

भागीदारी 14 प्रतिशत है। इस उद्योग से प्रतिवर्ष लगभग डेढ़ लाख हजार करोड़ रूपये का व्यापार होता है तथा हमारे लिए यह उद्योग विदेशी मुद्रा अर्जित करने का भी महत्वपूर्ण साधन है। जिसमें मुख्य रूप से सेब, अंगूर, सन्तरा, केला, पपीता इत्यादि हैं। हमारे देश में निर्मित कुछ प्रसंस्करण के यंत्र निम्न प्रकार है, जैसे:

1. हस्तचालित आलू छिलाई यंत्र

यह एक बैच प्रकार का हस्तचालित उपरकण है जिससे किसी भी आकार के आलू का बाहरी छिलका उतरता है ताकि छिले आलू से अन्य प्रसंस्करण जैसे चिप्स, वेफर्स आदि मूल्य सवंर्धित उत्पाद तैयार किये जा सकें। इस यंत्र का निर्माण केंद्रीय कृषि अभियांत्रिकी संस्थान, भोपाल ने किया है, जिन क्षेत्रों में बिजली उपलब्ध नहीं है, वहां पर छोटे उद्यमियों के लिए उपयुक्त यंत्र है। इसमें मुख्य ढ़ांचा, ऊपरी ढक्कन आदि लगाये गये हैं। इसकी कार्य क्षमता 30–32 कि.ग्रा. प्रति घंटा है तथा इसका भार 25 कि.ग्रा. है (चित्र 5.33)। इसमें 8 कि.ग्रा. के एक बैच छिलाई 8 मिनट में पूरी कर ली जाती है।

चित्र 5.33: पैर–चालित आलू छिलाई यंत्र

2. पैर–चालित आलू छिलाई यंत्र

आलूओं के छिलके निकालने के लिए इस यंत्र का निर्माण केंद्रीय कृषि अभियांत्रिकी संस्थान, भोपाल ने किया है, जिन क्षेत्रों में बिजली उपलब्ध नहीं है यहां पर छोटे उद्यमियों के लिए उपयुक्त यंत्र है। इसमें मुख्य ढ़ांचा, भराई इकाई, छिद्रदार स्टेनलेस स्टील के ड्रम आदि भाग हैं (चित्र 5.34)। इसकी कार्य क्षमता 188 कि.ग्रा. प्रति घंटा है तथा इसका भार 76 कि.ग्रा. है।

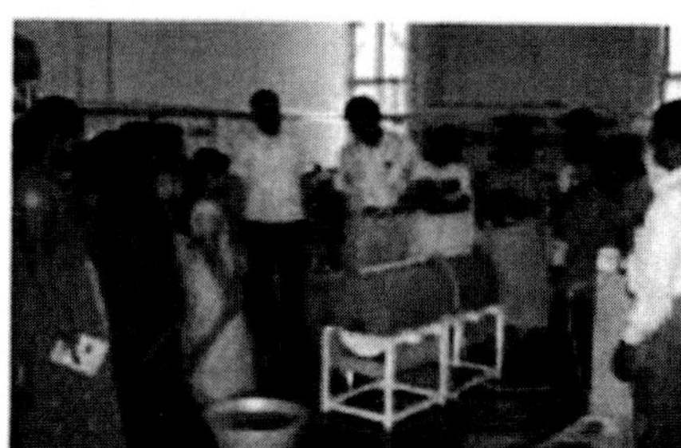

चित्र 5.34: पैर–चालित आलू छिलाई यंत्र

3. पैर–चालित आलू कटाई यंत्र

आलू से चिप्स बनाने के लिए इस यंत्र का निर्माण केंद्रीय कृषि अभियांत्रिकी संस्थान, भोपाल ने किया है। जिन क्षेत्रों में बिजली उपलब्ध नहीं है यहां पर छोटे उद्यमियों के लिए उपयुक्त यंत्र है। इसमें मुख्य ढ़ांचा, भराई इकाई, स्टेनलेस स्टील की ब्लेड आदि लगाई गई हैं, (चित्र 5.35)। इसकी कार्य क्षमता 1.881 कि.ग्रा. प्रति घंटा है तथा इसका भार 46 कि.ग्रा. है।

चित्र 5.35: पैर–चालित आलू कटाई यंत्र

शाकी उत्पादों की संवेष्ठन (पैकेजिंग) सामग्री

औद्यानिक उत्पादों की बिक्री हेतु एक स्थान से दूसरे स्थान पर भेजने के लिए संवेष्ठित किया जाता है। जिसके लिए विभिन्न प्रकार की टोकरी, बक्से, प्लास्टिक के थैले, छिद्रयुक्त पॉलिथीन थैले, जूट के थैले, नमी रोधी आवरण एवं क्रेट सामग्रियों का प्रयोग किया जाता है (चित्र 5.36)।

चित्र 5.36 क, ख, ग, घ: सब्जियों की पैकिंग हेतु सामग्री

औद्यानिकी में यंत्रीकरण स्तर में वृद्धि करने के उपाय

भारत में बागवानी में यंत्रीकरण का स्तर बहुत ऊँचा करना है। इन फसलों में यंत्रीकरण की दर में वृद्धि हेतु निम्न उपाय करने चाहिए।

1. देश में किसानों के लिए उन्नत एवं अच्छी गुणवत्ता के हस्त चालित औजारों तथा उपकरणों की व्यापारिक उपलब्धता एवम् लोकप्रिय बनाने की आवश्यकता है। सभी किसानों के लिए टी.वी., समाचार पत्र में विज्ञापन तथा उपकरणों के प्रदर्शन तथा यंत्रों की उन्नति पर अनुदान दिया जाना चाहिए।
2. विकसित देशों में उपलब्ध उच्च क्षमता, परिशुद्ध उपकरणों का प्रसार–प्रचार करना चाहिए।
3. उच्च तकनीकियों द्वारा सब्जी की खेती के लिए प्रसार–प्रचार करना चाहिए।
4. बागवानी फसलों तथा सब्जी अनुसंधान यंत्रीकरण संगठन की सुविधाओं व उपलब्धता की शुरुआत करनी चाहिए। अखिल भारतीय अनुसंधान परियोजना द्वारा बागवानी फसलों एवं स्थानीय विभिन्न क्षेत्रों में यंत्रीकरण को पहचानने/अनुकूलता विकसित की सही तकनीकी शुरुआत करने की अति आवश्यकता है।
5. अखिल भारतीय अनुसंधान परियोजनाओं में कटाई उपरान्त प्रयोग एवं प्रसंस्करण, पैकेजिंग, हैन्डलिंग तथा बागवानी उत्पाद परिवाहन के सही उपकरण का विकास तथा प्रौद्योगिकी की शुरुआत करनी चाहिए।

निष्कर्ष

औद्यानिकी फसलों में सभी कृषि कार्य समयबद्ध रूप से हों तथा आदानों के दक्ष उपयोग से उत्पादकता एवं लाभप्रदता में वृद्धि हो, साथ ही साथ किसानों के कठिन श्रम की बचत हो, इस हेतु यंत्रीकरण बहुत महत्वपूर्ण है। औद्यानिकी फसलों में यंत्रीकरण से उत्पादन लागत कम आती है एवं उत्पादकता बढ़ती है क्योंकि वे निवेश का अधिकतम उपयोग तथा कृषि प्रचालनों की समयबद्धता सुनिश्चित करते हैं। इसके अलावा उत्पादन में वृद्धि, फलों एवम् सब्जियों के ताजेपन व गुणवत्ता में वृद्धि, कटाई एवं कटाई उपरान्त नुकसान में कमी, कम उत्पादन लागत, समय पर कार्य, समय में बचत, घरेलू खपत तथा निर्यात में वृद्धि हो होती है। उपरोक्त विवरण हेतु अधिक जानकारी के लिए भारतीय कृषि अनुसंधान परिषद के विभिन्न संस्थानों तथा राज्यों के कृषि विश्वविद्यालयों के कृषि अभियांत्रिकी विभाग में सम्पर्क कर सकते हैं।

❑❑❑

अध्याय 6

पशु–चालित कृषि यंत्र

भारत में विश्व की सर्वाधिक पशु संख्या है। देश की कृषि अर्थव्यवथा में पशु आय के महत्वपूर्ण मुख्य स्रोत हैं। वर्तमान मे राष्ट्रीय आय का लगभग 10 प्रतिशत भाग पशुधन से प्राप्त होता है तथा कृषि में पशुधन का महत्वपूर्ण योगदान है। देश में वर्ष 2012–13 के अर्न्तगत कृषि सकल घरेलू उत्पाद 14 प्रतिशत था जिसमें लगभग 4.1 प्रतिशत भाग हमारे पशुधन से प्राप्त हुआ। हमारे पशुधन में गत तीन दशकों में 7 प्रतिशत वार्षिक दर से वृद्धि हुई है, जोकि कृषि विकास का लगभग दोगुना है (सारणी 6.1)। पशुधन, कृषि क्षेत्र में सकल मूल्यवर्धन में 25 प्रतिशत योगदान देता और लगभग 21 मिलियन लागों को रोजगार प्रदान करता है। पशुधन कृषि क्षेत्र की ऊर्जा की आवश्यकता के एक बड़े भाग की पूर्ति करता है तथा पशु गोबर या अपशिष्ट पदार्थो के रूप में खाद भी प्रदान करता है। ट्रैक्टर, पावर टिलर, विद्युत या डीजल द्वारा चालित पम्पसैट आदि कृषि मशीनरी के बढ़ते उपयोग से वर्तमान समय में किसानों की पशु–शक्ति पर निर्भरता घट गई है। देश की तीव्र गति से बढ़ती जनसंख्या के फलस्वरूप छोटी और बिखरी हुई कृषि भूमि के कारण पशुओं की इतनी बड़ी संख्या का रख–रखाव एक समस्या के रूप में उभरकर आया है। हमारे देश में पशुओं की गणना प्रत्येक 5 वर्ष के अन्तराल पर की जाती हैं। वर्ष 2012 में पशुओं की संख्या पूर्व की पशु गणना से 3.33 प्रतिशत घटी है।

सारणी 6.1 भारत में पशुओं की संख्या

क्र.सं	पशु की श्रेणी	17 वीं पशु गणना (2002 में)	18 वीं पशु गणना (2007 में)	19 वीं पशु गणना (2012 में)
1.	गाय	18.52	19.91	19.90
2.	भैंस	9.79	10.53	10.87
3.	भेड़	6.15	7.16	6.51
4.	बकरी	12.44	14.05	13.52
5.	ऊंट	6.32	5.17	4.0
6.	मुर्गियां	—	64.88	72.92
	कुल पशु संख्या	**48.50**	**52.97**	**51.21**

नोटः उपरोक्त सभी इकाई करोड़ में

पशु–चालित जुताई यंत्र

कृषि में जुताई एक महत्वपूर्ण कार्य है इसका उद्देश्य बीज बुवाई हेतु व खाद एवं उर्वरक को भूमि में समान रूप से मिलाने हेतु तैयार करना है। बीज अँकुरण के पश्चात् समय–समय पर निराई–गुड़ाई की अवश्यकता होती है, जिसके लिए देशी हल की सहायता से भी जुताई करके खरपतवार निकाले जाते हैं, जिससे मृदा में जल और वायु संचार में सहायता मिलती है। मुख्य फसलों में भूमि की तैयारी में उपयोग होने वाले कुछ उन्नत पशु–चालित यंत्र निम्नलिखित है जैसेः

6.1 हल

भारत में प्राचीन काल से जो यंत्र प्रयोग में आ रहे है उनसे मिट्टी पलटी नहीं जाती, यद्यपि उन्हें हल कहते है। प्रचलित तौर पर देशी हल का खेत की जुताई में उपयोग किया जाता है, जुताई के अलावा देशी हल से बुवाई और निराई–गुड़ाई इत्यादि कार्य किये जा सकते हैं, जैसेः आलू तथा गन्ने आदि के लिए कूंड बनाने एवं मिट्टी चढ़ाने के लिए, सिंचाई की नालियां बनाने, गन्ने के कूंड में निराई–गुड़ाई, हरी खाद को भूमि में दबाने हेतु। आजकल हल उस यंत्र को कहते है जो भूमि को काटकर उसे पलट दे।

6.2 मोल्ड बोर्ड प्लाऊ या मिट्टी पलटने वाला हल

यह हल देशी हल से अच्छा है। इसका प्रयोग प्राथमिक जुताई के लिये किया जाता है। छोटे आकार के हल को बैलों की एक जोड़ी आसानी से खींच लेती हैं।

चित्र 6.1 पशु चालित
मिट्टी पलटने वाला हल

एक जोड़ी बैल एक अश्वशक्ति पैदा कर सकता है जोकि एक समान आकार के मिट्टी पलट हल को खींचनें के लिए पर्याप्त होती है। यह लोहे का बना होता है व इसकी चौड़ाई 15–20 सें.मी. होती हैं (चित्र 6.1)। बैलों की क्षमता के अनुसार अन्य नाप के हल भी मिलते हैं। इस हल से चलाने से मिट्टी भुरभुरी होकर पलट दी जाती है व घास–फूंस नीचे दबा दिये जाते हैं। ये हल मिट्टी को फाल से काटते हैं और लोहे के एक मुड़े हुए आकार से पलटते हैं। इस प्रकार का हल अंग्रेजी के अक्षर 'एल' आकार का 15–25 सें.मी. चौड़ा कूंड बनाता है तथा 80–100 कि.ग्रा. पशुबल लगता है। इन हलों की हरीश लकड़ी या लोहे की बनी होती है। इसके एक बार प्रयोग होने से मिट्टी ऊँची–नीची हो जाती है। इसलिये इस हल से एक बार अन्दर से बाहर की ओर दुबारा बाहर से अन्दर की ओर जुताई करना चाहिए। इस क्रिया से भूमि ऊँची–नीची नहीं होगी और दो बार जुताई से खेत अच्छी तरह तैयार हो जाता है। इसके प्रयोग से मिट्टी में जल शोषण की क्षमता तथा वायु संचार बढ़ जाता है तथा हानिकारक कीड़े–मकोड़े एवं उनके अण्डे बच्चे मिट्टी में दबकर नष्ट हो जाते हैं। भौतिक, रासायनिक एवं जैविक क्रियाओं को प्रोत्साहन मिलता है। इस हल के निम्नलिखित भाग होते हैं जैसेः

1. **लैण्ड साइडः** यह माईल्ड स्टील की दो पट्टियों का एक जोड़ा होता है जो एक दूसरे से रिविट की सहायता मे जुड़े रहते हैं।
2. **फ्रागः** लैण्ड साइड के ऊपर सकरपाले के आकार की एक लोहे की चौड़ी पट्टियां वेल्ड होती हैं, जिसे फ्राग कहते हैं।
3. **स्टैण्डर्डः** यह माइल्ड स्टील की झुकावदार एक मोटी पट्टियां हैं जिनके उपरी हिस्से में कई छेद होते हैं। इसका निचला हिस्सा लैण्ड साईड से वेल्ड होता है।
4. **मोल्ड बोर्डः** यह 3–5 मि.मी. मोटी लोहे की शीट का विशेष आकार का झुकावदार पंखा है जो फ्रॉग में लगा रहता है।
5. **शेयरः** यह 3–5 मि.मी. मोटी स्प्रिंग स्टील की चादर का बना होता है जो फ्राग के छेद में वोल्ट द्वारा बाँधा जाता है। मिट्टी काटने का कार्य शेयर ही करता है।

6. **हैण्डिलः** यह एक सीधी पटिया है जिसके निचले हिस्से में एक छेद होता है जो लैण्ड साइड से बोल्ट द्वारा बधा रहता है। दूसरे सिरे पर मुठिया लगी होती है, जिसे हत्था कहते है। पटिया के बीच में कई छिद्र होते हैं। इन्हीं छेदों की सहायता से स्टैण्डर्ड में बीम (हरीश) बांधी जाती है।

प्रयोग विधि

सपोर्टर तथा हैण्डिल में हरीश नट–बोल्टों की सहायता से बाँधी जाती है और देशी हल की तरह ही यह पूरा प्रयोग में लाया जाता है। कूँड की गहराई हरीश की सहायता से घटाई व बढ़ाई जाती है।

तकनीकी विवरण

जुताई चौड़ाई 100, 125, 150 एवं 200 मि.मी.

वजन 6.5–12 कि.ग्रा.

कार्य क्षमता 0.2–0.25 हेक्टेयर प्रतिदिन (8 घण्टे)

6.3 डिस्क हैरो या तवेदार हैरो

चित्र 6.2 पशु चालित डिस्क हैरो

बैलों से चलने वाला डिस्क हैरो, द्वितीय जुताई यंत्र के रूप में प्रयोग होता है। खेत की तैयारी में इसका प्रयोग ढ़ेले तोड़ने व मिटट्ी को भुरभुरी करने में होता है। इसके प्रयोग से खेती की बुवाई भी समय से हो जाती है एवं उपज में वृद्धि होती है। इसमें अधिकांशः 06 व 08 तवे दो गैंग में लगी होती है। 6 डिस्क के हैरो पर 125 कि.ग्रा. जोर पड़ता है (चित्र 6.2)। तवेदार हैरो में फ्रेम, डिस्क गैंग बोल्ट, स्पूल, हैन्ड लीवर, सीट एवं पिछली टाईन मुख्य भाग हैं, जिनका विवरण निम्नलिखित हैः

1. **फ्रेमः** यह इस्पात का बना हुआ अनियमित आकार का ढाँचा होता है जिसमें आगे की ओर शक्ति जोड़ने की व्यवस्था रहती है। गैग का स्टैण्डर्ड इसी से कसा रहता है और स्टैण्डर्ड में स्क्रैपर जुड़े रहते हैं।

2. **डिस्कः** बैल चालित डिस्क हैरो में 35–40 सें.मी.व्यास की कार्बन स्टील के तवे होते है, जिनके किनारे धारदार होते हैं। सिंगल ऐक्शन हैरो मे दो गैंग होते हैं जो एक दूसरे के आमने–सामने रहते हैं। प्रत्येक गैंग की प्रत्येक डिस्क मिट्टी को अन्दर से बाहर की ओर फेंकती है।
3. **गैग बोल्टः** यह माइल्ड स्टील का चौकोर रॉड होता है जिसमें सभी तवे एक निश्चित् दूरी पर व्यवस्थित रहती हैं।
4. **स्पलूः** दो तवों की बीच की दूरी निश्चित होती है जिसमें स्पेसर होते हैं जो ढ़लवा लोहा (कास्ट आयरन) के बने होते हैं और जिसको स्पूल या स्पेसर कहते हैं, जिनकी सहायता से तवे अपने स्थान पर बनी रहती हैं।
5. **हैन्ड लीवरः** गैग के झुकाव के घटाने–बढ़ाने एवं सीध रखने के लिए एक लीवर होता है जिसे हैण्ड लीवर कहते हैं।
6. **सीटः** तवों के ऊपर एक सीट बनी रहती है जिस पर चालक बैठता है और बैलों को नियंत्रित करता है।
7. **पिछली टाइनः** यह कल्टीवटेर की टाइन की तरह जिसमें खुर्पे बंधे रहते है। यह चार तवे वाले हैरो के बीचों बीच के फ्रेम में लगे एक बोल्ट की सहायता से कसा रहता है। इसका कार्य बीच में बिना जुती हुई जमीन को जोतना है।

सारणी 6.1: डिस्क या तवेदार हैरो का तकनीकी विवरण

प्रचालक	तकनीकी विवरण
तवों की संख्या	4, 6, 8
तवों का व्यास	40–450 मि.मी.
गैंग की संख्या	1, 2
जुताई की चौड़ाई	800–1200 मि.मी.
जुताई की गहराई	50–120 मि.मी.
कार्य क्षमता	0.8–1.20 हेक्टेयर प्रति दिन
वजन	80–120 कि.ग्रा.
शक्ति स्रोत	एक बैलों की जोड़ी

6.4 कल्टीवेटर

कल्टीवेटर मिट्टी को कुरेदने वाला द्वितीय भू–परिष्करण यंत्र है जो मिट्टी को पलटता नहीं है बल्कि इस प्रकार हिलाता है जिससे मिट्टी भुरभुरी हो जाती है।

इसके अलवा कल्टीवेटर से खरपतवार नष्ट करने, खाद मिलाने का कार्य मिट्टी चढ़ाना, मेड़ें बनाना, छिटक कर बोये गये बीज को ढ़कना, आलू की खुदाई करना तथा गन्ने को खेत में मल्चिंग का कार्य भी कर सकते हैं (चित्र 6.3)। इसमें फ्रेम, टाइन, फाल, हैण्डिल मुख्य भाग होते हैं। इसके प्रयोग से श्रम एवं समय की बचत होती है। यह देशी हल से तीन गुना अधिक कार्य करता है। इसे छोटे बैल आसानी से खींच सकते हैं, क्योंकि इसको इस प्रकार डिजाइन किया गया है कि खिंचाव शक्ति अन्य की अपेक्षा काफी कम हों।

चित्र 6.3: पशु–चालित कल्टीवेटर

सारणी 6.2: पशु चलित कल्टीवेटर का तकनीकी विवरण

प्रचालक	**तकनीकी विवरण**
टाइनों की संख्या	3–5
खुर्पो का प्रकार	रिबर्सिबल
कार्य की चौड़ाई	समायोजन की व्यवस्था

कार्य क्षमता 0.6–0.7 है./दिन

6.5 नाली बनाने वाला यंत्र

कुछ फसलों जैसे; आलू, गन्ना आदि का बीज बोने के लिए नाली बनाने की आवश्यकता होती है। इन फसलों के लिए मेंड़ एवं कूँड बनाने तथा सिंचाई हेतु नालियों के लिए बैल चालित रिजर का प्रयोग करते हैं। इससे आलू एवं मूँगफली जैसी फसलों की जड़ों पर मिट्टी चढ़ाने का कार्य भी कर सकते हैं। इस हल से बैलों पर 110–120 कि.ग्रा. खिंचाव पड़ता है तथा इसकी कार्य क्षमता 0.30 हेक्टेयर प्रति दिन है। इस यंत्र में दो मिट्टी पलटने वाले फाल एक–दूसरे के विपरीत दिशा में लगे रहते हैं और इस प्रकार कूंड की जगह नाली बन जाती है। एक बार में लगभग 15–20 सें.मी. चौड़ी नाली बनती है (चित्र 6.4)।

चित्र 6.4: पशु–चालित रिजर

सारणी 6.3: नाली बनाने वाले हल का तकनीकी विवरण

प्रचालक	तकनीकी विवरण
विग चौड़ाई	690 मि.मी.
लम्बाई	780 मि.मी.
वजन	25 कि.ग्रा.

स्वीप कल्टीवेटर

चित्र 6.5: पशु–चालित स्वीप कल्टीवेटर

जहाँ पर फसलों की गांठें तथा मल्च होते हैं वहाँ सामान्य यंत्रों से खेत तैयार करना, कठिन हो जाता है, क्योंकि ये मशीन में फंस जाते हैं। इन दशाओं के लिए स्वीप कल्टीवेटर उपयोगी है (चित्र 6.5)। इसमें बड़े आकार के उल्टे 'वी' के आकार के फाल होते हैं। ये दोनों फाल 10–15 सें.मी. गहरे एक–दूसरे के समानान्तर मिट्टी में चलते हैं। फसल कटने के बाद पहली जुताई उथली होती है लेकिन बाद में गहरी होती है। यह मूँगफली की खुदाई तथा खरपतवार साफ करने के लिए उपयोगी है।

6.6 मेंड़ बनाने वाला यंत्र

चित्र 6.6: पशु चालित मेंड़ बनाने वाला यंत्र

बैल चालित मेंड बनाने वाले यंत्र का प्रयोग मेंड बनाने तथा सिंचाई हेतु नालियों का बनाना है। पहाड़ी क्षेत्रों में यह 'टेरेस' बनाने के प्रयोग में लाया जा सकता है (चित्र 6.6)। ये दो प्रकार के होते हैं–

1. वी शेप्ड बण्ड फॉर्मर
2. मोल्ड बोर्ड टाईप बण्ड फॉमर

6.7 वी शेप्ड बण्ड फॉर्मर

इनमें दो चपटे मिट्टी पलटने वाले बोर्ड खुले वी (V) के आकार में लगे होते हैं जो मिट्टी को इकटठा करके मेंड़ बनाते जाते हैं। मध्यम किस्म के 100 सें.मी.

लम्बे बोर्डो द्वारा 15–20 सें.मी. ऊँची मेंड़ बन सकती है। इसको चलाने के लिए लगभग 100 कि.ग्रा. पशुबल की आवश्यकता होती है।

सारणी 6.4: वी शेप्ड बन्द फार्मर का तकनीकी विवरण

प्रचालक	तकनीकी विवरण
आकार	750–1050 मि.मी.
मेंड़ों का आकार	समायोजन युक्त
शक्ति स्रोत	एक जोडी बैल
वजन	25 कि.ग्रा.

6.8 बक्खर हल

यह यंत्र भी देशी हल की भांति भूमि कुरेदने के काम में आता है परन्तु कार्यक्षमता में यह कल्टीवेटर से मिलता–जुलता है और एक दिन में लगभग दो एकड़ जुताई कर सकता है। बक्खर का उपयोग बुंदेलखण्ड, मध्य प्रदेश आदि में अधिक होता है, क्योंकि वहाँ की भूमि मटियार होने तथा वर्षा में गीली रहने के कारण जोती नहीं जा सकती। इससे पंक्तियों में बोई गई फसलों में निराई–गुड़ाई आदि की जा सकती है। इसमें जुताई के लिए गड़ासे के भांति का लोहे का फाल लगा रहता है जिसकी चौड़ाई और लम्बाई आवश्यकतानुसार कम या अधिक रखते हैं। इससे 2–3 इंच गहरी जुताई होती है यह एक प्रकार का कल्टीवेटर है परन्तु इसमें पहिया नहीं लगा रहता है।

6.9 पाटा

जुताई के पश्चात ढ़ेले को तोड़ने, भूमि की नमी को सुरक्षित रखने, जुते हुए खेत की भूमि को समतल करने, बोये हुए बीज को मिट्टी में दबाने, मिट्टी की निचली नमी को ऊपर लाने एवं घास निकालने के लिए पाटा प्रयोग करते हैं। पाटा दो प्रकार का होता है।

6.10 सिँह पटेला/हैरो पटेला या कटीली सेरावन

सिँह पटेला में मुख्य रूप से तीन भाग होते हैं–

1. **कटीला भाग:** इसमें 50 ग 50 ग 6 मि.मी. लोहे के एंगिल में 12–16 मि. मी. गोल सरिये के बने हुए टाइन निश्चित् दूरी पर वेल्ड किये जाते हैं। इनकी संख्या पटेले की लम्बाई पर निर्भर करती है।

2. **लकड़ी का तख्ता**: यह महुआ, सागवान, साखून, बबूल आदि का 23 सें.मी. चौड़ा तथा 5 सें.मी. मोटा पटरा होता है जिसमें कटीला भाग फिट रहता हैं। इसकी लम्बाई 180 सें.मी. होती है तथा छोटे पटेले की लम्बाई 135 सें.मी. होती है।

3. **बोल्ट**: ये 12 मि.मी. लोहे की सरिया से बने दो बोल्ट होते हैं जिसके एक सिरे पर चूड़ी कटी रहती हैं तथा दूसरे सिरे पर एक कड़ा बना होता है। पटरा तथा कटीले भाग इन्हीं बोल्टों की सहायता से आपस में टाइट कर दिये जाते हैं।

सिँह पटेला की प्रयोग विधि

चित्र 6.7 पशु चालित सिँह पटेला/हैरो पटेला

पटेले के कुंड़ों मे रस्सी बाँधी जाती है जिसका सम्बन्ध बैलों के जुए से कर दिया जाता है (चित्र 6.7)। जब बैल चलते हैं, तो पाटा खिंचता है, उस समय पटरे को उलट देते हैं जिससे काँटे ऊपर हो जाते हैं। उस समय पाटा मात्रा जुती हुई भूमि की सतह बराबर करने का कार्य करता है। जब जुती हुई भमि से घास–फूस निकालना होता है तो कटीले भाग को भमि की तरह पर रखते हैं जिससे काँटे भूमि में प्रवेश कर घास–फूस एकत्र करने का कार्य करते हैं।

लीवर टाईप हैरो पटेला फसल बोने के पूर्व ठीक तरह से तैयारी न करने पर अथवा जुताई में विलम्ब करने पर घास तथा अन्य खरपतवार खेत में तेजी से पनपने लगते हैं। यदि खरपतवार खेत में उपस्थित रहते हैं तो बीजों के जमाव पर बुरा प्रभाव पड़ता है। ऐसी दशा में इस यंत्र द्वारा लीवर को हुकों के द्वारा खरपतवार तथा उनकी जड़ों को खेत से बाहर निकाला जा सकता है। जब इस यंत्र को केवल पाटे के रूप में प्रयोग करना हो तो लीवर की सहायता से हुक्स को उठाया जाता है।

6.10 बैल चालित गंगा बीज एवं उर्वरक बुवाई यंत्र

यह यंत्र देशी हल की तरह ही आकार का बना होता है तथा यह भी लकड़ी से ही बना है इसमें केवल बीज एवं उर्वरक बुवाई बक्से लगे होते हैं जो हैण्ड़िल के बराबर में लगे होते हैं इन बक्सों में बीज एवं उर्वरक गिराने के लिए फ्लूटेड रोलर

लगे होते हैं जो बीज की मात्रा को नियंत्रित करते है इन रोलरों की चलाने के लिए हल की फाल के सामने एक पहिया सहायक होता है। इसका प्रयोग पंक्तियों में बुवाई किये गये गन्ने की दो पंक्तियों के बीच में गेहूँ, जौ, मटर, मसूर बुवाई के लिए किया गया है।

सारणी 6.5: बैल चलित मूंगा बीज एवं उर्वरक बुवाई यंत्र का तकनीकी विवरण

प्रचालक	**तकनीकी विवरण**
उपयोगिता	गेहूँ, जौ, मटर, लोबिया, बाजरा, ज्वार, भिण्ड़ी, मूँग, उर्द, कपास एवं कुसुम बुवाई के लिए।
कार्य क्षमता	आधा हेक्टेयर प्रति दिन।
शक्ति स्रोत	एक बैल जोड़ी।
वजन	15 किलाग्राम।

6.12 बैल चालित इन्टीग्रल टूल बार

यह एक पशु–चालित बहुउद्देशीय, सरल, कम भार वाला यंत्र है इस यंत्र द्वारा किसान अपने खेत की तैयारी बुवाई, गुड़ाई और मेड़ बनाने आदि कार्य कर सकते है विभिन्न कार्यो में काम आने वाले यंत्रों जैसे रिजर, कल्टीवेटर, मिट्टी पलटने वाला हल मेड़ बक्सों को हटाकर एक ही फ्रेम पर लगाये जा सकते है (चित्र 6.8)। इस यंत्र में उर्वरक एवं बीज को कूड़ में वांछित गहराई पर डाल सकते है। इस यंत्र की बनावट तथा मरम्मत साधारण है जिसको एक गाँव का कारीगर भी बना सकता है। इस यंत्र में समायोजन की सभी सुविधा होती है। इस यंत्र के द्वारा प्रारम्भिक जुताई से लेकर बीज बोने तक के अधिकतर कार्य किये जा सकते है। अलग–अलग यंत्र खरीदने की तुलना में लगभग 25 प्रतिशत तक खर्च की बचत की जा सकती है।

चित्र 6.8 बैल चालित इन्टीग्रल टूल बार

सारणी 6.6: बैल चलित इन्टीग्रल टूल बार का तकनीकी विवरण

प्रचालक	**तकनीकी विवरण**
उपयोगिता	जुताई, नाली बनाना, मेड़ बनाना, बुवाई करना, और निराई–गुड़ाई के लिए।
कार्य क्षमता	0.3, 1.5 तथा 1.0 हेक्टेयर प्रति दिन है।
शक्ति स्रोत	एक बैलो की जोड़ी।

6.13 पशुचलित लहसुन बोने की मशीन

चित्र 6.9 पशुचलित लहसुन बोने की मशीन

लहसुन की बुआई के लिये पौधे से पौधे की दूरी 10 से.मी. कतार से कतार की दूरी 15 से.मी. और गहराई 3 से.मी. की आवश्यकता होती हैं। लहसुन की बीज दर 400–500 कि.ग्रा./हेक्टेयर होती है। भारत में लहसुन की फसल अक्टूबर–नवम्बर में बोया जाता है और मार्च–अप्रैल में इसकी खुदाई की जाती है। परम्परागत रूप से छोटे पैमाने पर लहसुन को खुरपा की मदद से बोया जाता है और व्यवसायिक रूप से खेरा विधि यानी बीज को फरो में हाथ से गिरा कर बोया जाता है। खुरपा से लहसुन की बुआई के लिये लगभग 56–62 आदमी प्रति हेक्टेयर लगते हैं। जिसमें बहुत अधिक परिश्रम की आवश्यकता होती है। श्रमिकों की कमी से बुवाई में विलम्ब होने के कारण भी उपज में कमी आती है। इस प्रकार एक बड़े पैमाने पर इस फसल की खेती शुरू करने के लिये, एक कुशल लहसुन बोने की मशीन की जरूरत महसूस की गई। सरल प्रसारण तकनीक से लहसुन बोने से लागत तो कम अवश्य आती है, परंतु इससे फसल काफी घनी हो जाती है, जिसके कारण छँटाई करने की सख्त आवश्यकता पड़ती हैं और इस विधि से निराई और गुड़ाई में भी काफी असुविधा होती है।

इन सभी आवश्यकताओं को देखते हुये केन्द्रीय कृषि अभियांत्रिकी संस्थान, भोपाल द्वारा पशुचलित लहसुन बोने की बैल चालित एकल कतार मशीन बनायी गयी है जिसे चित्र 6.9 में दर्शाया गया है। इस मशीन में मापक यंत्र शक्ति वितरण प्रणाली, गहराई नियंत्रण पहिया, ढ़ाचा, खूड़ खोलने वाला, आधार पहिया (मोड़ के समय उठाने के लिए कड़ी) सम्मिलित है। इस मशीन में लहसुन के बीज और उर्वरक दोनों के लिए बॉक्स लगाया गया है, जिसे दो भागों में विभाजित कर दिया गया है। मशीन के संचालन के दौरान बीज और उर्वरक एक साथ मिट्टी के अन्दर

प्रवेश करता है। इस मशीन को चलाने के लिये एक व्यक्ति की आवश्यकता होती है। बैलों की संभावित खिंचाई की क्षमता को देखते हुए पंक्तिओं की संख्या को बढ़ाया भी जा सकता है, जिससे कि हमें कार्यक्षमता अधिक मिल पाये। इस मशीन द्वारा 6–8 आदमी प्रति हेक्टेयर बुवाई की जा सकती है, जो कि परम्परागत विधि से लगभग 70 प्रतिशत कम है। इस मशीन की कार्यक्षमता लगभग 0.04 हेक्टेयर प्रति घंटा है। इस मशीन के उपयोग से लहसुन बोने की लागत और समय दोनों को बचाया जा सकता है।

❑❑❑

अध्याय 7

फसल–अवशेषों को उपयोगी बनाने के लिए कृषि मशीनें

भारत में प्रति वर्ष लगभग 500 मैट्रिक टन फसल अवशेष का उत्पादन होता है। फसल अवशेष का पशु चारा, कम्पोस्टिंग, घर बनाने तथा ईधन के रूप में घरेलू एवं औद्योगिक उपयोग होता है। फसल अवशेष का अधिकतम उत्पादन उत्तर प्रदेश (60 मैट्रिक टन), पंजाब (51 मैट्रिक टन), महाराष्ट्र (46 मैट्रिक टन), में होता है। अनाज फसलों (धान, गेहूँ, मक्का, मोटे अनाज) का 70 प्रतिशत है जबकि इन फसलों में धान फसल का हिस्सा 34 प्रतिशत है। अनाज फसल अवशेष का उत्पादन लगभग 352 मैट्रिक टन है जिसमें धान अवशेष का उत्पादन 119 मिट्रिक टन प्रतिवर्ष होता है। 140 मिट्रिक टन अवशेष को भूमि में जला दिया जाता है। फसल अवशेष को जलाने का मुख्य कारण मजदूरों की अनुपलब्धता एवं अवशेष को हटाने में अधिक धन का खर्च होना है। धान–गेहूँ फसल पद्धति के अन्तर्गत कम्बाईन मशीन का उपयोग गंगा के मैदानी क्षेत्रों में होता है। उत्तर–पश्चिमी भारत में अधिकतम धान का पुआल खेत में जला दिया जाता है।

फसल अवशेष को जलाने से हानियाँ

- वायु प्रदूषण में वृद्धि; जिससे मानव स्वास्थ्य पर कुप्रभाव पड़ता है।
- ग्रीन हाउस गैस का उत्सर्जन होना, जैसे कार्बन डाई ऑक्साइड, मीथेन तथा नाइट्रस ऑक्साइड आदि जिसके कारण ग्लोबल वार्मिग होती है।
- मृदा में नाइट्रोजन, फास्फोरस, पोटाश तथा सल्फर आदि की कमी होती है।
- मृदा संरचना में ऋणात्मक प्रभाव पड़ता है।

फसल अवशेष प्रबंधन का लाभ

फसल अवशेष भूमि में मिलाने से भूमि के तापमान में 1–2 डिग्री से.ग्रे. की वृद्धि, बीज क्षेत्र का बढ़ना, मृदा वाष्पीकरण में कमी तथा खरपतवार का नियंत्रण होता है।

फसल अवशेषों को मृदा में मिश्रित कर के सड़ गल जानें के द्वारा भूमि की जल धारण क्षमता भी 30 प्रतिशत बढ़ जाती है। यही ह्यूमस रूपी फसल अवशेष अगली फसल के विकास में पूर्णतः सहायक होते हैं। साथ में यह भूमि में लाभकारी जीवाणुओं की संख्या में भी वृद्धि करते हैं जो कि भूमि में कई प्रकार के परिवर्तन के कारक बनते हैं जैसे भूमि में जीवांश–कार्बन की मात्रा में वृद्धि, भूमि में पोषक तत्वों की उपलब्धता में वृद्धि तथा मृदा संरचना में बदलाव इत्यादि, इससे मृदा स्वास्थ्य अच्छा होता है।

फसल अवशेष प्रबंधन की आवश्यकता

देश में खाद्यान्न के संबंध में आत्मनिर्भरता प्राप्त करने में धान–गेहूँ सघन फसल प्रणाली का महत्वपूर्ण योगदान है। धान–गेहूँ फसल चक्र के अन्तर्गत गंगा के मैदानी भागों पर लगभग 10 मिलियन हेक्टेयर क्षेत्र आता है। भारत में गेहूँ एक मुख्य फसल है। धान–गेहूँ फसल चक्र में पानी व लागत की बढ़ती मांग को ध्यान में रखते हुए संसाधन संरक्षण अत्यंत आवश्यक है। खरीफ फसलों की कटाई के बाद फसल अवशेषों को खेत में जलाने से मृदा में लाभ के जगह नुकसान ही होता है एवं वायु प्रदूषण भी होता है। अतः फसल अवशेषों को जलाने से मृदा के सूक्ष्म एवं वृहद जीवों के अलावा कुछ अन्य तत्वों की भी हानि होती है। विशेषतः धान आधारित फसल चक्र में धान की अधिक उपज वाली देर से बोई गई किस्मों के बाद रबी फसल लेने में देरी हो जाती है। हैप्पी–टर्बो सीडर (शून्य कर्षण तकनीक) के द्वारा गेहूँ की बुवाई की जाती है। अतः फसल अवशेषों का अधिकांश भाग मृदा सतह पर छोड़ दिया जाता है। अतः ऐसी परिस्थितियों में हैप्पी–टर्बो सीडर द्वारा रबी फसलों जैसे अनाज, दलहन एवं तिलहन की बुवाई, समय व संसाधन बचाते हुए की जा सकती है। वर्तमान समय में ऊर्जा संकट एवं बढ़ती हुई फसल लागत को कम करने में हैप्पी–टर्बो सीडर के द्वारा बुवाई बहुत लाभदायक है। आज किसानों को ऊर्जा संकट, विशेष आर्थिक क्षेत्र, कृषि मृदा की बढ़ती कीमतें और ग्लोबल वार्मिग जैसी गंभीर समस्याओं का सामना करना पड़ रहा है। ये समस्याएं स्वतः ही विभिन्न समस्याओं को जन्म देती हैं। पिछले चार दशकों में खेती में बहुत सी समस्याएं आई हैं। इन समस्याओं को कम करने के लिए भारत अब दूसरी हरित क्रांति की ओर अग्रसर है। शून्य कर्षण तकनीक में हैप्पी–टर्बो सीडर के द्वारा गेहूँ की खेती में लागत कम करने और प्राकृतिक संसाधनों के संरक्षण मे महत्वपूर्ण योगदान के कारण आधुनिक खेती में संरक्षित कर्षण पर जोर दिया जा रहा है। जिसमें फसल अवशेषों का अधिकांश भाग सतह पर छोड़ दिया जाता है, इससे न केवल फसल उत्पादकता में सुधार होता है बल्कि धान–गेहूँ फसल प्रणाली में निवेश उपयोग क्षमता दक्षता भी बढ़ती है।

(क) हैप्पी–सीडर एवं हैप्पी–टर्बो सीडर

चित्र 7.1 हैप्पी–टर्बो सीडर

फसल अवशेष प्रबंधन के लिए दो मशीनों का विकास किया गया है उनमें शुरू में हैप्पी सीडर नाम से, बाद में उसका संशोधन कर हैप्पी–टर्बो सीडर का विकास किया गया है। इसमें दो इकाईयां होती है एक फसल अवशेष प्रबंधन तथा दूसरी बुवाई के लिए। हैप्पी–सीडर खड़े हुए धान के अवशेषों को काटकर एवं खड़े हुए अवशेष को उठाकर बुवाई वाले खेत में पीछे फैला देता है। जबकि हैप्पी–टर्बो सीडर बोई गई फसल की लाइनों के बीच में फैला देता है। इस मशीन द्वारा एक साथ बिना जुते खेत में 22 से.मी. लाईन से लाईन की दूरी पर 9 व 11 लाईनों में बुवाई की जाती है (चित्र 7.1)।

हैप्पी–टर्बो सीडर द्वारा 6 से 8 टन प्रति हेक्टेयर फसल अवशेष में गेहूँ की बुवाई की जा सकती है। इस मशीन के द्वारा फसल अवशेष को आगे की तरफ लगे पी.टी.ओ. चालित रोटरी ब्लेड (गति/स्पीड 1500 आर.पी.एम.) के द्वारा शूट की सहायता से बुवाई वाले खेत में फसल अवशेष को पीछे की तरफ फैला दिया जाता है। इन मशीनों को उपयोग करने के लिए 45 से 55 हॉर्स पावर वाले ट्रैक्टर की आवश्यकता होती है।

हैप्पी–टर्बो सीडर द्वारा परम्परागत विधि की तुलना में 50–60 प्रतिशत कम लागत पर 5–10 प्रतिशत अधिक उत्पादन प्राप्त किया जा सकता है। हैप्पी–टर्बो सीडर के उपयोग करने पर 10–12 लीटर प्रति हेक्टेयर डीजल की खपत तथा 5–6 घन्टे समय की आवश्यकता होती है जिससे ऊर्जा की 60–70 प्रतिशत, समय में 70 प्रतिशत की बचत होती है। हैप्पी–टर्बो सीडर अधिक लोकप्रिय नहीं है क्योंकि फसल अवशेष का समान रूप से वितरण नहीं होना एवं फसल अवशेष लोड अधिक व फसल अवशेष में अधिक नमी होने से शूट में फंस जाने के कारण पीछे की तरफ समान रूप से नहीं फेंक पाना आदि कारण है।

परम्परागत विधि एवं हैप्पी–टर्बो सीडर से गेहूँ की बुवाई का शोध अध्ययन

कृषि प्रणाली अनुसंधान परियोजना निदेशालय, मोदीपुरम मेरठ में वर्ष 2011–12 में परंपरागत विधि एवं हैप्पी–टर्बो सीडर से गेहूँ की बुवाई में फसल उत्पादकता पर

शोध एवं अध्ययन किया गया। परम्परागत विधि से गेहूँ की बुवाई के लिए 5 से 6 हैरो से जुताई करके जबकि हैप्पी–टर्बो सीडर से शून्य कर्षण खेत में 8 टन प्रति हेक्टेयर धान अवशेष में बुवाई की गयी है। परंपरागत विधि में 100 कि. ग्रा. प्रति हेक्टेयर बीज जबकि हैप्पी–टर्बो सीडर से 80 कि.ग्रा. प्रति हेक्टेयर बीज को लाइन से लाइन की दूरी 22 सें.मी. पर की गई। प्रयोगात्मक परीक्षण में यह पाया गया कि हैप्पी–टर्बो सीडर से गेहूँ की बुवाई में सबसे ज्यादा फसल उत्पादन 5.0 टन प्रति हेक्टेयर प्राप्त की गई जबकि परंपरागत विधि से गेहूँ की बुवाई में 4.66 टन प्रति हेक्टेयर प्राप्त हुई।

हैप्पी–टर्बो सीडर से गेहूँ की बुवाई में अधिकतम टिलरों की संख्या प्रति वर्ग मीटर क्षेत्र, बालियों की लम्बाई, दानों की संख्या प्रति बाली एवं 1000 दानों का भार क्रमशः 438, 11.7 से.मी. 65 0 46 ग्रा. पाया गया जबकि परंपरागत विधि में टिलर की संख्या प्रति वर्ग मीटर बाली की लम्बाई व दानों की संख्या प्रति बाली क्रमशः 427, 11, 2 सें.मी. 59 व 46.0 ग्रा. पाया गया।

सारणी 7.1: परम्परागत विधि एवं हैप्पी–टर्बो सीडर से गेहूँ की बुवाई का शोध अध्ययन

क्र.स.	**विवरण**	**परम्परागत विधि**	**हैप्पी–टर्बो सीडर**
1	पौधे की लम्बाई	106.00	104.00
2	कल्ले की संख्या (प्रति वर्ग मी.)	427.0	438.0
3	लीफ एरिया इंडेक्स	3.61	4.0
4	जड़ का शुष्क घेरा (ग्रा.प्रति वर्ग मी.)	62.8	65.01
5	खरपतवारों की संख्या (प्रति वर्ग मी.)	19	6.0
6	पुष्प निकलने के दिन (बुवाई के बाद)	85.0	81.0
7	परिपक्व होने के दिन (बुवाई के बाद)	141.0	145.0
8	बाली की लंबाई (सें.मी.)	11.20	11.7
9	दानों की संख्या	59.0	65.0
10	दानों का भार (ग्राम)	3.20	3.60
11	1000 दानों का भार (ग्राम)	46.20	46.8
12	छाने की उपज (टन/हेक्ट.)	4.66	5.0
13	भूसे की उपज (टन/हेक्ट.)	11.20	11.90
14	हारवेस्ट इंडेक्स	41.60	42.02

धान–गेहूँ फसल चक्र में गेहूँ की बुवाई के लिए हैप्पी–टर्बो सीडर की आवश्यकता

धान की खेती जलमग्न दशा में की जाती है परन्तु गेहूँ की कदापि नहीं। यही कारण है कि धान के लिए खेती की तैयारी हेतु लेव लगाना पड़ता है जबकि गेहूँ के लिए भुरभुरी जमीन युक्त खेत तैयार करना पड़ता है। आमतौर पर गेहूँ की बुवाई हेतु खेत की तैयारी के बारम्बार जुताई लगभग 4–6 बार की जाती है। गेहूँ की बुवाई करने के लिए उपलब्ध मशीनों में से अत्यन्त आधुनिक हैप्पी–टर्बो सीडर के द्वारा लगभग 8 टन प्रति हेक्टेयर धान के फसल अवशेष में आसानी से बुवाई की जा सकती है। शून्य कर्षण मशीन के द्वारा गेहूँ की बुवाई के प्रचलन के साथ कम्बाईन द्वारा धान की कटाई करने के बाद फसल अवशेष के प्रबंधन की आवश्यकता महसूस होने लगी तथा भूमि की स्वास्थ्य संबंधी समस्या को ठीक करने के लिए कम्बाइन के द्वारा कटाई की गयी फसल अवशेष को मिट्टी में उपयोग के लिए उचित एवं उपयोगी बुवाई यंत्र की जरूरत होने लगी। कम्बाइन द्वारा कटाई के उपरान्त धान के फसल के अवशेष में जीरो टिल ड्रिल से बुवाई करने से खाद एवं बीज उचित गहराई से डालने में कुछ कठिनाई का सामना करना पड़ता है। शून्य कर्षण मशीन में बुवाई इन्वरटेड टी टाईप फरो ओपनर द्वारा की जाती है जिससे कम्बाईन द्वारा कटाई की गयी फसल की बिखरी अवशेष टाईन के सामने इकट्ठा हो जाने से गेहूँ की बुवाई ठीक प्रकार नहीं होती है, जिसके उपरान्त फसल उत्पादन में कमी पाई जाती है। फसल अवशेष में बुवाई तब तक नहीं की जा सकती है जब तक उचित एवं अच्छी प्रकार से मशीन उपलब्ध न हो। कम्बाइन द्वारा कटे एवं बिखरे हुए पुआल व अवशेष में बुवाई के लिए विशेष प्रकार की मशीन की आवश्यकता होती है जिससे संपूर्ण धान की फसल के अवशेष (6–8 टन/हेक्टेयर) में गेहूँ की बुवाई की जा सके। अतः फसल अवशेष वाले खेत में बुवाई के लिए विभिन्न यंत्रों का विकास किया गया है जैसे डबल डिस्क प्लान्टर, पंच प्लान्टर, स्ट्रिप सीड ड्रिल आदि, लेकिन इनका प्रचलन ठीक प्रकार से नहीं हो सका जबकि डबल डिस्क प्लान्टर अधिक फसल अवशेष होने पर डबल डिस्क फरो ओपनर के द्वारा फसल अवशेष कट करने के बाद भी बीज का सही प्रकार से स्थापन नहीं होने से फसल जमाव ठीक प्रकार से नहीं हो पाता है। तीन प्रकार के बुवाई यंत्र (रोटरी डिस्क ड्रिल, डबल डिस्क ड्रिल एवं पंच प्लान्टर) द्वारा कम फसल अवशेष लोड (3–4 टन/हेक्टेयर) पर ही संभव है।

(ख) कम्पोस्ट टर्नर कम मिक्सर

देश की तीव्र गति से बढ़ती जनसंख्या के कारण कृषि योग्य भूमि कम होती जा रही है तथा शहरीकरण एवं औद्योगिकीकरण बढ़ रहा है। बढ़ती जनसंख्या की खाद–सुरक्षा एवं पोषणता के लिए सघन खेती अपनानें के कारण मृदा से पोषक तत्वों का लगातार दोहन हो रहा है, जिससे मृदा में उपस्थित पौधों की वृद्धि के लिए आवश्यक पोषक तत्वों की आवश्यकता को पूरा करने के लिए आवश्यक तत्व नष्ट होते जा रहे हैं। भूमि में फसलों से अच्छा उत्पादन लेने के लिये खेतों में विभिन्न प्रकार के रसायनिक उर्वरकों एवं रसायनों का अधिक एवं असंतुलित मात्राओं में प्रयोग करते हैं, ये रसायन फसलों के लिए आवश्यक पोषक तत्वों की पूर्ति करते है मगर मृदा की भौतिक दशा सुधारने में इनका योगदान कम होता है, साथ ही साथ इनकी आवश्यकता से अधिक मात्रा देने से मृदा की भौतिक, रासायनिक एवं जैविक दशा भी खराब होती है। अतः मृदा में कार्बनिक खादों का प्रयोग समान रूप से काफी जरूरी है और इन कार्बनिक खादों में एक खाद है फसल अवशेष अर्थात् फसलों की पत्तियां, तने एवं डण्ठल आदि से तैयार जैविक कम्पोस्ट। जैविक कचरे या फसल अवशेषों, पशुओं के गोबर, मलमूत्र, पेड़–पौधों की शाखाओं एवं पत्तियों से कम्पोस्ट तैयार करने के लिए भारतीय कृषि अनुसंधान संस्थान, नई दिल्ली ने एक ट्रैक्टर चालित पूसा कम्पोस्ट टर्नर कम मिक्सर मशीन बनाई है (चित्र 7.2)। इस मशीन को पशुओं के गोबर, मल, मूत्र, सब्जियों के छिलके, पौधों की कटाई–छटाई के अवशेष एवं फसल अवशेषों के बायोमास को पानी के साथ उलट–पलट कर मिश्रित करके तीव्र–गति से उच्च गुणवत्ता का जैविक कम्पोस्ट खुले खेत में बनाने के लिए प्रयोग किया जाता है। इसके प्रयोग से कम समय, श्रम एवं खर्च में अच्छी तरह कम्पोस्ट तैयार हो जाता है जिसको खेतों में प्रयोग कर सकते हैं यह कम्पोस्ट मृदा की उर्वरा–शक्ति में बढ़ोत्तरी के साथ–साथ मृदा की भौतिक, रासायनिक एवं जैविक गुणों में भी वृद्धि करता है। हालांकि यह यंत्र काफी कीमती है परन्तु अगर इस यंत्र का सही व पूर्ण प्रयोग उचित रख–रखाव किया जाए तो किसान भाई इसकी कीमत को जल्दी ही पूरा कर सकते हैं।

कम्पोस्ट टर्नर कम मिक्सचर का विवरण

संरचना एवं मुख्य भाग

कम्पोस्ट टर्नर में धरातल के समानान्तर घूमने वाला शॉफ्ट पर एक रोटर लगा होता है इस रोटर की परिधि (गोलाई) पर एक निर्धारित दूरी पर टाइन अथवा ब्लेड लगे होते है, जो कि फसल अवशेष एवं पेड़–पौधों के जैविक कचरे को संघटन वाले

चित्र 7.2 : कम्पोस्ट पलटने एवं मिश्रित करने का यंत्र

बल से भुरभुरा व बारीक करते है। ब्लेड के सिरे तेज धारदार होते है जो घास–फूस एवं फसल अवशेषों को काटते एवं पलटते है। इस मशीन में मुख्य फ्रेम, रोटर जिस पर 28 ब्लेड, रोटर का कवर, जल की टंकी, बालू भरी नियंत्रण प्रणाली, हाइड्रोलिक प्रणाली, यूनिवर्सल लॉड शॉफ्ट, बिन्दु योजक आदि भाग होते है।

सारणी 7.1: 'पूसा' कम्पोस्ट पलटने एवं मिश्रित करने की मशीन मुख्य विशेषताएं

उपयोगिताः गोबर, खेतों के अवशेष व घास–फूस को भली–भांति मिलाकर खाद बनाने हेतु

शक्ति स्रोतः 70 अश्वशक्ति का ट्रैक्टर

कार्य क्षमताः 1000 टन प्रति घंटा।

अनुमानित लागतः रू 5,25,565/–

लाभः परम्परागत तकनीक की तुलना में इस मशीन के उपयोग से खाद बनाने में एक माह से कम समय लगता है और 2,700/रु.प्रति टन की बचत होती है।

परिचालन

इस यंत्र को चलाने के लिए अन्य कृषि यंत्रों की तुलना में अधिक शक्ति तथा ईधन की आवश्यकता होती है। आमतौर पर 65–70 अश्व–शक्ति का ट्रैक्टर उपयुक्त होता है। कम्पोस्ट टर्नर की शॉफ्ट का ट्रैक्टर की पी.टी.ओ. शॉफ्ट द्वारा शक्ति प्रदान की जाती है तथा रोटर की गति 220, 300 एवं 350 चक्कर प्रति मिनट तक होते है। ट्रैक्टर पी.टी.ओ. की चाल 1.26, 2.226 एवं 4.17 कि.मी. प्रति मिनट तक होती है।

ट्रैक्टर चालित पूसा कम्पोस्ट टर्नर कम मिक्सर मशीन द्वारा कम्पोस्ट बनाने की विधि

सर्वप्रथम फसल अवशेषों का लम्बाई में ढेर बनाया जाता है, इसकी ऊँचाई 2.0 से 2.5 मी. चौड़ाई तथा लम्बाई उपलब्ध जगह के अनुसार 10–100 मीटर या उससे अधिक रखी जाती है। इस सामग्री में भार पर 80 प्रतिशत फसल अवशेष तथा 20 प्रतिशत ताजा गोबर बिखेरते हैं। फसल अवशेषों के ऊपर सूक्ष्मजीवी कल्चर का चूर्ण या द्रव छिड़काव किया जा सकता है। कल्चर डालने के तुरन्त बाद पहली पलटाई करते हैं, द्वितीय पलटाई 10 दिन बाद, तीसरी 25 दिन बाद, चौथी 40 दिन बाद तथा पांचवी 55–60 दिन पर करते हैं। विभिन्न पलटाईयों के बीच समय–समय पर फसल अवशेषों पर नमी का स्तर बनाये रखने के लिए पानी का छिड़काव करते रहते हैं, तथा फसल अवशेषों के आकार को सही करते हैं। इस प्रणाली में 60–70 दिन में कम्पोस्ट खेत में डालने के लिए तैयार हो जाती है।

कम्पोस्ट का रासायनिक संगठन

कम्पोस्ट टर्नर एवं मिक्सर द्वारा तैयार कम्पोस्ट में 0.57 प्रतिशत नत्रजन, 1.24 प्रतिशत फॉस्फोरस एवं 1.17 प्रतिशत पोटाश होता है।

कम्पोस्ट टर्नर एवं मिक्सर का नियंत्रण

कम्पोस्ट टर्नर एवं मिक्सर को सुरक्षित चलाने के लिए एक टैंक में बालू भर कर नियंत्रित प्रणाली को एडजस्ट कर लेते है। एडजस्टैबल ट्रेइलिंग बोर्ड एवं ब्लेड की रचना के द्वारा कम्पोस्ट की पलटाई नियंत्रित कर सकते है पी.टी.ओ. शॉफ्ट चलाने की सुरक्षित लम्बाई अधिकतम नौ फीट होती है जिस पर 28 ब्लेड लगे होते है।

कम्पोस्ट टर्नर एवं मिक्सर चलाने की सही स्थिति

1. ट्रैक्टर में कम्पोस्ट टर्नर से पहले यह अवश्य देख लें कि ट्रैक्टर की हाइड्रोलिंक प्रणाली का नीचे की तरफ दबाव कम्पोस्ट टर्नर पर तो नही आ रहा है।
2. कम्पोस्ट टर्नर को ट्रैक्टर के साथ जोड़ते समय सावधानी बरतें और ध्यान रखे कि टर्नर गियर बॉक्स की इनपुट शॉफ्ट एवं ट्रैक्टर पी.टी.ओ. शॉफ्ट के खांचों में अच्छी तरह फिट हो जाए।

3. टर्नर को नियंत्रित करने वाली प्रणाली का प्रयोग अवश्य करना चाहिए जिससे टर्नर आस–पास नहीं हिल सके।

कम्पोस्ट टर्नर एवं मिक्सर संचालन संबंधी आवश्यक निर्देश

1. सबसे पहले ट्रैक्टर चालू करें, उसके बाद टर्नर को भूमि से ऊपर उठाए। ट्रैक्टर की पी.टी.ओ. शॉफ्ट चालू करके ट्रैक्टर को न्यूनतम गियर में लगाकर धीरे से क्लच छोड़कर टर्नर को धीरे–धीरे जमीन पर रखें, जब ट्रैक्टर आगे की दिशा में गतिमान हो।
2. टर्नर को गतिमान स्थिति में कभी–भी स्पर्श न करें एवं टर्नर अपनी ट्रैक्टर सीट से मत उठे। अगर कोई खराबी महसूस हो या कोई एडजस्टमेंट करनी हो तो पहले ट्रैक्टर इंजन को बंद करें।
3. घास–फूस व फसल अवशेषों की अच्छी पलटाई के लिए ट्रैक्टर को न्यूनतम गियर में ही चलाए।
4. बायोमास की प्रकार के अनुसार ट्रेलिंग बोर्ड की स्थिति नियंत्रित करें।
5. फील्ड में कम्पोस्ट पलटाई के दौरान टर्नर का चक्कर पूरा होने के बाद मोड़ने से पहले ऊपर उठा लें तथा पी.टी.ओ. शॉफ्ट को बन्द कर दें।
6. टर्नर के सही संचालन के लिए ब्लेड की धार तेज होनी चाहिए यदि ब्लेड ढंग से फिट नहीं होगा तो टर्नर बायोमास पर उछलेगा।
7. ट्रैक्टर को निर्देशित चक्करों पर चलाए जिससे पी.टी.ओ. सही चक्कर पर चले। इस प्रकार टर्नर से पलटाई बारीक व अच्छी होगी तथा ट्रैक्टर पर कम भार पड़ेगा।
8. यदि बायोमास में पत्थर, पॉलीथीन, रबर, प्लास्टिक, धातु एवं पेड़–पौधे हो तो वहां इसे नहीं चलाया जाना चाहिए इससे टर्नर के ब्लेड टूट सकते हैं।
9. गियर बॉक्स में तेल के स्तर की समय–समय पर जांच की जानी चाहिए तथा टर्नर के शक्ति संचारण में प्रयुक्त गियर की भी समय–समय पर उचित स्नेहक (लुब्रिकेट) का उपयोग करना चाहिए जिससे टर्नर के पुर्जो की आयु बढ़ सकें।

कुछ अन्य महत्वपूर्ण बातें

1. हमेशा सीजन की शुरुआत में गियर बॉक्स में पहले डाला हुआ तेल निकाल दें एवं नए गियर आयल से भर दें।
2. जब टर्नर को ज्यादा समय तक उपयोग नहीं करना हो तो मुख्यतः गियर बॉक्स को साफ करके ढंक दें।
3. सही आयल लेवल चैक करने के लिए कम्पोस्ट टर्नर का फ्रेम जमीन के समानान्तर रखिए।

वर्तमान समय में आधुनिक खेती के परिणाम स्वरुप को देखते हुए जैविक खेती के लिए फसल अवशेषों एवं जैविक कचरे से किसान कृषि फार्म पर इस यंत्र द्वारा स्वयं जैविक कम्पोस्ट तैयार कर सकते है तथा आज खेती में फसल अवषेशों द्वारा उत्पादित कम्पोस्ट का प्रयोग एक लाभकारी उद्यम भी बन कर उभर रहा है।

(ग) पशु चारे के ब्लाक बनाने की मशीन

फसल के अवशेषों का आधा हिस्सा ही पशुओं के चारे में प्रयोग होता है और बाकी बेकार चला जाता है। हमारे देश में पशुओं का आहार फसल अवशेषों जैसे; कि भूसा, पुआल, कड़वी आदि पर आधारित होता है, जिनमें पोषक तत्वों की बहुत कमी होती है। फसल के अवशेषों को स्टोर करने में ज्यादा जगह की आवश्यकता होती है और एक जगह से दूसरी जगह पर ले जाना कठिन होता है, इसके रखरखाव व ट्रांसपोर्ट पर भी ज्यादा खर्च आता है। मौजूदा समय में खाने की आदतों में तेजी से हो रहे बदलाव को देखते हुए दूध, अंडा व मीट का इस्तेमाल बढ़ता जा रहा है, इसके चलते पौष्टिक चारे दाने की मांग भी काफी तेजी से बढ़ रही है। इन सब असुविधाओं को कम करने के लिए भारतीय कृषि अनुसंधान संस्थान, पूसा, नई दिल्ली के एग्रीकल्चर इंजीनियरिंग विभाग ने फसल अवशेषों से पशुओं के चारे ब्लाक बनाने की दो तरह की मशीनें बनाई है, जिसमें से एक बड़ी स्थिर मशीन तथा दूसरी मोबाइल छोटी ट्रॉली पर स्थिर इकाई है (चित्र 7.3)। इन मशीनों से फसल के अवशेषों (पुआल या भूसा) को दबा कर ब्लाक बनाए जाते है जिससे उस का आयतन कम और भार अधिक हो जाता है। इस कचरे को ब्लाक बनाने से पहले पशुओं की आवश्यकतानुसार इसमें पोषक तत्व मिला दिए जाते हैं। इन मशीनों को चलाना आसान है और अकुशल आदमी भी आसानी से चला सकता है। इन मशीनों के द्वारा फसल अवशेषों के ट्रांसपोर्ट, स्टोर व रखरखाव की लागत

में भारी बचत होती है एवं स्टोर का समय भी बढ़ जाता है। इन मशीनों की मदद से गांवों और कस्बों में रहने वाले किसान भी पशु आहार तैयार करने का धंधा कर सकते हैं। इन मशीनों से गाय, भैंस, घोड़ा, ऊँट, भेड़, बकरी आदि पशुओं की आवश्यकतानुसार अलग–अलग तरह के चारा ब्लाक बनाए जा सकते हैं।

शक्ति चालित पशु चारे के ब्लाक बनाने की मशीन का विवरण

फसल जैविक कचरे को दबाने के लिए हाइड्रॉलिक सिलेन्डरों का प्रयोग करते हुए मशीन का निर्माण किया गया है जिससे 425 कि.ग्रा. प्रति वर्ग सें. मी. तक दबाव डाला जा सके। इस मशीन की हाइड्रॉलिक प्रणाली को चलाने के लिए 25 अश्व–शक्ति की बिजली की मोटर का प्रयोग किया जाता है।

मशीन की संरचना एवं परिचालन

फ्रेम

इस मशीन में एक फीडिंग चैम्बर, एक कम्प्रैशन चैम्बर तथा ब्लाक रोकने का चैम्बर होता हैं। यह हाइड्रॉलिक सिलेन्डरों को भी संभालने का काम करता है। यह फ्रेम हल्की स्टील की प्लेटों और चैनलों का बना होता है।

हाइड्रॉलिक सिलेन्डर

इस मशीन में विभिन्न आकार के दो हाइड्रॉलिक सिलेन्डर होते हैं। एक बड़ा सिलेन्डर आगे–पीछे गति करता है तथा चारे के ब्लाक को बाहर निकालने का काम करता है। दूसरा सिलेन्डर ऊपर ओर नीचे की ओर घूमता है तथा कम्प्रैशन चैम्बर के आगे लगे छोटे–छोटे कपाटों को खोलने–बन्द करने का काम करता है।

पावर पैक

इस मशीन के पावर पैक में बिजली की एक मोटर, हाई और लो प्रैशर पम्प, एक प्रैशर स्विच, एक प्रैशर गेज, एक सोलेनॉइड वाल्व, तेज की एक टंकी तथा एक फिल्टर आदि होते है। हाइड्रॉलिक सिलेन्डर हाई और लो प्रैशर पम्पों से चलाया जाता है। दोनों हाइड्रॉलिक सिलेन्डरों तक इन पम्पों द्वारा तेल पहुंचाया जाता है जिससे अगला सिलेंन्डर आगे की ओर गति करता है तथा पिछला सिलेंडर नीचे की ओर गति करता है। सिलेंडर के पीछे तथा ऊपर की ओर गति करने से तेल टंकी में वापिस चला जाता है।

बिजली नियंत्रण पैनल

इस पैनल में कान्ट्रेक्टर, रिले, स्विच और टाइमर होते है। इस पैनल से बिजली की मोटर, तेल का पम्प और हाइड्रॉलिक सिलेन्डर चलाए जाते है। यह हाइड्रॉलिक सिलेन्डरों की गति को नियंत्रित करता है।

ब्लाक बनाने की मशीन की कार्य प्रणाली

1. मशीन के हॉपर में पशु चारा समुचित आकार में डाला जाता है। ब्लाक की जितनी सघनता चाहिए उसके अनुसार चारे के आकार की गणना की जाती है। इस सामग्री में पूरक आहार जैसे शीरा, खली, नमक एवं यूरिया आदि मिलाए जा सकते हैं।
2. क्रॉस हेड के साथ घूमते हुए हाइड्रॉलिक सिलेन्डर चारे को दबा कर उसके ब्लाक बनाता है।
3. कट–ऑफ प्रेशर पर आकर सिलेंडर रुक जाता है और दूसरा हाइड्रॉलिक सिलेन्डर सक्रिय हो जाता है। इससे कम्प्रैशन चैम्बर का निकास कपाट खुल जाता है।
4. मुख्य सिलेंडर दबे हुए ब्लाकों को चैम्बर से बाहर धकेल देता है।

सारणी 8.1: पशु चारे के ब्लाक बनाने की मशीन की मुख्य विशेषताएँ

तकनीकी विवरण
उपयोगिताः फसल अवशेषों के साथ आवश्यक पोषक तत्वों को मिलाकर 20×20 सें.मी. आकार के राशन ब्लाक बनाने हेतु।
शक्ति स्रोतः 25 अश्व शक्ति का बिजली मोटर।
कार्य क्षमताः 250 कि.ग्रा. प्रति घंटा।
अनुमानित लागतः रू. 8,18,800/–
लाभः पशु राशन ब्लाक की एक साल तक भण्डारण क्षमता, परिवहन लागत में कमी।
भण्डारण स्थान की बचत।
प्राकृतिक आपदा के दौरान ऐसा पशु आहार बहुत ही उपयोगी है।

स्रोतः पशु चारे के ब्लॉक बनाने की मशीन बुलेटिन, भा.कृ.अ.स., नई दिल्ली

सारणी 8.2: गतिशील चारे के ब्लाक बनाने की मशीन का तकनीकी विवरण

उपयोगिताः फसल अवशेषों के 15×15 सेंमी. आकार के ब्लाक बनाने हेतु।

शक्ति स्रोतः 6.5 डीजल इंजन (हवा शीतलित)।

कार्य क्षमताः 100–125 कि.ग्रा प्रति घंटा।

अनुमानित लागतः रू. 4,02,500/–

लाभः यह मोबाइल मशीन चार पहिये वाली ट्राली के ऊपर स्थिर होती है। परिवहन द्वारा इस मशीन से उन क्षेत्रों में ब्लाक बनाये जाते है जहाँ पर चारा उपलब्ध होता है।

सम्पूर्ण चारा ब्लाक के लाभ

1. भूसे के ब्लाक को खिलाने से पशुओं को समस्त पोषक तत्वों की आवश्यकता पूरी की जा सकती हैं। इस प्रकार पशुओं को सन्तुलित आहार मिलता है और उनकी उत्पादकता में वृद्धि होती है।
2. भूसे का घनत्व बढ़ाया जा सकता है।
3. फसल अवशेषों के पोषक मान एवं स्वाद को बढ़ाया जा सकता है।
4. भूसे एवं कड़वी की परिवहन लागत में कमी की जा सकती है।
5. फसल अवषेशों के भण्ड़ारण में 2 से 3 गुना कम स्थान की आवश्यकता होती है।
6. भूसे का अपव्यय न्यूनतम किया जा सकता है।
7. फसल अवशेषों को दबाने से मुलायम हो जाते है जिसको पशु बड़े चाव से खाते है।

चित्र 7.3: शक्ति चालित पशु चारे के ब्लाक बनाने की मशीनें

□□□

अध्याय 8

मृदा एवं जल संरक्षण के लिए उन्नत कृषि उपकरण

मिट्टी एवं पानी प्रकृति की अमूल्य भेंट है। प्राचीन समय से मिट्टी व जल का उपयोग दैनिक कार्यो में, औद्योगिकीकरण एवं विभिन्न कृषि कार्यों हेतु हो रहा है। भारत, विश्व की 2.4 प्रतिशत भूमि और 4 प्रतिशत कुल संरक्षित जल का उपयोग कर विश्व की कुल जनसंख्या के 18 प्रतिशत तथा 15 प्रतिशत पशुधन को भोज्य पदार्थो की आपूर्ति करता है। भारत में 80 प्रतिशत छोटे एवं सीमांत किसान हैं, जिनकी जोत का आकार 1.2 हेक्टेयर है। देश की 67 प्रतिशत जनसंख्या गाँवों में निवास करती है, जिसमें से 7 प्रतिशत जनसंख्या हेतु स्वच्छ पेय जल भी उपलब्ध नहीं है। अतंर्राष्ट्रीय संस्था ''वाटरएड'' के अनुसार भारत में 6 करोड़ से अधिक जनसंख्या को स्वच्छ पानी नहीं मिल रहा है। हमारे देश में कृषि हेतु भूमि का क्षेत्रफल 140 मिलियन हेक्टेयर है जिसमें वृद्धि नहीं हो रही है बल्कि आवासीय और विकास परियोजनाओं हेतु उत्तम गुणवत्ता की कृषि भूमियों का भू–उपयोग परिवर्तन करके कमी की जा रही है। मुख्य रूप से गंगा यमुना के मैदानों में ऐसे करके हम अपने पैरों पर कुल्हाड़ी मारने का ही कार्य कर रहे है। जिसके नकारात्मक परिणाम आने वाले समय में दृष्टिगोचर होंगे। जबकि जनसंख्या तीव्र गति से बढ़ रही है। जिसके परिणामस्वरूप घटते प्राकृतिक संसाधन (मृदा एवं जल) तथा कम होती खेती हेतु भूमि से उत्पादकता बढ़ाना हमारा प्रमुख लक्ष्य है। इस समस्या के समाधन हेतु उन्नत कृषि यंत्रों द्वारा कम समय में सटीक कृषि कार्य करके, प्रति इकाई क्षेत्रफल से अधिक उत्पादन बढ़ाया जा सकता है।

प्रमुख मृदा एवं जल संरक्षण संरचनाएँ

मृदा व जल कटाव को रोकने के लिए परिरेखा (कन्टूर बांध), परकोलेशन बांध, सीमेंट प्लग (चेक डैम), ड्रॉप स्पिलवे, बेंच टेरेसेस तथा ग्रास्ड वाटरवेज का निर्माण किया जाता है तथा अधिक से अधिक जल के बहाव को (वाटरशेड) में जल ग्रहणक्षेत्रों में ही रोक लिया जाता है। सिंचाई के लिए जो बड़े–बड़े बांध बनाए गए हैं, उनके जल का समुचित प्रयोग करने के लिये उस क्षेत्र में भूमि का समतलीकरण

तथा जल ले जाने तथा उसके निकास हेतु नालियों का प्रबंध किया जाता है। समतलीकरण के लिए कन्टूर बांध बनाने के लिए, सिंचाई के लिए नाली बनाने के लिए जल निकास के लिए नाली बनाने तथा टाइल जल निकास के लिए विभिन्न प्रकार के कृषि यंत्रों का प्रयोग किया जाता है। जिसके लिये प्रमुख कृषि यंत्रों का विवरण निम्नलिखित है:–

सिंचाई के लिए उपयोगी कृषि उपकरण

भारत में सिंचाई हेतु यंत्रीकरण अभी तक 45 प्रतिशत ही हुआ है। जबकि उचित सिंचाई के लिए तथा जल की बचत के लिए कई प्रकार के उपयोगी यंत्र विकसित किये गए हैं जिनका उपयोग कर किसान आर्थिक लाभ उठा सकते हैं जैसे:

1 अल्प उत्थापक हस्त चालित पम्प (लो लिफ्ट पम्प)

चित्र 8.1 हस्त चालित पम्प

इसका प्रयोग तालाबों, कुओं, झीलों से 2.5–3.0 मीटर तक की गहराई से पानी उठाने के लिए बहुत अच्छा रहता है। इस पम्प द्वारा लगभग 0.2 हेक्टेयर क्षेत्रफल में सिंचाई की जा सकती है। यह पम्प दो आकार में उपलब्ध हैं। पहला छोटा वाला पम्प जिसका सिलिण्डर व्यास 21.25 सें.मी. तथा दूसरा बड़ा वाला जिसका व्यास 30 सें.मी. है। इस पम्प को चलाने के लिए दो आदमियों की आवश्यकता होती है जो बारी–बारी से चलाते हैं।

2 वायु द्वारा चालित विन्ड मिल उपकरण

चित्र 8.2
वायु मिल उपकरण

इस यंत्र को प्राकृतिक शक्ति मिलती है। इसमें एक बहुत ऊँचे लोहे के टावर पर बड़े व्यास का पहिया लगा होता है, जिसकी तली में प्लंजर पम्प होता है। प्लंजर के छड़ का ऊपरी सिरा पंखों से बाहरी तरफ जुड़ा रहता है। पम्प सिलिण्डर या पाइप के नीचे का सिर कुंए में रहता है। जब तेज हवा चलती है तो पंखा घूमता है जिससे पम्प चलता है ओर पानी बाहर निकलता है (चित्र 8.2)।

3. डीजल एवं बिजली से चलने वाले पम्प

आजकल पानी उठाने के लिए डीजल व बिजली चालित पम्पों का प्रयोग बहुत अधिक होता है क्योंकि इनकी कार्यक्षमता अधिक होती है, साथ ही साथ इनमें पानी नियंत्रित तथा आवश्यकतानुसार आता है। इन पम्पों से सिंचाई करने में कम समय, श्रम एवं खर्च से अधिक क्षेत्र की सिंचाई की जा सकती है। वर्तमान में जिन स्थानों पर जल तल उच्च है वहाँ पर सिंचाई के लिए विकेन्द्रीय पम्प (सेन्ट्रीफ्यूगल पम्प) का अधिक प्रयोग हो रहा है। इस पंप की प्रारम्भिक लागत कम होती है, इसमें वाल्व का प्रयोग नहीं होता है। इस पम्प में इम्पैलर या पंखा, खुला इम्पैलर, अर्ध खुला इम्पैलर, बन्द इम्पैलर, अवरोध इम्पैलर, केसिंग, शॉफ्ट, स्टफिंग बॉक्स, शॉफ्ट बियरिंग, कॅपलिंग, आधार शिला, सक्शन पाइप, फुट वॉल्व, डिलीवरी पाइप गेट वाल्व चेक वाल्व आदि मुख्य भाग होते हैं। इस प्रकार के पम्प का प्रयोग पानी को एक स्रोत से उठाकर किसी अन्य वाछिंत स्थान पर पहुँचाने में होता है। इसका जल प्रस्राव लगभग 1,00,000 लीटर प्रति घंटा होता है तथा इससे एक दिन में 1.5 हेक्टेयर भूमि की सिंचाई कर सकते हैं। डीजल व बिजली से चलने वाले पम्पों में कई सुधार किये गये हैं। इंजन/मोटर की शक्ति के अनुसार पम्प का चुनाव कर इन पम्पों की कार्य क्षमता अधिक बढ़ा सकते हैं।

4. जलप्लावनीय या सबमर्सिबल पंप

इस उपकरण में पम्प तथा मोटर एसेम्बली दो मुख्य भाग होते हैं, जिनको एक डिस्चार्ज कॉलम के अन्दर डिस्चार्ज हैड और जलरोधी विद्युत मोटर के साथ लगाते हैं। इसके अतिरिक्त इस पंप में पंम्पिंग यूनिट, डिस्चार्ज हैड, डिस्चार्ज कॉलम, विद्युत मोटर, सूखी मोटर, भीगी मोटर आदि मुख्य भाग होते हैं (चित्र 8.3)।

चित्र 8.3 सबमर्सिबल पम्प

इस प्रकार के पम्प मे इम्पैलर पानी के अन्दर एक उर्ध्वाधर शॉफ्ट पर लगे होते हैं और इसमें टरबाइन पम्प को मोटर के साथ ही जोड़ दिया जाता है। यह उन स्थानों के लिए अधिक उपयोगी पाया गया है जहाँ पर भू–जल का तल काफी नीचे चला गया है।

5. उन्नत फुटवाल्व

इन फुटवालों में पुराने फुटवाल्व की अपेक्षा पानी अंदर आने के लिये वाल्व का क्षेत्रफल 1.5 गुना तथा सक्सन 3 से 4 गुना रखते हैं इससे 10 से 15 प्रतिशत बिजली की बचत होती है।

6. छिड़काव/बौछारी/फव्वारा (स्प्रिंकलर) सिंचाई यंत्र

चित्र 8.4 छिड़काव सिंचाई विधि का दृश्य

इस विधि में फसलों के अनुसार उचित दूरी पर स्प्रिंकलर लगाने के बाद पम्प चलाया जाता है। जिससे बौछार के रूप में गिरता है और स्प्रिंकलर में लगी नोजल पानी को वर्षा की फुहार की तरह पौधों पर फेंकती है (चित्र 8.4)। स्प्रिंकलर हमेशा घूमता रहता है जिससे उसके आस–पास की फसलों की सिंचाई की जा सकती है। इसका उपयोग उबड़–खाबड़ भूमियों एवं कम वर्षा, कम सिंचाई तथा बलुई भूमियों में किया जाता है। इसके द्वारा कम समय में अधिक क्षेत्रफल की सिंचाई की जा सकती है। इससे पानी, श्रम व समय की बचत होती है। इस सिंचाई यंत्र पर विभिन्न सरकारें मूल्य का 90 प्रतिशत या अधिक 13,500/–रूपये प्रति हेक्टेयर का अनुदान भी देती हैं। फव्वारा या छिड़काव सिंचाई में पानी का दबाव 2–2.5 कि.ग्रा. प्रति वर्ग सें. मी. होता है तथा इस प्रणाली में पानी का बहाव (डिस्चार्ज) 1000 लीटर प्रति घन्टे प्रति नॉजल होता है। 5 नॉजल वाले सेट से एक घण्टे में लगभग 4000–5000 लीटर पानी छिड़का जा सकता है। इस विधि से एक एकड़ क्षेत्रफल की सिंचाई 3–4 घण्टे में की जा सकती है।

स्प्रिंकलर सिंचाई पद्धति के मुख्य अवयव (घटक)

पंम्पिंग सेट या पानी उठाने वाला यंत्र, उर्वरक टैंक, प्रेशर मेज, फव्वारा नॉजल, बाइ पास वाल्व, छलनी प्रणाली, कन्ट्रोल वाल्व पाइप लाइन, छिड़काव यंत्र आदि सारणी 8.1 में दिये गये है।

सारणी 8.1: स्प्रिंकलर सिंचाई प्रणाली के कलपुर्जे

विवरण	**छोटे (स्माल) माइक्रो स्प्रिंकलर सिस्टम**	**बड़े (लार्ज) माइक्रो स्प्रिंकलर सिस्टम**	**मझोले (मिनी) स्प्रिंकलर सिस्टम**
फील्ड गेट वाल्व	1	1	1
लाइन फिल्टर	1	1	1
मेन लाइन (मी.)	14—16	30—32	8—10
टी	4	8	2
बेस	4	8	2
स्टैण्ड	4	8	2
इन्ड प्लग	2	2	2

सारणी 8.2: स्प्रिंकलर सिंचाई प्रणाली का तकनीकी विवरण

हेड का विवरण	**छोटे (स्माल) माइक्रो स्प्रिंकलर सिस्टम**	**बड़े (लार्ज) माइक्रो स्प्रिंकलर सिस्टम**	**मझोले (मिनी) स्प्रिंकलर सिस्टम**
नोजल डाइमीटर	1.2	1.2	2.2
प्रेशर हेड	8—15	10—15	12—20
द्रवित क्षेत्र (मी.)	7—9	7—8	10—12
हेड का डिस्चार्ज (ली./सें.)	0.10—0.15	0.20—0.28	0.20—0.30
हेड की संख्या प्रति सेट	4	8	2
औसत सिंचाई 3 शिफ्ट प्रति दिन (मी.^{2})	250	500	240
स्प्रिकलरों के बीच में रिक्त स्थान (मी.)	8—15	10—15	12—20
औसत डिस्चार्ज (ली./)	0.12	0.25	0.25
अनुमानित मूल्य	900	1655	767

फव्वारा सिंचाई प्रणाली के प्रकार

स्प्रिंकलर सिंचाई (इर्रीगेशन) प्रणाली का वर्गीकरण मुख्यतः दो भागों में किया गया है जो जल छिड़काव के कार्य विधि पर आधारित है:—

1. घूमता हुआ फव्वारा

सैंट्रल पिवट, रोटेटिंग बूम टाइप, साइड रोल लेटरल टाइप।

2. छिद्र युक्त पाइप प्रणाली

स्थानान्तरण पर आधारित फव्वारा सिंचाई प्रणाली का वर्गीकरण निम्न प्रकार से किया जा सकता है। पूर्ण रूप से स्थानान्तरित किये जाने योग्य प्रणाली, आंशिक रूप से स्थानान्तरित किये जाने योग्य प्रणाली, पूर्ण स्थाई प्रणाली, आंशिक स्थाई प्रणाली। इस प्रकार छिड़काव की दर के आधार पर भी स्प्रिंकलर का भी काम किया जा सकता है (सारणी 8.3)।

सारणी 8.3 छिड़काव क्षमता पर आधारित फव्वारों का वर्गीकरण

फव्वारा प्रकार	छिड़काव की (प्रेसिपटेशन) दर (मि.मी. प्रति घंटा)
न्यून क्षमता फव्वारा	13 मि.मी. प्रति घंटा से कम
मध्यम क्षमता फव्वारा	13–25 प्रति घंटा
उच्च क्षमता फव्वारा	25 मि.मी प्रति घंटा से अधिक

7. बूँद–बूँद (ड्रिप) सिंचाई उपकरण

यह सिंचाई की एक ऐसी विधि है, जिसमें प्लास्टिक के पाइपों द्वारा पौधों के जड़ क्षेत्र के नजदीक टोंटियों की सहायता से बूँद–बूँद करके पानी दिया जाता है, जिससे पानी की प्रत्येक बूँद पौधों के उपयोग में आ सके (चित्र 8.5)। इस विधि में 1.2 से 2.0 सें.मी. मोटाई की लम्बवत (लैटरल) पाइपों के साथ पौधों के जड़ क्षेत्र के पास, पानी निकलने की इमीटर या ड्रिपर लगे होते हैं। इसमें मुख्य पाइप के समानतर उपमुख्य पाइप बिछाते हैं एवं उसी में ड्रिपर लगा देते हैं। पानी के लिए एक प्लास्टिक या सीमेंट का बना मुख्य टैंक होता है जिससे प्लास्टिक का मुख्य पाइप जुड़ा होता है और इसी में पानी खींचने की मोटर लगी होती है जो पानी को ड्रिप लाइन में दबाव से पहुँचाती है। ड्रिप सिंचाई में पानी का सामान्य दबाव 1–1.5 कि.ग्रा. प्रति वर्ग सें.मी. होता है। इस विधि में पानी इमीटर के द्वारा प्राप्त होता है। ड्रिपर एवं इमीटर के द्वारा पानी के

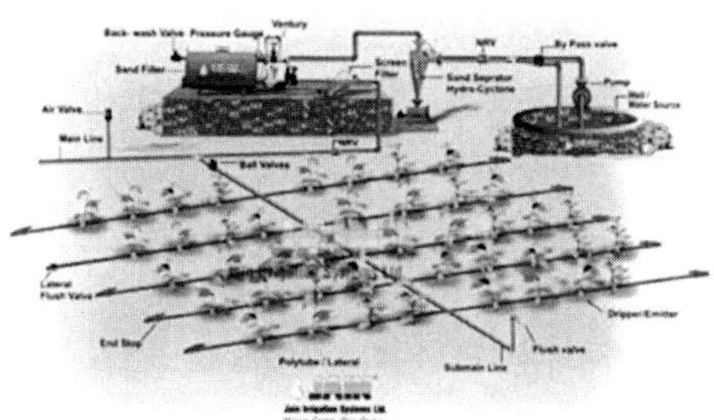

चित्र 8.4: टपक सिंचाई विधि

प्रवाह की दर 2–4 लीटर प्रति घण्टा होती है। ड्रिप नालियों व लेटरल्स में रुकावट की समस्या को दूर करने के लिए 1–2 माह के अन्तराल पर तनु हाईड्रोक्लोरिक अम्ल को नालियों में प्रवाहित करना चाहिए, क्योंकि सिंचाई जल में लवणों की अधिकता में ड्रिप नालियों व लेटरल्स के ड्रिपर बंद हो जाते है।

यह विधि उन क्षेत्रों के लिए वरदान सिद्ध हो रही है, जहाँ पानी का अभाव व मृदा में लवणों की समस्या है। यह विधि उद्यानों, बगीचों व फल वृक्षों के लिए सर्वोत्तम है। सिंचाई पद्धति में 1–4 लीटर/ड्रिपर/घन्टे डिस्चार्ज रेट होता है। इस में पानी की आपूर्ति निरन्तर या अन्तराल पर की जा सकती है। इस विधि में 40 से 80 प्रतिशत तक पानी की बचत होती है तथा जल उपयोग क्षमता 90 से 95 प्रतिशत तक बढ़ जाती है। बागवानी फसलों में क्षेत्र तथा ड्रिप सिंचाई यंत्र के अभिविन्यास (लेआउट) के अनुसार सरकार द्वारा मूल्य का 90 प्रतिशत अनुदान प्राप्त होता है।

ड्रिप सिंचाई के अवयव (घटक)

1. पानी उठाने के लिए पम्प (हेड यूनिट)।
2. ऊँचाई पर पानी की टंकी।
3. केन्द्रीय जल वितरण प्रणाली–जल की मात्रा तथा दबाव को नियंत्रित करने के लिए मुख्य जलापूर्ति लाइन से जुड़ी रहती है।
4. उर्वरक के प्रयोग के लिए केन्द्रीय वितरण प्रणाली से जुड़ी टंकी।
5. **फिल्टर** : जल में घुले हुए अवांछित पदार्थ को छानने के लिए प्रयोग करते हैं।
6. जलापूर्ति के लिए पी.वी.सी. पाइप।
7. **सहायक एवं पार्श्व पाइप लाइन**: ये मुख्य लाइन से समान्तर रुप से एक–दूसरे से जुड़ी रहती है।
8. **प्लास्टिक के ड्रिपर**: नियत मात्रा में पानी देने के लिए पौधों की पंक्तियों में एक समान दूरी पर पार्श्व लाइन में लगाया जाता है।

ड्रिप सिंचाई पद्धति के प्रकार

1. **सतही ड्रिप सिंचाई पद्धति**

   इस प्रणाली में पार्श्व पाइप लाइन एवं जल उत्सर्जक भूतल पर लगाये जाते हैं। यह प्रणाली काफी लोकप्रिय तथा इस प्रणाली को स्थापित करने, देखरेख करने, उत्सर्जक (ड्रिपर) की सफाई करने अथवा उसे बदलने में सुविधा रहती है।

2. **अधोसतही ड्रिप सिंचाई पद्धति**

   इस विधि में पार्श्व पाइप तथा ड्रिपर दोनों ही भूमि के भीतर दबा दिये जाते है। इस विधि में फसलों में की जाने वाली सस्य क्रियाओं में कोई असुविधा नहीं होती है।

3. **सूक्ष्म फव्वारा ड्रिप सिंचाई पद्धति**

   इस पद्धति में सहायक पार्श्व तथा ड्रिपर भूतल पर स्थित होते हैं। परन्तु इनसे सिंचाई जल बाहरी फव्वारे अथवा फव्वारे के रूप में जमीन पर पड़ता है। इस विधि का प्रयोग कम दूरी पर बोई गई फसलों में किया जाता है।

4. **स्पन्द ड्रिप सिंचाई पद्धति**

   इस पद्धति में लगातार स्पन्द के रूप में दिया जाता है अर्थात् ऐसी व्यवस्था होती है जो यंत्र में सामंजन करके 5–10 या 15 मिनट के अन्तराल पर पानी दिया जाता है।

ड्रिप सिंचाई पद्धति का विन्यास (ले आउट)–के लिए निम्न बातें आवश्यक होती हैं जैसेः

1. भूमि की स्थलाकृति जानकारी के लिए सामान्य सर्वेक्षण।
2. सिंचाई के लिए उपलब्ध जल की मात्रा, जल स्रोत तथा उपलब्ध जल दबाव का आंकलन।
3. उगाई जा रही फसल की किस्म, अवस्था दूरी तथा जलमांग।
4. मृदा में वाष्पोत्सर्जन की दर।
5. जलवायु सम्बन्धी सूचना।

6. मृदा की किस्म पारगम्यता तथा इनफिल्ट्रेशन की दर।
7. सिंचाई जल की किस्म।
8. पौधों को जल की दैंनिक आवश्यकता।

भारत में दिनों–दिन बढ़ती जल समस्या के निदान हेतु ड्रिप और स्प्रिंकलर सिंचाई प्रणालियों का प्रचार–प्रसार सम्पूर्ण सिंचत क्षेत्र में हो सके, तो जल की मांग में बहुत कमी आ सकती है। गुणवत्तापूर्ण कृषि उत्पादों के लिए उन्नत कृषि तकनीकियों के प्रचार–प्रसार और उपयोग की महती आवश्यकता है। यदि प्रधानमंत्री कृषि सिंचाई योजना के उद्देश्यों को पूरा करना है तो उन्नत और दक्षतापूर्ण तकनीकियों की शीघ्रातिशीघ्र वृहद स्तर पर अपनाया जाना अपरिहार्य है।

❑❑❑

अध्याय 9

वैकल्पिक ऊर्जा स्रोतों का कृषि एवं ग्रामीण क्षेत्रों में उपयोग

वर्तमान परिदृश्य में जब समुचा विश्व उन्नति की राह पर अग्रसर है, विकासशील देश जहाँ, विकसित होने की दिशा में अथक प्रयासों में जुटे हुए है, वहीं विकसित देश अपने नागरिकों के जीवन और मजबूत बनाने के साथ–साथ विश्व स्तर पर पिछड़े देशों का भी आगे लाने के अथक प्रयासों में लगे हुए हैं। जहाँ एक तरफ इंसान ने अन्तरिक्ष में पहुँच कर मानव संस्कृति का गौरव बढ़ाया है; वहीं जलवायु परिवर्तन एक गंभीर विषय के रूप में विश्व को चुनौती प्रदान कर रहा है। विश्व स्तर पर जलवायु परिवर्तन के अलावा एक और बात बहुत ही चिंतित करने वाली है, वह है द्रुत गति से अनियंत्रित जनसंख्या वृद्धि। चीन की जनसंख्या के बाद, भारत दूसरे नंबर पर आता है। जहाँ इस बढ़ती हुई जनसंख्या को नियंत्रण करना तो एक बड़ी चुनौती है ही साथ ही साथ वर्तमान जनसंख्या के लिये भरण–पोषण खाद्य पदार्थ उपलब्ध करना उससे भी कठिन कार्य है क्योंकि किसी भी देश की अर्थव्यवस्था वहाँ उपस्थित ऊर्जा के प्राकृतिक स्रोतों पर निर्भर करती है जो उस राष्ट्र को विकास के मार्ग पर गति प्रदान करती है।

भारत में बढ़ती जनसंख्या के कारण जहाँ एक तरफ शहरीकरण और औद्योगिकीकरण बढ़ा है, वहीं ऊर्जा के प्राकृतिक संसाधन बहुत तेजी से घट रहे हैं, तथा जिनकी मांग की पूर्ति के लिये विदेशों से इनका आयात करना पड़ रहा है। विशेषज्ञों का मानना है कि विदेशों में भी उपलब्ध ऊर्जा के ये साधन भी इस जनसंख्या मानवता का भार ज्यादा लंबे समय तक नहीं उठा सकते हैं और आगामी 20–30 वर्षों में इनके समाप्त होने की संभावना व्यक्त की जा रही है। इसलिए समुचा विश्व ऊर्जा के अन्य विकल्पों की खोज में लगा हुआ है और इसी दिशा में पूर्व में हुई शोधों से यह पता चलता है कि अक्षय ऊर्जा हमारी इस खोज को बहुत हद तक पूरा कर सकती है। इसमें कोई दो राय नहीं की ऊर्जा का यह स्रोत भी प्रकृति का निशुल्क उपहार है परन्तु इसे प्रयोग करने के लिए इसका रूपान्तरण करना आवश्यक होता है। विशेषज्ञों का यह मानना है कि ऊर्जा का यह विकल्प

हमारे दैनिक जीवन में आवश्यक ऊर्जा की मांग को पूरा करने के अलावा मानव सभ्यता को दीर्घ आयु भी प्रदान कर सकता है और इसी कड़ी में सरकार ने भी समूचे विश्व के साथ मिलकर इस दिशा में अपने कदमों को बढ़ाया है और कई परियोजनाओं का आरम्भ किया है (चित्र 9.1)।

चित्र 9.1 गुजरात में भारत को पहले नहर टॉप सोलर परियोजना की शुरूआत

देश में 15 फरवरी 2015 नवीनीकरण ऊर्जा स्रोतों पर आयोजित रिन्यूएबल एनर्जी ग्लोबल इन्वेस्टर्स मीट एंड एसपो के उद्‌घाटन समारोह में हमारे देश के माननीय प्रधानमंत्री श्री नरेंद्र मोदी जी ने कहा। **"भारत में हर गरीब परिवार को भी यह अपेक्षा है कि उसका बच्चा पढ़े, पढ़–लिख कर आगे जाए। लेकिन जब परीक्षा का समय होता है, तब रोशनी के अभाव के कारण उसकी जिंदगी वहीं रुक जाती है क्या यह एक सरकार का, समाज का, देश का दायित्व नहीं है कि हमारे देश के हर गरीब व्यक्ति को अपने सपनों का साकार करने के लिए जिस ऊर्जा की जरूरत है वह ऊर्जा उसे प्राप्त हो? विकास का प्रकाश उसके घर जब तक नहीं पहुँचेगा तब तक वे खुद रोशनी से लाभान्वित नहीं होगा। इस लिए मेरे दिल–दिमाग के अंदर भारत का एक सामान्य व्यक्ति बैठा हुआ है, वह गरीब व्यक्ति बैठा हुआ है, वह अंधेरे में डूबे हुए गाँव मेरे दिमाग में सवार है और उसके रास्ते मैं खोज रहा हूँ ताकि हमारे पास जो भी आज सामर्थ्य है उसकों इष्टतम उपयोग करके हम इन आवश्यकताओं की पूर्ति करें। एक तरफ जलवायु को लेकर दुनिया बहुत चिंतित है। संसाधन खत्म होते जा रहे है, भयभीत है और दूसरी तरफ प्रकृति के साथ जीवन जीते–जीते भी अपनी आवश्यकताओं की पूर्ति कैसे की जाए, उस पर अब गंभीरता से सोचा जा रहा है। उसी के तहत आज नवीनीकरणीय ऊर्जा पर भारत अपना ध्यान केंद्रित करना चाहता है"।**

वर्ष 2011 की जनगणना के अनुसार भारत के लगभग 44 प्रतिशत ग्रामीण घरों में अब तक बिजली नहीं है। यहाँ तक कि जिन घरों में बिजली पहुँच चुकी है, वहाँ आपूर्ति में असमय कटौती की समस्या है। भोजन पकाने के लिये आवश्यक ऊर्जा के रूप में केवल 13 प्रतिशत ग्रामीण घरों में एल.पी.जी. का प्रयोग किया जाता है

जबकि लगभग 74 प्रतिशत परिवार लकड़ी, फसल अवशिष्ट और गोबर के उपलों पर निर्भर हैं। रोशनी करने के लिए 44.4 प्रतिशत ग्रामीण घरों में अब तक कैरोसिन का प्रयोग किया जाता है, जिसके परिणामस्वरूप वातावरण प्रदूषण और स्वास्थ्य संबंधी समस्याएं सामने आ रही हैं। मनुष्य की जीवनशैली में आए बदलाव और कृषि उद्यमों, टेलीविजन, मोबाइल फोन, कंप्यूटर आदि जैसे आधुनिक साधनों को ग्रामीण लोगों के द्वारा तेजी से अपनाये जाने से ऊर्जा की माँग कई गुना बढ़ गई है। सरकार पर्याप्त बिजली, भोजन पकाने की गैस और तेल की पर्याप्त मात्रा से ग्रामीण क्षेत्रों की बढ़ती जरूरत पूरी करने का प्रयास कर रही है, परन्तु सीमित संराधनों, गांवों की कठिन भौगोलिक परिस्थितियाँ होने के कारण इनकी पहुँच सीमित रह जाती है। ऐसी स्थिति में अक्षय ऊर्जा ग्रामीण क्षेत्रों में ऊर्जा की समस्या सुलझाने के लिए आशा की किरण साबित हो रही है।

ऊर्जा के स्रोत

ऊर्जा के स्रोतों को दो वर्गों में बाँटा गया है। पहले वर्ग में वह स्रोत आते हैं,जो कभी खत्म नहीं होंगे जैसे; सौर व पवन ऊर्जा, जल ऊर्जा, जैव ईंधन आदि। दूसरे वर्ग में वह स्रोत आते है जिनके भंडार सीमित है, जैसे; प्राकृतिक गैस, कोयला, पेट्रोलियम आदि। चूँकि ऊर्जा के भंडार तेजी से समाप्त हो रहे है, इसलिए आश्यकता इस बात की है वैकल्पिक ऊर्जा के विविध विकल्पों का प्रयोग किया जाय।

ग्रामीण भारत में ऊर्जा का क्षेत्र

देश की लगभग दो तिहाई जनसंख्या गाँवों में निवास करती है और आजीविका चलाने के लिये वह कृषि एवं इसके सहायक उद्योग जैसे; दूध उत्पादन, मुर्गीपालन, मछलीपालन, वन आधारित लघु उद्योग (पत्तियों से प्लेट बनाने, शहद प्रसंकरण, बांस उत्पाद आदि बनाने) पर निर्भर हैं। इन गतिविधियों में शामिल अनेक कार्यो के लिए जैसे; सिंचाई के लिए जल पंपिंग, कटाई पश्चात् संसाधन, मशीनें आदि को चलाने के लिए आवश्यक आधुनिक ऊर्जा के पहुँचने से लाखों ग्रामीण घरों की आय बढ़ाने में सहायता मिल रही है।

ऊर्जा के बिना मानव जीवन की कल्पना नहीं की जा सकती है। सदियों से मानव अपनी आवश्यकता के लिए ऊष्मा, प्रकाश आदि को ऊर्जा के स्रोत के रूप में प्रयोग करता रहा है। देखा गया है कि ऊर्जा की कमी की वजह से हमारा देश निरंतर पिछड़ता जा रहा है। विकास के लिए ऊर्जा की जरूरत होती है। ऊर्जा की

उपलब्धता के कारण ही औद्योगिक विकास में वृद्धि, रोजगार में लाभ, ग्रामीण पिछड़ेपन को दूर करने में सहायक, अर्थव्यवस्था में मजबूती, विकास दर में तीव्रता आदि सभंव हो सकती है। वर्तमान समय में विद्युत को मानव जीवन का आधार कहा जाता है, विद्युत ऊर्जा का दूसरा नाम है और इसका मुख्य स्रोत कोयला है। कोयले की उपलब्धता सीमित है और एक निश्चित समय के बाद इसका भंडार समाप्त हो जाएगा। इसलिए दीर्घ अवधि से वैकल्पिक ऊर्जा की खोज की जा रही थी। इसी क्रम में अक्षय ऊर्जा की खोज की गई। अक्षय ऊर्जा के स्रोतों में सूर्य का प्रकाश, जल, पवन, ज्वार–भाटा आदि। अब आवश्यकता है इन स्रोतों का उपयोग घरेलू एवं कृषि आधारित कार्यो में प्रयोग किये जाने वाले उपकरण जैसे सोलर ऊर्जा चालित पंप, सोलर ऊर्जा चालित, ड्रायर, सोलर ऊर्जा चालित शीतलन कक्ष, सोलर ऊर्जा चलित स्प्रेयर आदि को चलाने के लिये किया जा सके।

अक्षय ऊर्जा

अक्षय ऊर्जा (नवीनीकरणीय ऊर्जा) का सबसे अधिक उत्पादन पवन एवं सौर ऊर्जा के द्वारा होता है। भारत में पवन ऊर्जा की शुरुआत 1990 में हुई थी, लेकिन हाल के वर्षो में बहुत तेजी से प्रगति हुई है। भारत में पवन ऊर्जा उत्पादित करने वाले वाले राज्यों में तलिनाडु, म.प्र., महाराष्ट्र, गुजरात, कर्नाटक, केरल, आ.प्र. आदि हैं। सौर ऊर्जा के क्षेत्र में भारत वर्ष 2000 के बाद से ज्यादा सक्रिय हुआ है। सौर ऊर्जा के उत्पादन के क्षेत्र में सरकार द्वारा ऋण देने के कार्यक्रम को भी संयुक्त राष्ट्र के पर्यावरण कार्यक्रम का समर्थन हासिल है। अक्षय ऊर्जा नए क्षेत्रों में विस्तारित हो रही है और विकसित तथा विकासशील दोनों ही देशों में लगातार वहनीय बनती जा रही है। नवीनीकरणीय स्रोतों से प्राप्त ऊर्जा न केवल देश को ऊर्जा उत्पादन और ऊर्जा दक्षता में आत्मनिर्भर बना रही है, बल्कि आने वाले समय में देश की एक बड़ी पूंजी भी देश के काम आ सकेगी जो फिलहाल दूसरे देशों से ईंधन की खरीद के लिए देश के बाहर जाती है। भारत सरकार ने 2022 तक अक्षय ऊर्जा या गैर पारंपारिक ऊर्जा स्रोतों से लगभग 175 गीगावॉट बिजली हासिल करने की क्षमता तैयार करने की योजना बनाई है। इसमें तीन प्रकार की ऊर्जा–सौर ऊर्जा, पवन ऊर्जा और जल विद्युत ऊर्जा तैयार की जाएगी।

सौर ऊर्जा

सूर्य से प्रचुर मात्रा में प्रकाश और ताप प्राप्त होता है, जिसे सौर ऊर्जा कहा जाता है। पूर्णतः नवीकरणीय, अक्षय, विश्वसनीय और प्रदूषण रहित होने के कारण

चित्र 9.2 संचार के साधनों में सौर ऊर्जा का उपयोग

आज इसका महत्व अत्यधिक रूप से बढ़ गया है। पृथ्वी को सारी ऊर्जा (99.9 प्रतिशत) सूर्य से प्राप्त होती है। सौर विकिरण (Solar Radiation) सारी भौतिक क्रियाओं का एक मात्र स्रोत है। इस ऊर्जा से प्रकाश–संश्लेषण, वाष्पीकरण, मिट्टी तथा हवा को गर्मी प्राप्त होती है। पौधों द्वारा एक कि.ग्रा. शुष्क पदार्थ पैदा करने के लिये 37 से 41 हजार वाट सौर ऊर्जा की आवश्यकता पड़ती है। सूर्य से लगातार एक स्थिर मात्रा में (1.94 कैलोरी/वर्ग सें.मी./मिनट) ऊर्जा का पृथ्वी पर संप्रेषण होता रहता है। सूर्य किरणें धरती पर 500 सेकेंड में पहुँचती है। धरती के वायुमंडल की ऊपरी सतह पर मिलने वाली सौर ऊर्जा 1.353 किलोवाट/वर्गमीटर होती है। वायुमंडल में शोषित होकर पृथ्वी पर लगभग 0.95 मेगावॉट ऊर्जा तत्काल आती है। पृथ्वी के वातावरण में पाई जाने वाली सौर ऊर्जा का औसत लगभग 1353 वाट/वर्ग मीटर है। गर्मी के दिनों में हमारे यहाँ इतनी अधिक ऊर्जा प्राप्त होती है कि अगर इसका सफलतापूर्वक उपयोग किया जाए तो देश में बिजली संकट दूर किया जा सकता है।

सौर ऊर्जा एक नवीन और नवीकरणीय ऊर्जा है, जिसके उत्पादन के लिए कच्चा माल बिल्कुल मुफ्त है। बस जरूरत इस बात की है कि आपके पास ऐसी जगह हो जहाँ सूरज की किरणें बेरोकटोक पहुँच सकें। इस योग्यता पर भारतीय किसान बिल्कुल फिट बैठता है। भारत में सूर्य की रोशनी पर्याप्त मात्रा में मिलती है, इसकी औसत प्रतिवर्ष लगभग 300 दिन है। सौर ऊर्जा के लिए विभिन्न प्लेटों से उत्पन्न ऊर्जा से पहले टरबाईन चलाया जाता है और फिर बिजली पैदा की जाती है। भारत में सौर ऊर्जा का उत्पादन 71 मेगावाट है। यहाँ 70 हजार फोटोवोल्टिक प्रणालियों, 2.5 हजार से अधिक सौर पंपसेट, 5 लाख सौर लानटेन, 2.5 लाख घरेलू प्रकाश व्यवस्था एवं 4 लाख से अधिक पथ प्रकाश व्यवस्था सौर ऊर्जा पर आधारित उपकरणों का इस्तेमाल किया जा रहा है (चित्र 9.2)।

ऐसी स्थिति में सौर ऊर्जा बिजली का विकल्प बन सकती है। सौर ऊर्जा पर आधारित निम्न संयंत्र हमारे देश में काफी उपयोगी साबित हुए है तथा इनके उपयोग से घरेलू एवं कृषि स्तर पर ऊर्जा का संरक्षण किया जा सकता है जैसे सोलर कुकर, सोलर ड्रायर, सोलर जल पंप, सोलर आसवक संयंत्र, सोलर लानटेन,

सोलर स्ट्रीट लाइटिंग प्रणाली एवं सोलर वाटर हीटर आदि। सौर ऊर्जा के द्वारा न सिर्फ बिजली बचाई जा सकती है बल्कि आर्थिक रूप से भी लाभ उठाया जा सकता है। यही कारण है कि सरकार की और से सौर ऊर्जा अपनाने वालों को अलग–अलग तरीके से अनुदान देने का प्रावधान किया गया है (सारणी 9.1)।

सारणी 9.1 सौर ऊर्जा आधारित पानी के पंप के लिए केंद्र मदद (रु. प्रति हार्स पॉवर)

पंप की क्षमता	सामान्य राज्य	नाबार्ड के द्वारा	पूर्वोत्तर, अंडमानव व निकोबार द्वीप	विशेष श्रेणी के राज्य	चैनल पार्टनर
डीसी–2 एचपी	43200	57600	47520	43200	41000
डीसी–2 से 5 एचपी	40500	54000	44550	40500	38500
डीसी–2 एचपी	37800	50400	41580	37800	36000
डीसी–2 से 5 एचपी	32400	43200	35640	32400	30700

स्रोतः कृषि मंत्रालय वार्षिक रिपोर्ट।

ग्रामीण एवं कृषि में सौर ऊर्जा का उपयोग

ग्रामीण एवं कृषि में लागत और बिजली उत्पादन में लगने वाले समय के आधार पर सौर ऊर्जा उत्तम विकल्प सिद्ध हो सकता है। सौर ऊर्जा का निम्न प्रकार से प्रयोग होता है जैसे–

1. गांवों में सौर प्रकाशवोल्टीय प्रणालियां

सौर प्रकाशवोल्टीय सौर ऊर्जा को सीधे ही बिजली में परिवर्तित करने से संबंधित होता है। प्रकाशवोल्टीय सैलों को सौर सेल कहा जाता है। जब इन सेलों को धूप में रखा जाता है, तो विशेष गुणवत्ता वाले इन धातुओं में इलेक्ट्रॉन का बहाव शुरू हो जाता है। जिससे बिजली उत्पन्न होने लगती है और जब तक धूप रहती है तब उसमें विद्युत मौजूद रहती है। कई सैलों का एक साथ जोड़कर सौर प्रकाशवोल्टीय मॉड्यूल बनता है। अनेक सौर प्रकाशवोल्टीय प्रणालियाँ जैसे; सौर लानटेन, सौर होम लाइटिंग, सौर स्ट्रीट लाइटिंग, सौर वाटर पंपिंग, सौर स्टैंड एलोन विद्युत संयंत्र आदि विकसित किये गए है और इनका उपयोग विश्वसनीय है।

2. सौर वॉटर पंपिंग प्रणाली

चित्र 9.3 ग्रामीण क्षेत्रों में सोलर पंप का सिंचाई हेतु उपयोग

सौर वॉटर पंपिंग प्रणाली (एस.पी.वी. तकनीक) का उपयोग सिंचाई तथा पीने के लिए पानी निकालने में किया जाता है। सामान्य पंपिंग हैड सिंचाई के लिए 715 मीटर और पेयजल आपूर्ति के लिए 1050 मीटर पर होते हैं (चित्र 9.3)। यह संभव है कि इससे बड़े हैड के साथ भी वॉटर पंपिंग की जाए, प्रमुख रूप से पेयजल आपूर्ति के लिए। वॉटर पंपिंग पीवी तकनीक के महत्वपूर्ण अनुप्रयोग में से एक है।

एक प्रारूपिक एस.पी.वी. वॉटर पंपिंग प्रणाली में एक डीसी या एसी, सतह पर लगाया गया या सबमर्सिबल या तैरने वाला पंप लगा होता है जो एसपीवी एरे की बिजली पर चलता है। यह एरे एक उपयुक्त संरचना पर रखी होती है तथा इसे छाया रहित खुले स्थान पर मॉड्यूल को दक्षिण दिशा में स्थानीय अक्षांश के अनुसार झुका कर रखा जाता है। आमतौर पर सौर वॉटर पंप 2–5 हॉर्सपावर के होते हैं; वैसे कहीं–कहीं ज्यादा क्षमता वाले पंप का भी प्रयोग होता है। धान एवं गन्ना के अलावा कई प्रकार की फसलों में एक हॉर्स पावर की मोटर पर चलने वाले एक एसपीवी पंप से लगभग 11.5 हेक्टेयर मृदा की सिंचाई की जा सकती है।

सौर शक्ति चालित नेपसैक स्प्रेयर

चित्र 9.4 सौर ऊर्जा चालित नैपसेक स्प्रेयर द्वारा कृषि रसायनों का प्रयोग

नैपसेक स्प्रेयरों का उपयोग छोटे और सीमाँत किसानों द्वारा फसल सुरक्षा हेतु पादप रसायनों के छिड़काव के लिए व्यापक रूप से किया जाता है। इसका परिचालन स्तर 16–20 स्ट्रोक प्रति मिनट है। जिससे कर्मी को थकान होती है और बूंदो के आकार में निरंतरता नहीं होती है क्योंकि दबाव समान नहीं रहता है, जिसके परिणामस्वरूप रसायन के उपयोग का पौधों पर प्रतिकूल प्रभाव पड़ता है। इसे देखते हुए सौर शक्ति–चालित छिड़काव प्रणाली विकसित की गई है, जिसमें समरूप दबाव तथा मानव शक्ति के कम लगने वाले लाभ विद्यमान हैं।

इसमें एक लैड़ एसिड बैटरी है, जिसे 60 वाट के एस.पी.वी. पैनल से चार्ज किया जा सकता है। इसमें डायफ्राम प्रकार का पम्प होता है जो बिना किसी परिवर्तन के 40 कि.ग्रा. प्रति वर्ग सें.मी. के दबाव पर काम करता है और इससे महीन समरूप छिड़काव होता है (चित्र 9.4)।

सोलर ड्रायर

चित्र 9.5 सौर ऊर्जा चलित रेफ्रिजरेटर

किसी पदार्थ का सफलतापूर्वक सूखना उसकी नमी को निकालने के लिए दी जाने वाली ताप की मात्रा पर निर्भर करता है। सोलर ड्रायर में मौजूद सूखी हवा की मात्रा इसकी नमी को सोख लेती है। नमूनें में मौजूद नमी की मात्रा को निकालने के लिए हवा का पर्याप्त परिचालन किया जाता है। उत्पाद को सुखाने का कार्य केवल इसके पास अपेक्षाकृत सूखी हवा के परिचालन से किया जा सकता है। एक सोलर शुष्क में ड्रायर बौक्स, छिद्र युक्त ट्रे, सौर अवशोषक कांच का कवक और वायु संवातन आदि मुख्य भाग होते हैं। सौर ड्रायर द्वारा अनाज, फल और सब्जियां को सुरक्षित जगह पर उत्तम विधि से सुखाया जा सकता है।

सोलर शक्ति चलित रेफ्रिजिरेटर

ग्रामीण क्षेत्रों में जहाँ बिजली नहीं है वहाँ सोलर चालित रेफ्रिजरेटर का प्रयोग कर सकते हैं, तथा फल एवं सब्जियों को भण्डारित कर सकते हैं। इसके लिए 100 वाट के चार सोलर पैनल, 1400 वोल्ट एम्पीयर इन्वर्टर व 24 वोल्ट/150 एम्पीयर घंटा बैटरी का एक सोलर पैक बनाया गया है जो 80 लीटर/90 वाट के फ्रिज को चलाने के लिये उपयोगी है। इस सोलर पैक से 80 ली./90 वाट के फ्रिज को 24 घंटे चलाने के अतिरिक्त 28 वाट के तीन टयूब लाइट को 6 घंटे एवं 50 वाट के एक फेन को 18 घंटे चला सकते हैं (चित्र 9.5)।

बॉक्स प्रकार के सौर कुकर

सौर ऊर्जा की सहायता से बॉक्स प्रकार के सौर कुकर में भोजन पकाया जाता है और पारंपरिक ईंधन की बचत में सहायता मिलती है। इस कुकर को चावल, दाल,

कढ़ी, सब्जियाँ, स्नेक्स, सूप, मिठाईयाँ, सॉस, जैम, अचार, बिस्किट, केक, पुड़िया आदि बनाने में प्रयोग किया जा सकता है। जबकि इससे तलने या रोटी सेकने के लिए प्रयोग नहीं किया जा सकता है।

सौर लालटेन

सौर लालटेन एक वहनीय (पोर्टेबल) रोशनी प्रणाली है, इसे एक स्थान से दूसरे स्थान पर ले जाना आसान है; और इसलिए यह घरेलू तथा बाहरी दोनों प्रकार के उपयोगों के लिए आदर्श है। सीएफएल/एलईडी वाले सौर लालटेन मॉडल की उपलब्ध हैं (चित्र 9.6:)।

चित्र 9.6 ग्रामीण क्षेत्रों में सौर ऊर्जा चलित लालटेन का उपयोग

जैविक स्रोतों से ऊर्जा उत्पादन की संभावनाएं

जैविक स्रोत जैसे कृषि एवं पशु अपशिष्ट एवं रसोई व जैविक कचरे बायोमास से ऊर्जा उत्पादन ग्रामीण क्षेत्रों में बदलाव ला रहा है। बायोगैस कार्बनिक उत्पादों, प्राथमिक रूप से पशुओं के गोबर, फसलों के अवशेष, रसोई के अपशिष्ट तथा कृषि वानिकी उत्पादों आदि को जलाकर ऊर्जा प्राप्त की जाती है। विश्व स्वास्थ्य संगठन के अनुसार विश्व में लगभग 30 करोड़ लोग भोजन बनाने के लिए एवं ताप ऊर्जा के लिए पारम्परिक रीति से गोबर, लकड़ी एवं फसल अपशिष्टों का उपयोग करते है। जैविक या गोबर गैस का उपयोग ग्रामीण क्षेत्रों मे भोजन पकाने, तापन, रोशनी पैदा करने, कुछ विशिष्ट गैस इंजनों में मोटिव पॉवर पैदा करने तथा अल्टेरनेटर के द्वारा विद्युत उत्पादन में किया जाता है। सरकार द्वारा प्रोत्साहित की जा रही तीन मुख्य बायोमास तकनीकियाँ हैं—चीनी मिलों में खोई आधारित सह—उत्पादन, बायोमास विद्युत अनुप्रयोग। नवीन और नवीनीकरण ऊर्जा मंत्रालय, धान की भूसी समेत कृषि के विभिन्न अवशेषों से बिजली उत्पादन को प्रोत्साहन दे रहा है। भारत में कृषि अवशेष से ऊर्जा उत्पादन की प्रबल संभावनाएं हैं।

बायोगैस

चित्र 9.7 बायोगैस संयंत्र

नवीनीकरणीय ऊर्जा स्रोतो में बायोगैस का प्रमुख स्थान है तथा ग्रामीण क्षेत्रों में यह बहुत ही कारगार विकल्प है (चित्र 9.7)। बायोगैस एक विष रहित, रंगहीन और ज्वलनशील गैस है। इसका ज्वलन तापमान 650–750 डिग्री सेन्टीग्रेड है। बायोगैस एक बहुत ही साफ ईंधन है जिसका उपयोग भोजन पकाने, तापन, रोशन के लिए, प्रेरेक बल, विद्युत उत्पादन एवं कुछ इंजनों में मोटिव पावर पैदा करने में किया जाता है।

बायोगैस में मीथेन 60–65 प्रतिशत, कार्बन डाई–ऑक्साइड 35–40 प्रतिशत 0.5–1.0 प्रतिशत हाइड्रोजन सल्फाइड तथा शेष भाग जलवाष्प आदि होते है। स्लरी में 1.5 से 2.5 प्रतिशत नाइट्रोजन होती है जबकि वर्मी कम्पोस्ट व गोबर की खाद में नाइट्रोजन की मात्रा 0.75 से 1.5 प्रतिशत व 0.5 प्रतिशत ही होती है। बायोगैस ऊर्जा का एक वैकल्पिक स्रोत ही नहीं है, अपितु इससे निकलने वाली गाद या स्लरी फसलों सहित बागवानी एवं अन्य पौध प्रजातियों के लिए उत्कृष्ट जैविक खाद भी भी है। बायोगैस संयंत्र एक ऐसा संयंत्र है जिसमें कार्बनिक पदार्थ दहन योग्य गैस में बदले जाते हैं और वायु रहित किण्वन के माध्यम से पूरी तरह परिपक्व कार्बनिक पदार्थ उत्पन्न होते हैं। प्रयोगों में यह पाया गया है कि बायोगैस संयंत्र 35 डिग्री सें. के तापक्रम पर अच्छे ढंग से कार्य करता है। बायोगैस संयंत्र में यह पूरी प्रणाली निरंतर प्रचालन पर आधारित है, अर्थात् पदार्थ को किण्वन के लिए अर्ध तरल रूप में एक सिरे पर डाला जाता है और किण्वन के बाद स्लरी को पूरी प्रणाली में विध्न डाले बिना समय–समय पर दूसरी सिरे से निकाला जाता है।

बायोगैस उत्पादन संयंत्रों के मुख्य भाग

बायोगैस संयंत्रों के दो प्रकार उपयोग में लाए जाते है

1. तैरतै टैंक वाले
2. स्थायी गुंबद वाले। इन दोनों में चार हिस्सें होते हैं।

1. पाचित घोल (डाइजेस्टर)	2. गैस होल्डर
3. स्लरी मिक्सिंग टैंक	4. आउटलेट टैंक

पवन ऊर्जा

चित्र 9.8 ग्रामीण क्षेत्रों में पवन चक्की का उपयोग

भारत में पवन ऊर्जा एक सर्वाधिक सफल अक्षय ऊर्जा विकल्प के रूप में उभरी है और ग्रिड से जुड़ी बिजली के उत्पादन के लिए यह विभिन्न अक्षय ऊर्जा स्रोतों में सबसे तेजी से बढ़ने वाली अक्षय ऊर्जा प्रौद्योगिकी है। पवन ऊर्जा का प्रचलन दिनों–दिन बढ़ रहा है और आज स्थिति है कि भारत वर्तमान में यूएसए, जर्मनी, स्पेन और चीन के बाद पवन ऊर्जा उत्पादन के क्षेत्र में विश्व में 5 वाँ सबसे बड़ा पवन ऊर्जा उत्पादक है (चित्र 9.8)। देश में आज बिजली उत्पादन की जो क्षमता है, उसमें 13 प्रतिशत हिस्सेदारी अक्षय ऊर्जा की है और कुल 8 प्रतिशत क्षमता पवन ऊर्जा की।

पवन ऊर्जा का उपयोग पानी की पंपिंग, बैटरी चार्जिंग और बड़े विद्युत उत्पादन में किया जाता है। सिंचाई के लिए पवन चक्कियाँ विशेष उपयोगी सिद्ध होती हैं क्योंकि ये भूजल को खींचती है तथा यह 60 मी. की गहराई तक से जल खींचने की क्षमता रखती हैं। पवन ऊर्जा तैयार करने के लिए ऐसे क्षेत्रों को चुना जाता है, जहाँ हवा की गति तेज होती है। वहाँ बड़ी–बड़ी पवन चक्कियाँ अर्थात टरबाईन लगाई जाती है, जो हवा के बहाव से घूमती हैं और उनसे बिजली बनती है। इस बिजली को अगर ग्रिड में सीधे जोड़ दिया जाता है तो कोयले से बनी बिजली का कम प्रयोग करना पड़ता है। लेकिन पवन ऊर्जा के लिए टरबाईन को ऊँचाई पर लगाना जरूरी होता है। ऊँचाई जितनी बढ़ती है, हवा की गति उतनी ही अच्छी होती है और बिजली भी उतनी ही अधिक बनती है। इसके लिए भारत में दो तरीके के विंड़ फार्म प्रयोग होते हैं। समुद्र के किनारे यानी अपतटीय विंड फार्म और देश के भीतर हिस्सों में विंड फार्म। यह एक सरल संकल्पना का कार्य करता है। बहती हुई हवा एक टरबाइन के पंखों को घुमाती है, जो एक जनरेटर में बिजली को उत्पन्न करते है। पर्यावरण प्रदूषण को देखते हुए एक बार फिर पवन ऊर्जा तकनीक अपनाने की आवश्यकता प्रतीत की जा रही है। इससे बिजली उत्पादन के लिए अपनाए जाने वाले दूसरे साधनों पर निर्भरता कम होगी। कोयले का उपयोग कम होगा और जल एवं वायु प्रदूषण रुकेगा। पवन चक्कियों को केवल मध्यम पवन दशाओं (12–18 कि.मी. प्रति घंटा) में ही संतोषजनक रूप से प्रचलित किया जा

सकता है। वर्तमान में भारत में पवन ऊर्जा तकनीक से जनवरी 2016 तक 28,188 मेगावाट बिजली पैदा की जा रही है।

भारतीय ऊर्जा परिदृश्य में अक्षय ऊर्जा का एक स्पष्ट प्रभाव पड़ा है। देश की संस्थापित विद्युत क्षमता में लगभग 12.83 प्रतिशत का योगदान करने के अलावा गांवों में खाना पकाने, प्रकाश तथा अन्य ऊर्जा आवश्यकताओं को पूरा करके ग्रामीण महिलाओं और बालिकाओं के कठिन परिश्रम को कम करना व ग्रामीण स्तर पर रोजगार का सृजन करके उन्हें लाभान्वित किया गया है।

ऊर्जा संरक्षण उपायों पर भी ध्यान दें?

ऊर्जा संरक्षण के निम्नलिखित उपाय अपनाये जाने चाहिए जैसे:

1. साधारण बल्ब के स्थान पर LED/CFL का प्रयोग करें।
2. एलईडी यातायात लाइटें प्रयोग करें।
3. ट्यूब लाइटों में इलेक्ट्रोनिक चोक और पंखें में रेगूलेटरों का प्रयोग करें।
4. पानी की आपूर्ति प्रणाली में रिसाव तथा दक्ष पंपों और मोटरों का प्रयोग करें।
5. स्वचालित गति वाले पंखे और मोटरों का प्रयोग करें।
6. ऊर्जा दक्ष बिजली के उपकरण जैसे पंखे, फ्रिज, एयर कंडीशनर, कूलर, रुप हीटर और वॉटर पंपों का प्रयोग करें।
7. ईंधन के लिये काटे गये वृक्षों के स्थान पर नये वृक्ष लगाये जाने चाहिये।
8. सौर ऊर्जा एवं बायोगैस उत्पादन संयंत्रों के डिजाइन में सुधार कर उन्हें और अधिक दक्ष बनाना चाहिए।
9. सोलर ऊर्जा का प्रसार–प्रचार पूरे देश में किया जाना चाहिए तथा इसके उपयोग के लिये विकसित तकनीक को जन–मानस तक पहुँचना चाहिए।
10. गैर परंपरागत ऊर्जा स्रोत की खोज और उनके उपयोग के लिये तकनीकों का विकास किया जाना चाहिये।
11. बायोगैस ऊर्जा उत्पादन को वृहत स्तर पर लिया जाना चाहिए।

❑❑❑

अध्याय 10

कृषि में प्लास्टिक की उपयोगिता

कृषि में विभिन्न उद्देश्यों को पूरा करने के लिए प्लास्टिक का उपयोग किसी न किसी रूप में होता है। प्लास्टिक का विभिन्न तरीकों एवं रूप में उपयोग किए जाने की तकनीक को प्लास्टिक कल्चर तकनीक कहलाती है। कृषि में प्लास्टिक का उपयोग नर्सरी बैग, गमले, बाल्टी, प्रो–ट्रे, पलवार, तालाब तथा जलाशय के अस्तर, ड्रिप एवं स्प्रिंकलर सिंचाई पद्धति, कृषि यंत्र, प्लास्टिक से बने सोलर शुष्कक, ग्रीनहाउस, पॉली टनल, शेडनेट, पक्षी रोधी नेट, कीट–अवरोधी, ओला अवरोधी नेट, चार दीवारी वाले जाल, प्लास्टिक ट्रे, बॉक्स, क्रेट, लीनो बैग, फल एवं सब्जियों की पैकिंग आदि के रूप में होता है। प्लास्टिक में बहुत सी विशेषताएं पाई जाती हैं जिसके कारण कृषि क्षेत्रों में इसका प्रयोग बड़ी तेजी से बढ़ा है जैसे,

- प्लास्टिक में ज्यादा मजबूत और लचीलापन होता है।
- प्लास्टिक में जंग नही लगता और न ही किसी तरह की सड़न होती है।
- तरल पदार्थो एवं गैस के रिसाव को रोकने मे बेहतर होती है।
- वजन के हिसाब से हल्का होना।

प्लास्टिक के उपयोग द्वारा रिमोट क्षेत्रों जैसे उत्तर भारत एवं उत्तर–पूर्वी भारत के दुर्गम पर्वतीय क्षेत्र जैसे श्रीनगर, लेह, लद्दाख, शिलोंग इत्यादि क्षेत्रों में सब्जियों, कट–फ्लोवर की खेती एवं फलोत्पादन संभव हो सका है, तो दूसरी तरफ रेगिस्तान की ऊबड़–खाबड़ एवं बेकार पड़ी जमीन के ऊपर किसान सब्जियों एवं फल–फूलों की व्यावसायिक तौर पर खेती कर रहे हैं, जिसकी पूर्व में कल्पना भी नहीं कर सकते थे; और अब यह आम बात है। आज प्लास्टिक ने कृषि जगत एवं किसानों की दुनिया ही बदलकर रख दी हैं। कृषि में प्लास्टिक का उपयोग निम्नलिखित है; जैसे,

1. नर्सरी में प्लास्टिक का प्रयोग

गुणवत्ता युक्त पौध, कलमों तथा पौधों को उगाने के लिए प्लास्टिक बैंग, गमलों, प्लग–ट्रे, बीज–ट्रे, प्रो–ट्रे तथा लटकने वाली टोकरी का प्रयोग किया जाता है (चित्र 10.1)। प्लास्टिक की थैली को प्रयोग पौध उगाने के लिए किया जाता है। पौध तैयार होने के बाद प्लास्टिक को काटकर उन्हें भूमि में रोपित कर दिया जाता है। कद्दूवर्गीय/सोलानेसी कुल की सब्जियों में शीघ्र अंकुरण के लिए बीज को प्लास्टिक ट्रे या थैलियों में डाला जाता है तथा पौध तैयार होने के बाद स्थानातंरित किया जाता है। फूलों व सब्जियों के लिए 10–15 सें.मी. व फलों के लिए 15–20 सें.मी. आकार की थैलियाँ इस्तेमाल की जाती है। साथ ही नर्सरी उगाने वाली प्लास्टिक ट्रे का प्रयोग साग–सब्ज़ियों की नर्सरी (पौध) तैयार करने के किया जाता है। इसके मुख्य लाभ इस प्रकार है। पोलिथीन बैग (प्लास्टिक थैलियाँ) के पौध में अगर बीमारी लगे तो उसी पौधे पर असर होता है और उसे आसानी से उठाया जा सकता है। इसके अलावा पौधों को आसानी से कहीं भी लाया व ले जाया जा सकता है।

चित्र 10.1 पौध तैयार करने हेतु प्लास्टिक ट्रे का प्रयोग

नर्सरी ट्रे में सभी पौधों की बढ़वार बहुत अच्छी एवं समान रूप से होती है। पौधों की जड़ों का विकास बहुत अच्छा होता है, जिससे ये तुरन्त जमीन (मिट्टी) में स्थापित हो जाते हैं। इस तरीके से बीजों का अँकुरण भी बढ़िया होता है और पौधे कम मरते हैं।

2. प्लास्टिक का पलवार के रूप में उपयोग

प्लास्टिक फिल्म का जब पलवार के रूप में प्रयोग किया जाता है तो उसे प्लास्टिक पलवार कहते हैं। उद्यानिकी फसलों का उत्पादन बढ़ाने और लागत को

कम करने के लिए किसान मृदा में नमी संरक्षण हेतु विभिन्न पदार्थो जैसे, सूखी पत्तियां, धान का पुआल, धान की भूसी, सूखी घास, सूखे गन्ने की पत्तियों, सूखे नारियल के पत्ते आदि का प्रयोग कर रहे हैं, जो कि आसानी से उपलब्ध नहीं होते है तथा इनकों प्रयोग में लाने में अधिक खर्च आता है, जबकि प्लास्टिक पलवार आसानी से उपलब्ध हो जाते हैं साथ ही उसको एक स्थान से दूसरे स्थान पर ले जाने एवं बिछाने में आसानी होती है।

चित्र 10.3 प्लास्टिक का पलवार

इन्हीं गुणों के कारण वर्तमान समय में प्लास्टिक पलवार का उपयोग अधिक हो रहा है। वर्तमान में कम धनत्व वाली पॉलीथीन व रैखिक कम धनत्व वाली पॉलीथीन प्रमुख रूप से प्रयोग में लाई जा रही है। प्लास्टिक पलवार जमीन का तापमान, आर्द्रता, कार्बन डाई ऑक्साइड द्वारा विनिमय संवर्धन, जगीन में वृद्धि हुए सूक्ष्म जीवों की गतिविधियों को बढ़ाते हैं जो पौधों की वृद्धि व उपज के लिए प्रभावी होते हैं। कम अवधि या सब्जियों की फसलों में 20 से 25 माइक्रोन की फिल्म का प्रयोग किया जाता है। बहुवार्षिक लंबी अवधि की फसलों के लिए 50 से 100 माइक्रोन मोटाई की फिल्म का प्रयोग किया जाता है। पलवार को बुवाई व रोपाई से पूर्व ही बिछाया जाता है। इसको क्यारी बनाने के साथ ही बिछा कर किनारे से दबा दिया जाता है। वर्तमान में ट्रैक्टर से पलवार लगाने की मशीन भी उपलब्ध है। फलदार फसलों में पौधे आच्छादन के अनुसार पलवार को काटना चाहिए। प्लास्टिक पलवार के प्रकार निम्नलिखित हैः

1. काली पलवार

यह पारगम्य नहीं होती, इस कारण से इस पलवार के नीचे जमीन में प्रकाश संश्लेषण की क्रिया न होने के कारण खरपतवार का विकास नहीं होता एवं नमी संरक्षण व मृदा तापमान को भी नियंत्रित करता है। इसके अलावा मृदा को ठंडा रखने व कीट–पंतगों को दूर करती है।

2. पारदर्शी पलवार

पारदर्शी पलवार पूर्ण रूप से पारगम्य होती है। इस कारण से कही–कहीं खरपतवार उग आते है, परन्तु यह खरपतवार पर कवच रूप बनाने के कारण उनके

विकास को अवरूद्ध कर देता है। मृदा जनित रोग कम होते हैं साथ ही सौरीकरण से नर्सरी में बीजों का अंकुरण 100 प्रतिशत होता है।

3. सफेद पलवार

यह मृदा तापमान को नियंत्रित रखती है।

प्लास्टिक मल्च से लाभ

मल्चिंग मिट्टी में नमी, तापमान एवं जीवाणु सक्रियता की सहायता से फसलों के उत्पादन, गुणवत्ता में वृद्धि एवं फसलों की पूर्ण परिपक्वता में सहायक है। प्लास्टिक मल्च, पौधे के आस–पास मिट्टी को ढ़कने में काम आने वाली एक प्लास्टिक फिल्म होती है जोकि फसलों, सब्जियों, फलदार पौधों आदि की अच्छी वृद्धि, विकास एवं उत्पादन हेतु पौधे को अनुकूल पारिथतियां उपलब्ध सूक्ष्म जलवायु एवं मिट्टी के तापमान में समन्वय स्थापित करने में सहायक है।

3. प्लास्टिक टनल (सुरंग नुमा) तकनीक

भारत में प्लास्टिक टनल (सुरंग नुमा) तकनीकियाँ सभी स्थानों के योग्य हैं और ये साधारणतः कम लागत वाली होती हैं तथा आसानी से स्थापित की जा सकती हैं। टनल, पौधों की उचित वृद्धि एवं रख–रखाव में सहायक है। ये नर्सरी तथा उच्च मूल्य के फल एवं सब्जी फसलों के लिए अच्छे होते हैं। प्लास्टिक टनल बनाने के लिए ट्रैक्टर चालित यंत्र उपलब्ध भी है। लो–टनल संरचना से फसल तेज हवा, बरसात एवं कीटों से सुरक्षित रहती है। इस प्रकार की प्रौद्योगिकियाँ एवं उपकरणों का देष में प्रचार प्रसार तथा अपनाने की आवश्यकता है।

4. दवाबयुक्त सिंचाई पद्धति

चित्र 10.4 दबावयुक्त सिंचाई प्रणाली में प्लास्टिक पाइपों का उपयोग

बागवानी–फसलों में सिंचाई हेतु स्प्रिंकलर, ड्रिप सिंचाई, संयुक्त दबावयुक्त सिंचाई पद्धतियां प्रसिद्ध हो रही हैं। पंक्तियों में उगाई जाने वाली फसलों में सिंचाई प्रणाली तथा सिंचाई पाइप बदलने की आवश्यकता नहीं होती है। तंग (संकरी) पंक्ति वाली फसलों एवं ग्रीनहाउस में

सूक्ष्म स्प्रिंकलरों का प्रयोग किया जाता है। स्प्रिंकलर प्रणाली प्राकृतिक वर्षा की तरह है (चित्र 10.4)।

सूक्ष्म सिंचाई पद्धति में कार्यो की उच्च क्षमता तथा सिंचाई की कम लागत होती है। इसमें 40–60 प्रतिशत पानी की बचत, मजदूर तथा समतल का प्रवाह प्रक्षेत्र दशाओं में प्रयोग किया जाता है। यह पद्धति जल एवं पोषक तत्वों की उपयोग क्षमता को बढ़ाने में अत्यधिक प्रभावी है। ड्रिप सिंचाई पद्धति में मुख्यतः 1, 2, 4 एवं 8 लीटर प्रति घण्टा रिसाव दर वाले ड्रिपर प्रयोग किये जाते हैं। ड्रिप सिंचाई कम दबाव वाली तकनीक है जिसमें जल को समान रूप से कम मात्रा में ड्रिपर्स जल उत्सर्जकों द्वारा नियंत्रित रुप से बूंद–बूंद करके पौधों की जड़ में आवश्यकतानसुार दिया जाता है। ड्रिप सिंचाई में जल नियंत्रित अन्तराल पर देने से जड़ों में जल दबाव नही पड़ता है और पौधें के लिए मृदा का नमी स्तर सदैव अनुकूल बना रहता है। इसलिए ड्रिप सिंचाई से पानी की बचत के अतिरिक्त सतह सिंचाई की अपेक्षा उपज में भारी वृद्धि देखी गयी है। सिंचाई के दौरान टेन्सियोमीटर नमी तनाव आधारित सूचना उपलब्ध कराता है। ड्रिप सिंचाई किसी अन्य विधियों की अपेक्षा काफी लाभप्रद है। माइक्रो सिंचाई पद्धति तकनीकी का आर्थिक विवरण उच्च लाभप्रद होने के कारण सब्जी–फसलों के लिए स्वचालित नियंत्रण एवं सार्वजनिक पैमाने पर अपनाने की आवश्यकता है।

5. ड्रम किट ड्रिप सिंचाई

इस विधि से आयश्कतानुसार जगह–जगह सौ या डेढ़ सौ लीटर वाले मजबूत प्लास्टिक के ड्रमों को 3 मीटर ऊँचे सीमेंट के स्टैंड पर रख दिया जाता है। इन ड्रमों से पानी को निकलने के लिए लगाए पाइपों में गेट वॉल्व व फ़िल्टर लगाए जाते हैं ताकि आवश्यकता नहीं होने पर गेट वॉल्व को बंद कर पानी की सप्लाई को रोका जा सके। जहाँ कम बरसात होती है उस क्षेत्र की बागवानी फसलों के लिए यह तरीका किसी वरदान से कम नही है।

6. फर्टीगेशन

फर्टीगेशन तकनीक का प्रयोग सिंचाई जल में उर्वरक को मिलाकर देने में होता है। ड्रिप सिंचाई प्रणाली में घुलनशील रासायनिक उर्वरकों को सिंचाई जल में मिश्रित करके ड्रिप के माध्यम से सीधे पौधें की जड़ों को दिया जाता है। यह उच्च दक्षता एवं कम लागत वाली विधि है। उर्वरक डिलिवरी (प्रसरण) पद्धति में

शाकनाशी, कीटनाशी तथा अन्य रसायनों को प्रयोग कर सकते हैं। ड्रिप सिंचाई द्वारा जल की विभिन्न प्रकार की पारम्परिक हानियों जैसे गहन रिसाव (परिस्रवण) प्रवाह तथा मृदा वाष्पीकरण आदि से बचाया जा सकता है। इसके विभिन्न कार्यो को सम्पादित करने हेतु मुख्य अवयवों जैसे, उर्वरक टैंक, उर्वरक घोलक, ड्रिपर, छन्नक, दाबमापी, फिटिंग्स वाल्व, और उर्वरक अन्तः क्षेपक यंत्र आदि हैं। फसल तथा मृदा की आवश्यकताओं के अनुरूप उर्वरक एवं जल को जड़ क्षेत्र में देना चाहिए। इस तकनीक के आर्थिक अध्ययन को संचालित करने एवं बडे पैमाने पर अपनाने की आवश्यकता है।

पौध संरक्षण में प्लाटिक का प्रयोग

प्लास्टिक के उपयोग से पादप कीट एवं रोग के आक्रमण पर भी नियंत्रण रखा जा सकता है। मृदा सोलेराइजेशन के माध्यम से मृदा में उपस्थित हानिकारक कीट, फफूंद एवं जीवाणु के अवशेषों को नष्ट किया जा सकता है। प्लास्टिक फिल्म बिछाकर भूमि का तापक्रम बढ़ा दिया जाता है जिससे कीट इत्यादि नष्ट हो जाते हैं।

जल संरक्षण में प्लास्टिक का प्रयोग

कृत्रिम तालाब, नहर एवं जलाशय में प्लास्टिक का उपयोग करने पर पानी उपलब्धता बनी रहती है तथा पानी के वाष्पीकरण एवं सीपेज से होने वाली हानि को रोका जा सकता है।

प्लास्टिक में सब्जियों की पैकिंग

फलों के संग्रहण एवं आवागमन हेतु प्लास्टिक के बॉक्स का उपयोग किया जाता है। फलों एवं सब्जियों को बाजार में भेजने से पहले उनकी पैंकिंग करना आवश्यक होता है। अगर फल–सब्जी को ज्यादा दूर की मंड़ी में भेजना है तो गत्ते के डिब्बे में पैकिंग की जा सकती है। पारंपरिक पैकेजिंग तकनीकों में लकडी की पेटियों तथा बोरियों का उपयोग होता है, इनमें अनेक कमियां है जिनमें उत्पादन का ह्रास होता है। टमाटर एवं पालक आदि को बोरों में नहीं भरा जाता है, इनके लिए प्लास्टिक की क्रेट उत्तम होती है। ताकि एक के ऊपर एक रखने पर ये दबकर खराब न हो।

प्लास्टिक से निर्मित सब्जियों को सुखाना हेतु सोलर शुष्कक का प्रयोग

फल एवं सब्जियों को सुखा कर रखना, बहुत ही सरल एवं सस्ती विधि है। इसके लिए सौर पॉलीहाउस शुष्कक तरीका सर्वोत्तम है (चित्र 10.5)। इसमें कृषि उत्पादों को सुखाकर परिरक्षित करने में जैविक व रासायनिक बदलावों पर अंकुश लगा सकते हैं। सौर पॉलीहाउस शुष्कक में फलों एवं सब्जियों की नमी को इतना कम कर दिया जाता है कि इनमें सड़न या गलन न होने पाए। सूखने की पहचान यह है कि उसे हाथ में लेने पर किसी तरह की नमी या चिपचिपापन न आए और मुटठ़ी में बन्द करने पर कडक महसूस हो। वैज्ञानिक तरीके से निर्धारित नमी स्तर तक लाकर इससे संरक्षित कर भण्डारित करते हैं।

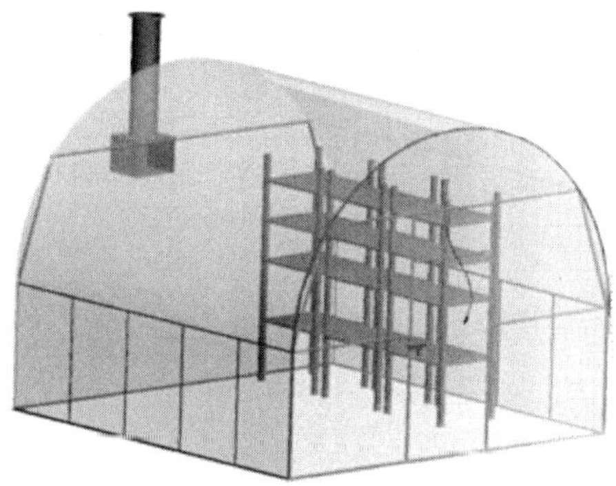

चित्र 10.5: पॉलिथीन का शुष्कक

पॉलीहाउस शुष्कक का आकार एवं संरचना

पूसा संस्थान, नई दिल्ली के कृषि अभियांत्रिकी संभाग में अनुसंधान के लिए सौर गुफानुमा अर्धबेलनाकार शुष्कक बनाया है। इसमें सौर किरणों से संरक्षित 200 माइक्रोन पॉलीथीन प्लास्टिक की चादर लगी है तथा इसके अन्दर श्रमिकों के कार्य करने के लिए दरवाजा लगाया गया है। इसका आधार सीमेंट व कंकरीट का बनाया गया है। इसे उत्तर–दक्षिण दिशा में स्थापित किया गया है जिससे पूर्व व पश्चिम की सूर्य की सौर किरणों को आने दिया जा सके। इसमें ऊपर की गर्म हवा को निकालने के लिए काले रंग की एक चिमनी दक्षिण दिशा में लगाई गयी है।

कृषि में प्लास्टिक प्रयोग पर भारत सरकार की अनुदान योजना

भारत सरकार ने उपरोक्त उपयोगों में प्लास्टिक प्रयोग के लिए अनुदान योजना के माध्यम से किसानों एवं उद्यमियों को अनुदान प्रदान कर रही है। यदि कोई किसान अनुदान चाहता है तो वह राज्यों के बागवानी/कृषि निदेशालयों से सर्म्पक करके लाभ प्राप्त कर सकता है।

❑❑❑

अध्याय 11

खेती उपकरणों का कस्टम हायरिंग मॉडल

विश्व में कृषि की शुरुआत हजारों वर्ष पहले हो गयी थी और एशिया महाद्वीप में भी हमारे पूर्वजों ने कृषि को जीविकापार्जन के लिए अपनाया, भारत देश भी इस दिशा में आगे बढ़ा और आत्मनिर्भर बना। समय के साथ फसलोत्पादन की विश्व वरीयता सूची में कई महत्वपूर्ण स्थान भी प्राप्त किये, लेकिन एक पंक्ति जिसे सुनकर हर भारतीय बड़ा होता है और अपने आप में गौरव महसूस करता है। वह है **''भारत एक कृषि प्रधान देश है''** और जहाँ हर व्यक्ति अपने आप को विकास की दौड़ में भागीदार समझता है। लेकिन बढ़ती जनसंख्या और पर्यावरण असंतुलन के कारण उसे लगता है कि यह पंक्ति कितने समय तक भारतीय कृषि संस्कृति का व्याख्यान करती रहेगी। जहाँ पिछली सदी में आजादी के बाद भारत देश ने तीन युद्धों का सामना करते हुए भी हरित क्रांति के माध्यम से फसल उत्पादन के आंकड़ों को शीर्ष पर पहुँचाया था, वहीं औद्योगिकीकरण ने विकास की गति को तेज किया साथ ही साथ कृषि में मशीनीकरण अर्थात् 1970 के दशक में कृषि में ट्रैक्टर युग की शुरुआत ने किसानों के जीवन में खुशहाली ला दी थी। जिसके परिणामस्वरूप भारत ने अनाज उत्पन्न करने वाले देशों की सूची में प्रमुख स्थान प्राप्त किया। वहीं बढ़ती जनसंख्या व पीढ़ी दर पीढ़ी बँटवारे की प्रथा के कारण कृषि योग्य भूमि का क्षेत्रफल लगातार कम होता चला गया। जिससे बड़े किसानों की संख्या में लगातार कमी होती चली गयी तथा छोटे व सीमांत किसानों पर देश के एक सौ पच्चीस करोड़ लोगों की खाद्य एवं पोषण सुरक्षा का भार बढ़ता गया। जहाँ उत्तर भारत के कुछ राज्यों जैसे पंजाब व हरियाणा के किसानों ने यंत्रीकरण व उन्नत कृषि तकनीकों को अपनाकर अपनी जीवन शैली को बदल दिया वहीं देश के विभिन्न हिस्सों का किसान आजादी के 69 वर्षों बाद भी परंपरागत स्थिति में बना हुआ है क्योंकि उसके पास उन्नत कृषि यंत्र और कृषि उच्च स्तरीय तकनीकों का अभाव है। जिनको अपनाने के लिए पर्याप्त धन राशि भी उनके पास नहीं है। इसको ध्यान में रखते हुए कृषि एवं किसान कल्याण मंत्रालय ने छोटे एवं सीमांत किसानों को सस्ती दर पर कृषि यंत्रीकरण को अपनाने के लिए कस्टम हायरिंग केन्द्रों को देश के कई राज्यों

में स्थापित किया है। इस परियोजना का मुख्य उद्देश्य यह है कि छोटे व सीमांत किसानों को उन्नत ढंग से खेती करने के आधुनिक यंत्रों की उपलब्धता से समय पर फसलों की बुवाई, रोपाई, कटाई एवं अन्य सस्य क्रियाएं समय पर कर सकें। जिसके लिए कई राज्यों में कस्टम हायरिंग केन्द्रों की स्थापना से तथा आधुनिक कृषि यंत्र के प्रयोग से किसानों के बीच एक उत्साह की किरण जगी है और साथ ही साथ कृषक समूह तथा ग्रामीण क्षेत्रों के कुछ बेरोजगार युवाओं के लिए कस्टम हायरिंग एक रोजगार के रूप में उभरा है। जिससे प्रधानमंत्री श्री नरेंद्र मोदी जी की ''स्टार्ट अप इंड़िया'' योजना को बढ़ावा मिला है तथा किसान भी फिर से खेती को एक उद्यम के रूप में अपना रहें हैं।

क्या है? कस्टम हायरिंग

कृषि के आधुनिकीकरण में कृषि यांत्रिकीकरण एक महत्वपूर्ण घटक है। किसानों की मांग एवं आवश्यकता को देखते हुए विभिन्न कृषि योजनाओं में कृषि यांत्रिकीकरण को शामिल किया गया है। कस्टम हायरिंग मॉडल भी कृषि यांत्रिकीकरण की योजना है जिसके अंतर्गत छोटे एवं सीमांत किसानों के लिए कृषि उपकरणों को कस्टम हायरिंग केन्द्रों के द्वारा किराये पर उपलब्ध कराया जाता है। जो कृषि यंत्र एवं मशीनरी पर उप मिशन की ओर से एक ऐसी पहल है जिसमें छोटे व सीमांत जोत वाले किसान कृषि यत्रों की सेवाओं को किराये पर लेकर उपयोग कर सकते हैं तथा समय एवं श्रम की बचत करके फसल उत्पादन के क्षेत्र में बेहतर परिणाम प्राप्त कर सकते है। इन केन्द्रों को स्थापित करने के लिए कृषि स्नातकों को, सरकार की ओर से सब्सिडी (अनुदान राशि) भी दी जा रही है (चित्र 11.1)।

चित्र 11.1 कस्टम हायरिंग केन्द्रों पर कृषि यंत्रों की जानकारी

कस्टम हायरिंग केन्द्रों पर उपलब्ध यंत्र

किसानों के लिए कस्टम हायरिंग केन्द्रों पर विभिन्न प्रकार के आधुनिक कृषि यंत्र सस्ते परिचालन दरों पर उपलब्ध होते हैं, जिन्हें किसान अथवा कृषक समूह

द्वारा अपनाकर अपनी फसल उत्पादन एवं उत्पादकता को बढ़ाकर अधिक लाभ कमा सकते हैं। इन केन्द्रों पर उपलब्ध यंत्र जैसे डिस्क प्लाऊ, डिस्क हैरो, कल्टीवेटर, पावर वीडर, रोटावेटर, लैंड लेवलर, जीरो टिल कम फट्री डिल, पावर स्प्रेयर, रीपर कम बान्डर, गेहूँ व धान थ्रेसर तथा अनाज सफाई यंत्रों के अलावा कुछ यंत्र जैसे पैड़ी ट्रांसप्लांटर को छत्तीसगढ़ राज्य ने अनिवार्य किया है।

कस्टम हायरिंग केन्द्र का स्थान

इन केन्द्रों की स्थापना के लिए यह आवश्यक है कि ये गांवों और एक निश्चित स्थान से 5 से 7 किलोमीटर दूरी पर स्थित होने चाहिए ताकि स्थानीय किसानों को इन केन्द्रों का पूरा लाभ मिल सके। इन केन्द्रों से परिवहन लागत, श्रम और समय की भी बचत होगी।

कस्टम हायरिंग केन्द्र इकाई

कस्टम हायरिंग केन्द्र मूल रूप से कृषि मशीनरी, यंत्र एवं उपकरणों की सम्मिलित इकाई है। इन इकाइयों में विशेष रूप से ट्रैक्टर, पावर टिलर, लेजर लैंड लेवलर, जुताई, बुवाई, हार्वेस्टर एवं स्वचालित मशीनरी का उपयोग किया जाता है।

कस्टम हायरिंग केन्द्रों की स्थापना

आज भारतीय कृषि मानव शक्ति पर निर्भरता से एक श्रमिक बदलाव के दौर से गुजर रही है और मानव श्रम की बढ़ती कमी और पशु शक्ति रखरखाव के लिए बढ़ती लागत के कारण यांत्रिक शक्ति की ओर बढ़ रही है। इसके अलावा यांत्रिक शक्ति का असर खेती पर पड़ता है (चित्र 11.2)।

चित्र 11.2 कस्टम हायरिंग केन्द्रों पर किसानों का भ्रमण

आज फसलोत्पादन में कठिन परिश्रम को कम करने और कृषि कार्यों को समय पर करने के लिए कृषि में मशीनीकरण की आवश्यकता है। भारत में यांत्रिक शक्ति उच्चतम पंजाब में 3.5 किलोवाट/हेक्टेयर है जबकि बिहार, उड़ीसा एवं झारखंड आदि में 1 किलोवाट/हेक्टेयर उपयोग हो रहा है। छोटे व सीमांत जोत वाले 80 प्रतिशत किसान की आर्थिक स्थिति कमजोर होने के कारण वे किसान खेती में मशीनीकरण उपयोग करने में असमर्थ हैं। अपने दम पर या संस्थागत ऋण के माध्यम से छोटे एवं सीमांत किसानों को लाभ पहुँचाने एवं कृषि मशीनीकरण को बढ़ावा देने के उद्देश्य से देश के राज्यों में विभिन्न स्थानों पर कस्टम हायरिंग केन्द्रों की स्थापना की गयी है। इन केन्द्रों की स्थापना के लिये बैंक भी वित्त उपलब्ध करा रहे हैं तथा मध्य प्रदेश एवं छत्तीसगढ़ राज्यों में सरकारों की तरफ से ऐसे केन्द्रों को स्थापित करने हेतु 50 प्रतिशत की अनुदान राशि भी प्रदान की जा रही है (चित्र 11.2)।

चित्र 11.3 कस्टम हायरिंग केन्द्रों पर उपकरणों की उपलब्धता

कस्टम हायरिंग केन्द्रों के लिए संभावनाएं

हमारे देश में छोटे एवं सीमांत जोत वाले किसानों के लिए खेत, बिजली एवं कृषि मशीनरी की उपलब्धता बहुत कम है। 80 प्रतिशत छोटे/सीमांत जोत वाले किसानों को कस्टम हायरिंग केन्द्र कृषि मशीनों की आवश्यकता को पूरा करेंगे (चित्र 11.3)।

कस्टम हायरिंग केन्द्रों के लाभ

1. छोटे और सीमांत किसानों के लिए ये केन्द्र महंगी कृषि मशीनरी को क्षेत्रीय स्तर पर उपलब्ध कराते हैं।
2. केन्द्रों के माध्यम से किसान हित में पर्यावरण संरक्षण व उच्च प्रौद्योगिकियों को बढ़ावा मिलता है।
3. कठिन परिश्रम को कम कर देता है।
4. फसल अवशेषों की पुनःचक्रीय सुविधा के साथ उनको जलाने से रोकने में भी सहायक है।
5. मानव श्रम की तुलना में यांत्रिक ऊर्जा उपयोग से फसल उत्पादन लागत में कमी आती है।
6. कुशल श्रम और छोटे कारीगरों को काम करने के अवसर प्रदान करता है।
7. बेरोजगार युवाओं के लिए रोजगार के विकल्प के रूप में कार्य करता है।

कस्टम हायरिंग केन्द्र के उद्देश्य

1. छोटे एवं सीमांत किसानों के लिए विभिन्न कृषि यंत्र एवं मशीनों का निर्माण करना।
2. तीव्र गति से खेती में मशीनीकरण अपनाने के लिए।
3. छोटे एवं सीमांत किसानों को किराये पर विभिन्न कृषि यंत्र एवं मशीनें उपलब्ध कराना।
4. छोटे एवं सीमांत जोत में फसल सीजन में यंत्रीकरण गतिविधियों का विस्तार करने के लिए।
5. फसल विशेष के लिए विभिन्न उच्च मूल्य की मशीनों की सेवाएं प्रदान करना।

कस्टम हायरिंग के लिए फार्म मशीनरी बैंक की स्थापना

यह उचित स्थानों एवं फसलों के लिये कस्टम हायरिंग हेतु फार्म मशीनरी बैंकों की स्थापना के लिए उपयुक्त वित्तीय सहायता प्रदान करती है।

सारणी 11.1 कस्टम हायरिंग केन्द्रों के लिये परियोजना लागत

क्र.सं.	मद	अधिकतम अनुमेय परियोजना लागत	सहायता का स्वरूप (प्रतिशत)
1.	10 लाख तक के कस्टम हायरिंग केन्द्र की स्थापना हेतु वित्तीय सहायता	परियोजना पर आधारित 4 लाख रू.	40
2.	25 लाख तक के कस्टम हायरिंग केन्द्र की स्थापना हेतु वित्तीय सहायता	परियोजना पर आधारित 10 लाख रू.	40
3.	40 लाख तक के कस्टम हायरिंग केन्द्र की स्थापना हेतु वित्तीय सहायता	परियोजना पर आधारित 16 लाख रू.	40
4.	60 लाख तक के कस्टम हायरिंग केन्द्र की स्थापना हेतु वित्तीय सहायता	परियोजना पर आधारित 24 लाख रू.	40

कस्टम हायरिंग के लिए हाई–टेक, उच्च उत्पादक उपकरण हब की स्थापना

यह गन्ना, कपास, आदि जैसे उच्च मूल्य फसलों के लिए हाई–टेक मशीन हबों की स्थापना के लिए उपयुक्त वित्तीय सहायता प्रदान करती है।

सारणी 11.2: सरकारी परियोजना राशि

क्र.सं.	मद	अधिकतम अनुदेय परियोजना लागत	सहायता का स्वरूप (प्रतिशत)
1.	100 लाख तक के कस्टम हायरिंग केन्द्र की स्थापना हेतु वित्तीय सहायता	परियोजना पर आधारित 40 लाख रू.	40
2.	150 लाख तक के कस्टम हायरिंग केन्द्र की स्थापना हेतु वित्तीय सहायता	परियोजना पर आधारित 60 लाख रू.	40
3.	200 लाख तक के कस्टम हायरिंग केन्द्र की स्थापना हेतु वित्तीय सहायता	परियोजना पर आधारित 80 लाख रू.	40
4.	250 लाख तक के कस्टम हायरिंग केन्द्र की स्थापना हेतु वित्तीय सहायता	परियोजना पर आधारित 100 लाख रू.	40

सारणी 11.3 कम यंत्रीकृत क्षेत्रों में कस्टम हायरिंग केंद्रों से लाभार्थी मशीनरी/उपकरणों के लिए प्रति हेक्टेयर को किसान कल्याण मंत्रालय से कृषि एवं वित्तीय सहायता

मद	अधिकतम अनुदेय परियोजना लागत	सहायता का स्वरूप	कार्य के मानक
(क) चयनित गांवों में स्थापित फार्म मशीनरी बैंक के किसान सदस्यों को हायरिंग प्रभार	अधिकतम प्रति 1.00 हेक्टेयर क्षेत्र तक निम्नलिखित मानकों के अनुसार ट्रैक्टर/पावर चालित परिचालन रू. 2000/प्रति है. प्रति किसान प्रति वर्ष। बैल चालित यंत्रीकृत परिचालन रू. 1000 प्रति है. प्रति किसान प्रति वर्ष, मानक परिचालन रू. 750 प्रति हेक्टेयर प्रति किसान प्रति वर्ष	परिचालन लागत का 50 प्रतिशत	प्रदर्शन के लिए अन्य मिशनों द्वारा अभिज्ञात किए गए ग्राम जिनमें अनाजों, दालों एवं तिलहनों का उत्पादन बहुत कम है। स्थापित फार्म मशीनरी बैंकों के किसान सदस्यों को एकमुस्त हायरिंग सहायता।
(ख) कस्टम	न्यूनतम 120 हेक्टेयर/गौराग/कस्टम हायरिंग केन्द्र	रू. 4000 प्रति हेक्टेयर	स्थापित कस्टम हायरिंग केन्द्र को प्रदर्शन खर्च, ये प्रदर्शन 120 हेक्टेयर प्रति गांव तक सीमित।

कस्टम हायरिंग केन्द्रों का प्रभाव

कस्टम हायरिंग केन्द्रों द्वारा गांवों में जलवायु के अनुरूप कृषि मशीनरी के माध्यम से नई फसलों के साथ–साथ नई प्रौद्योगिकियों को भी अपनाने से प्रति इकाई उत्पादकता में वृद्धि होती है।

कृषि यंत्रों को खरीदकर किराए पर देने का सारांश

खेतों में जुताई, कटाई एवं मंड़ाई आदि कार्यों हेतु आज उचित समस्त कृषि यंत्र किसानों के पास उपलब्ध नहीं है। यदि डिस्क हैरो, कल्टीवेटर, छोटे हार्वेस्टर, रोटावेटर तथा सीड कम फर्टीड्रिल, फरो–रिज्ड बेड प्लांटर आदि गांव के युवक एक सहकारिता समूह बनाकर रख लेते हैं तो गांव के सभी किसानों का समस्त कार्य केन्द्र से हो जाएगा और दूसरे केन्द्र के समूहों के रूप में युवाओं को एक अच्छा रोजगार व आय का लाभ एक साथ प्राप्त हो सकेगा। मैक्रो मोड योजना के अंतर्गत किसी भी छोटे यंत्र पर 50 प्रतिशत, कम कीमत वाले यंत्र पर 25 प्रतिशत, ट्रैक्टर व थ्रेशर आदि पर अधिकतम 30 हजार तथा पावर टिलर पर 30 से 60 हजार रूपये तक सरकारी अनुदान प्राप्त है।

❑❑❑

अध्याय 12

बरसात के मौसम में आधुनिक कृषि यंत्रों का रख–रखाव

वर्तमान समय में देश की तीव्र गति से बढ़ती हुई जनसंख्या के भरण पोषण एवं खाद्य सुरक्षा के लिए जल, जमीन, जंगल, जन एवं जानवर आदि प्राकृतिक संसाधनों के सरंक्षण हेतु एवं प्रति इकाई क्षेत्र से अधिक उत्पादन लेने के लिए आधुनिक फसल संसाधन तकनीकियों में आधुनिक उन्नत कृषि यंत्रों एवं मशीनों का प्रयोग करना अति आवश्यक हैं जिससे खेती के समस्त कार्य सफलतापूर्वक, समय पर एवं कम श्रम में आसानी से किये जा सकें, क्योंकि सघन खेती या बहुफसलीय फसल प्रणाली में अधिक फसलें लेना उन्नत कृषि यंत्रों द्वारा ही संभव हैं। आधुनिक खेती में बढ़ते हुए मशीनीकरण से उन्नत कृषि यंत्रों का उपयोग किसानों द्वारा प्रयोग करने से प्रति इकाई क्षेत्र में फसल उत्पादन लागत कम आती है तथा आर्थिक लाभ अधिक होता है।

वर्तमान कृषि में उन्नत यंत्र एवं मशीनें जैसे; ट्रैक्टर एवं हैरो, कल्टीवेटर, रोटावेटर, पैड़ी पडलर, लेजर लैंड लेवलर, नो टिल ड्रिल मशीन, रेज्ड बेड प्लान्टर, आलू बुवाई यंत्र, गाजर बुवाई यंत्र, लहसुन बुवाई यंत्र, गन्ना बुवाई यंत्र, स्व–चालित धान रोपाई यंत्र, सब्जियों की पौध रोपाई यंत्र, विभिन्न प्रकार के वीडर, स्पेयर्स एवं डस्टर्स, सिंचाई पम्प, चारा मशीन, रीपर, कम्बाईन, पावर थ्रैसर तथा बिजली एवं डीजल से चलने वालं यंत्र किसानों द्वारा अपनाये जा रहे है जो काफी मँहगी लागत में आते है अर्थात् काफी पैसों से आते है। इनका सही रख–रखाव किसानों के हाथों में नहीं रह गया है, जिनकी मरम्मत कराने के लिए समय–समय पर स्थानीय बाजारों के कारीगरों के पास जाना पड़ता है, इसलिए आज यह आवश्यक हो गया है कि किसान उपलब्ध कृषि यंत्रों एवं मशीनों को ठीक ढ़ग से रखरखाव एवं प्रयोग करें तथा प्रयोग के उपरान्त या बरसात के मौसम में जब कृषि यंत्र प्रयोग नहीं किये जा रहें है तब किसानों द्वारा उचित देख–रेख नहीं करने पर या लापवाही करने पर यंत्र खराब हो जाते है जिससे किसानों को आर्थिक हानि होती है जिसका किसानों को पता भी नहीं चलता है।

बरसात के मौसम में तेज धूप, वर्षा, धूल एवं मिट्टी आदि के कारणों से कृषि यंत्रों में लोहे पर जंग, लकड़ी का फूल कर कमजोर होना, पेन्ट उतर जाना, चेन–स्प्रोकेट जाम हो जाना आदि कारणों से खराब हो जाती है अतः किसान भाई नीचे दी गई बातों पर ध्यान देकर बरसात के मौसम में उचित देखभाल करके कृषि यंत्रों एवं मशीनों को खराब होने से बचा सकते है। जैसेः

1. यदि ट्रैक्टर को वर्षा/बरसात के मौसम में काम में लाना है, तो उसे किसी साफ शुष्क कमरे या गैरेज में रखे और पहियों में पर्याप्त वायुदाब होना चाहिए एवं पहियों का नीचे लकड़ी के तख्तों पर रखें। ट्रैक्टर को स्टोर में रखने से पहले उसकी टंकी से डीजल निकाल लें, फिर टंकी को अच्छी तरह साफ डीजल से धोकर उसके बाद टंकी में 10:1 के अनुपात में डीजल तथा लुब्रीकेशन तेल का मिश्रण डालकर इंजिन का 10 मिनट तक कम गति पर चालू करे, इसके बाद इंजन को बन्द कर दें। एयर क्लीनर को साफ करके नया तेल भर दें। ट्रैक्टर में लगी बैटरी को खोल कर अलग रख दें। जिस स्थान पर तेल या ग्रीस का निप्पल हो वहाँ पर ग्रीस या तेल डाले तथा साइलेन्सर को ढक दें।
2. कृषि के उन्नत यंत्र एवं मशीनों को कार्य के उपरान्त या समाप्ति के बाद खुली जगह पर न छोड़े। यदि यंत्र से कार्य नही लेना है तो उसे साफ करके छायादार कक्ष या बरामदे में रखें। यदि संभव हो तो कृषि यंत्र को ऊपर से त्रिपाल या प्लास्टिक की चादर से ढ़क दें।
3. बरसात के मौसम में बीज एवं उर्वरक बुवाई यंत्र में बचे बीज एवं उर्वरकों के अवशेषों को निकाल कर एवं यंत्र में लगी धूल, मिट्टी के कणों को तेज पानी एवं हवा से सफाई करनी चाहिए तथा फिर सूखे कपड़े से साफ करके, सुखाकर तेल या ग्रीस लगाकर यंत्रों को जमीन की सतह से सुरक्षित स्थान या पहियों के ऊपर भण्डार ग्रहों में रखना चाहिए।
4. कृषि यंत्रों में लगी रबर की बेल्ट, पट्टों आदि को निकाल कर सूखे स्थान पर या खूंटी पर टांग दें। वेल्टों से ग्रीस को साबुन के पानी से साफकर सुखाकर रखें तथा चेन धोकर व सूखा कर हल्के गर्म गाढे तेल में डुबाकर रखें।
5. बरसात के मौसम में कृषि यंत्रों को रखने से पूर्व उनमें से निकले हुए नट–बोल्ट, वाशर आदि को लगवा कर उचित मरम्मत करा लें, क्योंकि उस समय कारीगर को अधिक काम रहता है।

6. बरसात के मौसम में कृषि यंत्रों के जंग लगने वाले हिस्सों में कोई जंग प्रतिरोधी लेप, ग्रीस या मोबियल आयल लगा दें।
7. कभी–कभी कृषि यंत्रों से काम करते समय पेन्ट छूट जाता है या जंग लगने से पेन्ट खराब हो जाता है ऐसी दशा में कृषि यंत्रों पर अच्छी तरह पेन्ट करा दें, जिससे कृषि यंत्रों एव मशीनों की आयु बढ़ जाती है।
8. फसल सुरक्षा में प्रयोग किये गये कृषि यंत्रों जैसे छिड़काव यंत्र या स्प्रेयर्स को प्रयोग करने के बाद टंकी में पानी भर कर 5–10 मिनट तक चलायें, उसके बाद उसके नौजल (चुंचू) को खोलकर उसके विभिन्न भागों की सफाई करे। स्पेयर्स को कपड़े से साफ करके पम्प एवं वाशर आदि में तथा डस्टर्स के बुसों में तेल लगायें। डस्टर के फैन बॉक्स, सक्सन पाइप हॉपर एवं एजीटेटर भाग तथा फीड बॉक्स को अच्छी तरह से साफ करके तेल डाल देना चाहिए।
9. सिंचाई के लिए प्रयोग होने वाले लोहे, एल्यूमिनियम या प्लास्टिक के पाइपों को बरसात में खेत से उठाकर साफ करके किसी सुरक्षित स्थान या कमरे में तिरछा करके रखें, जिससे धूल नहीं पहुंचे और खराब नहीं हो पायें।
10. बिजली की मोटर पर पानी न गिरे, इसके लिए मोटर को छाया में रखे। मोटर के तार मेन स्विच तथा जोडों पर पानी का प्रभाव न हो अन्यथा बिजली लीक होने से दुर्घटना होने की संभावना हो सकती है। यदि मोटर या बिजली के उपकरण काम में नहीं आ रहे है तो उनके मेन स्विच को प्लग से निकाल कर अलग कर दें।
11. जब चारा काटने वाली मशीन को काम में नहीं लाया जा रहा हो तो ऐसी दशा में पहिए को स्टैण्ड के साथ ताला लगाकर रखे जिससे पहिए घूमे नहीं तथा उसके ब्लेडों के ऊपर सुरक्षित कवर लगा दे, जिससे दुर्घटना नहीं हो पाए।

यदि किसान अपने उपलब्ध कृषि के उन्नत यंत्र एवं मशीनों को कृषि कार्यो के उपरान्त या बरसात मौसम शुरू होने से पूर्व उपरोक्त बातों को अपना कर अमल करे तो अपने कृषि यंत्रों की आयु बढ़ा सकते हैं तथा शीघ्र खराब होने से बचा कर काफी वर्षों तक प्रयोग कर सकते हैं। जिससे प्रति वर्ष कृषि यंत्रों के ऊपर खर्चों पर लगाम लगा सकते हैं।

❑❑❑

अध्याय 13

कृषि अभियांत्रिकी में शिक्षा एवं रोजगार

कृषि अभियांत्रिकी विषय का दूसरे विशयों की तुलना में अपना अलग आकर्षण एवं विशेष महत्व है। अनुभव से पता चलता है कि किसी भी राष्ट्र का आर्थिक विकास का स्तर मानव संसाधनों पर निर्भर करता है विशेषकर विज्ञान और प्रौद्योगिकी। महान कृषि अभियंता डॉ. ए. एम. माइकल कहते है कि **पर्याप्त खाद्य आपूर्ति एवं संतुलित आहार सभी लोगों की मिल सके, इसके लिए हमें विश्वभर में कृषि अभियंताओं के महत्वपूर्ण योगदान की आवश्यकता होगी, इनके योगदान के बिना यह परिकल्पना अधूरी मानी जा सकती है। कृषि अभियंता खेती को टिकाऊ, सुरक्षित एवं पर्यावरण के अनुकूल करने में महत्वपूर्ण योगदान प्रदान करता है।** वर्तमान परिदृष्य में कृषि के सभी कार्य आधुनिक तकनीकियों एवं परिशुद्ध कृषि उपकरणों की सहायता से कम समय, कम श्रम एवं कम लागत में सम्पन्न किये जा सकते है तथा कार्य भी सटीक होता है, जिन्हें संचालन करने के लिए कृषि अभियंताओं की अवाश्यकता पड़ती है। अन्तर्राष्ट्रीय स्तर पर अधिकांश परिशुद्ध यंत्र एवं मशीनों की माँग तेजी से बढ़ने के कारण कृषि अभियंताओं की माँग बढ़ रही है।

क्या है कृषि अभियांत्रिकी एवं यंत्रीकरण

कृषि अभियांत्रिकी में विज्ञान के विभिन्न विषय एवं प्रौद्योगिकी पद्धतियां समाहित है जो कि अच्छा कृषि उत्पादन, खाद्य प्रसंस्करण, पशु का खाद्य एवं जैविक ईधन उत्पादन में महत्वपूर्ण भूमिका निभाते हैं। कृषि यंत्रीकरण से अभिप्राय यह है कि कृषि संबंधित अधिकतर कार्य मनुष्य या पशुओं के स्थान पर यंत्रों जैसेः ट्रैक्टर, पावरटिलर, हारर्वेस्टर, थ्रेशर आदि द्वारा की जाए। प्रसिद्ध कृषि वैज्ञानिक डॉ. एम. एस.स्वामीनाथन के अनुसार **खेती में कृषि अभियांत्रिकी के विभिन्न आयामों के त्वरित उपयोग से कृषि यंत्रीकरण व औद्योगिकरण को प्रोत्साहन देकर 21 वीं सदी की कृषि क्रांति संभव है।**

कृषि अभियांत्रिकी का कार्यक्षेत्र एवं नौकरी के अवसर

एक कृषि अभियंता के तौर पर काम करने के लिए आप में कृषि अभियांत्रिकी विषय की अच्छी तकनीकी जानकारी होनी चाहिए, इसके साथ ही मैकेनिकल, इलेक्ट्रिकल और इलेक्ट्रोनिक्स इंजीनियरिंग की समझ होनी भी आवश्यक है। इंडस्ट्री के अनुसार कार्य क्षेत्र भी कुछ अलग हो सकता है, वैसे तो एक कृषि अभियंता का मुख्य कार्य कृषि कार्यो में प्रयोग होने वाले यंत्र, खाद्य प्रसंस्करण उपकरण, सिंचाई प्रणाली एवं पम्प और ट्रैक्टर इत्यादि का निर्माण, सुधार, संचालन एवं मरम्मत करना होता है। लेकिन ये कृषि यंत्रों एवं कृषि संबंधित मशीनों के डिजाइन की रूपरेखा करने समेत कई अन्य जिम्मेदारियां भी निभाते है, इसके अलावा अनुसंधान, संशोधन, प्रचालन एवं विकास का काम भी इन्हीं के जिम्मे होता है। कई बार ऐसे अभियंताओं को कृषि अभियांत्रिकी के सर्वेक्षण की भी भूमिका निभानी पड़ती है जिसके अन्तर्गत कृषि यंत्रों का परीक्षण, स्थापना और सुरक्षा उपायों में नेतृत्व/लीडरशीप गुणवत्ता (क्वॉलिटी) होना भी जरूरी है, क्योंकि इन्हें कृषि तकनीशियों की टीम का प्रबंधन करना पड़ता है, इसके साथ–साथ सूक्ष्म सिंचाई के सरकारी एवं गैर सरकारी विभाग में इनकी मुख्य भूमिका होती है तथा भारतीय खाद्य निगम, राष्ट्रीय बीज निगम, खाद्य उद्यम, ट्रैक्टर, पावर टिलर, कंबाईन और कृषि उपकरण बनाने वाली कम्पीनियों व बैकिंग आदि क्षेत्रों में कृषि अभियंताओं की मांग तेजी से बढ़ रही है। उपरोक्त रोजगारों के अलावा देश के अन्दर संचालित विभिन्न परियोजनाओं जैसे मनरेगा, आत्मा व एन.जी.ओ. आदि में विभिन्न पदों जैसे तकनीकी सहायक, परियोजना सहायक एवं संचालक में संविदा पर भर्ती होती है। स्नाकोत्तर उपाधि धारक भारतीय कृषि अनसंधान परिषद के अन्तर्गत आने वाले अनुसंधान केन्द्रों एवं विश्वद्यिालयों में वैज्ञानिक, सहायक प्राध्यापक, एवं तकनीकी अधिकारी आदि पदों पर नौकरी पा सकते हैं।

कृषि अभियांत्रिकी महाविद्यालयों में प्रवेश लेने हेतु शैक्षणिक योग्यता

कृषि अभियांत्रिकी के बी.टेक. पाठ्यक्रम में प्रवेश के लिए प्रार्थी को गणित, भौतिक, रसायन के साथ 12 वीं पास होना चाहिए। सभी राज्य कृषि अभियांत्रिकी पाठ्यक्रम में प्रवेश के लिए प्रवेश परीक्षा लेते हैं, परीक्षा में प्राप्तांकों के आधार पर महाविद्यालयों में प्रवेश दिया जाता है। इसके अलावा भारतीय कृषि अनुसंधान परिषद (ICAR) भी कृषि अभियांत्रिकी पाठ्यक्रम में स्नातक एवं स्नातकोत्तर उपाधि के लिए प्रवेश परीक्षा (AIEEA) आयोजित करती है। इस परीक्षा द्वारा प्रवेश लेने वाले छात्रों की सीट महाविद्यालयों में निर्धारित रहती है।

कृषि अभियांत्रिकी के विभिन्न विषयों में स्नातकोत्तर उपाधि एवं विश्वविद्यालय है

1. कृषि यंत्र एवं शक्ति अभियांत्रिकी

यह कृषि अभियांत्रिकी का महत्वपर्ण कार्यक्रम है इसमें कृषि शक्ति एवं मशीन प्रणाली प्रारूप, जुताई और कर्षण में मृदा गतिकी, कृषि कार्य संचालन में परिस्थिति एवं सुरक्षा, अभियांत्रिकी मॉडलों में समानता, कर्षण एवं कृषि यंत्रों का परीक्षण एवं मूल्यांकन, कृषि शक्ति एवं मशीनरी प्रबंधन में प्रचालन अनुसंधान, कृषि ऊर्जा लेखा परीक्षण एवं प्रबंधन, व्यवहारिक मापयंत्रण, भूमि एवं जल संसाधन प्रबंधन के लिए जी. आई.एस. व दूरस्थ संवेदन का उपयोग, खाद्य प्रसंस्करण/कंपन में इकाई संचालन, कृषि अनुसंधान की नैतिकता एवं ग्रामीण विकास कार्यक्रम, आपदा प्रबंधन, तंत्रिका नेटवर्क एवं उसके अनुप्रयोग, बौद्धिक संपदा और कृषि में प्रबंधन आदि विषय शामिल है।

2. अक्षय ऊर्जा अगियांत्रिकी

इसमें अक्षय ऊर्जा संसाधन, अक्षय ऊर्जा का औद्योगिक अनुप्रयोग, अक्षय ऊर्जा रूपान्तरण प्रणाली का प्रारूप एवं विश्लेषण, बायोगैस प्रौद्योगिकी एवं तंत्र, जैव ऊर्जा रूपान्तरण एवं अपशिष्ट पदार्थ का प्रसंस्करण, सौर ऊर्जा उपयोग, ऊर्जा सरक्षण एवं प्रबंधन, कृषि ऊर्जा लेखा परीक्षण एवं प्रबंधन, पवन ऊर्जा उपयोग, कृषि में ऊर्जा प्रबंधन, खाद्य प्रसंस्करण उद्योगों में ऊर्जा प्रबंधन, वैकल्पिक ईंधन एवं अनुप्रयोग, शीतलक एवं ताप के लिए सौर अनुप्रयोग, प्रत्यक्ष ऊर्जा रूपान्तरण प्रौद्योगिकियां, शक्ति प्रणाली विश्लेषण, पारिस्थितकी एवं पर्यावरण, पर्यावरण प्रदूषण एवं नियंत्रण, प्राकृतिक संसाधनों का प्रबंधन एवं उपयोग आदि शामिल हैं।

3. मृदा एवं जल संरक्षण अभियांत्रिकी

इसके अन्तर्गत भू–जल अभियांत्रिकी, फसल पर्यावरण अभियांत्रिकी, जल संसाधन अभियांत्रिकी, अभियांत्रिकी मॉडलों में समानता, प्रयोगशाला तकनीक में बुनियादी अवधारणाएं, कृषि सिंचाई प्रणाली का प्रारुप, वाटरशेड़ जल विज्ञान, वाटरशेड़ प्रबंधन और माड़लिंग, कृषि जल निकास प्रणाली, भूमि एवं जल संसाधन प्रबंधन के लिए जी.आई.एस. एवं दूरस्थ संवेदन का उपयोग, व्यवहारिक मापयंत्रण, जल विज्ञान प्राकृतिक वर्षा, जल संरक्षण, संचित, वाटरशेड विकास एवं सुधार एवं मृदा व जल कटाव के उपाय शामिल हैं।

4. सिंचाई एवं जल निकास प्रबंधन अभियांत्रिकी

इसके अन्तर्गत व्यवहारिक जल विज्ञान स्रोत, मृदा–जल पौध संबंध, तरल यांत्रिकी एवं मुक्त नाली, जलगति विज्ञान, सिंचाई प्रबंधन, कृषि भूमि में जल निकास, जलगति संरचना एवं मशीनरी, सिंचाई प्रणाली प्रारूप, वाटरशेड विकास और प्रबंधन, मृदा लवणता और पानी की गुणवत्ता, भू–जल विकास एवं नलकूप, फसल पर्यावरण अभियांत्रिकी, वायु चित्र स्पष्टीकरण एवं दूरस्थ संवेदन, छिद्रयुक्त माध्यम से प्रवाह, सिंचाई व जल निकास परियोजनाओं की योजना, निष्पादन एवं प्रबंधन, नियंत्रित वातावरण में सिंचाई प्रबंधन, सिंचाई जल परियोजनाओं का आर्थिक मूल्यांकन, सिंचित फसल, लघु सिंचाई एवं कुँआ, जलगति विज्ञान आदि विषय शामिल है।

5. कृषि प्रसंस्करण एवं खाद्य अभियांत्रिकी

इसके अन्तर्गत खाद्य प्रसंस्करण एवं परिवहन, खाद्य् सामग्रियों के अभियांत्रिकी गुण, खाद्य प्रसंस्करण अभियांत्रिकी में इकाई संचालन, अभियांत्रिकी मॉडलों में समानता, खाद्य सूक्ष्म जैविकी, खाद्य विश्लेषण तकनीकी, खाद्य प्रसंस्करण किण्वन, उन्नत खाद्य प्रक्रिया अभियांत्रिकी, अनाज, दालों, तिलहनों का प्रसंस्करण, भण्डार अभियांत्रिकी एवं कृषि उत्पादों का रख–रखाव, जैव रासायनिक और प्रक्रिया अभियांत्रिकी, खाद्य प्रसंस्करण उद्योगों में ऊर्जा प्रबंधन, व्यवहारिक मापयंत्रण, कृषि अनुसंधान की नैतिकता एवं ग्रामीण विकास कार्यक्रम, आपदा प्रबंधन, बौधिक संपदा एवं इसका कृषि में प्रबंधन।

भारत में कृषि यांत्रिकी शिक्षा का विकास

भारत में कृषि अभियांत्रिकी डिग्री स्तर की शिक्षा सर्वप्रथम इलाहाबाद कृषि संस्थान नैनी, इलाहबाद (उ.प्र.) में 1942 से शुरुआत हुई थी। वर्ष 1952 में बी.टेक. कार्यक्रम भारतीय प्रौद्योगिकी संस्थान, खड़गपुर (पश्चिमी बंगाल) तथा एम. टेक. एवं पी.एच.डी. की डिग्रियां क्रमशः 1957 एवं 1962 में शुरू हुआी थी। देश में स्थापित प्रथम कृषि विश्वविद्यालय, गोविन्द बन्लभ पंत कृषि एवं प्रौद्योगिक विश्वविद्यालय पंतनगर (उत्तराखण्ड) ने 1960 में नये पैटर्न पर आधारित कृषि अभियांत्रिकी पाठ्यक्रम शुरू किया था। इनके अलावा बाद में देश के अन्तर्गत अन्य कृषि विश्वविद्यालयों एवं संस्थानों ने यह कोर्स चालू किये हैं जिनका विवरण सारणी 13.1 में दिया गया है।

सारणी 13.1: देश के विभिन्न संस्थानों एवं राज्य कृषि विश्वविद्यालयों में कृषि अभियांत्रिकी पाठ्यक्रम

क्र.सं.	कृषि विश्वविद्यालय/संस्थान	बी.टेक.	एम.टेक.	पी.एच.डी
1.	इलाहाबाद कृषि संस्थान नैनी, इलाहबाद (उ.प्र.)	✓	✓	–
2.	भारतीय प्रौद्योगिकी संस्थान, खडगपुर, पुणे (पं. बंगाल)	✓	✓	✓
3.	गोन्विद बल्लभ पंत कृषि एवं प्रौद्योगिकी विश्वविद्यालय पंतनगर (उत्तराखण्ड़)	✓	✓	✓
4.	पंजाब कृषि विश्वविद्यालय, लुधियाना (पंजाब)	✓	✓	✓
5.	ओडिसा कृषि एवं प्रौद्योगिकी विश्वविद्यालय, भुवनेश्वर (उड़ीसा)	✓	✓	–
6.	जवाहार लाल नेहरु कृषि विश्वविद्यालय, जबलपुर (मध्य प्रदेश)	✓	✓	✓
7.	भारतीय कृषि अनुसंधान संस्थान, पुसा, नई दिल्ली	–	✓	✓
8.	महात्मा फुले कृषि विद्यापीठ, राहुरी (महाराष्ट्र)	✓	✓	–
9.	डॉ. पंजाब देशमुख कृषि विद्यापीठ, कृषिनगर, अकोला (महाराष्ट्र)	✓	✓	–
10.	तमिलनाडु कृषि विश्वविद्यालय, कोयम्बटूर, तमिलनाडु	✓	✓	
11.	आचार्य एन. जी. रंगा कृषि विश्वविद्यालय, बापटला, हैदराबाद (आंध्र प्रदेश)	✓	✓	–
12.	राजेन्द्र कृषि विश्वविद्यालय, पूसा समस्तीपुर (बिहार)	✓	✓	–
13	जूनागढ़ कृषि विश्वविद्यालय, जूनागढ़ (गुजरात)	✓	✓	–
14.	केरल कृषि विश्वविद्यालय, त्रिचुर (केरल)	✓	✓	–
15.	मराठवाड़ा कृषि विश्वविद्यालय, परभनी (महाराष्ट्र)	✓	–	–
16.	चौधरी चरण सिंह हरियाणा कृषि विश्वविद्यालय, हिसार (हरियाणा)	✓	✓	
17.	इन्द्रिरा गांधी कृषि विश्वविद्यालय, रायपुर (छत्तीसगढ़)	✓	✓	✓
18.	सरदार वल्लभ भाई पटेल कृषि एवं प्रौद्योगिकी विश्वविद्यालय, मेरठ (उत्तर प्रदेश)	✓	✓	–
19.	बिरसा कृषि विश्वविद्यालय, रांची (झारखण्ड)	✓	✓	–
20.	कृषि विज्ञान विश्वविद्यालय, रायचुर, कर्नाटक	✓	✓	–
21.	नरेन्द्र देव कृषि एवं प्रौद्योगिकी विश्वविद्यालय, फैजाबाद (उत्तर प्रदेश)	✓	✓	–

क्रमशः

क्रमशः

22.	डॉ. बी.आर.अबेड़कर कॉलिज ऑफ एग्री. इंजी. एवं प्रौ. इटावा, यू.पी.	✓	–	–
23.	महाराणा प्रताप कृषि एवं प्रौद्योगिकी विश्वविद्यालय, उदयपुर, राजस्थान	✓	✓	✓
24.	तमिलनाडु कृषि विश्वविद्यालय, त्रिरुचिरापल्ली	✓	✓	✓
25.	बिधान चन्द कृषि विश्वविद्यालय, मोहनपुर, पश्चिम बंगाल	✓	✓	–
26.	केन्द्रीय कृषि विश्वविद्यालय, इम्फाल	✓	-	–

पी.जी.डी.एम.ए.

भा.कृ.अनु.प.–राष्ट्रीय कृषि अनुसंधान प्रबंधन अकादमी ने 2009 में स्नातकोत्तर डिप्लोमा आरंभ किया है जो कि कृषि प्रबंधन में दिया जाता है। यह दो वर्ष का कार्यक्रम है। जोकि अखिल भारतीय शिक्षा परिषद से स्वीकृत है। इस डिप्लोमा में प्रवेश लेने हेतु छात्रों का चयन कैट/सी.मैट. परीक्षा में प्राप्तांकों के आधार पर किया जाता है। छात्रों का चयन निम्नलिखित प्रक्रिया में वरीयता के आधार पर किया जाता है (सारणी 13.2)।

सारणी 13.2 पी.जी.डी.एम.ए. हेतु परीक्षा प्राप्ताकों का वितरण

कैट/सीमेट परीक्षा में प्राप्तांक	40 प्रतिशत
समूह चर्चा	25 प्रतिशत
साक्षात्कार	25 प्रतिशत
शैक्षणिक रिकार्ड	10 प्रतिशत

न्युनतम योग्यता

इस प्रक्रिया में प्रवेश हेतु छात्र के पास भा.कृ.अनु.प. से मान्यता प्राप्त किसी भी कृषि विश्वविद्यालय से 4 वर्षीय स्नातक उपाधि होना चाहिए। कृषि अभियांत्रिकी के स्नातकों के अलावा अन्य कृषि विषय संबंधित भी इस कार्यक्रम में प्रवेश ले सकते हैं। इस कोर्स से संबंधित समस्त जानकारी राष्ट्रीय कृषि अनुसंधान प्रबंधन अकादमी की वेबसाइट पर भी उपलब्ध है। पी.जी.एम. ए. में निम्नलिखित कोर्स को पढ़ाया जाता है:–

कृषि व्यवसाय के मूल सिद्धांत, विश्लेशणात्मक कौशल, सूचना प्रणाली, संगठनात्मक एवं नेतृत्व अनिवार्यता, मूलभूत व्यापार कार्य, कृषि व्यवसाय वातावरण, ऐच्छिक विषय, ग्रीष्म प्रशिक्षण, अंतिम परियोजना।

निष्कर्ष

देश में तीव्र गति से बढ़ती जनसंख्या की खाद्य मांग को पूरा करने के लिए कृषि उत्पादकता को बढ़ाना होगा, जिसकी जिम्मेदारी कृषि शोधकर्ताओं एवं कृषि अभियंताओं के ऊपर है। इस परिदृश्य के चलते कृषि अभियंताओं की मांग सरकारी एवं गैर सरकारी संस्थानों, कृषि उद्योगों एवं कृषि व्यवसाय एवं प्रबंधन में बढ़ती जा रही है। युवा वर्ग कृषि अभियांत्रिकी के क्षेत्र में अपना उज्जवल भविष्य निर्माण कर सकते हैं। जिसके लिए उन्हें उचित मार्ग–दर्शन कृषि विश्वविद्यालय एवं कृषि संस्थानों से जानकारी मिल सकती है।

□□□

अध्याय 14

भारतीय कृषि अभियंता समिति एवं संगोष्ठी

भारतीय कृषि अभियंता समिति की स्थापना सन् 1960 में हुई, जिसके प्रथम अध्यक्ष प्रो. डी. ए. गाडकेरे थे। यह एक प्रौफेशनल सोसायटी है जिसका पंजीकरण सोसायटी एक्ट XXI-1860 No 4027 है। इसका प्रधान कार्यालय नास परिसर, पास टोडापुर, नई दिल्ली है। वर्तमान में इस समिति में लगभग 11320 वैज्ञानिक व अभियंता इसके सदस्य हैं। इसका मुख्य उद्देश्य तकनीकी एवं वैज्ञानिक विचारों का आदान–प्रदान तथा एक साथ बैठकर राष्ट्रीय कृषि नीति पर विचार करना है। यही नहीं बल्कि राष्ट्र की भौगोलिक परिस्थित के अनुसार उन समस्याओं को हल कर राष्ट्र उत्थान में सहयोग करना है। अतः कृषि अभियंताओं ने यंत्रीकरण द्वारा भारतीय कृषि उत्पादन को बहुत बढ़ाकर राष्ट्र को आत्म निर्भर बनाया है। समिति के वैज्ञानिक अपने अविष्कारों व विचारों पर भी इस मंच पर बातचीत करते हैं। इसके सदस्यगण देश के विभिन्न हिस्सों के हैं। इसके सदस्य न सिर्फ कृषि अभियंता बल्कि कृषि अभियांत्रिक महाविद्यालय, विश्वविद्यालय, संस्थान व उनकी शाखाओं से जुड़े अन्य इंजीनियर भी हैं। यही नहीं दूसरे देश के वैज्ञानिक भी इसके सदस्य हैं। समिति का उद्देश्य कृषि यंत्र एवं मशीनरी के रखरखाव, बनावट, उपयोग आदि पर विस्तार से विचार विमर्श करना है। इसके साथ–साथ जल प्रबन्धन, सिंचाई व जल विकास, मृदा क्षरण, जल ग्रहण क्षेत्र प्रबन्धन, कृषि मे प्लास्टिक के उपयोग, फसल कटाई उपरान्त प्राद्योगिकी, प्रक्षेत्र भवन निर्माण तथा सभी अन्य विश्व को कृषि क्षेत्र में कैसे प्रयोग करें, इत्यादि पर भी फार्म कार्य करण इस समिति के उद्देश्य हैं। यह समिति एक वार्षिक कन्वेंसन देश के अलग–अलग स्थान पर समयानुसार आयोजित करती रहती है। वर्तमान में इसके लगभग 20 अध्याय है। वर्ष 2017 में इसका कनवेंसन चौधरी सिंह हरियाणा कृषि विश्वविद्यालय, हिसार (भारत) में आयोजित किया गया है।

❑❑❑

अध्याय 15

भारत में कृषि यंत्र निर्माताओं के पते, फोन नं., ई–मेल एवं वेबसाईट

15.1 भारत में ट्रैक्टर निर्माणकर्ता

S.No.	Name & Address	नाम एवं पता	Contact No., Fax No. & E-mail
1	M/s Amar Tractors Pvt. Ltd. 1957, St. No. 2, Janta Nagar, Gill Road, Ludhiana-3 (Pb.)	मेसर्स अमर ट्रैक्टर्स प्रा.लि.1957, स्ट्रीट नं. 2, जनता नगर, गिल रोड़, लुधियाना–3 (पंजाब)	Ph.: 0161-2491780, 2493128, 3299539 Fax.: 0161-2814036 Email: info@amaragri.com
2	M/s Bajaj Tempo Ltd. (Balwan Tractor) B-12, Kalindi Colony, Near Maharani Bagh, New Delhi	मेसर्स बजाज टैम्पो लि. (बलवान ट्रैक्टर) बी–12, कालिन्दी कालोनी, नियर महारानी बाग, नई दिल्ली	
3	M/s Captain Tractor Pvt. Ltd. Padavla Road, Veraval (Shapar), Talakai Kotda Sangani, Distt. Rajkot (Gujarat)	मेसर्स कॅप्टन ट्रैक्टर्स प्रा.लि. पड़वला रोड, वेरावल (शापर) ता. कोटड़ा सागांणी, जि. राजकोट (गुजरात)	Ph.: 02827-52547, 253916, 253917, 09726270707,9099433133 E-mail: info@captaintractor.com Web: www.captaintractors.com
4	M/s Eicher Tractors (Unit of TAFE & Tractor Ltd.)Plot No. 1, Sector-D, Industrial Area, Mandideep-462046, Distt. Raisen (M.P.)	मेसर्स आयशर ट्रैक्टर्स (टैफे मोटर्स और ट्रैक्टर्स लि. की एक इकाई) प्लाट नं. 1, सेक्टर–डी., इंडस्ट्रीयल एरिया, मण्डीदीप–462046, जि. रायसेन (म.प्र.)	Ph.: 07480-407680/81/82/83/84 Fax: 07480-403697, 698
5	M/s Eicher Trctors A Unit of Eicher Ltd. 59, NIT, Faridabad (Haryana)	मेसर्स आयशर ट्रैक्टर्स 59, एन.आई.टी., फरीदाबाद (हरियाणा)	Ph.: 0129-2233751 Fax: 0129-2233233 E-mail: bhatiaa@eicher.co.in

6	M/s Escorts LimitedAgri. Machinery Marketing Division 18/4, Mathura Road, Faridabad (Haryana) - 121007	मेसर्स एस्कोर्टस लिमिटेड़ एग्री मशीनरी मार्केटिंग डिवीजन 18/4, मथुरा रोड़, फरीदाबाद (हरियाणा) – 121007	Ph.: 0129-2284911Fax: 0129-2293257 Web: www. escortsagri.com
7	M/s Farmer Tractor *Factory*: Metoda, G.T.D.C. Plot No. G-2779, Road No. I-2/I-3, Kranti Gate, Distt. Rajkot (Gujarata) ***Office***: Gondal Road, O/s aactory post near Glotecti Steel, Kotharia, Rajkot-360004 (Gujarata)	मेसर्स फार्मर ट्रैक्टर **फैक्ट्री**:' मेटोड़ा, जी.टी.डी.सी., प्लॉट नं. 2779, रोड़ नं. I-2/I-3, क्रान्ति गेट, जि. राजकोट (गुजरात)	Tele./Fax: 0281-2388159 Mobile: 09925002492, 09879588853 E-mail: farmertractor@gmail.com
8	M/s Field Marshal, P.M. Diesel Pvt. Ltd. P.Box No. 1003, Aji Industrial Estate, Rajkot -03 (Gujarat)	मेसर्स फील्ड़ मार्शल, पी.एम. डीजल प्रा. लि. पोस्ट बॉक्स नं. 1003, अजि इण्डस्ट्रीयल एस्टेट, राजकोट–360003 (गुजरात)	Ph.: 0281-387401-2-3-4 Fax.: 0281-387406 E-mail: fieldmarshal@sify.com Web: fieldmarshal.com
9	M/s HMT Ltd. Tractor Marketing Group Pinjore-134101, Distt. Panchkula (Haryana)	मेसर्स एच.एम.टी. लि. (ट्रैक्टर बिजिनैस ग्रुप) पिंजौर, जि. पंचकुला (हरियाणा)	Ph.: 01733-263729, 263734, 263725, 253825 E-mail: hmtld@glide.net.in

10	M/s Indo Farm Equipment Ltd. SCO No. 859, NAC, Manimajra Kalka Road, Chandigarh-160101	मेसर्स इन्डोफार्म इक्वीपमेन्ट लि. एस.सी.ओ. 859, एन.ए.सी. चंडीगढ़ कालका रोड़, मनीमाजरा, चण्डीगढ़–161001	Ph.: 0172-736901/02/03/04 Fax: 0172-734913 E-mail: igpl@sancharnet.in Web: http//www.indofarmtractors.com
11	M/s International Tractor Ltd. **HQ**: Pankaj Plaza-1, Plot No. 2, Kararddoma Community Centre, Commercial Complex, Delhi-110092 **Plant**: Jalandhar Road, Hoshiarpur (Punjab)-01	मेसर्स इन्टनेशनल ट्रैक्टर लि. **हैड ऑफिस:** पंकज प्लाजा–1, प्लॉट नं. 2, करकरडूमा कम्यूनिटी सेन्टर, कामर्शियल कॉम्पलैक्स, दिल्ली–92 **प्लान्ट**: जालन्धर रोड़, हौशियारपूर (पंजाब)–146001	Ph.: 011-45192200 / 22373785/89/91 Fax.: 011-22377472, 22370492 E-mail: sonalikaagric@sonalika.com Web: www.Sonalika.com
12	M/s John Deere Equipment Pvt. Ltd. Off Pune Nagar Road, Sanawadi, Pune-412208 (Maharashtra)	मेसर्स जॉन डियर इक्विपमेन्ट प्रा. लि. ऑफ पुणे नगर रोड़ सनावड़ी पुणे–412208 (महाराष्ट्र)	Ph.: 02137-667111 Fax.: 02137-666837 Web: johndeere.co.in
13	M/s Mahindra Tractors **(i) Registered Office**: Gateway Building, Appollo Bunder, Mumbai-400001 **(ii) Marketing Office**: Farm Equipment Sector, Akurli Road,	मेसर्स महिन्द्रा टैक्टर्स **रजिस्टर्ड कार्यालय:** गेटवे बिल्डिंग, अपोलो बन्दर, मुम्बई–400001 **मार्केटिंग कार्यालय:** फार्म इक्विपमेन्ट सेक्टर, आकुर्ली रोड़,	Web: www.mahindrakisanmitra.com www.mahindrakisanmitra.com 1800-425-6576 tol free Ph.: 23940635/23950383 Fax.: 2395038 E-mail: commonusedthdelhi@yahoo.com

	Kandivali (W0 Mumbai-400001 **(iii)** Mahindra & Mahindra Ltd. (Tractor Division) **Sales Office**: 3682/57, Shabi Market Chowk, Mori Gate, Delhi – 06 **Showroom**: Khasra 68/12, Ashram Chowk, New Ring Road Crossing, Main Mathura Road, New Delhi-13	गेट नं. 4, कांदिवली (पूर्व) मुम्बई–01 महिन्द्रा एण्ड़ महिन्द्रा लि. (ट्रैक्टर डिवीजन) **सेल्स ऑफिस**: 3682 / 57, सब्जी मार्केंट चौक, मोरी गेट, दिल्ली – 06 **शोरूम**: खसरा 68 / 12, आश्रम चौक, न्यू रिंग रोड़ क्रांसिग, मेन मथुरा रोड़, नई दिल्ली–13	Ph.: 26936307, 26926142 Mob: 9810078822
14	M/s Mukul Enterprises Mala Flour Mill Compound Delhi Road, Partapur, Meerut (U.P.) India	मेसर्स मुकुल इन्टरप्राईजेज माला फ्लोर मिल कम्पाउंड, दिल्ली रोड़, परतापुर, मेरठ (उ.प्र.)	Ph.: 0121-2440732/2440734 Fax: 0121-2440737 E-mail: mukuletp@vsnl.com Web: www.mukulenterprises.com
15	M/s New Holland Fiat (India) Pvt Ltd. Plot No 3, Udyog Kendra, Greater Noida, Distt. Gautam Budh Nagar (U.P.) 201306	मेसर्स न्यूहॉलैन्ड़ फिएट (इण्डिया) प्रा.लि. प्लाट नं. 3, उद्योग केन्द्र, ग्रेटर नोएड़ा, जि. गौतम बुद्ध नगर (उ.प्र.) 201306	Ph.: 0120-3056000 Fax.: 0120-3056989 Web: ww. newhollandindia.co.in Ph.: 011-6932207

16	M/s New Holland Fiat (India) Pvt Ltd.210, Okhla Industrial Area, Phase-III, New Delhi-20	मेसर्स न्यूहॉलैन्ड़ फिएट (इण्डिया) प्रा.लि.210, ओखला इण्डस्ट्रियल एरिया, फैस.–3 नई दिल्ली – 110020	Fax.: 011-6932208
17	M/s Preet Tractor Pvt. Ltd. P.O. Box No. 28, Patiala Road, Nabha-147201 (Punjab)	मेसर्स प्रीत ट्रैक्टर प्रा.लि. पी.ओ.बोक्स नं0 28, पटियाला रोड़, नाभा–147201 (पंजाब)	Ph.: 01765-220400, 329549 Fax,: 01765-505949, 505649 E-mail: preettractor@yahoo.co.in web: www.preettractor.com
18	M/s Punjab Tractors Ltd. S.A.S. Nagar (Mohali) -160055 Near Chandigarh (Punjab)	मेसर्स पंजाब ट्रैक्टर लि. एस.ए.एस. नगर (मौहाली)–160055 चण्डीगढ़	Ph.: 0172-2271620-27 Fax.: 0172-2271307/2272731 E-mail: mail@swarajenterprises.com
19	M/s Same Greaves Tractors Ltd. SCO, Sector-22C, Chandigarh-160022 **Delhi:** M/s Same Greaves Tractors Ltd. Express Building Annexe 9-10, Bahadurgarh Zafar Marge, New Delhi - 110002	मेसर्स सामे ग्रेवेस ट्रैक्टर लि. एस.सी.ओ, सेक्टर –22सी, चण्डीगढ़–160022 **दिल्ली:** सामे ग्रेवेस ट्रैक्टर लि. एक्सप्रैस बिल्डिंग एनेक्सर 9–10, बहादुरगढ़ जफर मार्ग, नई दिल्ली – 110002	Ph.: 011-3730554 Fax: 011-3359782 E-mail: greaves@greaves.grvsdelxeede4
20	M/s Standard Combines Pvt. Ltd. (Tractor Division)	मेसर्स स्टेन्डर्ड कम्बाईन्स (ट्रैक्टर डिवीजन)	Ph.: 0167-3937981/3938033 Fax: 3930833

	H.Q. & Work: Handiayam Chowk, Barnala-148101 (Pb.) **Marketing Division**: SCO 909, NAC, Chandigarh Kalka Road, Manimajra, Chandigarh-161001	**हैड ऑफिस:** हन्डियाम चौक, बरनाल – 148101 (पंजाब) **मार्केटिंग ऑफिस:** एस.सी.ओ. 909, एन.ए.सी. चंडीगढ़ कालका रोड़, मनिमाजरा, चण्डीगढ़–161001	E-mail: scombine@sify.com Tel./Fax.: 0172-736933, 737533, 737433 E-mail: standtract@yahoo.com Web: standrdcombines.com
21	M/s Tractors & Farm Equipment Limited (TAFE) (A Member of the Amalgamation & Group) PB No. 3302, Chennai-600034	मेसर्स ट्रैक्टर्स एण्ड़ फार्म इक्विपमेन्ट लि. (अमाल्गामेशन ग्रुप का एक सदस्य) पोस्ट बॉक्स नं. 3302, चैन्नई–34	Ph:914466913500 Ext.3634Tafe.com
22	M/s V.S.T. Tiller Tractor Ltd. P.B. No. 4801, Mahadevapura P.O. White Field Road, Bangalore-560048	मेसर्स वी.एस.टी. टिलर्स ट्रैक्टर्स लि. पी.बी.नं. 4801, महादेवपुरा, पी.ओ. व्हाइट फील्ड रोड़, बंगलौर–560048	Ph.: 91-80-67141418/ 23, 67141111 Fax: 080-8510221 Web: www.vstillers.com E-mail: sales@vsttillers.com
23	M/s ACE- Action Contraction Equipment Ltd (R& D centter), 25 th Mils stone, Mathura Road Ballabargh, Faridabad(Haryana)-121004	मेसर्स: एक्सन ट्रैक्टर कन्ट्रैक्शन इक्विपमेन्ट लि. (अनुसंधान एवं विकास), 25 वां मिलस स्टोन, मथूरा रोड़, बल्लभगढ़, फरीदाबाद (हरियाणा) 121004	Ph. 129-2306111 Customer care: 1800-1800-004 Call us: +91-129-4550000 Email: Helpdesk@ace-cranes.com

15.2 रोटरी टिलर (रोटावेटर) (Rotary tiller / Rotavator)

S. No.	Name & Address	नाम एवं पता	Contact No., Fax No. & E-mail
1	M/s A.S.S. Foundary Agri Eng.. works G.T. Road, Jhanduyala Guru Amritsar (Punjab)	मेसर्स ए.एस.एस. फाउन्ड्री एग्री. इन्जीनियरिंग वर्क्स जी.टी. रोड़, झाडियालागुरू, अमृतसर (पंजाब)	Ph.: 0183-322367/322545
2	M/s Amar Agricultural Implements Work (Regd.) Amar Street Gill Road, Janta Nagar, Ludhiana-141003 (Punjab)	मेसर्स अमर एग्रीकल्चरल इम्पलीमेन्टस वर्क्स (रजि.) अमर स्ट्रीट, गिल रोड़, जनता नगर, लुधियाना–141003 (पंजाब)	Ph.: 0161-2491780/2493128 Fax.: 0161-5019886 E-mail: info@amaragri.com Web: www.amaragri.com
3	M/s Amar Tractors Pvt. Ltd. 1957, St. No. 2, Janta Nagar, Gill Road, Ludhiana-141003 (Punjab)	मेसर्स अमर ट्रैक्टर प्रा.लि. 1957, स्टीट नं.2, जनता नगर, गिल रोड़, लुधियाना–141003 (पंजाब)	Ph.: 0161-2491780/2493128 Fax.: 0161-2814036 E-mail: info@amaragri.com
4	M/s Ambika Engineering Works NH No. 8, Navagam, Opp. Agro Petrol Pump, Kamraj Char Rasta, Surat (Gujarat)	मेसर्स अम्बिका इन्जीनियरिंग वर्क्स एन.एच. नं.–8, नवागाम, अपोजिट एग्रो पेट्रोल पम्प, केमराज चर रास्ता, सूरत (गुजरात)	Ph.: 0261-234472/253110 Fax.: 0261-2343484/251110 E-mail: ambika_agromech @rediffmail.com Web: ambikaengineeringworks.com

5	M/s Azad Engineering Works Jhansa Road, Thanesar, Kurukshetra (Haryana)	मेसर्स आजाद इन्जीनियरिंग वर्क्स झानसा रोड़, थानेसर जि. कुरूक्षेत्र (हरियाणा)	Ph.: 01744-235432Mob: 9416035432
6	M/s Beri Udyog (P) Ltd. 100-101, Sector-3, HSIIDC, Karnal (Haryana)	मेसर्स बेरी उद्योग (प्रा.) लि. 100–101, सेक्टर–3, HSIIDC, करनाल (हरियाणा)	Ph.: 0184-221571/72/73 Fax.: 0184-2221574 E-mail: info@fieldking.com Web: fieldking.com
7	M/s Bhansali Trailors Pvt. Ltd. Dhantara, Gurudwara Road, Tehsil-Kopargaon, Distt. Ahmednagar (M.S.)	मेसर्स भनशाली ट्रेलर प्रा.लि. धनतारा, गुरूद्वारा रोड़, तहसील–कापरगाँव, जि. अहमदनगर (महाराष्ट्र)	Ph.: 02423-223391/92/93 Fax.: 02423-23394 Mob.: 9822439621/9372719494 E-mail: bhansaliudyog@rediffmail.com Web: bhandaritrailos.com
8	M/s Captain Tractors Pvt. Ltd. Padwalla Road, Varawal, Rajkot (Gujarat)	मेसर्स कैप्टन ट्रैक्टर्स प्रा.लि. पड़वाला रोड़, वेरावल, ता. कोटड़ा, सांगनी, जी.टी. राजकोट (गुजरात)	Ph.: 02827-52547 E-mail: infor@captaintractors.com Web: captaintractors.com
9	M/s Dasmesh Agricultural Industries Rajkot Road, Malerkotla-148023 Distt. Sangrur (Pb) India	मेसर्स दशमेश एग्रीकल्चरल इन्डस्ट्रीज राजकोट रोड़, मेलारकोटला–148023 जि. संगरूर (पंजाब)	Ph.: 01675-253726/251726 Fax.: 01675-261726 E-mail: dasmeshcombines@gmail.com Web: www.darmesh.com

10	M/s Dasmesh Mechanical Works Main Road, Amargarh-148022 Distt. Sangrur (Punjab)	मेसर्स दशमेश मैकेनिकल वर्क्स मेन रोड़, अमरगढ़–148022 जिला–संगरूर (पंजाब)	Ph.: 01675-284221 Fax.: 01675-285999 E-mail: infor@darmesh.net Web: www.dasmesh.net
11	M/s Ganesh Agri Industries Kolal Mehsana Post-Vadpura, Tehsil-Kari, Distt. Mahsana (N. Gujarat)	मेसर्स गणेश एग्री इण्डस्ट्रीज क्लोज मेहसाणा, हाइवे पोस्ट वड़पुरा, तहसील– कड़ी, जि.–मेहसाणा–382705 (उ.गुजरात)	Ph.: 02764-273442/267164 Mob: 9825012224/9825319817 E-mail: asp.graj@hotmail.com Web: www.ganeshraj.com
12	M/s Ganesh Agro Equipments National Highway No. 8, Vadpura-382706 (Gujarat)	मेसर्स गणेश एग्रो इक्यूपमेनट्स नेशनल हाईवे नं. 8, वड़पुरा, गुजरात–382706	Ph.: 02764-273724/267446 Fax.: 02764-267446 E-mail: info@ganeshraj.com Web: www.ganeshraj.com
13	M/s Guru Nanak Krishi Udyogkaithal Rod, Main Chowk, Pehowa (Haryana)	मेसर्स गुरूनानक कृषि उद्योग कैथल रोड़, मैन चौक, पहेवा (हरियाणा)	Ph.: 01741-220247/220710
14	M/s Haryana Agro Service Safido Road, Near Engineering College, Distt. Jind (Haryana)	मेसर्स हरियाणा एग्रो. सर्विस सेफीदो रोड़, नियर इन्जीनियरिंग कॉलेज, जि. जिन्द (हरियाणा)	

15	M/s J.N.P. Agro Systems Pvt. Ltd. No. 15, Poes Road-III, Street Teynampat, Channi-18	मेसर्स जे.एन.पी. एगो. सिस्टम प्रा.लि. नं. 15, पोज रोड–'तीसरा स्ट्रीट, तेनमपट, चेन्नई–18	Ph.: 044-4347985/453286 Fax: 044-8284982
16	M/s Jindal Engg. Works Amaragagh Gami, Distt. Kaithal (Haryana)	मेसर्स जिन्दल इन्जीनियरिंग वर्क्स अमरगढ, गेमी, जि. कैथल (हरियाणा)	Ph.: 222431
17	M/s Kaka Trading Company Gaitond Complex, Old Bus stand Road, Bidar-585401 (Karnataka)	मेसर्स काका ट्रेडिंग कम्पनी गेटोन्ड कॉम्पलैक्स, ओल्ड बस स्टैन्ड़ रोड़, बिदर–585401 (कर्नाटक)	Ph.: 9886676116 Fax.: 08482-225416 E-mail: ps_gadgi@yahoo.com
18	M/s Kalsi Agri Industries G.T. Road Mandi, Dabuwali-4 (Haryana)	मेसर्स कलसी एग्री इण्डस्ट्रीज जी.टी.रोड़ मण्डी, दबवली–04 (हरियाणा)	Ph: 01688-226596 Mob: 9819225052
19	M/s Kisan Kraft Machine Tools Pvt. Ltd. 32/5C, Dasarahali Village, Dasarahali Main Road, H.A. Farm, Post Office Hebbal, Bangalore-34	मेसर्स किसान क्राफ्ट मशीन टूल्स प्रा.लि. 32/5सो, दसाराहली गाँव, दसाराहली मेन रोड़, एच.ए. फार्म, पोस्ट आफिस हेबल, बंगलौर–24	Ph.: 080-64561434/435/22330318 E-mail: kisankraft@gmail.com Web: kisankraft.com

20	M/s M.B. IndustriesC-15, Industrial Focal Point, Moga-142001 (Punjab)	मेसर्स एम.बी. इण्डस्ट्रीज सी–15, इण्डस्ट्रियल फोकल प्वाइंट, मोगा–142001 (पंजाब)	Ph.: 01636-225438 Mob.: 9814225438
21	M/s Madho Agro Indystry (Regd.) Plot No. B-3, Industrial Focal Point, Opp. Petrol Pump, G.T. Road, Moga-142001 (Punjab)	मेसर्स माधो एग्रो इन्डस्ट्री (रजि.) प्लाट नं. बी–3, फोकल प्वाइंट, जी.टी. रोड़, सामने पेट्रोल पम्प, मोगा–142001 (पंजाब)	Ph.: 01636-226135/329906 /01636-220106 (R) E-mail: madhoagro@aim.com
22	M/s Mahindra & Mahindra Ltd. Farm Equipment Sector 5th Floor, E.P.U. Bilium Gate No. 4] Akurli Road, Kandivali (W), Mumbai-400101	मेसर्स महिन्द्रा एण्ड़ महिन्द्रा लि. फार्म इक्विपमेनट सेक्टर 5वीं मंजिल, ई.पी.यू. बिलयम गेट नं. 4, आकुर्ली रोड़, कांदिवली (वैस्ट), मुम्बई–400101	Web: mahindrakisnamitra.com
23	M/s Modern Industries 52, Industrial Estate, Hosharipur-146001 (Punjab)	मेसर्स मॉर्डन इन्डस्ट्रीज 52, इण्डस्ट्रीयल एस्टेट होशियारपुर–146001 (पंजाब)	Ph.: 01882-251636/251942 Fax.: 01882-250236/256008 E-mail: moderninds@rediffmail.com Web: moderninds.com
24	M/s Muksh Trade Link217, Emerald Tower, Ashwini Bazar, Udaipur-313001 (Raj.)	मेसर्स मुकेश ट्रेड़ लिंक 217, इमराल्ड टॉवर, अश्विनी बाजार, उदयपुर–313001 (राज.)	Ph.: 0299-561384/2420088 Mob: 9414156384/9414343678 E-mail: scmukesh@rediffmail.com

25	M/s National Agro Industries Link Road Industrial Area, A-Opp. Transport Nagar, Ludhiana-03 (Punjab)	मेसर्स नैशनल एग्रो इन्डस्ट्रीज सामने ट्रांस्पोर्ट नगर, चीमा चौक और समराला चौक के बीच में) लिंक रोड़, इन्डस्ट्रीयल एरिया–ए, लुधियाना–03 (पंजाब)	Ph.: 0161-2222041/5087853 Fax.: Email: nationalagro@satyam.net.in Web: www.nationalagroinds.com
26	M/s New Kalsi Agri Works G.T. Road Mandi, Dabuwali-4 (Haryana)	मेसर्स न्यू कलसी एग्री वर्क्स जी.टी.रोड़ मण्डी, दबवली–04 (हरियाणा)	Ph: 01688-227740 Mob: 9815596536
27	M/s New Swan Enterprises 622 Industrial Area-B, Ludhiana-141003 (Punjab)	मेसर्स न्यू स्वेन इन्टरप्राइजेज 622, इन्डस्ट्रीयल एरिया– बी., लुधियाना–141003 (पंजाब)	Ph.: 0161-2533186/2533622 Fax.: 0161-25326222 E-mail: newswan@use.net Web: www.swangro.com
28	M/s OSAW UdyogVill. Mangali, P.O. Khudela Kalan, Ambala-133004 (Haryana)	मेसर्स ओसा उद्योग गाँव–मन्गली, पी.ओ. खेदला कलाँ, अम्बाला–4 (हरियाणा)	Ph.: 0171-2891609/2005234 Fax: 0171-2891609 E-mail: osawfarm@rediffmail.com Web: www.osawagriudyog.com
29	M/s Preet Agro Industries Pvt. Ltd. P.O. Box No. 29, Patiala Road, NABHA-147201 (Punjab)	मेसर्स प्रीत एग्रो इण्डस्ट्रीज प्रा.लि. पी.ओ. बाक्स नं. 29, पटियाला रोड़, नाभा–147201 (पंजाब) भारत	Ph.: 01765-220400/222609 Fax.: 01765-221619 E-mail: preetagro@sancharnet.in Web: www.preetagro.com www.preettractors.com

30	M/s Punjab Agro Industries Sham Nagar, G.T. Road, Karnal-132001 (Haryana)	मेसर्स पंजाब एग्रो इन्डस्ट्रीज (रजि.) श्याम नगर, जी.टी. रोड़, करनाल–132001 (हरियाणा)	Ph.: 0184-2261055/2273153 Fax.: 0184-2273347 E-mail: pairagroking@rediffmail.com Web: www.pairagroking.com
31	M/s Punjab Agro Sales (India) Opposite New Grain Market, Delhi, Bye Pass, G.T. Road, Karnal-132001 (Haryana)	मेसर्स पंजाब एग्रो सेल्स (इंडिया) अपोजिट न्यू ग्रेन मार्किट, दिल्ली बाईपास, जी.टी. रोड, करनाल–132001 (हरियाणा)	Ph.: 0184-2220113/2220114 Mob.: 9416075713/9416002113 E-mail: Punjab_agro_india@yahoo.co.in Web: www.krishiking.com
32	M/s R.K. Agro Industries GIDC-1, Plot No. C/2-89, Near Maruti Showroom, Junagarh (Gujarat)	मेसर्स आर.के. एग्रो. इण्डस्ट्रीज जी.आई.डी.सी.-1, प्लॉट नं. सी/2-89, नियर मारूती शोरूम, जूनागढ़ (गुजरात)	Ph.: 0285-2661493 Mob: 9825210411/9879506420
33	M/s Ramakumar Industries P.B.No. 5309, 57, Vellakinaru Road, Coimbatore (Tamilnadu)	मेसर्स रामाकुमार इण्डस्ट्रीज पोस्ट बाक्स नं. 530957, वेलैकिनारू रोड़, कोयम्बटूर–29 (तमिलनाडु)	Ph.: 0422-2642056
34	M/s Sarswati krishi Udyog Assandh-132039, Distt. Karnal (Haryana)	मेसर्स सरस्वती कृषि उद्योग असान्ध–132039, जि. करनाल (हरियाणा)	Ph.: 0184-2785611 Mob: 9896430511

35	M/s Shakti Iron Works Desari Nagar, Plot No. 2, Bhavnagar, Rajkot Highway, Bhavnagar-364003 (Gujrat)	मेसर्स शक्ति आयरन वर्क्स देसाई नगर, प्लॉट नं. 2, भावनगर,–राजकोट हाइवे, भावनगर–364003 (गुजरात)	Ph.: 0278-2446328/2540727 Mob: 942726125
36	M/s Sherpur Agro Industries G.T. Road, Focal Point, Ludhiana (Punjab)	मेसर्स शेरपुर एग्रो. इण्डस्ट्रीज जी.टी. रोड़, फोकल प्वाइंट, लुधियाना (पंजाब)	Ph.: 0161-671887/673839
37	M/s Sonalika Farm Equipment Pvt. Ltd.Industrial Estate, Jalandhar Road, Hoshiarpur-146001	मेसर्स सोनालिका फार्म इक्विपमेन्ट प्रा.लि., औद्योगिक क्षेत्र, जालन्धर रोड़, होशियारपुर–146001 (पंजाब)	Ph.: 01882-502806/252625/ 250376/250794 Fax.: 01882-252756 E-mail: sonalikaagro@sonalika.com
38	M/s Super New Punjab Engg. Works Main Road, Talwandi Bhai- 142050 (Punjab)	मेसर्स सुपर न्यू पंजाब इन्जीनियरिंग वर्क्स, मेन रोड़, तलवन्डी भाई– 50(पंजाब)	Ph.: 01632-231324/556324 Mo: 9814918624/9417951334
39	M/s T.G. Aggar & Company Railway Road, Ambala City (Haryana) 134002	मेसर्स टी.जी. अगार एण्ड़ कम्पनी, रेलवे रेड़, अम्बाला सिटी (हरियाणा)	08045138816
40	M/s The Oriental Science Aparatus Workshops (OSAW) Jawaharlal Nehru Marg,	मेसर्स दी ओरियंटल साईंस अपेरेटस वर्क्सशॉप जवाहर लाल नेहरू मार्ग,	Ph.: 0171-2633834/2641485 Fax: 0171-2643180 E-mail: osawfarm@rediffmail.com

	Opp. Civil Hospital, Ambala Cantt-01	अपोजिट सिविल हॉस्पीटल, अमबाला कैन्ट–1 (हरियाणा)	Web: osawformmachines.com
41	M/s The Punjab Agricultural Syndicate, Kasmir Road, Batala (Punjab)	मेसर्स दी पंजाब सिंडिकेट कश्मीर रोड़,, बटाला (पंजाब)	
42	M/s Tirth Agro Technology Pvt. Ltd. Near Hotel Krishna Park, NH-8B, Gondal Road, Vavadi Rajkot-360004 (Gujarat)	मेसर्स तीर्थ एग्रो टैक्नोलोजी प्रा.लि. एन.एच.–8बी., गोंडल रोड़, वावड़ी, राजकोट–360004 (गुजरात)	Ph.: 0281-91 2827661637/2386047 Fax.: 0281-2380852 E-mail: infor@shaktimanagro.com Web: www.shaktimanagro.com
43	M/s Trident Farm Implements Pvt. Ltd. 39, SIDCO, Idustrial Estate, Ambattur, Chennai-600098	मेसर्स ट्राइडेन्ट फार्म इम्पलीमेन्ट्स प्रा.लि. 39, एस.आई.डी.सी.ओ. इण्डस्ट्रीयल, एस्टेट, अमबेटूर, चैन्नई–600098	Ph.: 044-26244743/26244968 Mob: 9444126839 Fax: 044-26244968
44	M/s Tuskar Farm Equipments (P) Ltd, 47-A, Hanuman Road, Connaught Place, New Delhi-	मेसर्स तुसकर फार्म इक्वीपमेन्ट प्रा.लि. 47–ए, हनुमान रोड़, कनॉट प्लैस, नई दिल्ली–1	Ph.: 011-334811/334812 Fax.: 011-3362731
45	M/s Varsha Associates 35, Ist Main Nar Mahalakshmi Temple, Lower Place, Orchards, Sada Shiva, Nagara, Bangalore-560003	मेसर्स वर्षा एसोसिऐट 35, प्रथम मेन, नियर महालक्ष्मी टैम्पल, लोअर प्लेस, ओजड्स सदा शिव नागरा, बैंगलौर–03	Ph.: 080-41236389Mob: 9448396260 E-mail: varshaiza@rediffmail.com

46	M/s Zandu Steel Works Hisar Road, Manav Chowk, Ambala City (Haryana)	मेसर्स झण्डू स्टील वर्क्स हिसार रोड़, मानव चौक, अम्बाला सिटी (हरियाणा)	Ph: 0171-2530143 Mob: 9416155843

15.3 स्प्रेयर–Sprayer

S.No.	Name & Address	नाम एवं पता	Contact No., Fax No. & E-mail
1	M/s Adarsh Plants Products Ltd. 119-D, GIDC Vithal Udyog Nagar, Anand (Gujarat)	मेसर्स आदर्श प्लान्ट प्रोडक्ट्स लि., 119–डी, जी.आई.डी.सी. विथल उद्योग नगर, आनन्द (गुंजरात)	Ph.: 02692-46786 Fax.: 02692-46397
2	M/s Agrico Equipments India Pvt. Ltd. 1753/129, Shanti Nagar, Tri Nagar, Delhi-110035	मेसर्स एग्रीको इक्यूपमेन्ट इण्डिया प्रा.लि. 1753/129, शान्ति नगर, त्री नगर, दिल्ली–35	Ph.: 011-7198806/7195099 Fax.: 011-7104001 E-mail: agrico@nda.vsnl.net.in
3	M/s Agro Sprayers (Regd.) J-4/16, Behind Govt, Boys Senior Secondary School No. 1, Rajouri Garden New Delhi-27	मेसर्स एग्रो स्पेयर्स (रजि.) जे–4/16, पीछे गवर्नमेन्ट ब्वाय सीनियर सेकेन्डरी स्कूल नं. 1, राजौर गार्डन, नई दिल्ली–27	Ph: 011-5190516
4	M/s Almight Agrotech Pvt. Ltd. 17, AdarshBuilding, Bhakti Nagar,	मेसर्स आलमाइट एग्रोटेक प्रा.लि., 17, आदर्श बिल्डिंग, भक्ती नगर,	Ph.: 0281-2462289/2462528 Fax.: 0281-2462529

	Station Plot, Rajkot– 360002 (Gujarat)	स्टेशन प्लाट, राजेकाट – 360002 (गुजरात)	E-mail: app@almightagro.com Web: www.almightagro.com
5	M/s American Spring & Pressing Works Pvt. Ltd. (ASPEE) P.O. Box No. 7602, Aspee House, B.J. Patel Road, Malad (W), Mumbai-64, India	मेसर्स अमेरिकन स्प्रिंग एण्ड् प्रैसिंग वर्क्स प्रा.लि., (ए एस पी वी वी) पी.ओ.बोक्स नु. 7602, अस्पी हाऊस, बी.जे.पटेल रोड़, मलाद (वेस्ट), मुम्बई–64	Ph.: 022-67745700/32/33/35 022-28820334 Fax.: 022-28822336 E-mail: Aspee@aspee.net www.aspee.com
6	M/s Apex Agro3229/1, Ranjeet Nagar, New Delhi-110008	मेसर्स एपेक्स एग्रो 3229 / 1, रणजीत नगर,, नई दिल्ली–110008	Mob.: 9868163134
7	M/s ASPEE Group of Company 308, Shubham-1, Sarojini Naidu, Sarani, Kolkata-17	मेसर्स (ए एस पी वी वी) ग्रुप कम्पनी 308, सुभम–1, सरोजिनी नायडू, सरानी, कोलकता–17	Ph.: 033-30283609 Fax.: 033-22831610 E-mail: kolkatabranch@aspee.net
8	M/s AV Agritech Input Pvt. Ltd. (New Delhi) 351/1, Main Bijwasion, Opp. Golaktham, New Delhi-61	मेसर्स ए.वी. एग्रीटेक इनपुट प्रा.लि. (नई दिल्ली) 351 / 1, मेन ब्रिजवासिन, अपोजिट गोलकथाम, नई दिल्ली–61	Mob.: 981814120/9868820023
9	M/s B.D.J. International E-3/8, New Arya Nagar, Meerut Road, Ghaziabad (U.P.)	मेसर्स बी.डी.जे. इन्टरनेशनल ई–3 / 8, न्यू आर्य नगर, मेरठ रोड़, गाजियाबाद (उ.प्र.)	Ph.: 0120-2855148 Fax.: 0120-2634628 Mob.: 9810610280/9312430933/ 9810166713 E-mail: bdjinternational@rediffmail.com

10	M/S B.K. & Brothers agricultural Works G.T. Rod, Mandi Dabwali Distt. Sirsa (Haryana)	मेसर्स बी.के. एण्ड ब्रदर्स एग्रीकल्चरल वर्क्स, जी.टी. रोड़ मण्डी डबवाली जि. सिरसा (हरियाणा)	Ph.: 01668-27002
11	M/s Beta Engineers 1534, Mamupur, Narela, Delhi-110040	मेसर्स बीटा इन्जीनियर्स 1534, मामूपुर, नरेला, दिल्ली–110040	Ph.: 011-27786507/27786240/27786448 Fax.: 011-27786926 E-mail: betaengineers@yahoo.co.in
12	M/s Blue Stallion Equipments (P) Ltd. 3828, Lane No. 7, Opp. ITI, New Janta Nagar, Ludhiana-03 (Punjab)	मेसर्स ब्लू स्टेलियन इक्यूपमेन्ट प्रा.लि. 3828, लेन नं. 7, अपोजिट आई.टी.आई., न्यू जनता नगर, लुधियाना–141003 (पंजाब)	Ph.: 0161-5045218/5086147 Fax.: 0161-5086147 E-mail: stallionindia@rediffmail.com Web: www.stallion.diytrade.com
13	M/s Crystal Phosphates Ltd. GI/17, G.T. Karnal Road, Industrial Area, Azadpur, Delhi-110033	मेसर्स क्रिस्टल फास्फेट लि. जी.आई./17, जी.टी. करनाल रोड़, इन्डस्ट्रीयल एरिया, आजादपुर, दिल्ली–53	Ph.: 011-27118881/2/3/4 Mob.: 9911505418 Fax.: 011-27118885 E-mail: info@crystalphpsphates.com
14	M/S Elite Engg. Co. Nav Bhawan, Near Baisford Cinema, Rajkot, (Gujarat)	मेसर्स इलाईट इन्जीनियरिंग कम्पनी नवभवन, नियर वाईसफोर्ड सिनेमा राजकोट (गुजरात)	Ph.:
15	M/S Geco Engg. (Regd.) Near Preet Palace, Ludhiana (Punjab)	मेसर्स जीको इन्जीनियरिंग (रजि.) नियर प्रीति पैलेस, लुधियाना –141003 (पंजाब)	Ph..: 0161-26656

16	M/s Great Eastern Engg. Co. 23, Mooker, Mallamuthu Street, Chennai-01 (Tamilnadu)	मेसर्स ग्रेट ईस्टर्न इन्जीनियरिंग कम्पनी 23, मूकर, मालामुथु स्ट्रीट, चैन्नई–01 (तमिलनाडु)	Ph.: 512560
17	M/s Hymatic Agro Equipment Pvt. Ltd. A-64, Sector-2, Noida-201301 (U.P.)	मेसर्स हाइमैटिक एग्रो इक्व्यूपमेन्ट प्रा.लि., ए–64, सेक्टर–2, नोएड़ा–201301 (उ.प्र.)	Ph.: 0120-2522051/2520552 Mob.: 9810822051/ 9811113223 / 9871421705, Fax.: 0120-4320552 E-mail: mail@hymatic.in Web: www.hymatic.in
18	M/s Indo German Agr. Sprayers Pressing Works P.Box No. 125, Near Chand Cinema, G.T. Road, Ludhiana-8 (Pb)	मेसर्स इण्डो जर्मन एग्रीकल्चरल स्प्रेयर्स प्रेसिंग वर्क्स पोस्ट बाक्स न. 125, निकट चाँद सिनेमा, जी.टी रोड़, लुधियाना–141008 (पंजाब)	Ph.: 0161-741999 Fax.: 0161-745366
19	M/s Jet Engineering & electrical Corporation 298/24, Onkar Nagar, B- Trinagar, Delhi-35	मेसर्स जेट इन्जीनियरिंग एण्ड इलैक्ट्रीकल्स कॉरपोरेशन 298 / 27, ओंकार नगर, बी; त्रि नगर, दिल्ली–110035	Ph: 011-7194672/7196675/7194503/ 7183454 Fax.: 011-7057619 E-mail: jet_agro@satyam.net.in
20	M/s Kisan Kraft Machine Tools Pvt. Ltd. 32/5C, Dasarahali Village, Dasarahali Main Road, H.A. Farm, Post Office Hebbal, Bangalore-24	मेसर्स किसान क्राफ्ट मशीन टूल्स प्रा.लि., 32 / 5सी, डसाराहली गाँव, डसाराहली मेन रोड़, एच.ए. फार्म, पोस्ट आफिस हेबल, बंगलौर – 24	Ph.: 080-64561434/435/22330318 E-mail: kisankraft@gmail.com Web: kisankraft.com

21	M/s Melcons Enterprises 59, DDA Plats, Site-I, Vikaspuri, New Delhi-110018	मेसर्स मेकन इन्टरप्राईजेज 59, डी.डी.ए. फ्लैटस, साईट–1, विकासपुरी, नई दिल्ली–110018	Ph.: 011-25527211
22	M/s N.R.V. Industrial Corporation 116, Deep Shikha Rajendra Place, New Delhi - 08	मेसर्स एन.आर.वी. इण्डस्ट्रीयल कॉरपोरेशन, 116, दीप शिखा, राजेद्र पलैस, नई दिल्ली–08	Ph.:
23	M/s Namit Sprayers 371, Rampura, near Balmiki Mandir, Opp. Gali No. 28, Onkar Nagar-B, Trinagar, Delhi-110035	मेसर्स नमित स्प्रेयर्स 371, रामपुरा, नियर बाल्मिकी मन्दिर, आपोजिट गली–28, ओंकार नगर–बी, त्री नगर, दिल्ली–110035	Mob.: 9810047488/9210314640 E-mail: namitsprayers@yahoo.com
24	M/s Padigilwar Electrical Industries (Agro Division) Mangaldas Market, Ashoka-1 (M.S.)	मेसर्स पेडीगिलवार इलैक्ट्रीकल इण्डस्ट्रीज (एग्रो डिवीजन) मंगलदास मार्केट, अशोका–1(महाराष्ट्र)	Ph.: 0724-433660 fax.: 0724-430004
25	M/s PEE KAY Farm Equipment (India) Pvt. Ltd.Raj House, D-10/2, Okhla Industrial Area. Phase-I, New Delhi-110020	मेसर्स पी.के. फार्म इक्यूपमेन्ट (इन्डिया) प्रा.लि. राज हाऊस, डी–10/2, ओखला इंडस्ट्रीयल एरिया, फेस–1, नई दिल्ली–20	Ph.: 011-26811996/26811610 23712666/08800393537/8800393539 9350509996 (DD Banswal) Fax,: 011-26817032 E-mail: shintech@vsnl.com Website:peekayfarmerequipments.com

26	M/s Pocha Seeds Pvt. Ltd. P.B. No. 55, Near Sholapur Bazar, Pune – 411040 (M.S.)	मेसर्स पोचा सीड्स प्रा.लि. पोस्ट बॉक्स नं. 55, निकट शोलापुर बाजार, पूना–40 (महाराश्ट्र)	91 020-6363978 / +91 020-6363179
27	M/s Power Sprayers Auto Controlled Pressure Raj House D-10/2, Okhla Indl. Area, Phase-II, New Delhi-110020	मेसर्स पावर स्प्रेयर ऑटो कन्ट्रोल्ड प्रेषर, राज हाऊस, डी–10 / 2, ओखला इण्डस्ट्रीयल एरिया, फेस–1, नई दिल्ली–20	
28	M/s Raki Industries 2-279, Pitampura Road, Ramanayyapeta, Kakinada-53309 (A.P.)	मेसर्स राकी इण्डस्ट्रीज 2–279, प्रीतमपुरा रोड़, रामानयापेटा, काकीनाड़ा–53309 (अ.प्र.)	Ph.: 0884-64257/78223/76630/46863 Fax.: 0884-63265
29	M/s Ratnagiri Impex Pvt. Ltd. Annapurna House, 1/1G, 7th Cross, New Goddhali, Masure Road, Bangalore-560026	मेसर्स रत्नगिरि इम्पेक्स प्रा.लि. अन्नपूर्णा हाऊस, 1 / 1जी, 7वां क्रॉस, नई गुड्डहाली, मैसूर रोड़, बंगलौर–560026	Ph.: 080-26753601/2, 080-32710246/162 Fax.: 080-26751658 E-mail: sales@ratnagiriimpex.com
30	M/s S.K. Engg. Works 1753/A, Gali No. 129, Shanti Nagar, Tri Nagar, Delhi-35	मेसर्स एस.के. इन्जीनियरिंग वर्क्स 1753 / ए, गली नं. 129, शान्ति नगर, त्रि नगर, दिल्ली–35	Ph.: 011-7216826Fax.: 011-7195099
31	M/s Sharma Dusters & Sprayers 93, Aish Bagh, Lucknow (U.P.)	मेसर्स शर्मा डस्टर्स एण्ड स्प्रेयर्स 93, एश बाग, लखनऊ (उ.प्र.)	

32	M/s Shree Balaji Industries 20, Ishwar Trade Centre, Grey Town, Opp. TOIOB, Dr. Nanjappa Road, Coimbatore-641018 (T.N.)	मेसर्स श्री बालाजी इन्डस्ट्रीज 20 ईश्वर ट्रेड सेन्टर, ग्रे टाउन, Opp. TOIOB, डा. ननजप्पा रोड़, कोयम्बटूर– 641018 (तमिलनाडु)	Ph.: 0422-2307811/4393763 Fax.: 0422-2301598 Email: sreebalajiindustries@ rediffmail.com Web: www.sreebalajiindustries.com
33	M/s Skoda (India) Engg. Pvt. Ltd. Fogun Mansion, 26, Ethiraj Salari, Egmore, Chennai – 600105 (T.N.)	मेसर्स सकोदा (भारत) इन्जीनियरिंग प्रा.लि. फागुन मानसिन, 26, इथीराज सालरी, इगमोरे, चैन्नई – 600105 (तमिलनाडु)	Ph.: 8271242 Fax.: 8270978
34	M/s Spraywell Industries **Fact.:** 1378, Mordern Industrial Estate, Bahadurgarh-124507 (Haryana) **Office:** 4659, Roshanada Road, Delhi-110007	मेसर्स स्प्रेवैल इण्डस्ट्रीज **फैक्ट्री**: 1378, मॉर्डन इण्डस्ट्रीयल एस्टेट, बहादुरगढ़–124507 (हरियाणा) **आफिस**: 4659, रोशानादा रोड़, दिल्ली–110007	Ph.: 011-3250724, 01276-267083 Mob.: C9350103777 E-mail: spraywell@gmail.com
35	M/s Sukripam Worldwide E-2, Industrial Area, Bahadrabad, Distt. Haridwar (Uttarakhand), India	मेसर्स सुक्रिपाम वर्ल्डवाईड ई–2, इण्डस्ट्रीयल एरिया, बहादराबाद, जि. हरिद्वार (उत्तराखंड)	Ph.: 01334-315316Mob: 09212168527 E-mail: sikripamworld@gmail.com
36	M/s Sunil Khanna Agril. Co. Rama Krishna Lane, G.T. Road, Model Town, Ghaziabad (U.P.)	मेसर्स सुनील खन्ना एग्री कम्पनी रामा कृष्णा लेन, जी.टी. रोड़, मॉडल टाऊन, गाजियाबाद (उ.प्र.)	

37	M/s Super Product Enterprises S-4, Sasco Bhawan, Naini Wala Bagh, Azadpur Comm. Complex, Delhi-110033	मेसर्स सुपर प्रोडक्ट इन्टरप्राइजेज एस–4, सासको भवन, नेनि वाला बाग, आजादपुर, सामुदायिक कॉम्पलैक्स, दिल्ली–110033	Ph.: 011-27681887/27121981 Mob.: 981807356 Fax: 011-2761414 E-mail: delhibranch@aspee.net
38	M/s Thamsons Agril. Industries 2nd Floor, Ravi Chambers, Near Relief Cinema, Ahemdabad (Gujarat)	मेसर्स थामसन एग्रीकल्चरल इण्डस्ट्रीज, द्वितीय तल, रवि चैम्बर्स, निकट रिलिफ सिनेमा, अहमदाबाद–01 (गुजरात)	Ph.: 071-5831533/6750934 Fax.: 071-6425623
39	M/s The Maharashtra Agro Industries Development Corporation Ltd. Ranjan House, IIIrd Floor, Parbhadevi, Mumbai - 25	मेसर्स दी महाराष्ट्र एग्रो इण्डस्ट्रीज डेवलपमेन्ट कारपोरेशन लि. राजन हाऊस, तीसरी मंजिल, प्रभादेवी, मुम्बई–25	Ph.: 022-4308211 Fax.: 022-4308618
40	M/s The Sigma Steel Industries (Regd.) A-2, Industrial Estate, Ludhiana (Punjab)	मेसर्स दी सिगमा स्टील इण्डस्ट्रीज (रजि.) ए–2, इण्डस्ट्रीयल एस्टेट, लुधियाना – 3 (पंजाब)	Ph.: 0161-531546/533839 Fax.: 0161-531843

15.4 लेजर निर्देशित लैंण्ड लेवलर – Laser Guided Land Leveler

S. No.	Name & Address	नाम एवं पता	Contact No., Fax No. & E-mail
1	M/s A.J. Precision & Automation Pvt. Ltd. B-179, Phase-2, Noida-201304 (India)	मेसर्स ए.जे. प्रीसिसन एण्ड़ आटोमेषन प्रा.लि. बी–179, फेस–2, नोएड़ा–201304 (भारत)	Ph.: 0120-4221130 Fax.: 0120-4337971 E-mail: ajprecision@gmail.com Web: www.ajprecisionautomation.com
2	M/s Annapurna Agriculture Near Sarvottam Petrol Pump, Garh Road, Hapur - 245101 (Gaziabad), U.P.	मेसर्स अन्नपूर्णा एग्रीकल्चर निकट सर्वोत्तम पेट्रोल पम्प, गढ़ रोड़, हापुड़ (गाजियाबाद), उ.प्र.	Mob.: 9837754091/9720104091/ 9219907384
3	M/s Beri Udyog (P) Ltd. 100-101, Sector-3, HSIIDC, Karnal (Haryana)	मेसर्स बेरी उद्योग (प्रा.) लि. 100–101, सेक्टर–3, HSIIDC, करनाल (हरियाणा)	Ph.: 0484-221571/72/73 Fax.: 0484-2221574 E-mail: info@fieldking.com Web: fieldking.com
4	M/s Devendra Agriculture Works The. Chaupla, Hapur (Gaziabad)	मेसर्स देविन्द्र एग्रीकल्चर वर्क्स तहसील– चौपला, हापुड, गाजियाबाद	Ph.: 0922-2317439 Mob.: 09837414302
5	M/s Elcom Technology Pvt. Ltd. A-05, Infocity, Sector-34,	मेसर्स एलकोम टैक्नोलौजी प्रा. लि. ए–06, इन्फोसिटी, सैक्टर–34,	Ph.: 0124-4122222 Fax.: 0124-4122200

	Gurgaon-122002 (Haryana)	गुड़गाँव– 122002 (हरियाणा)	E-mail: agriculture@elecometech.com Web: www.elecometech.com
6	M/s OSAW Udyog Vill. Mangali, P.O. Khudela Kalan, Ambala-133004 (Haryana)	मेसर्स ओसा उद्योग गाँव मन्गाली, पी.ओ. खुदमला कलाँ, अम्बाला – 4 (हरियाणा)	Ph.: 0171-2891609/2005234 Fax: 0171-2891609 E-mail: osawfarm@rediffmail.com Web: www.osawagriudyog.com
7	M/s Spectra Precision Laser (P) Ltd. 77-80, Shiv Vihar (West) Vikas Nagar, New Delhi-110059	मेसर्स स्पेक्ट्रा प्रीसिसन लेजर प्रा.लि. 77–80, शिव विहार (वैस्ट) विकास नगर, नई दिल्ली–110059	Ph.: 011-352643/44/45 Fax.: 011-25352649 Mob.: 9654913357 E-mail: info@sprectraprecision.in Web: spectraprecision.in
8.	M/s APOGEE Precision Leser, Jat dharmshala Near, lodhot road, Sukhpura, Rohak, Haryana (India)	अपोजी, प्रीसीजन लेजर्स, जाट धर्मशाला के पास, लाढोत रोड, शखपुरा चौक, रोहतक, (हरियाणा)	Ph.09837212286,0989683028, 07624002266 Website: www.apogeeleveller.com E-mail: apogee.anand@gmail.com
9.	M/s Gupta Tractor & Implements, 40. Pritamnagar, Karnal-132001 (India)	गुप्ता ट्रैक्टर इम्पलीमेंटस, 40, प्रीतमनगर, करनाल	Ph. 01844031698 Web: www.lasermatik.com Email: Inquiry@lasermatik.com

15.5 पावर टिलर – Power Tiller

S. No.	Name & Address	नाम एवं पता	Contact No., Fax No. & E-mail
1	M/s Aman Agencies Kh. No. 536/2, Nathupura Road, Burari, Delhi - 110084	मेसर्स अमन एजेन्सी खा.नं. 536/2, नत्थूपुरा, बुराड़ी, दिल्ली–1100084	Ph.: 011-7612368 Mo: 9811441872
2	M/s Amar Agricultural Implements Work (Regd.) Amar Street Gill Road, Janta Nagar, Ludhiana-141003 (Punjab)	मेसर्स अमर एग्रीकल्चरल इम्पलीमेन्टस वर्क्स (रजि.) अमर स्ट्रीट, गिल रोड़, जनता नगर, लुधियाना–141003 (पंजाब)	Ph.: 0161-2491780/2493128 Fax.: 0161-5019886 E-mail: info@amaragri.com Web: www.amaragri.com
3	M/s B.D.J. International E-3/8, New Arya Nagar, Meerut Road, Ghaziabad (U.P.)	मेसर्स बी.डी.जे. इन्टरनेशनल ई–3/8, न्यू आर्य नगर, मेरठ रोड़, गाजियाबाद (उ.प्र.)	Ph.: 2855148 Mob.: 9810610280/9312430933/ 9810166713 E-mail: bdjinternational@rediffmail.com
4	M/s Bengal Tools Ltd. (Agro Division) 2, Jessore Road, Kolkata-28	मेसर्स बंगाल टूल्स लि. (एग्रो डिवीजन) 2, जैसोर रोड़, कोलकता–700028	Ph.: 25295503/5488 Fax.: 25295488 Mob.: 9903975718 E-mail: parthapratimbanerjee1971 @yahoo.co.in, btlno@vsnl.net
5	M/s Birla Power 901, Bhikaji Cama Bhawan11,	मेसर्स बिरला पावर 901, भीकाजी कामा भवन–11,	Ph.: 011-42594100 Fax.: 011-42549199

	Bhikaji Cama Place, New Delhi-66	भीकाजी कामा प्लेस, नई दिल्ली–66	E-mail: mktg@birlapower.com retail@birlapower.com Web: www.birlapower.com
6	M/s Brigas & Stratton AG Liaison Office India412, Sohrab Hall, Sasoon Road, Pune-411001	मेसर्स ब्रीगास एण्ड़ स्ट्रेटोन ए.जी. लियासन ऑफिस इण्ड़िया 412, सोहरब हाल, सेसून रोड़, पुणे–41001	Ph.: 020-66029031 Fax.: 020-66029032
7	M/s Central Institute of Agricultural Engineering Nabi Bagh, Barasia Road, Bhpoal – 462038 (M.P.)	मेसर्स केन्द्रीय कृषि अभियात्रिकी संस्थान, नबी बाग, बरेसिया रोड़, भोपाल (म.प्र.)–38	Ph.: 0755-2737191 Fax.: 0755-2734016 E-mail: root@ciare.res.inWeb: ciae.res.in
8	M/s Greaves Limited Express Building, Annexe-9-10, Bahadur Shah Zafar Marg, P.B. No. 7024, New Delhi-02	मेसर्स ग्रीवस लि. एक्सप्रेस बिल्डिंग, एनेक्स– 9–10, बहादुरशाह जफर मार्ग, पी.बी. नं. 7024, नई दिल्ली–02	Ph.: 011-3730554 Fax.: 011-3317593
9	M/s Green Plantet 30, Rani Jhansi Road, New Delhi-55	मेसर्स ग्रीन प्लेनेट 30, रानी झाँसी रोड़, नई दिल्ली–55	Ph.: 011-23523807, Mob.: 09868154407 E-mail: infor@greenplanet.in
10	M/s Jayessor Equipments Pvt. Ltd. 91C, Chinnasamy Naidu Road, New Sidhapudar, Coimbatore – 641044 (T.N.)	मेसर्स जेयसोर इक्वीपमेन्ट्स प्रा.लि. 91–सी, चिन्नासामी नायडू रोड़, न्यू सिडापूदार, कोयम्बटूर–44 (तमिलनाडु)	Ph.: 0422-4389872 Fax.: 0422-4387439

11	M/s Kerala Agro Machinery Corporation Ltd.Antani-683585, Arnakulam Distt. (Keraka)	मेसर्स केरल एग्रो मशीनरी कारपोरेशन लि., अन्ताणी–683585, एर्नाकुलम जिला (केरल)	Ph.: 0484-247301 Fax.: 0484-2474589 E-mail: kamco@satyam.net.in Web: www.kamcoindia.com
12	M/s Lath Akriti, Bamra Distt. Bambalpur-768221 (Orissa)	मेसर्स लेथ आकृति, बमरा, जिला–सम्बलपुर–68221 (उड़ीसा)	Ph.: 06642-229095/229336 Mobile: 09437051336 E-mail: contact@lathakriti.com Web: www.lathakriti.com
13	M/s Mechanical Engineering Research & Development Organisation (MERADO) Gill Road, Ludhiana - 06 (Punjab)	मेसर्स मैकेनीकल इन्जीनियरिंग रिसर्च एण्ड़ विकास संगठन (एम.ई.आर.ए.डी.ओ.)गिल रोड़, लुधियाना–06 (पंजाब)	Ph./Fax : 0161-2491522 E-mail: merado@emeri.res.in Web: www.emeri.res.in
14	M/s Premier Power Equipment Products Pvt. Ltd.9-V, Self help Industrial Estate, Keelkathalai, Chennai-600117	मेसर्स प्रीमियर पावर इक्वीपमेन्ट प्रोडक्टस प्रा.लि., 9–बी., सेल्फ–हेल्फ इण्डस्ट्रीयल एस्टेट, केलकाथालाई, चैन्नई–117	Ph.: 044-22470091 Fax.: 044-22476420 E-mail: primpower@vsnl.net
15	M/s Shree Balaji Industries 20 Ishwar Trade Centre, Grey Town, Opp. TOTOB, Dr. Nanjappa Road, Coimbatore-641018 (T.N.)	मेसर्स श्री बालाजी इन्डस्ट्रीज 20 ईश्वर ट्रेड सेन्टर, ग्रे टाउन, Opp. TOTOB, Dr. ननजप्पा रोड़, कोयम्बाटूर– 641018 (तमिलनाडु)	Ph.: 0422-2307811/4393763 Fax.: 0422-2301598 Email: sreebalajiindustries@ rediffmail.com Web: www.sreebalajiindustries.com

16	M/s Southern Agro Engine Pvt. Ltd. 24A, Phase-III, Industrial Estate, Guindy, Chennai–32	मेसर्स सदर्न एग्रो इंजन प्रा.लि. 24ए, फैस–3, इण्डस्ट्रीयल एस्टेट, गुन्डी, चैन्नई–32	Ph.: 044-22500378.2250/325/22501134 Fax.: 044-22500039 E-mail: marking@southernagro.com
17	M/s Stitchwell Qualitex Pvt. Ltd. G-58, Sector-6, Noida-201301	मेसर्स स्टीचवेल क्वालिटैक्स प्रा.लि. जी–58, सैक्टर–6, नोएड़ा–201301 (उ.प्र.)	Ph.: 0120-2422641/2422496 Mob.: 0945440283/9212168527/ 9936436034 E-mail: info@sqplindia.com Web: www.sqplindia.com
18	M/s The National Engg. Co. (M) Pvt. Ltd.Kakani Tower, 15 Khadar Nawaze, Khan Road, P.B. No. 4534, Chennai-600006	मेसर्स दी नैशनल इन्जीनियरिंग कम्पनी (मद्रास) प्रा.लि., काकानी टावर, 15, खदर नवाज, खान रोड़, पोस्ट ब.न. 4534, चैन्नई–60006	Ph.: 044-8279024/8278529 Fax: 044-8279296
19	M/s Tuskar Farm Equipments (P) Ltd. 47-A, Hanuman Road, Connaught Place, New Delhi	मेसर्स तुसकर फार्म इक्वीपमेन्ट प्रा.लि. 47–ए, हनुमान रोड़, कनॉट प्लैस, नई दिल्ली–1	Ph.: 011-334811/334812 Fax.: 011-3362731
20	M/s Varsha Associates Mruthyuniaya Compound, V.P. Extension, Chitradurga – 577501 (Karnataka)	मेसर्स वर्षा एसोसिऐट मरूथयूउन्ज्यिा कम्पाउन्ड, वी.पी. एक्सटैन्शन, चित्रादुर्गा–577501 (कर्नाटक)	Ph. : 08194-651721 Fax.: 01894-226648 Mob: 9448396261 E-mail: varsaize@rediffmail.com
21	M/s Vijay Engineering & Mechinery Co.1420C, Laxmipuri, Kolhapur-416002 (M.S.)	मेसर्स विजय इन्जीनियरिंग एण्ड़ मशीनरी, 1420–सी, लक्ष्मीपुरी, कोल्हापुर–416002 (महाराष्ट्र)	Ph.: 0231-2641877/2642515 Fax.: .231-2640420 E-mail: veme@sancharnet.in

15.6 रीपर बाइन्डर – Reaper Binder - Italian

S. No.	Name & Address	नाम एवं पता	Contact No., Fax No. & E-mail
1.	M/s BCS India Pvt. Ltd.Vill. Manngaarh, Machiwara Road, P.O. Kohara, Distt. Ludhiana-141112	मेसर्स बी.सी.एस. इण्ड़िया प्रा.लि. गाँव मानगढ़, माछीवाड़ा रोड़, पी.ओ. कोहाड़ा, जि. लुधियाना–141112 (पंजाब)	Ph.: 0161-2848597, Fax: 0161-2848598 Mob.: 084277-55743/098728-74743/ 098728-74744, E-mail: bcs@bcs-ferarri.in Web: www.bcsferrari.in **Products:** Fooder Harveter, Power Sprayer, Lawn Mower, Rotavator & Rodger, Seed drill, Spray pump, Grass cutter.

15.7 कम्बाईन हारवेस्टर/कटाई एवं गहाई मशीन – Combine Harvester

S. No.	Name & Address	नाम एवं पता	Contact No., Fax No. & E-mail
1	M/s Ajaco Engg. Products Ltd. G.T. Road, Goroga, Distt. Jalandhar - 9 (Punjab)	मेसर्स एजेको इन्जीनियरिंग प्रोडक्ट्स लि., जी.टी. रोड़, गौरोगा जि. जालन्धर–9 (पंजाब)	Ph.: 01826-262291/262571 Fax: 01826-262271 E-mail: ajaco@jla.vsnl.net.in Web: www.ajaco.engg.com
2	M/s Anil Agrico Industrial Estate, Bina (M.P.) - 470113	मेसर्स अनिल एग्रीको इण्डस्ट्रीयल एस्टेट, बीना (म.प्र.) – 470113	Ph.: 01764-21012

3	M/s Bharat Engineering Corp Opp. Tehsil Building, G.T. Road, Karnal (Haryana)	मेसर्स भारत इण्डस्ट्रीयल कॉरपोरेषन अपोजिट तहसील बिल्डिंग, जी.टी. रोड, करनाल (हरियाणा)	Ph.: 02510-2534/3226
4	M/s Class India Pvt. Ltd. (North India)15/3, Mathura Road, Faridabad-121003 (Haryana)	मेसर्स क्लास इण्डिया प्रा लि. (उत्तर भारत).) 15/3, मथुरा रोड़, फरीदाबाद–121003 (हरियाणा)	Ph.: 0129-4297000, Fax.: 0129-4042764 E-mail: infpcil@claas.com Web: class.co.in
5	M/s Class India Pvt. Ltd. (South India)VGP Apartments (Ground Floor), 61, First Avenue, Ashok Nagar, Channai-600083	मेसर्स क्लास इण्डिया लि. (दक्षिण भारत).) बी.जी.पी. अपार्टमेन्ट (भूतल) 61, फर्स्ट एवेन्यू, अशोक नगर, चैन्नई–600083	Ph.: 044-52033174 Web: www.claas.com
6	M/s Dasmesh Mechanical Works Main Road Amargarh-148022 Sangrur (Punjab)	मेसर्स दसमेश मैकेनिकल वर्क्स मेन रोड़, अमरगढ़–148022, जिला संगरूर (पंजाब)	Ph.: 01675-284221, Fax.: 01675-285999 E-mail: info@dasmesh.net Web: www.dasmesh.net
7	M/s Dasmesh mechanical Works Raikot Road, Maler Kotla-148023 (Punjab)	मेसर्स दसमेश मैकेनिकल वर्क्स रायकोट रोड़, मेलार कोटला– 148023 (पंजाब)	Ph.: 01675-253726/251726 Fax.: 01675-261726 E-mail: info@dasmesh.com Web: dasmesh.com **Harvesting**: Maize, wheat, paddy, soyabean, mustard., sunflower
8	M/s Escorts Limited Agri. Machinery Marketing Division,	मेसर्स एस्कोर्टस लिमिटे ड़एग्री मशीनरी मार्केटिंग डिवीजन,	Ph.: 0129-52824911 Fax.: 0129-5284802

	18/4, Mathura Road, Faridabad-121007 (Haryana)	18/4, मथुरा रोड, फरीदाबाद –121007 (हरियाणा)	Web: www.escortsagri.com
9	M/s Gahir Agro Industries Pvt. Ltd. Near Bus Stand Sunam, Dist. Sangrur (Punjab)	मेसर्स गहीर एग्रो इण्डस्ट्रीज प्रा.लि. नियर बस स्टैन्ड़, सुनाम, जिला–संगरूर (पंजाब)	Ph.: 01676-20280/22680 Fax.: 01676-22480
10	M/s Ganesh Agro Industries Kalol Meksena, Post. Vadpura, Tehsil-Kari, Distt. Mahsona-382705 (N. Gujarat)	मेसर्स गणेश एग्रो इण्डस्ट्रीज क्लोल हाइवे, पोस्ट–वड़पुरा, तहसील–कड़ी, जिला– महेसाणा–382705 (उ. गुजरात)	Ph.: 02764-273442/267164 Mob.: 9825012224/982519817/ 9898615911 E-mail: asp_graj@hotmail.com Web: www.ganeshraj.com
11	M/s Gurunanak Agril. Engg. Works Handiaya-148107, Near Banala Distt. Sangur (Punjab)	मेसर्स गुरूनानक एग्रीकल्चलर इंजीनियंरिंग वर्क्स, हन्डिया–148107, नियर बरनाला, जि. संगरूर (पंजाब)	Ph.: 01679-284250/284166 Fax: 01679-233887 E-mail: balkarcombines@yahoo.co.in
12	M/s Industrial Chains, A-8-12, Industrial Estate, Sirhind Road, Patiala (Punjab)	मेसर्स इण्डस्ट्रीयल चेन्स, ए–8–12, इण्डस्ट्रीयल एस्टेट, सरहिन्द रोड़, पटियाला (पंजाब)	Ph.: 72685/21449
13	M/s International Tractor Ltd. Vill. Chak Gurajat Piplanwala, Jalandhar Road, Hoshiarpur (Punjab)-01	मेसर्स इन्टनेशनल ट्रैक्टर लि. गाँव चैंक गुजरात पिपलानवाला, जालन्धर रोड़, हौशियारपूर (पंजाब)–146001	Ph.: 011-22379628 / 22373785/89/91 Fax.: 01882-60062/22756 E-mail: sonalikaagro@sonalika.com

14	M/s Jhandeena Industries C-70, Focal Point, G.T. Road, Moga-142001 (Punjab)	मेसर्स झनदीना इण्डस्ट्रीज सी–70, फोकल प्वाइंट, जी.टी. रोड़, मोगा – 142001 (पंजाब)	Ph.: 01636-228511 E-mail: jhandeena_c70@yahoo.co.in Web: www.jhandeena.com
15	M/s John Deere Equipment Pvt. Ltd. Off. Pune Nagar Road, Sonaswadi, Pune-41208	मेसर्स जौन डियर इक्वीपमेन्ट प्रा.लि. ऑफ पुणे नगर रोड़, सणसवाड़ी, पुणे–412208	Ph.: 02137-667111 Fax.: 02137-666837 Web: www.johndeere.co.in
16	M/s Kartar Agro industries Pvt. Ltd. Amloh Road, Bhadso (Patiala)	मेसर्स करतार एग्रो इण्डस्ट्रीज प्रा.लि. अमलोह रोड़, भादसो (पटियाला)	Ph.: 01765-260136/260236, Mob. 092164-08036/094637436 Fax: 01765-260486 Email: nsdhaliwal@kartaragro.org marketing@kartaragro.org Web: kartarcombines.com
17	M/s Mahindra Tractors Farm Equipment, Sector, 5th Floor, EPU, Building, Gate No. 4, Akurli Road, Kandivali (W), Mumbai-400001	मेसर्स महिन्द्रा टैक्टर्सफार्म इक्विपमेन्ट सेक्टर, 5वीं मंजिल, ई.पी.यू. बिल्डिंग, गेट नं. 4, आकुर्ली रोड़, कांदिवली (पूर्व) मुम्बई–01	Web: www.mahindrakisanmitra.com
18	M/s Mahindra Engineering Works Bhadson-147202, Patiala (Punjab)	मेसर्स महेन्द्रा इन्जीनियरिंग वर्क्स भड़सन–147202, पटियाला (पंजाब)	
19	M/s Malkit Agro Industries Cantt. Road, Near Preeti Gas Service, Nabha-1472001	मेसर्स मलकित एग्रो इण्डस्ट्रीज कैन्ट रोड़, निकट प्रीति गैस सर्विस, नाभा–1472001 (पंजाब)	

20	M/s Mathura Engg. Works VPO-Bhari Panchan, Near Chehal - 147202, Distt. Patiala (Punjab)	मेसर्स नथुरा इन्जीनियंरिंग वर्क्स वी.पी.ओ. भारी पनचन , नियर चहेल –147202, जि. पटियाला (पंजाब)	Ph.: 01765-282218/282018 Mob: 9815383285/9872868691
21	M/s New Karwal Engg. Works (Regd.) Guru Nanak St. No. 7, Opp. I.T.O. Gill Road, Ludhiana- 142002 (Punjab)	मेसर्स न्यू कडवाल इन्जीनियरिंग वर्क्स (रजि.) गुरूनानक स्ट्रीट नं. 7, अपोजिट आई.टी.ओ., गिल रोड़, लुधियाना–2 (पंजाब)	Ph.: 493468
22	M/s Panesar Agril. Industries Opp. Power House, Bhatinda Road, Handiya, Distt. Sangrur - 1 (Punjab)	मेसर्स पनेसर एग्रीकल्चरल इण्डस्ट्रीज अपोजिट पावर हाऊस, भटिन्डा रोड़, हन्डिया. जि. संगरूर (पंजाब)–148101	Ph.: 01679-284089/2844484 Fax.: 01679-284984 E-mail: paneswarcombine@sify.com
23	M/s Preet Agro Industries Pvt. Ltd. P.O. Box No. 29, Patiala Road, NABHA-147201 (Punjab)	मेसर्स प्रीत एग्रो इण्डस्ट्रीज प्रा.लि. पी.ओ.बोक्स नं0 29, पटियाला रोड़, नाभा– 147201 (पंजाब) भारत	Ph.: 01765-220400/222609 E-mail: preetagro@sancharnet.in Web: www.preetagro.com www.preettractor.com
24	M/s Preet Agro Industries Pvt. Ltd. P.O. Rohta, Patiala Road, Nabha-1 (Punjab)	मेसर्स प्रीत एग्रो इण्डस्ट्रीज प्रा.लि. पी.ओ. रोहता, पटियाला रोड़, नाभा–1 (पंजाब)	Ph.: 01765-20400/70563 Fax.: 01765-20400
25	M/s Rajesh Agril. Works Near Saran Hospital Ludhiana Road, Mandi, Mullanpur Dakha-01, Distt. Ludhiana (Punjab)	मेसर्स राजेश एग्रीकल्चरल वर्क्स नियर सरन हॉस्पीटल, लुधियाना रोड़, मण्डी, मुलानपुर, डाखा–01, जि. लुधियाना (पंजाब)	Ph.: 0161-2878832 Mob: 9417199761 Fax: 0161-2878832 E-mail: rajeshcombine@gmail.com

26	M/s Sansar Industries Patiala Road, Nabha-147201 (Punjab)	मेसर्स संसार इण्डस्ट्रीज, पटियाला रोड़, नाभा–147201 (पंजाब)	Ph.: 70236/78033
27	M/s Standard Combines Bhatinda Road, Handiya - 148107 (Punjab)	मेसर्स स्टैंण्डर्ड कम्बाईन्स भटिंड़ा रोड़, हान्डिया – 148107 (पंजाब)	Ph.: 01679-38033/37981
28	M/s Standard Corporation India Ltd. Standard Chowk, Barnala-148001 (Punjab)	मेसर्स स्टैन्डर्ड कारर्पोरेशन इण्डिया लि. स्टैन्डर्ड चौक, बरनाला– 148001 (पंजाब)	Ph.: 01679-237981/241533/231433 Fax.: 01679-242933/230833/243733 E-mail: marketing@standardtractors .com, Web: www.standardtractors.com
29	M/s Swaraj Combine Div.Vill. Chappercheri, P.O. Landran, Distt. Ropar-07 (Near Chandigarh)	मेसर्स स्वराज कम्बाईन डिवीजन गाँव चपरचेरी, पी.ओ. लैन्डरन, जि. रोपड़–7 (निकट चण्ड़ीगढ़)	Ph: 0172-670212-15/672301-14 Fax.: 0172-670307 E-mail: mail@swarajenterprise.com
30	M/s Vishal Agri Works Bhagwan Singh Road, Samana-1, Patiala (Punjab)	मेसर्स विशाल एग्री वर्क्स भगवान सिंह रोड़, समाना–147101, पटियाला (पंजाब)	Ph.: 01764-21012
31	M/sVishwakarma Agro Industries Patra Road, Dirba Mandi, Sangrur (Punjab)	मेसर्स विश्वकर्मा एग्रो इण्डस्ट्रीज पत्रा रोड़, डिरबा मण्ड़ी, संगरूर, पंजाब	Ph.: 42562/42722

15.8 पावर थ्रैशर – Power Thresher

S. No.	Name & Address	नाम एवं पता	Contact No., Fax No. & E-mail
1.	M/s Amar Agricultural Implements Works (Regd.) Amar Street, Gill Road, Janta Nagar, , Ludhiana (Pb.)	मेसर्स अमर एग्रीकल्चरल इम्पलीमेन्ट्स वर्क्स (रजि.) अमर स्ट्रीट, गिल रोड़, जनता नगर,, लुधियाना (पंजाब)	Ph.: 0161-2491780, 2493128 Fax.: 0161-5019886 Email: info@amaragri.com Web: amaragri.com
2.	M/s Bharat Industries Corporation Akalsar Road, Moga-142001 (Punjab)	मेसर्स भारत इण्डस्ट्रीज कारर्पोरेशन अकालसर रोड़, मोगा–142001 (पंजाब)	Ph.: 01636-222075/224075/2229025 Fax.: 01636-224076 Mob.: 9828029075/9814069075 E-mail: baldevmoga@satyam.net Web: www.bharatagri.com
3.	M/s Dasmesh Mechanical Works NABHA Malerkotla Road, Amargarh-148022 Sangrur (Punjab)	मेसर्स दसमेश मैकेनिकल वर्क्स नाभा मेलारकोटला रोड़, अमरगढ़–148022, जिला संगरूर (पंजाब)	Ph.: 01675-284221 Fax.: 01675-285999 E-mail: info@dasmesh.net Web: www.dasmesh.net
4.	M/s Droli Mechanical Works (Regd.) Near Majestic Cinema, Majestic Road, Moga-142001 (Punjab)	मेसर्स डरोली मैकेनिकल वर्क्स (रजि.) नजदीक मैजस्टिक सिनेमा, मैजस्टिक रोड़, मोगा–01 (पंजाब)	Ph.: 01636-223487 Mob: 9814360027
5.	M/s Ganesh Agro Industries Kalol Meksana, Post. Vadpura,	मेसर्स गणेश एग्रो इण्डस्ट्रीज क्लोल महेसाणा हाइवे, पोस्ट–	Ph.: 02764-273442/267164 Mob.: 9825012224/982519817

	Tehsil-Kari, Distt. Mahsona-382705 (N. Gujarat)	वड़पुरा, तहसील–कड़ी, जिला–महेसाणा–382705 (उ. गुजरात)	E-mail: asp_graj@hotmail.com Web: www.ganeshraj.com
6.	M/s Ganga Industries Near Agricultural Produce Mandi, AB Road, Devas-455011 (M.P.)	मेसर्स गंगा इण्डस्ट्रीज कृषि उपज मंण्ड़ी के पास, ए.बी. रोड़, देवास–455001 (म.प्र.)	Ph.: 07272-255620/255720 Fax.: 07272-255820 E-mail: gangaindustries@hotmail.com
7.	M/s Kamla Engg. Works Near Punjab National Banks, Ismialabad, Distt. Kurukshetra-136129 (Haryana)	मेसर्स कमला इंजीनियरिंग वर्क्स नियर पंजाब नैशनल बैंक इस्माईलाबाद, जि. कुरूक्षेत्र (हरियाणा)	Ph.: 01744-5210415/52529
8.	M/s Lath Akriti, Bamra Distt. Sambalpur-768221 (Orissa)	मेसर्स लेद आकृति, बमरा, जिला सम्बलपुर–768221 (उड़ीसा)	Ph.: 06642-229095/229336 Mobile: 09437051336 E-mail: contact@lathakriti.com Web: www.lathakriti.com
9.	M/s Madho Agro Industries (Regd.) Avon Agro (S.F.W.) B-4, Focal Point, Moga (Punjab) – 142001	मेसर्स माधो एग्रो इण्डस्ट्रीज (रजि.) एवन एग्रो (एस.एफ.डब्ल्यू.), बी–4, फोकल प्वाइंट, भोगा (पंजाब)	Ph.: 01636-226135/329906/220106 Fax: 01636-226135Mo.: 9815134421/ 98185533106/ 9915600106 E-mail: madhoagro@aim.com mai@indiatimes.com

15.9 स्ट्रा–रीपर – Straw Reaper

S. No.	Name & Address	नाम एवं पता	Contact No., Fax No. & E-mail
1	M/s Bharat Industries Corporation Akalsar Road, Moga-142001 (Punjab)	मेसर्स भारत इण्डस्ट्रीज कारर्पोरेशन अकालसर रोड़, मोगा–142001(पंजाब)	Ph.: 01636-222075/224075/2229025 Fax.: 01636-224076 Mob.: 9828029075/9814069075 E-mail: baldevmoga@satyam.net Web: www.bharatagri.com
2	M/s Bharati Krishi Udyog 21, Industrial Estate, Bina (M.P.)	मेसर्स भारतीय कृषि उद्योग 21, इण्डस्ट्रीयल एस्टेट, बीना (म.प्र.)	Ph.: 20056/21038
3	M/s Dasmesh Agril. Industris Raikot Road, Malerkotla-148023 Distt. Sangrur (Punjab)	मेसर्स दसमेश एग्रीकल्चरल इण्डस्ट्रीज रायकोट रोड़, मेलार कोटला–148023, जिला संगरूर (पंजाब)	Ph.: 01675-253726/251726 Fax.: 01675-267726 E-mail: dasmeshcombines@yahoo.com Web: www.dasmesh.com
4	M/s Dasmesh Mechanical Works NABHA-Malerkotla Road, Amargarh-148022 Sangrur (Punjab)	मेसर्स दसमेश मैकेनिकल वर्क्स नाभा मेलारकोटला रोड़, अमरगढ़–148022, जिला संगरूर (पंजाब)	Ph.: 01675-284221 Fax.: 01675-285999 E-mail: info@dasmesh.net Web: www.dasmesh.net
5	M/s Dasmesh Mechanical Works Rajkot Road, Maler Kotla Distt. Sangrur (Punjab)	मेसर्स दसमेश मैकेनिकल वर्क्स राजकोट रोड, मेलार कोटला, जि. संगरूर (पंजाब)	Ph.: 01675-253726/251726 Fax: 01675-261726

6	M/s Gahir Agro Industries Pvt. Ltd. Near Bus Stand Sunam, Dist. Sangrur (Punjab)	मेसर्स गहीर एगो इण्डस्ट्रीज प्रा.लि. नियर बस स्टैन्ड़, सुनाम, जिला–संगरूर (पंजाब)	Ph.: 01676-20280/22680 Fax.: 01676-22480
7	M/s Jhandeena Industries C-70, Focal Point, G.T. Road, Moga-142001 (Punjab)	मेसर्स झनदीना इण्डस्ट्रीज सी–70, फोकल प्वाइंट, जी.टी. रोड़, मोगा–142001 (पंजाब)	Ph.: 01636-228511 Mob.: 9814833511 E-mail: jhandeena_c70@yahoo.co.in
8	M/s Jhandiana Mechanical Works Akalsar Road, Moga-1 (Punjab)	मेसर्स झडियाना मैकेनिकल वर्क्स अकालसर रोड़, मोगा–01 (पंजाब)	Ph.: 01636-225113650
9	M/s K.S. Agricultural Industries (Regd.) Rajkot Road, Moler Kotla, Ditt. Sangrur (Punjab)	मेसर्स के.एस. एग्रीकल्चरल इण्डस्ट्रीज (रजि.), राजकोट रोड, मेलार कोटला, जि. संगरूर (पंजाब)	Ph.: 01675-254555/259055 Fax.: 01675-25995 E-mail: info@kasoagrotech.com Web: www.kasagrotech.com
10	M/s Kartar Agro Industris Pvt. Ltd. Amloh Road, Bhadson-2, Distt. Patiala (Punjab)	मेसर्स करतार एग्रो इण्डस्ट्रीज प्रा.लि. अमलोह रोड़, भड़सन–147202, जि. पटियाला (पंजाब)	Ph.: 01765-260136, Mo: 9217100236 Fax.: 01765-260486 E-mail: kartar1234@rediffmail.com
11	M/s M.N. Agro Industries A-3, Naraina Vihar, New Delhi-110028	मेसर्स एम.एन. एग्रो इण्डस्ट्रीज ए–3, नारायणा विहार, नई दिल्ली–110028	Ph.: 01-25779607/65177485 Mob.: 9868289402
12	M/s Modern Agril. Implements Industrial Area, Ujjain Road, Bharhnagar - 456771, Ujjain (M.P.)	मेसर्स मॉडर्न एग्री. इम्पलीमेन्ट इण्डस्ट्रीयल एरिया, उज्जैन रोड़, भरहनगर–456771, उज्जैन (म.प्र.)	Ph.: 23119/23018

13	M/s Okasu Engineers Pvt. Ltd. Plot No. 77, Rawa Bhatta Industrial Estate, Raipur - 493221 (M.P.)	मेसर्स ओकासु इन्जीनियर्स प्रा.लि. प्लॉट नं. 77, रावा भट्ठा इण्डस्ट्रीयल एस्टेट, रायपुर– 493221 (पंजाब)	
14	M/s Pal Agro Industries Chandigarh Road, Opp. OBC, Tohna-125120, Fatehabad (Haryana)	मेसर्स पाल एग्रो इण्डस्ट्रीज चण्डीगढ़ रोड़, अपॉजिट ओ.बी.सी. टोहना–125120, फतेहाबाद (हरियाणा)	Ph.: 01692-231651/235473 Mob: 9416242391
15	M/s Paramveer Engineers & Manufacturers, C-71&72, Industrial Focal Point, Moga-142001 (Punjab)	मेसर्स परमवीर इन्जीनियर्स एण्ड़ मैन्यूफैक्चर्स सी–71–72, इण्डस्ट्रीयल फोकल प्वाइंट, मोगा–01 (पंजाब)	Ph.: 01636-224075/222075 Mob.: 9814069075 E-mail: baldev_moga@satyam.net.in Web: bharatagril.com
16	M/s Sansar Industries Patiala Road, Nabha-147201 (Punjab)	मेसर्स संसार इण्डस्ट्रीज पटियाला रोड़, नाभा–147201 (पंजाब)	Ph.: 70236/78033
17	M/s The Mysore Implement Factory Govt. of Mysore, Hassan	मेसर्स दी मैसूर इम्पलीमेन्ट्स फैक्ट्री (गर्वमेन्ट ऑफ मैसूर) हासन	
18	M/s Vishal Agril. Works Bhagwan Singh Road, Samana-1, Patiala (Punjab)	मेसर्स विशाल एग्री वर्क्स भगवान सिंह रोड़, समाना–147101, पटियाला (पंजाब)	Ph.: 01764-21012
19	M/sVishwakarma Agro Industries Patra Road, Dirba Mandi, Sangrur (Punjab)	मेसर्स विश्वकर्मा एग्रो इण्डस्ट्रीज पत्रा रोड़, दिर्वा मण्डी, संगरूर, पंजाब	Ph.: 42562/42722

15.10 मल्टी क्रॉप प्लान्टर – Multicrop Planter

S. No.	Name & Address	नाम एवं पता	Contact No., Fax No. & E-mail
1.	M/s John Deere Equipment Pvt. Ltd. Off Pune Nagar Road, Sanawadi, Pune-412208 (Maharashtra)	मेसर्स जॉन डिरी इक्वीपमेन्ट प्रा.लि. ऑफ पुणे नगर रोड़, सनावड़ी पुणे–412208 (महाराष्ट्र)	Web: johndeere.co.in
2.	M/s National Agro Industries Link Road, Industrial Area, A-Opp. Transport Nagar, Ludhiana-141003 (Punjab)	मेसर्स नेशनल एग्रो इण्डस्ट्रीज सामने ट्रांसपोर्ट नगर, (चीमा चौक और समराला चौक के बीच में), लिंक रोड़, इण्डस्ट्रीयल एरिया–ए, लुधियाना–03 (पंजाब)	Ph.: 0161-2222041/5087853/4641299 Fax: 0161-4621299 Helpline & Mob.:918146101101 Web: agriculturalimplements.com nationalagro.inds.com Email:Sales@nationagro.com
3.	M/s New Holland Tractors (India) Pvt Ltd. 210, Okhla Industrial Area, Phase-III, New Delhi-20	मेसर्स न्यूहॉलैन्ड़ ट्रैक्टर्स (इण्डिया) प्रा.लि., 210, ओखला इण्डस्ट्रियल एरिया, फैस-III, नई दिल्ली–110020	Ph.: 011-6932207 Fax.: 011-6932203

15.11 गेहूँ एवं धान कटाई के लिए रीपर – Reaper for harvesting of wheat/paddy etc.

S. No.	Name & Address	नाम एवं पता	Contact No., Fax No. & E-mail
1.	M/s Amar Agricultural Implements Work (Regd.) Amar Street, Gill Road, Janta Nagar, Ludhiana-141003 (Punjab)	मेसर्स अमर एग्रीकल्चरल इम्पलीमेन्टस वर्क्स (रजि.) अमर स्ट्रीट, गिल रोड़, जनता नगर, लुधियाना–141003 (पंजाब)	Ph.: 0161-2491780/2493128 Fax.: 0161-5019886 E-mail: info@amaragri.com Web: www.amaragri.com

2.	M/s Bharat Industries Corporation Akalsar Road, Moga-142001 (Punjab)	मेसर्स भारत इण्डस्ट्रीज कॉरर्पोरेशन अकालसर रोड़, मोगा–142001 (पंजाब)	Ph.: 01636-222075/224075/2229075 Fax.: 01636-224076 Mob.: 9828029075/9814069075 E-mail: baldevmoga@satyam.net Web: www.bharatagri.com
3.	M/s Field Worthy Equipments Patel Farm, Opp. Ralson Tyres Godows, National Highway No. 8, Bhamaria Kuan Bus Stand, Lambha, Ahmedabad-38245 (Gujarat)	मेसर्स फील्ड वर्दी इक्यूपमेन्ट्स प्रा.लि., पटेल फार्म, रालसन टायर्स गोडाउन के सामने, नेशनल हाइवे नं. 8, बस स्टेन्ड, लाभा, अहमदाबाद–382405 (गुजरात)	Ph.: 079-5892861 Fax: 079-4653832
4.	M/s Green Planet 30, Rani Jhansi Road, New Delhi-55	मेसर्स ग्रीन प्लेनेट 30, रानी झासी रोड़, नई दिल्ली–55	Ph.: 011-23523807, Mob.: 09868154407 E-mail: info@greenplanet.in
5.	M/s Kerala Agro Machinery Corporation Ltd.Anthani-683585, Ernakulam Distt. Keraka State	मेसर्स केरल एग्रो मशीनरी कॉरपोरेशन लि., अन्ताणी–683585, एर्नाकुलम जिला (केरल)	Ph.: 0484-247301, Fax.: 0484-2474589 E-mail: kamco@satyam.net.in Web: www.kamcoindia.com
6.	M/s M.N. Agro Industries A-3, Naraina Vihar, New Delhi-110028	मेसर्स एम.एन. एग्रो इण्डस्ट्रीज ए–3, नारायणा विहार, नई दिल्ली–110028	Ph.: 01-25779607/65177485 Mob.: 9368284902
7.	M/s Modern Industries 52, Industrial Estate Hoshiarur-146001 (Punjab)	मेसर्स मॉडर्न इण्डस्ट्रीज इण्डस्ट्रीयल स्टेट, होशियारपुर–146001 (पंजाब)	Ph.: 01882-251636-25/942 Fax.: 01882-250236/256008 E-mail: modern.ind@rediffmail.com Web: moderninds.com

15.12 ऑटोमेटिक आलू बुवाई / आलू खुदाई यन्त्र – Automatic Potato planter/potato digger

S. No.	Name & Address	नाम एवं पता	Contact No., Fax No. & E-mail
1	M/s Droli Mechanical Works (Regd.) Near Majestic Cinema, Majestic Road, Moga-142001 (Punjab)	मेसर्स डरोली मैकेनिकल वर्क्स (रजि.) नजदीक मैजस्टिक सिनेमा, मैजस्टिक रोड़, मोगा–01 (पंजाब)	Ph.: 01636-223487 Mob: 9814360027
2	M/s Ganesh Raj Industries Kalol Mehsana Highway, Post. Vadpura, Tehsil-Kari, Distt. Mahsana-382705 (North Gujarat)	मेसर्स गणेश राज इण्डस्ट्रीज क्लोल महेसाणा हाइवे, पोस्ट–वड़पुरा, तहसील–कड़ी, जिला महेसाणा–382705 (उ. गुजरात)	
3	M/s Guru Nanak Krishi Udyogkaithal Rod, Main Chowk, Pehowa (Haryana)	मेसर्स गुरूनानक कृषि उद्योग, कैथल रोड़, मैन चौक, पहेवा (हरियाणा)	Ph.: 01741-220247/220710
4	M/s Gurunanak Agriculture ImlementsG.T. Road, Byepass Near Focal Point, Jalandhar City.	मेसर्स गुरूनानक एग्रीकल्चर इम्प्लीमेन्टस जी.टी. रोड़, बाईपास, नियर फोकल प्वाइंट, जालन्धर सिटी, जालन्धर (पंजाब)	Ph.: 0181-2602670, Mo: 9855894015 Web: www.gurunanakagriculture.com
5	M/s Jadhu Engg. Works Magestic Road, Moga-1420001 (Punjab)	मेसर्स जडु इन्जीनियरिंग वर्क्स मजैस्टिक रोड़, मोगा–01 (पंजाब)	Ph: 01636-23204
6	M/s Kalsi Fabricators G.T. Road, Shahabad (Haryana)	मेसर्स कलसी फैब्रीकेटर्स जी.टी. रोड़, शाहबाद (हरियाणा)	Ph.: 9896259290

7	M/s Kalsi Udyog, Shahbad, Markanda-136135 (Haryana)	मेसर्स कलसी उद्योग शाहबाद मारकण्डा–136136 (हरियाणा)	Ph.: 01744-240058/240478 Mob: 98120086955
8	M/s Madho Agro Industries (Regd.) B-3, Industrial Focal Point, Moga (Punjab) - 142001	मेसर्स माधो एग्रो इण्डस्ट्रीज (रजि.) बी–3 इण्डस्ट्रीयल, फोकल प्वाइंट, भोगा–142001 (पंजाब)	Ph.: 01636-226135/329906/220106 Fax: 01636-226135, Mob.: 9815134421 E-mail: mai@indiatimes.com Web: www.madhoagro.com
9	M/s Modern Industries 52, Industrial Estate Hoshiarur-146001 (Punjab)	मेसर्स मॉडर्न इण्डस्ट्रीज इण्डस्ट्रीयल स्टेट, होशियारपुर–146001 (पंजाब)	Ph.: 01882-251636/942 Fax.: 01882-250236/256008 E-mail: modern@rediffmail.com Web: moderninds.com
10	M/s Panesar Agril. Industries Opp. Power House, Bathinda Road, Handiaya, Distt. Sangrur-14801 (Punjab)	मेसर्स पनेसर एग्री. इण्डस्ट्रीज अपोजिट पावर हाऊस, बटिंडा रोड़, हन्डिया, जि. संगरूर–148101 (पंजाब)	Ph.: 01679-284084/2844484 Fax.: 01679-284984 E-mail: paneswarcombine@sify.com
11	M/s Parambeer Engineers & Manufacturers C-71&72, Focal Point, Moga-1 (Punjab)	मेसर्स परमवीर इन्जीनियर्स एण्ड़ मैन्यूफैक्चर्स, सी–71–72, फोकल प्वाइंट, मोगा–01 (पंजाब)	Ph.: 01636-224075/222075/229075 Mob.: 9814069075 E-mail: baldev_moga@satyam.net.in
12	M/s Sarang Industries Narang Complex, 789/1, Bhagpat Road, Meerut-2 (U.P.)	मेसर्स सारंग इण्डस्ट्रीज नारंग कॉम्पलैक्स, 789 / 1, बागपत रोड़, मेरठ–02 (उ.प्र.)	Ph.: 515159/13500

13	M/s Sehra Motors & Tractors Engineers, Nehru Garden Road, Jallandhar City, Jallandhar (Pubjab)	मेसर्स सेहरा मोटर्स एण्ड़ ट्रैक्टर इन्जीनियर्स, नेहरू गार्डन रोड़, जालन्धर सिटी, जालन्धर (पंजाब)	Ph.: 0181-2257691/2253512
14	M/s Solanki Tactors & Motors Pvt. Ltd. Taiyabba Market, Ujjain Road, Dewas (M.P.)	मेसर्स सोलंकी ट्रैक्टर्स एण्ड़ मोटर्स प्रा.लि., तैयाबा मार्किट, उज्जैन रोड़, देवास (म.प्र.)	
15	M/s Star Engg. Works A.B. Road, Rao, Indore-31 (M.P.)	मेसर्स स्टार इन्जीनियरिंग वर्क्स ए.बी. रोड़, राऊ, इन्दौर–31 (म.प्र.)	
16	M/s Sucha Singh & Brothers Chandigarh Road, Samarala-141114, Distt. Ludhiana (Punjab)	मेसर्स सुचा सिंह एंड ब्रदर्स चण्डीगढ़ रोड़, समराला–14, जि. लुधियाना (पंजाब)	Ph.:01628-26236, Mob: 9815488361 E-mail: rsingh@rediffmail.com
17	M/s Sunfield Agro Industries G.T. Road Bye Pass, Jalandhar (Punjab)	मेसर्स सनफील्ड एग्रो इण्डस्ट्रीज जी.टी. रोड़, बाईपास, जालन्धर (पंजाब)	Ph.: 0181-6451670, Mo: 9814973573

15.13 धान रोपाई मशीन – Paddy Transplanter

S. No.	Name & Address	नाम एवं पता	Contact No., Fax No. & E-mail
1	M/s Amar Agril. Implements Works Amar Street, Gill Road, Janta Nagar, Ludhiana -3 (Pb.)	मेसर्स अमर एग्री. इम्पलीमेन्टस वर्क्स अमर स्ट्रीट, गिल रोड़, जनता नगर, लुधियाना–3 (पंजाब)	Ph.: 0161-2491780, 2493128, 3299539 Fax.: 0161-5019886 Email: info@amaragri.com Web: amaragri.com

2	M/s A.J. Precision & Automation Pvt. Ltd.B-179, Phase-2, Noida-201304	मेसर्स ए.जे. प्रीसिजन एण्ड ऑटोमेशन प्रा.लि. बी–179, फेस–2, नोएड़ा– 201304 (उ.प्र.)	Ph.: 0120-4221130 Fax: 0120-4337971 E-mail: ajprecision@gmail.com Web: ajprecisionautomatcion.com
3	M/s Escorts Limited Agri. Machinery Marketing Division 18/4, Mathura Road, Faridabad (Haryana) - 121007	मेसर्स एस्कोर्टस लिमिटेड़ एग्री मशीनरी, मार्केटिंग डिवीजन 18/4, मथुरा रोड़, फरीदाबाद–121007 (हरियाणा)	Ph.: 0129-5284911 Fax: 0129-52848502 Web: www. escortsagri.com
4	M/s Greves Cotton Ltd.Corporate Part-II, 4th Floor, Sion Trombey Road, Chambur, Mumbai-71	मेसर्स ग्रीवस कॉटन लि. कॉरपोरेट पार्क–2, चतुर्थ तल, सीयन ट्राम्वे रोड़, चेम्बुर, मुम्बई–71	Ph.: 022-2566464/256264723/25264720 Fax.: 022-25262622/256264800 E-mail: greavesmail.com
5	M/s Kalinga Engineers Ltd. Kalinga House, Rasulgarh, Bhubaneswar (Orissa)	मेसर्स कलिंगा इन्जीनियर्स लि. कलिंगा हाऊस, रसुलगढ़, भुवनेश्वर (उड़ीसा)	
6	M/s Kisan Kraft Machines Tools Pvt. Ltd. 32/5C, Dasarahalli Village, Dasarahalli Main Road, H.A. Farm Post Office, Hebbal, Bangalore-24	मेसर्स किसान क्रॉफ्ट मशीन्स टूल्स प्रा.लि., 32/5सी, दसाराहली ग्राम, दसाराहली मेन रोड़, एच.ए. फार्म पोस्ट ऑफिस, हेबल, बंगलौर–34	Ph.: 080-64561435/22330318 E-mail: kisankraft@gmail.com Web: kisankraft.com
7	M/s Raj Kumar Agro Engineers Pvt. Ltd.Ghat Road, Nagpur - 440018 (M.S.)	मेसर्स राज कुमार एग्रो इंजीनियर्स प्रा.लि., घाट रोड़, नागपुर–440018 (महाराष्ट्र)	Ph.: 0712-2725271, Fax: 0712-2773746 Mob: 9422807682 Web: rajkumaragromachins.com

8	M/s Sehra Motors & Tractors Engineers Nehru Garden Road, Jallandhar City, Jallandhar (Pubjab)	मेसर्स सेहरा मोटर्स एण्ड़ ट्रैक्टर्स इन्जीनियर्स, नेहरू गार्डन रोड़, जालन्धर सिटी, जालन्धर (पंजाब)	Ph.: 2257691/2253512
9	M/s Shree Balaji Industries 20 Ishwar Trade Centre, Grey Town, Opp. TOIOB, Dr. Nanjappa Road, Coimbatore-641018 (T.N.)	मेसर्स श्री बालाजी इन्डस्ट्रीज 20 ईश्वर ट्रेड सेन्टर, ग्रे टाउन, अपोजिट टाइवो, डा0 ननजप्पा रोड़, कोयम्बटूर–641018 (तमिलनाडु)	Ph.: 0422-2307811/4393763 Fax.: 0422-2301598 Email: sreebalajiindustries@ rediffmail.com Web: www.sreebalajiindustries.com
10	M/s Swathi Industries Marudhanmalai Road, New Thillai Nagar, P.N. Pudar, Coimbatore-41 (Tamilnadu)	मेसर्स स्वाती इण्डस्ट्रीज मरूधनमलाई रोड़, न्यू थिलाई नगर, पी.एन. पुदार, कोयम्बटूर (तमिलनाडु)	
11	M/s The Punjab Agricultural Syndicate, Kasmir Road, Batala (Punjab)	मेसर्स दी पंजाब एग्रीकल्चरल सिंडिकेट कश्मीर रोड़, बटाला (पंजाब)	
12	M/s V.S.T. Tiller Tractor Ltd. P.B. No. 4801, Mahadevapura P.O. White Field Road, Bangalore-560048	मेसर्स वी.एस.टी. टिलर ट्रैक्टर लि. पी.बी.नं. 4801, महादेवपुरा, पी.ओ. ब्हाइट फील्ड रोड़, बंगलौर'–560048	Ph.: 080-28510805/6/7, 28510275/318 Fax: 080-8510221 E-mail: vstgen@vttlh.com Web: www.vstillers.com

15.14 गन्ना कटाई मशीन – Cane Harvesters, Sugarcane Harvester

S. No.	Name & Address	नाम एवं पता	Contact No., Fax No. & E-mail
1.	M/s Escorts Limited Agri. Machinery Marketing Division 18/4, Mathura Road, Faridabad (Haryana) - 121007	मेसर्स एस्कोर्टस लिमिटेड एग्री मशीनरी मार्केटिंग डेवीजन 18/4, मथुरा रोड़, फरीदाबाद–121007 (हरियाणा)	Ph.: 0129-5284911 Fax: 0129-5284802/2293257 Web: www. escortsagri.com
2.	M/s John Deere Equipment Pvt. Ltd. Off Pune Nagar Road, Sanawadi, Pune-412208 (Maharashtra)	मेसर्स जान डियर इक्वीपमेन्ट प्रा.लि. ऑफ पुणे नगर रोड़, सनबाड़ी पुणे–412208 (महाराष्ट्र)	Ph.: 02137-66711 Fax.: C2137-666837 Web: johndeere.co.in
3.	M/s New Holland Fiat (India) Pvt Ltd. Plot No 3, Udyog Kendra, Greater Noida-201306, Distt. Gautam Budh Nagar (U.P.)	मेसर्स न्यूहॉलैन्ड़ फिएट (इण्डिया) प्रा.लि., प्लाट नं. 3, उद्योग केन्द्र, ग्रेटर नोएड़ा–201306 जि. गौतम बुद्ध नगर (उ.प्र.)	Ph.: 0120-305600 Fax.: C120-305689 Web: www.newhollandindia.co.in
4.	M/s Shree Balaji Industries 20 Ishwar Trade Centre, Grey Town, Opp. TOIOB, Dr. Nanjappa Road, Coimbatore-641018 (T.N.)	मेसर्स श्री बालाजी इन्डस्ट्रीज 20 ईश्वर ट्रेड सेन्टर, ग्रे टाउन, अपोजिट ताइवो, डा0 ननजप्पा रोड़, कोयम्बटूर–641018 (तनिलनाडु)	Ph.: 0422-2307811/4393763 Fax.: C422-2301598 Email: sreebalajiindustries@ rediffmail.com Web: www.sreebalajiindustries.com

15.15 ड्रिप/स्प्रिंकलर (फौव्वारा) इरीगेशन सिस्टम – Drip/Sprinkler Irrigation Systems

S. No.	Name & Address	नाम एवं पता	Contact No., Fax No. & E-mail
1	M/s Automat Engineering Company, 1/421, Friends Colony Industrial Area, Lane No. 5, G.T. Road, Shahdara, Delhi-95	मेसर्स आटोमेट इन्जीनियरिंग कम्पनी, 1/421, फ्रैन्डस कालोनी इण्डस्ट्रीयल एरिया, लेन नं.–5, जी.टी. रोड़, शाहदरा, दिल्ली–95	Ph.: 011-2283027/2274746 Fax: 011-2274851
2	M/s Ballarpur Industrial Ltd. 66-A, Industrial Area, N.I.T., Faridbad-1210011	मेसर्स बलारपुर इण्डस्ट्रीयल लि. 66–ए, इण्डस्ट्रीयल एरिया, एन.आई.टी., फरीदाबाद–11 (हरियाणा)	Ph.: 0129-2302241/232274/232190 Fax.: 0129-232274
3	M/s Bhoroka Irrigation Systems Ltd. 2467, RightTown, Madan Mahal, Station Road, Jabalpur (M.P.)	मेसर्स भोरोका इर्रीगेशन सिस्टम लि. 2467, राईट टाऊन, मदन महल, स्टेशन रोड़, जबलपुर (म.प्र.)	Ph.: 411592/315765 Fax.: 390080
4	M/s E.P.C. Industries Ltd. Regional Office, 131/6, Kiran Complex, Zone-II, M.P. Nagar, Bhopal (M.P.)	मेसर्स ई.पी.सी. इण्डस्ट्रीज लि. रीजनल ऑफिस, 131/6, किरन कॉम्पलैक्स, जोन–2, एम.पी. नगर, भोपाल (म.प्र.)	Ph.: 765348
5	M/s Gren Gold Irrigation Pvt. Ltd. Gol Bazar, Dongarh-491445] Rajandgaon (M.P.)	मेसर्स ग्रीन गोल्ड इरीगेशन प्रा.लि. गोल बाजार, डोनगढ़–491445, राजनन्द गाँव (म.प्र.)	Ph.: 033-2486780/2387/2381 Fax.: 033-2485031

6	M/s Harwell Aqua India Pvt. Ltd. 301-304, Meghdoot, 94, Nehru Place, New Delhi – 19	मेसर्स हारवैल अक्वा इण्डिया प्रा.लि. 301–304, मेघदूत, 94, नेहरू प्लेस, नई दिल्ली–19	Ph.: 011-26413370/26485365/41617675 Fax: 011-26464819 E-mail: azad.India@azad.com
7	M/s Jain Irrigation System Ltd. 11, Yadav Marklet, Near Sahara Mall, Saraswati Vihar, Chakhorpur, Gurgaon (HR)	मेसर्स जैन इरीगेशन सिस्टम लि. 11, यादव मार्केट, निकट सहारा माल, सरस्वती विहार, चकोरपुर, गुड़गाँव (हरियाणा)	Ph.: 0124-2351789/2388861 Mob.: 9310208090 E-mail: vasundhra_ent-@yahoo.com
8	M/s Jain Irrigation Systems Ltd. Jain Plastic park, National Highway, St.-6, P.O.B. No. 72, Jalgaon – 425001 (M.S.)	मेसर्स जैन इर्रीगेशीन सिस्टम लि. जैन प्लास्टिक पार्क, नैशनल हाइवे, गली–6, पो0बा0–72, जलगाँव–425001 (महाराष्ट्र)	Ph: 0257-22580011 Fax: 0257-2258111 E-mail: jisl@jains.com Web: jains.com
9	M/s Jindal Aluminium Ltd. 16th K.M. Tumkur Road, Bangalore	मेसर्स जिन्दल एल्यूमीनिटम लि. सोलहवें कि0मी0 तुमकुर रोड़ (बैंगलूर)	Ph.: 38694/560073 Fax.: 145305
10	M/s Mahavir Aluminium Ltd. 1603, Nirmal Tower, 26, Barakhamba Road, New Delhi-110001	मेसर्स म्हावीर एल्यूमीनियम लि. 1603, निर्मल टॉवर, 26, बाराखम्बा रोड़, नई दिल्ली–110001	Ph.: 011-23738011 Fax: 011-23312677
11	M/s Premier Irrigation Adritrake 17-1C, Alipur Road, Kolkata-700027 (West Bengal)	मेसर्स प्रीमियर इर्रीगेशन एड्रीट्रेक 17–1 सी, अली रोड़, कोलकत्ता–700027	Ph.: 033-40121111, Fax.: 033-40121155 E-mail: sales@pial.in Web: www.pial.in

12	M/s Swati Strowell Pvt. Ltd. 44-45, Industrial Area, Sector-1, Parwanoo (H.P.)	मेसर्स स्वाति स्ट्रोवेल प्रा.लि. 44–45, इण्डस्ट्रीयल एरिया, सेक्टर–1, पारवानो (एच.पी.)	Ph.: 01792-32570/32863 Fax.: 01792-32770
13	M/s Vedant Enviro Agro & Irrigation Tchnology Pvt. Ltd., Andra Bank, 1st Floor, ShuklaBuilding, W.H.C. Road, Dharampath, Nagpur-440010 (M.S.)	मेसर्स वेदान्त इन्वीरो एग्रो एण्ड़ इरीगेशन टैक्नोलोजी प्रा.लि.,आपोजिट आन्ध्रा बैंक, प्रथम तल, शुक्ला बिल्डिंग, उब्ल्यू.एच.सी. रोड़, धर्मपथ, नागपुर–440010 (महाराष्ट्र)	Ph.: 0712-522368/526541 Fax.: 0712-540276

15.16 पावर चालित लॉन मोवर – Power Driven Lawn Mower

S. No.	Name & Address	नाम एवं पता	Contact No., Fax No. & E-mail
1.	M/s B.D.J. International E-3/8, New Arya Nagar, Meerut Road, Ghaziabad (U.P.)	मेसर्स बी.डी.जे. इन्टरनेशनल ई 3/8, न्यू आर्य नगर, मेरठ रोड़, गाजियाबाद (उ.प्र.)	Ph.: 0120-2855148 Mob. 9810610280/9312430933/ 9810168713 Email: bdjinternational@redifmail.com
2.	M/s Birla Power 910, Bhikaji Cama Bhawan, 11, Bhikaji Cama Place, New Delhi-110066	मेसर्स बिरला पॉवर, 910, भीकाजी कामा भवन 11, भीकाजी कामा प्लेस, नई दिल्ली–110066	Ph.: 011-42594100, Fax.: 011-42594199 E-mail: mkt.g@birmalpower.com retail@birlapower.com Web: birlapower.com
3.	M/s Falcon Garden Tools (P) Ltd. Alamgir, Malar Kotla Road, Ludhiana (Punjab)	मेसर्स फाल्कॉन गार्डन टूल्स (प्रा.) लि. अलमगीर, मलार–कोटला रोड़, लुधियाना (पंजाब)	Ph.: 0161-2811899 Fax.: 0161-2812144 E-mail: falcongardentools@edifmail.com

4.	M/s Ratnagiri Implex Pvt. Ltd. Annapurna House, 1/1G, 7th Cross New Goddhali, Masure Road, Bangalore-560026	मेसर्स रत्नगिरी इम्पेक्स प्रा.लि. अन्नापूर्णा हाऊस, 1/1जी, 7वां. क्रॉस, नई गुड्डहाली मैसूर रोड़, बैंगलोर–560026	Ph.: 080-26753601/232710246/162 Fax.: 080-26751658 E-mail: sales@ratnagirimpex.com Web: www.ratnagirimpex.com

15.17 कुट्टी कटाई मशीन – Chaff Cutter

S. No.	Name & Address	नाम एवं पता	Contact No., Fax No. & E-mail
1	M/s Aggarwal Casting G.T. Road, Samalakha (Haryana)	मेसर्स अग्रवाल कास्टिंग जी.टी. रोड़, समालखा (हरियाणा)	
2	M/s Aggarwal Iron Foundry G.T. Road, Samalakha (Haryana)	मेसर्स अग्रवाल आयरन फाउन्ड्री जी.टी. रोड़, समालखा (हरियाणा)	
3	M/s Amar Agricultural Implements Works (Regd.) Amar Street, Gill Road, Janta Nagar, Ludhiana (Pb.)	मेसर्स अमर एग्रीकल्चरल इम्पलीमेन्ट्स वर्क्स (रजि.) अमर स्ट्रीट, गिल रोड़, जनता नगर, लुधियाना (पंजाब)	Ph.: 0161-2491780, 2493128 Fax.: 0161-5019886 Email: info@amaragri.com Web: amaragri.com
4	M/s Anand Agritech Nehruganj, Gulbarga-585104 (Karnataka)	मेसर्स आनन्द एग्रीटैक, नेहरूगंज, गुलबर्गा–585104 (कर्नाटक)	Ph.: 08472-268128, Mob.: 9448457521 Fax: 08472-277249 E-mail: smsrai@rediffmail.com
5	M/s Aum Sai Engineering Gut No. 10, Arangaon, Meherabad, Ambednagar (M.S.)	मेसर्स ओमसांई इन्जीनिंयरिंग गुट नं. 10, अरंगगाँव मेहराबाद, अहमद नगर (महाराष्ट्र)	Ph.: 0241-2548778 Fax: 0241-2450981

6	M/s B. Key Machine Works Opp.Kovai Medical Centre Hospital, 187, Avanashi Road, Civil Arodrome Post, Coimbatore -14 (T.N.)	मेसर्स बी.के. मशीन वर्क्स, अपोजिट कोवाई मेडिकल सेन्टर हॉस्पीटल, 187, अवनासी रोड़, सिविल एरोड्रोम पोस्ट, कोयम्बाटूर–14 (तमिलनाडु)	Ph.: 0422-257439
7	M/s Babulal Jagida & Co. Sinadari Road, Badmer (Rajasthan)	मेसर्स बाबूलाल जगिदा एण्ड़ कम्पनी सिनादरी रोड़, बाड़मेर (राज.)	Ph.: 0284-294345
8	M/s Bansal Iron Foundry G.T. Road, Samalakha (Haryana)	मेसर्स बंसल आयरन फाउन्डरी जी.टी. रोड़, समालखा (हरियाणा)	
9	M/s Beracah Engineers 436, Maruthamalai, P.N. Pudar, Coimbatore-641041 (Tamilnadu)	मेसर्स बरैकाह इन्जीनियर्स 436, मरूथामलाई, पी.एन. पुदर, कोयम्बटूर – 641041 (तमिलनाडु)	Ph.: 0422-2150502 Fax.: 0422-215052
10	M/s Bharat Engineering Works 28, G.I.D.C., Jasdan-360050 (Gujarat)	मेसर्स भारत इंजीनियरिंग वर्क्स, 28, जी.आई.डी.सी. जेसदन–50 (गुजरात)	Ph.: 02821-220154 Mob: 9898502550
11	M/s Bharat Industries G.T. Road, Samalakha (Haryana)	मेसर्स भारत इण्डस्ट्रीज जी.टी. रोड़, समालखा (हरियाणा)	
12	M/s Bharat Industries Corporation Akalsar Road, Moga-142001 (Punjab)	मेसर्स भारत इण्डस्ट्रीज कारर्पोरेशन अकालसर रोड़, मोगा–142001 (पंजाब)	Ph.: 01636-222075/224075/2229025 Fax.: 01636-224076 Mob.: 9828029075/9814069075 E-mail: baldevmoga@satyam.net Web: www.bharatagri.com

13	M/s Cossal & Co. Pvt. Ltd. 123/367, Industrial Area, Fazalganj, Kanpur-208001 (U.P.)	मेसर्स कौशल एण्ड़ कम्पनी प्रा.लि. 123/367, इण्डस्ट्रियल एरिया, फजलगंज, कानपुर–208001 (उ.प्र.)	
14	M/s Crystal Foundry, P.O. Box-44, G.T Road, Goraya-144409, Distt. Jalandhar (Punjab)	मेसर्स क्रिस्टल फाउन्डरी पो.बा.–44, जी.टी.रोड़, जि.जालन्धर गोराया–144409 (पंजाब)	Ph.: 01826-62240
15	M/s Dandekar Brothers Shivaji Nagar, Sangali-416416 (M.S.)	मेसर्स दण्डेकर ब्रोदर्स, शिवाजी नगर, सांगली–416416 (एम.एस.)	Ph.: 2758275
16	M/s Darshan Singh & Co. P.O. Box 30, G.T. Road, Goraya- 144409, Distt. Jalandhar (Punjab)	मेसर्स दर्शनसिंह एण्ड़ कं. पो.बा.–30, जी.टी. रोड़, गोराया– 144409, जि. जालन्धर (पंजाब)	
17	M/s Deluxe Industries G.T. Road, Samalakha (Haryana)	मेसर्स डीलक्स इण्डस्ट्रीज जी.टी. रोड़, समालखा (हरियाणा)	
18	M/s Desai Industris C-11, Industrial Estate, Gokul Road, Hubli (Karnataka)	मेसर्स देसाई इण्डस्ट्रीज सी–11, इण्डस्ट्रीयल एस्टेट, गोकुल रोड़, हुबली (कर्नाटक)	
19	M/s Dev Agro Tools Pvt. Ltd No. 307, A.T. Halli Layout, Shanti Nagar, Bangalore-560027 (Karnataka)	मेसर्स देव एग्रो टूल्स प्रा.लि. नं. 307,ए.टी. हली लेआऊट, शान्तीनगर,, बैंगलोर–560027(कर्नाटक)	Ph.: 080-26570734 Fax: 080-22291536

20	M/s Durga Iron Foundry G.T. Road, Samalakha (Haryana)	मेसर्स दुर्गा आयरन फाउन्डरी जी.टी. रोड़, समालखा (हरियाणा)	
21	M/s HIM, CO 5C, Industries Estate, Collector Ganj-243502, Bareilly (U.P.)	मेसर्स हिमको 5–सी, इण्डस्ट्रीज एस्टेट, कलेक्टर गंज–243502, बरेली (उ.प्र.)	Ph.: 0581-480856
22	M/s Jaihind Iron Foundry G.T. Road, Samalakha (Haryana)	मेसर्स जयहिन्द आयरन फाउन्डरी जी.टी. रोड़, समालखा (हरियाणा)	
23	M/s Jamuna Iron Foundry G.T. Road, Samalakha (Haryana)	मेसर्स जमुना आयरन फाउन्डरी जी.टी. रोड़, समालखा (हरियाणा)	
24	M/s Jhhali Agro Industries Pvt. Ltd. 303, Vomikhal, Kak Road, Bhubaneswar-70 (Orissa)	मेसर्स झाली एग्रो इण्डस्ट्रीज प्रा.लि. 303, वोमीखाल, काक रोड़, भुवनेश्वर – 70 (उड़ीसा)	
25	M/s Jyoti Industries Opp. New Bus Stand, Pandri, Raipur-492004 (M.P.)	मेसर्स ज्योति इण्डस्ट्रीज अपोजिट नया बस स्टैन्ड, पण्ड्री, रायपुर–492004 (म.प्र.)	Ph.: 426721/426159
26	M/s Karnataka Agri Implements & Allied Industries Cooperative Society Ltd.BRL Godawan, Oppo. Byridevrakappa, Hubli-25	मेसर्स कर्नाटक एग्री इम्पलीमेन्टस एण्ड़ एलाईड़ इण्डस्ट्रीज कोआपरेटिव सोसाईटी लि., वी.आई.एल. गाडाऊन, अपोजिट बरिद्रेव्राकप्पा, हुबली–500025	Ph.: 0836-2373972

27	M/s Kisan Industries G.T. Road, Samalakha (Haryana)	मेसर्स किसान इण्डस्ट्रीज जी.टी. रोड़, समालखा (हरियाणा)	
28	M/s Lath Akriti, Bamra Distt. Sambalpur-768221 (Orissa)	मेसर्स लेथ आकृति, बामरा, जिला सम्बलपुर–768221 (उड़ीसा)	Ph.: 06642-229095/229336 Mobile: 09437051336 E-mail: contact@lathakriti.com Web: www.lathakriti.com
29	M/s Laxmi Agril. Industries Industrial Estate, Banaras-11 (U.P.)	मेसर्स लक्ष्मी एग्री इण्डस्ट्रीज इण्डस्ट्रीयल एस्टेट, बनारस–370211 (उ.प्र.)	Ph.: 2370211
30	M/s Md. Maksood Mechanical works Roorkee Road, Muzaffarnagar (U.P.)	मेसर्स मो. मकसूद मैकेनीकल वर्क्स रूड़की रोड़, मुजफ्फरनगर (उ.प्र.)	Ph.: 0131-402121
31	M/s Mittal Iron Foundry G.T. Road, Samalakha (Haryana)	मेसर्स मित्तल आयरन फाउन्डरी जी.टी. रोड़, समालखा (हरियाणा)	
32	M/s Moti Agricultural Industries Bank Road, Sadhana, Meerut (U.P.)	मेसर्स मोती एग्रीकल्चरल इण्डस्ट्रीज बैंक रोड़, साधना, मेरठ (उ.प्र.)	Ph.: 05442-82225
33	M/s Narnaulia Machinery Stores Ram Ganj Bazar, Alwar (Raj.)	मेसर्स नारनउलीया मशीनरी स्टोर्स रामगंज बजार, अलवर (राज.)	
34	M/s Oriental Machinery (1919) Pvt. Ltd., Mission Court-25, Rajendra Nath Mukherjee Road, Kolkata-01	मेसर्स ओरियंटल मशीनरी (1919) प्रा.लि. मिशन कोर्ट–25, राजेन्द्रनाथ मुखर्जी रोड़, कोलकता–01	Ph.: 2484840

35	M/s Padigilwar Eletrical Industries (Agro Division)Mangaldass Market, Ashoka-01 (M.S.)	मेसर्स पेडीगिलवार इलैक्ट्रीकल इण्डस्ट्रीज (एग्रो डिवीजन)मंगलदास मार्किट, अशोका–444001 (महाराष्ट्र)	Ph : 0724-433660 Fax: 0724-430004
36	M/s Prem Agril Industries Phase-II, H/28, Industrial Area, Sindari Road, Badmer (Raj.)	मेसर्स प्रेम एग्रीकल्चर इण्डस्ट्रीज फैस–2, एच/28, इण्डस्ट्रीयल एरिया, सिन्दरी रोड़, बाड़मेर (राज.)	Ph.: 02982-224272
37	M/s Punjab Iron Foundry G.T. Road, Samalakha (Haryana)	मेसर्स पंजाब आयरन फाउन्डरी जी.टी. रोड़, समालखा (हरियाणा)	
38	M/s Rattan Iron Foundry G.T. Road, Goraya-144409, Distt. Jalandhar (Punjab)	मेसर्स रतन आयरन फाउन्डरी जी.टी. रोड़, गोराया–144409, जि. जालन्धर (पंजाब)	Ph.: 01826-62421/62758
39	M/s Sadhu Singh & Sons P.O. Box 20, G.T. Road, Goraya-1444409, Distt. Jalandhar (Punjab)	मेसर्स साधु सिंह एण्ड़ सन्स पो.बा.–20, जी.टी. रोड़, गोराया –144409, जि. जालन्धर (पंजाब)	Ph.: 01826-62717/62417 Mob: 9814300021/9814200017 Fax: 01826-62971
40	M/s Sai Sonalika Tractors Near Padmavati Petrol Pump Nagarm Manmad Road, Savedi, Ahmednagar - 414003 (M.S.)	मेसर्स सांई सोनालिका ट्रैक्टर्स नियर पदमावती पेट्रोल पम्प, नगरम मानमद रोड़, सेवदी अहमद नगर–414003 (महाराष्ट्र)	Mob.: 9422220438
41	M/s Shre Krishna Auto Industries Plot No. 127, Sector-24,	मेसर्स श्री कृष्णा ऑटो इण्डस्ट्रीज प्लॉट नं. 127, सैक्टर–24,	Ph.: 0129-4021922, Fax.: 0129-4021923 Mob 9811699961

	Faridabad-121005 (Haryana)	फरीदाबाद–121005 (हरियाणा)	E-mail: info@shreekrishnaauto.com Web: www.shreekrishnaauto.com
42	M/s Shree Sujaran Trolley Works M. Post, Kuchera, Nagour (Raj.)	मेसर्स श्री सुजाराम ट्रॉली वर्क्स एम. पोस्ट, कुचेरा, नागौर (राज.)	Ph. : 01584-280051
43	M/s Shree Thakurji Iron & Steel Works G.T. Road, Jagatpur, Varanasi (U.P.)	मेसर्स श्री ठाकुरजी आयरन एण्ड़ स्टील वर्क्स, जी.टी. रोड़, जगतपुर, वाराणसी	
44	M/s Shri Shivanand Enterprises Stall # 4, Laxmi Complex, Nadigin Road, Hubli–29	मेसर्स श्री शिवानन्द इण्टरप्राईज स्टॉल 4, लक्ष्मी कॉम्पलैक्स, नड़ीजिन रोड़, हुबली–29	Ph.: 0836-2353873/4257878 Mob.: 9448236508
45	M/s Sona Enginnering Englishpura, Sehore (M.P.)	मेसर्स सोना इंजीनियरिंग इंग्लिशपुरा, शिहोर (म.प्र.)	Ph.: 07562-224067
46	M/s Sunlight Foundry Lucknow Road, Barabanki (U.P.)	मेसर्स सनलाईट फाउन्डरी लखनऊ रोड़, बाराबंकी (उ.प.)	Ph.: 22312/22986
47	M/s Yantra Vidyalaya Suruchi Campus, Bardoli–394601	मेसर्स यंत्र विद्यालय सुरूचि कैम्पस, बरदोली–394601	

15.18 माइक्रो टिलर – Micro tiller

S. No.	Name & Address	नाम एवं पता	Contact No., Fax No. & E-mail
1.	M/s Kisan Kraft Machines Tools Pvt. Ltd.32/5C, Dasarahalli Village, Dasarahalli Main Road, H.A. Farm Post Office, Hebbal, Bangalore-34	मेसर्स किसान क्रॉफ्ट मशीन टूल्स प्रा.लि., 32/5सी, दसाराहली ग्राम, दसाराहली मेन रोड़, एच.ए. फार्म पोस्ट ऑफिस, हेबल, बंगलौर–34	Ph.: 080-64561434/1435//22330318 E-mail: kisankraft@gmail.com Web: kisankraft.com
2.	M/s Lath Akriti, Bamra Distt. Bambalpur-768221 (Orissa)	मेसर्स लेथ आकृति, बमरा, जिला बम्बलपुर–768221 (उड़ीसा)	Ph.: 06642-229095/229336 Mobile: 09437051336 E-mail: contact@lathakriti.com Web: www.lathakriti.com
3.	M/s Modern Industries 52, Industrial Estate Hoshiarur-146001 (Punjab)	मेसर्स मॉडर्न इण्डस्ट्रीज 52, इण्डस्ट्रीयल स्टेट, होशियारपुर–146001 (पंजाब)	Ph.: 01882-251636/251942 Fax.: 01882-250236/256008 E-mail: modern.inds@rediffmail.com Web: moderninds.com
4.	M/s Perfect Tech Enterprises L-434, Sarita Vihar, New Delhi-110076	मेसर्स परफैक्ट–टेक इन्टरप्राइजेज एल–434, सरिता विहार, नई दिल्ली–110076	Fax: 0120-4348920 Mo: 9310077625/9310077626/ 9310077627 E-mail: perfectpurbert@yahoo.co.in
5.	M/s Stitchwell Qualitex Pvt. Ltd. G-58, Sector-6, Noida-201301	मेसर्स स्टीचवैल क्वालिटैक्स प्रा.लि. जी–58, सैक्टर–6, नोएड़ा–201301 (उ.प.)	Ph.: 0120-2422641/2422496 Fax: 0120-2422654 E-mail: info@sqplindia.com Web: www.sqplindia.com

15.19 डीजल इंजन – Diesel Enginers

S. No.	Name & Address	नाम एवं पता	Contact No., Fax No. & E-mail
1	M/s Ashok Engineering & Foundry Works, Ashok Vatika, Dhabarbhai Road (South End), Rajkot-02 (Gujarat)	मेसर्स अशोक इन्जीनियरिंग एण्ड़ फाउन्डरी वर्क्स, अशोक वाटिका धाबरभाई रोड़ (साऊथ एन्ड) राजकोट–360002 (गुजरात)	Ph.: 0281-361825/361448 Fax: 0281-361382
2	M/s Balmer Lowerie & Co.Ltd. 21, Netaji Subhash Road, Kolkata-01	मेसर्स बालमर लारी एण्ड़ कम्पनी लि. 21, नेताजी सुभाष रोड़, कोलकता–01	Ph.: 226871
3	M/s Basant Ispat Udyog Pvt. Ltd. E-34, Foundary Nagar, Agra-28006 (U.P.)	मेसर्स बसंत इस्पात उद्योग प्रा.लि. ई–34, फाउन्डरी नगर, आगरा–282006 (उ.प्र.)	Ph.: 0562-344294/344603 Fax: 0562-346297
4	M/s Birla Yamaha, A-1, Ring Road, N.D.S.I.-1, New Delhi-110049	मेसर्स बिरला यामाहए ए–1, रिग रोड़, एन.डी.एस.आई.–1, नई दिल्ली–49	Ph.: 011-4690352/53/54 Fax: 011-4626188
5	M/s Calama Industrial Pvt. Ltd. 173-B, GIDC, Estate, Naroda, Ahemdabad-382330 (Gujarat)	मेसर्स कलामा इण्डस्ट्रीयल प्रा.लि. 173–बी, जी.आई.डी.सी. एस्टेट, नरोदा, अहमदाबाद–382330(गुजरात)	Ph.: 079-2821816/2811316 Fax: 079-2822176
6	M/s Cooper Engineering Ltd. Satara Road, Southrn Railway, Distt. Satara (Mumbai)	मेसर्स कॉपर इन्जीनियरिंग लि. सातरा रोड़, साऊथ रेलवे, जि. सातरा (मुम्बई)	

7	M/s Dhandoypthapani Foundary Pvt, Ltd.Post Box No. 6304, 14, Pulikulam Road, Coimbatore-37 (Tamilnadu)	मेसर्स धनडेपथापानी फाउन्डरी प्रा.लि. पोस्ट बॉक्स नं. 6304, 14, पुलीकुलम रोड़, कौयम्बटूर–37 (तमिलनाडु)	Ph.: 212419/216273 Fax.: 866442
8	M/s Greaves Limited, Light Engine Division, 385, Paink Nagar, Unit-8, Bhubaneswar-756003	मेसर्स ग्रीवस लि., लाईट इंजन डिवीजन 385, पाइंक नगर, यूनिट–8 भुवनेश्वर–756003	Ph.: 375897
9	M/s Gujarat Forgings Ltd. Aji Industrial Area Estate, Opp. P.T.C., Post Box No. 1004, Rajkot (Gujarat)	मेसर्स गुजरात फोरगिंग्स लि. अजी इण्डस्ट्रीयल एरिया एस्टेट, अपोजिट पी.टी.सी., पोस्ट बॉक्स नं. 1004, राजकोट (गुजरात)	Ph.: 0281-387750/87751/387752 Fax: 0281-387751
10	M/s India Casting Company Balkeshwar Road, Agra–282004 (U.P.)	मेसर्स इण्डिया कास्टिंग कं. बलकेश्वर रोड़, आगरा–282004(उ.प्र.)	Ph.: 0562-381436/380896 Fax: 0562-381439
11	M/s Kisan Yantra Udyog 64, Moti Bhawan, Collector Ganj, Kanpur (U.P.)	मेसर्स किसान यंत्र उद्योग 64, मोती भवन, कलक्टरगंज कानपुर (उ.प्र.)	Ph.: 268945/252554
12	M/s Kriloskar Brothers Ltd. Udyog Bhawan, Tilak Road, Pune-9 (M.S.)	मेसर्स किरलोस्कर ब्रदर्स लि. उद्योग भवन, तिलक रोड़, पूना–09 (महाराष्ट्र)	Ph.: 021-1457247 Fax: 0212-434198/431156

13	M/s Laxmi Sales Corporation 219, Chetak Centre, 2nd Floor, R.N.T. Indore (M.P.)	मेसर्स लक्ष्मी सेल्स कारपोरेशन 219, चेतक सेन्टर, द्वितीय तल, आर.एन.टी. इन्दौर (म.प्र.)	Ph.: 0731-258328 Fax: 0731-538328
14	M/s New Bharat Engg. Works Pvt. Ltd., P.B. No. 131, Pandit, Nehru Road, Jam Nagar-361002 (Gujarat)	मेसर्स न्यू भारत इन्जीयरिंग वर्क्स प्रा.लि., पो.ब.नं. 131, पण्ड़ित नेहरू रोड़, जामनगर–361002 (गुजरात)	Ph.: 0288-559928/553352 Fax: 0288-553988
15	M/s Patel Mavji Kanji & Brothers Rajkot (Gujarat)	मेसर्स पटेल मावजी कांजी एण्ड़ ब्रदर्स, राजकोट (गुजरात)	
16	M/s Pradip & Dilip Co. C-33, Industrial Area, Patna-13	मेसर्स प्रदीप एण्ड़ दिलीप कम्पनी सी–33, इण्डस्ट्रीयल एरिया, पटना–13	Ph.: 262970/263114
17	M/s Pratap Steel Rolling Mills Ltd. 21/3, Mathura Road, Ballabhgarh, Faridabad - 121004 (Haryana)	मेसर्स प्रताप स्टील रोलिंग मिल्स लि. 21/3, मथुरा रोड़, बल्लभगढ फरीदाबाद–121004 (हरियाणा)	
18	M/s Rocket Engg. Corporation Pvt. Ltd., P.O.Box No.: 178, V.P. Pawar Nagar, Kohlapur-410001 (M.S.)	मेसर्स रोकेट इन्जीनियरिंग कॉरपोरेशन प्रा.लि., पोस्ट ब.नं. 178, वी.पी. पवार नगर, कोल्हापुर–410001 (महाराष्ट्र)	Ph.: 0231-655413/656015 Fax.: 0231-656915
19	M/s Simpson & Co. Ltd. 861862, Anna Salai, Channai (India)	मेसर्स सिम्पसन एण्ड़ कम्पनी लि. 861862, अन्नासलाई, चैन्नई (भारत)	Ph.: 8534918/8534590

20	M/s Sterling Machine Tools B-13, Foundary Nagar, Hathras Road, Agra-282006 (U.P.)	मेसर्स स्टारलिंग मशीन टूल्स बी–13, फाउन्डरी नगर, हाथरस रोड़, आगरा–282006 (उ.प्र.)	Ph.: 62862
21	M/s The National engg. Co. (M) Pvt. Ltd.Kakani, Tower, 15 Khadar Nawaze, Khan Road, P.B. No. 4534, Chennai-600006	मेसर्स दी नैशनल इन्जीनियरिंग कम्पनी (एम.) प्रा.लि., काकानी टावर 15, खादर नवाज, खान रोड़, पोस्ट बा.न. 4534, चैन्नई–600006	Ph.: 044-8279024 Fax: 044-8279296
22	M/s Vijay Engg. works, Bhavnagar Road, Rajkot-360003 (Gujarat)	मेसर्स विजय इन्जीनियरिंग वर्क्स भावनगर रोड़, राजकोट–360003 (गुजरात)	Ph.: 0281-87207/87570 Fax.: 0281-87781

15.20 बीज प्रसंस्करण यंत्र – Seed Processing Equipments

S. No.	Name & Address	नाम एवं पता	Contact No., Fax No. & E-mail
1	M/s A.M.I. Engineering C-32 Industrial Area, Patliputra, Patna-800013 (Bihar)	मेसर्स ए.एम.आई. इन्जीनियरिंग सी–32, इण्डस्ट्रीयल एरिया, पाटलिपुत्र, पटना–800013, बिहार	Ph.: 0612-224274/262847
2	M/s Anand Agritech Nehruganj, Gulbarga - 585104 (Karnataka)	मेसर्स आनन्द एग्रीटैक, नेहरूगंज, गुलबर्गा–585104 (कर्नाटक)	Ph.: 08472-268128, Mob.: 9448457521 Fax: 08472-277249 E-mail: smsrai@rediffmail.com
3	M/s B. Sen Berry & Co. 65/11, New Rohtak Road, Karol Bagh, New Delhi-110005	मेसर्स बी. सेन बेरी एण्ड़ कम्पनी 65/11, न्यू रोहतक रोड़, करोल बाग, नई दिल्ली–05	Ph.: 011-5723553/5721105 Fax.: 011-5721105

4	M/s Bali Ram Pyara Lal Ramlila Maidan, G.T. Road, Ghaziabad (U.P.)	मेसर्स बलीराम प्यारा लाल रामलीला मैदान, जी.टी. रोड़, गाजियाबाद (उ.प्र.)	
5	M/s Bengal Tools Ltd. P-15, India Exchange Place, Extn. Kolkata-73	मेसर्स बंगाल टूल्स लि. पी–15, इण्डिया एक्सचेन्ज प्लेस, एक्टैन्शन, कोलकता–700073	Ph.: 262878/275415/636 Fax.: 332258901
6	M/s Bharat Agro & Food Industries 251, Rajiv Nagar, Street No. 3, Mata Road, Gurgaon (Haryana)	मेसर्स भारत एग्रो एण्ड़ फूड इण्डस्ट्रीज 251, राजीव नगर, स्ट्रीट नं. 3, माता रोड़, गुड़गाँव–122001(हरियाणा)	Ph.: 0124-6331752/6306895 Fax.: 0124-6305683/6308441
7	M/s Bharat textile Corporation Office - 123/195-A, Saresh Bagh, Kanpur-208012	मेसर्स भारत टैक्सटाइल कॉरपोरेशन ऑफिस–123 / 195–ए, सरेश बाग, कानपुर–208012 (उ.प्र.)	Ph.: 221185
8	M/s Binny Ltd. P.B. No. 8677, Meenambakham, Chennai- 600114 (Tamilnadu)	मेसर्स बिन्नी लि. पो.बॉ.नं. 8677, मीनामबक्कम, चैन्नई–600114 (तमिलनाडु)	Ph.: 044-4690352/2344018 Fax.: 044-2345251
9	M/s Chamech Enginers Pvt. Ltd. 16/3, Starling Road, Nungmbaram, Chennai-34	मेसर्स चेमेक इन्जीनियरिंग प्रा.लि. 16 / 3, स्टारलिंग रोड़, नानगमबारम, चैन्नई–34	
10	M/s Chandra Metal Co. 27, G.B. Marg, Lucknow (U.P.)	मेसर्स चन्द्रा मेटल कम्पनी 27, जी.बी. मार्ग, लखनऊ (उ.प्र.)	Ph. 44704

11	M/s Damodar Process Plant Pvt. Ltd. 1/4, Vansi Hart Road, Opp. Tel Bhawan, B.B.D. Dog Kolkata-700001	मेसर्स दामोदर प्रोसेस प्लान्ट प्रा.लि. 1/4, वन्सी हार्ट रोड़, अपोजिट तेल भवन, बी.बी.डी. दाग, कलकता–700001	Ph.: 2487824/278759
12	M/s Dandekar brothers Shivaji Nagar, Sangli-416416 (M.S.)	मेसर्स दण्डेक ब्रदर्स शिवाजी नगर, सांगली–416416	Ph.: 2758275
13	M/s Francis D. Souza & Co. Dahanu Road, Pin-401602, Distt. Thana (M.S.)	मेसर्स फ्रांसिस डी. सुजा एण्ड कम्पनी दहानु रोड़, पिन–401602, जि. थाने (महाराष्ट्र)	Ph.: 22326/22931
14	M/s G.G. Gardekar Machine Works Ltd.Bhiwandi - 421302 (M.S.)	मेसर्स जी.जी. गरडेकर मशीन वर्क्स लि., भिवाड़ी–421302 (महाराष्ट्र)	Ph.: 02522-21870/31871/51870/51871 Fax.: 02522-31874/51874
15	M/s Girish Agro Pvt. Ltd. Mile Stone, Basari Road, Near Basari Village, Gurgaon (Haryana)	मेसर्स गिरीश एग्रो प्रा.लि. माईल स्टोन, बसारी रोड़, नियर बसारी गाँव, गुड़गाँव (हरियाणा)	Ph.: 329151
16	M/s Grain Processing Industries (I) Pvt. Ltd. (Regd.)Office 29, Stand Road, Kolkata - 700000 (W.B.)	मेसर्स ग्रीन प्रोसेसिंग इण्डस्ट्रीज (आई.) प्रा.लि., रजि. ऑफिस 29, स्टेण्ड रोड़, कोलकता– 700000 (वेस्ट बंगाल)	Ph.: 033-2103368/2204508 Fax.: 033-2431639/2101252
17	M/s HSF Food Protech Pvt. Ltd. Dabwali Road, Opp. Air Force Station, Sirsa (Haryana)	मेसर्स एच.एस.एफ. फुड़ प्रो. टैक प्रा.लि. डबवाली रोड़, अपोजिट एयर फोर्स स्टेशन, सिरसा (हरियाणा)	Ph.: 052-20239/25239 Fax.: 0252-25293

18	M/s Indus Food Product & Equipment Ltd., 238/B, Acharya J.C. Bose Road, Kolkata-20 (W.B.)	मेसर्स इन्डस फूड प्रोडक्ट्स एण्ड़ इक्यूपमेन्ट लि., 238/बी., आचार्य जे.सी. बोस रोड़, कोलकता–20	Ph.: 033-2478503/2471962 Fax.: 033-2471874
19	M/s Krishi Seva Shed No. 83/1 & Plot No. 76. GIDC, Industrial Estate, Naroda, Admedabad-30 (Gujarat)	मेसर्स कृषि सेवा, सेड़ नं. 83/1, प्लाट नं. 76, जी.आई.डी.सी. इण्डस्ट्रीयल एस्टेट, नरोदा, अहमदाबाद–382330 (गुजरात)	Ph.: 079-2820510/641725/6403918 Fax.: 079-6466255/2840087
20	M/s Laxmi Modern Rice Mill Suppliers, B-7A, Industrial Estate, Maola Ali, Hyderabad-462018	मेसर्स लक्ष्मी मॉडर्न राईस मिल सप्लायर्स, बी–7ए, इण्डस्ट्रीयल एस्टेट, मोलाअली, हैदराबाद–462018 (अ.प्र.)	Ph.: 75543
21	M/s M.G. Industrial G.T. Rod, Batala-143505 (Punjab)	मेसर्स एम.जी. इण्डस्ट्रीयल जी.टी. रोड़, बटाला–05 (पंजाब)	Ph.: 01871-43167 Fax.: 01871-43149
22	M/s Mahajan Traders Assandh Road (Bajrang Market), Panipat - 132103 (Haryana)	मेसर्स महाजन ट्रैडर्स असन्ध रोड़ (बजरंग मार्केट), पानीपत – 132103 (हरियाणा)	Ph.: 01742-43541 / 53940
23	M/s Mekins Agro Products Ltd. (Regd.) Office Mekins House, 6-3-1090/3/2, Raj Bhawan Road, Sonnajguda, Hyderabad-82 (A.P.)	मेसर्स मीकिन्स एग्रो प्रोडक्ट्स लि. (रजि.) ऑफिस मीकिन्स हाउस, 6–3 –1090/3/2, राजभवन रोड़ सोन्नाजगुड़ा, हैदराबाद–82 (अ.प्र.)	Ph: 040-3310450/3312350 Fax.: 040-3310450

24	M/s Mill Stores (Madras) Pvt Ltd. 15. Errabalu Street , P.B,No. 4, Chennai-60001 (India)	मेसर्स मिल स्टोर्स (मद्रास) प्रा.लि. 15, इराबालू स्ट्रीट, पो.ब.नं. 4, चैन्नई–01, भारत	Ph.: 044-5227014 Fax.: 044-5220242
25	M/s Modern Engineers C-4, Block Mangal Bazaar Road, (Nar R.R. Dharamkanta) Swarn Park Ext. (MundkaVillage) Rohtak Road, Delhi-41	मेसर्स मॉडर्न इन्जीनियर्स सी–4, ब्लॉक मंगल बाजार (निकट धर्मकान्टा) स्वर्ण पार्क, एक्टेशन (मुंडका गाँव) रोहतक रोड़, दिल्ली–41	Ph.: 011-7189968/7104070/5182131 /713245/5439534 Fax.: 011-5439534 E-mail: modernenginers@ mantramail.com
26	M/s Modern Mark Howrah Amta Road, Dassnagar, Howrah -05 (W.B.)	मेसर्स मॉडन मार्क हावड़ा अमता रोड़, दास नगर, हावड़ा–05	Ph.: 6670905/6670433
27	M/s Nalanda Agro Works, Nalanda Nagar, Kurji, Patna-10 (Bihar)	मेसर्स नालन्दा एग्रो वर्क्स, नालन्दा नगर, खुर्जी, पटना–10 (बिहार)	Ph.: 152775/285214
28	M/s Oriental Machinery (1919) Pvt. Ltd. Mission Court-25, Rajendra Nath Mukherjee Road, Kolkata-01	मेसर्स ओरियंटल मशीनरी (1919) प्रा.लि., मिशन कोर्ट–25, राजेन्द्रनाथ मुखर्जी रोड़, कोलकत्ता–01	Ph.: 2484840
29	M/s OSAW Industrial Products Pvt. Ltd.P.O.Box 42, OSAW, Complx Jagadhari Road, Ambala Cantt.-133001	मेसर्स ओ.एस.ए.डब्ल्यू. इण्डस्ट्रीयल प्रोडक्ट्स प्रा.लि., पी.ओ. बॉक्स–42, ओ.एस.ए.डब्ल्यू. कॉम्पलैक्स, जगाधरी रोड़, अम्बाला कैंट (हरियाणा)	Ph.: 0171-2699347/2699267/2521311 Fax.: 0171-2699102/2699222 E-mail: indosawl@sancharnet.in

30	M/s Packolable Systems Pvt. Ltd. B-76, Sector-6, Noida-201301 NCR-Delhi (U.P.) India	मेसर्स पैकोलेबल सिस्टम प्रा.लि. बी–76, सैक्टर–6, नोएड़ा– 201301, एन.सी.आर.–दिल्ली (उ.प्र.)	Ph.: 0120-2422273, Fax.: 011-22625087 Mob: 9868516263/9350506556/ 9311857589 E-mail: packolable@gmail.com
31	M/s Pal Agro Industries Chandigarh Road, Opp. OBC Tohana-125120, Fatehabad (Haryana)	मेसर्स पाल एग्रो इण्डस्ट्रीज चण्डीगढ़ रोड़, अपोजिट ओ.बी.सी. टोहाना–125120,फतेहाबाद (हरियाणा)	Ph.: 01692-231651/235473 Mo: 9416242391
32	M/s Patel Brothers Services & Engg. Pvt. Ltd.6, Elphin Stone Road, Mumbai- 400001 (M.S.)	मेसर्स पटेल ब्रदर्स सर्विसेस एण्ड़ इन्जीनियरिंग प्रा.लि., 6,एल्फिन स्टोन रोड़, मुम्बई–400001 (महाराष्ट्र)	Ph.: 022-2041072 Fax.: 022-2071118
33	M/s PEEKAY Farm Equipments (India) Pvt. Ltd., Raj House, D-1012, Okhla Industrial Area, Phase-I, New Delhi-110020 (India)	मेसर्स पी.के. फार्म इक्यूपमेन्ट (इण्डिया) प्रा.लि.) राज हाऊस, डी–1012, ओखला इंडस्ट्रीयल एरिया, फेस–1, नई दिल्लो–20	Ph.: 011-26811996/26811610/26371597 Fax.: 011-26817032 E-mail: shintech@vsnl.com
34	M/s Rohan Agro Industries Nehruganj, Gulbarga–585104	मेसर्स रोहन ऐग्रो इण्डस्ट्रीज नेहरूगंज, गुलबर्गा–585104(कर्नाटक)	Ph.: 08472-268128, Mob.: 9448457521 Fax: 08472-277249 E-mail: smsrai@rediffmail.com
35	M/s S.P. Engineering Corporation 79/7, Latouche Road, P.Box No. 218, Kanpur-208001 (U.P.)	मेसर्स एस.पी. इन्जीनियरिंग कॉरपोरेशन, 79/7, लाऊच रोड़, पो.बा.नं. 218, कानपुर–208001 (उ.प्र.)	Ph.: 364252/216166

36	M/s Sabari Industries Kilkovalavedu Vandavasi, T.K. (T,N,) - 604404	मेसर्स सबरी इण्डस्ट्रीज किलकोवेलवेडू वनदावासी, टी.के. तमिलनाडु–604404	
37	M/s Shah Machinery Stores Nehruganj, Gulbarga - 585104	मेसर्स शाह मशीनरी स्टोर्स नेहरूगंज, गुलबर्गा–585104(कर्नाटक)	Ph.: 08472-268128, Mob.: 9448457521 Fax: 08472-277249
38	M/s Shakti Engg. Works Batala-05 (Punjab)	मेसर्स शक्ति इंजीनियरिंग वर्क्स जी.टी. रोड़, बटाला–05 (पंजाब)	Ph.: 01871-43167/41367 Fax.: 01871-43149
39	M/s Shre Gokul Krishna Day/61, Netaji Subhash Road, Room No. 1A, Kolkata-700007	मेसर्स श्री गोकुल कृष्णा डे/61, नेताजी सुभाष रोड़, रूम नं. 1ए, कोलकत्ता– 700007	Ph.: 2581926
40	M/s Shri Krishna Foundry Subramaniapuram, Madurai-625001 (Tamilnadu)	मेसर्स श्री कृष्णा फाउन्डरी सुब्रामनियापुरम मदुराई–625001 (तमिलनाडु)	Ph.: 603912/602912
41	M/s Shri Manak Industries & Machinery Tools, WorksPlot No. 62, Sector-1, Pop Admin. Building, Indrapuri, BHEL, Bhopal - 462022	मेसर्स मानक इण्डस्ट्रीज एण्ड़ मशीनरी टूल्स, वर्क्सप्लॉट नं. 62, सेक्टर–1, पोप एडमिन बिल्डिंग इन्द्रापुरी भेल, भेपाल (म.प्र.)	Ph.: 62576
42	M/s The Oriental Science Aparatus Workshops (OSAW) Jawaharlal Nehru Marg, Opp. Civil Hospital, Ambala Cantt-01	मेसर्स दी ओरियंटल साईंस अपारेट्स वर्क्स शॉप, जवाहर लाल नेहरू मार्ग, अपोजिट सिविल हॉस्पीटल, अम्बाला कैन्ट–01 (हरियाणा)	Ph.: 0171-2633834/641395 Fax: 0171-2643180

43	M/s Vishwakarma Agriculture Repairing Works, Chootala Road, Abobshahar (Sirsa) Haryana	मेसर्स विश्वकर्मा एग्रीकल्चर रिपेयरिंग वर्क्स, चौटाला रोड़, अबूबशहर (सिरसा) हरियाणा	Ph.: 01668-54299
44	M/s Vugavatar Mehar Baba Agri. Machinery, W-37A-38A, MIDC, Akola (Maharashtra) - 444104	मेसर्स युगअवतार मेहर बाबा एग्री. मशीनरी, डब्ल्यू.–37ए–38ए, एम.आई.डी.सी., अकोला (महाराष्ट्र)	Ph.: 0724-2258183 Fax.: 0724-2259303

15.21 ग्रीन हाऊस – Green Houses

S. No.	Name & Address	नाम एवं पता	Contact No., Fax No. & E-mail
1.	M/s Ajay Kumar & Co. C-149, Moti Nagar, New Delhi-110015	मेसर्स अजय कुमार एन्ड कम्पनी सी–149, मोती नगर, नई दिल्ली–110015	Ph.: 011-25100776/25935404/25441949 Fax.: 011-25441950 E-mail: glasil@vsnl.net
2.	M/s Blue Stallion Equipments (P) Ltd. 3828, Lane No. 7, Opp. ITI New Janta Nagar, Ludhiana-03 (Punjab)	मेसर्स ब्लू स्टेलियन इक्यूपमेन्ट प्रा.लि. 3828, लेन नं. 7, अपोजिट आई.आई.टी., न्यू जनता नगर, लुधियाना–141003 (पंजाब)	Ph.: 0161-5045218/5086147 Fax: 0161-5086147 E-mail: stallionindia@rediffmail.com Web: stallion.ditrade.com
3.	M/s Harvel Aqua India Pvt. Ltd. 301-304, Meghdoot, 94, Nehru Place, New Delhi-19	मेसर्स हर्बल एक्वा इण्डिया प्रा.लि. 301–304, मेघदूत, 94 नेहरू प्लेस, नई दिल्ली–19	Ph.: 011-26485365/26413370 Fax.: 011-26464819 E-mail: azad.India@azad.com Web: www.azad.com
4.	M/s Jai Agrotech, A-36, Rajendra Park, Gurgaon-122001 (Haryana)	मेसर्स जय एग्रोटेक, ए–36, राजेन्द्र पार्क, गुड़गाँव–122001(हरियाणा)	Mo: 9313650986/9899354156

5.	M/s Rajdeep Agri Products Pvt. Ltd. 3229/1, Ranjit Nagar, New Delhi - 110008	मेसर्स राजदीप एग्री प्रोडक्ट्स प्रा.लि. 3229 / 1, रणजीत नगर, नई दिल्ली–110008	Ph.: 011-574881/578881/7868881 Fax.: 011-5749991 E-mail: rapl_agri@hotmail.com
6.	M/s Saveer Biotech Limited 1442, Wazir Nagar, Kotla Mubarakpur, New Delhi-110003	मेसर्स सवीर बायोटैक लि. 1442, वजीर नगर, कोटला मुबारकपुर, नई दिल्ली–03	Ph.: 011-24602074/24634487/24622889 E-mail: infor@saveer.com Web: www.saveer.com

15.22 सेन्ट्रीफ्युगल पम्पस / सबमरसीबल पम्प – Centrifugal Pumps

S. No.	Name & Address	नाम एवं पता	Contact No., Fax No. & E-mail
1	M/s Asiatic Traders 36, Shastri Market, Indore-452007 (M.P.)	मेसर्स एसियाटिक ट्रेडर्स 36, शास्त्री मार्केट, इन्दौर–452007 (म.प्र.)	Ph.: 534011/431667 Fax.: 432720
2	M/s B.E. Pumps (P) Ltd. 4 B.D. Bagh East, P.O. Box. No. 2550, Kolkata-700001	मेसर्स बी.ई. पम्पस प्रा.लि. 4 बी.डी. बाग ईस्ट, पो.बॉक्स नं. 2550, कॉलकता–700001	Ph.: 0248-77467747 Fax.: 0248-332484862
3	M/s Basant Ispat Udyog Pvt. Ltd. E-34, Foundry Nagar, Agra-280006 (U.P.)	मेसर्स बसंत इस्पात उद्योग प्रा.लि. ई–34, फाउन्डरी नगर, आगरा–282006 (उ.प्र.)	Ph.: 344294/344603 Fax: 346297
4	M/s Best & Crompton engg. Ltd. 39, Industrial Estate (North), Ambattur, Chennai-600068	मेसर्स बेस्ट एण्ड् क्रॉम्पटन इंजी. लि. 39, इण्डस्ट्रीयल एस्टेट (नार्थ) अम्बटूर, चैन्नई–600068	Ph.: 044-655391/655173 Fax.: 044-456233

5	M/s Calama Industries Pvt. Ltd. 173-B, GIDC, Estate, Naroda, Ahmedabad-382330 (Gujarat)	मेसर्स कलामा इण्डस्ट्रीज प्रा.लि. 173–बी, जी.आई.डी.सी. एस्टेट, नरोदा, अहमदाबाद–382330 (गुजरात)	Ph.: 079-2821816/2811316 Fax: 079-2822176
6	M/s Dhandaypthapani Foundry Pvt. Ltd., Post Box No. 6304, 17, Pulikalam Road, Coimbatore-37	मेसर्स धर्नडपथापानी फाउन्डरी प्रा.लि. पोस्ट बॉक्स नं. 6307, 14, पुलीकलम रोड़, कोयम्बटूर–37 (तमिलनाडु)	Ph.: 212419/116273 Fax.: 866442
7	M/s E.L. Power Engg. (P) Ltd. 671, Trichey Road, P.B. No. 1828, Singandlur, Coimbatoe (T.N.)	मेसर्स ई.एल. पावर इन्जीनियरिंग प्रा.लि., 671, ट्रिची रोड़, पी.बी. नं. 1828, सिंगनलूर, कोयम्बटूर	Ph.: 0422-317583/317545 Fax.: 0422-318391
8	M/s G.B. Agro Industries (Regd.) 1206/1, Rithala, Delhi-85	मेसर्स जी.बी. एग्रो इण्डस्ट्रीज (रजि.) 1206/1, रिठाला, दिल्ली–85	Ph.: 011-7046789/7059143
9	M/s Kalsi Metal Works Bosti Bawa Khel, Kapurthala Road, Jallandhar City (Punjab)	मेसर्स कलसी मेटल वर्क्स बोस्ती बावा खेल, कपूरथला रोड़, जालन्धर सिटी (पंजाब)	Ph.: 252601
10	M/s Mahendra Engg. Works Puliakulam, Coimbatore-641 045 (T.N.)	मेसर्स महेन्द्रा इन्जीयरिंग वर्क्स पुलीकलम, कोयम्बटूर –641045	Ph.: 0422-212860 Fax.: 0422-210017
11	M/s Mohanty & Company Cuttack Road, Bhubaneswar-751006 (Orissa)	मेसर्स मोहन्टी एण्ड़ कम्पनी कटक रोड़, भुवनेश्वर–751006 (उड़ीसा)	Ph.: 414951 Fax.: 832345

12	M/s Prem Industries, Sherpur, Ludhiana-141010 (Punjab)	मेसर्स प्रेम इण्डस्ट्रीज शेरपुर, लुधियाना–141010 (पंजाब)	
13	M/s Pump engg. Co. Pvt. Ltd. C-38, GIDC, Estate near Fire Station, Odhav, Ahmedabad (Gujarat)	मेसर्स पम्प इन्जीनियरिंग कम्पनी प्रा.लि., सी'–38, जी.आई.डी.सी. एस्टेट नियर फायर स्टेशन, उधाव, अहमदाबाद (गुजरात)	Ph.: 079-2871257/2871298 Fax: 079-2874375
14	M/s Raja Foundry 596, Trichy Road, Singanallur, Coimbatore - 641005 (T.N.)	मेसर्स राजा फाउन्डरी 596, ट्रिची रोड़, सिगनालूर, कोयम्बटूर–641005 (तमिलनाडु)	
15	M/s Ratnakar Enterprises 10, Bhakti Nagar, Station Plot, Rajkot -02 (Gujarat)	मेसर्स रत्नाकर इन्टरप्राईज 10, भक्ती नगर, स्टेशन प्लाट, राजकोट–02 (गुजरात)	Ph.: 468603/42098 Fax..: 873389
16	M/s Shah Electrical Deshbandu, near School Station Road, Raipur (Chhatisgarh)	मेसर्स शाह इलैक्ट्रीकल्स देशबन्धु स्कूल के सामने स्टेशन रोड़, रायपुर (छत्तीसगढ़)	Ph.: 0771-2889507/2885879 Mo: 9425209700/9825209800
17	M/s Shivalik Foundry & Engg. Dhir Road, G.T. Road, Batala-143505 (Punjab)	मेसर्स शिवालिक फाउन्डरी एण्ड़ इन्जीनियर्स, धीर रोड़, जी.टी. रोड़, बटाला –143505 (पंजाब)	Ph.: 01871-42604/44091/11434 Fax.: 01871-42604
18	M/s Stitchwell Qualitex Pvt. Ltd. G-58, Sector-6, Noida-201301	मेसर्स स्टीचवैल क्वालिटैक्स प्रा.लि. जी–58, सैक्टर–6, नोएड़ा–201301 (उ.प्र.)	Ph.: 0120-2422641/2422496 Fax.: 0120-2422654 E-mail: info@sqiplindia.com

19	M/s Thukral Mechanical Works Dasmesh Nagar, Sirhind (Punjab)	मेसर्स ठुकराल मैकेनिकल वर्क्स दसमेश नगर, सरहिन्द (पंजाब)	Ph.: 40226/40228
20	M/s Vivek Engg. 4070/236 (Near Narbasia Sweet) Jai Mata Market, Gali No. 13, Opp. Vishram Nagar, Trinagar, Delhi-35	मेसर्स विवेक इन्जीनियरिंग 4070 / 236(नजदीक नरबसिया स्वीट्स) जय माता मार्केट, गली नं. 13 के सामने विश्राम नगर, त्रि नगर, दिल्ली	Ph.: 011-27140169/27021537
21	Ms. K.K. Pumps Industries P.B. No. 80, Mahadev Nagar, Bilmora - 396321 (Gujarat)	मेसर्स के.के. पम्पस इण्डस्ट्रीज पी.बी.नं. 80, महादेव नगर, बिलमोरा–396321 (गुजरात)	Ph.: 83277/84194

15.23 सब्जी पौध रोपाई यंत्र – Vegetable Nursery Transplanter

S. No.	Name & Address	नाम एवं पता	Contact No., Fax No. & E-mail
1.	M/s A.S. Engineering & Fabrications Plot No. 6 B-C, Sector-H, Road No. 14A, Industrial Area, Govindpura, Bhopal (M.P.)	मेसर्स ए.एस. इन्जीनियरिंग एण्ड़ फैबरीकेशन्स, प्लॉट नं. 6 बी–सी, सेक्टर एच, रोड़ नं. 14ए, इण्डस्ट्रीयल एरिया, गोविन्दपुरा, भोपाल (म.प्र.)	Ph.: 0755-2600167/2752986
2.	M/s National Agro Industries Link Road, Industrial Area-A, Opp. Transport Nagar, Ludhiana-141003 (Punjab)	मेसर्स नेशनल एग्रो इण्डस्ट्रीज सामने ट्रांसपोर्ट नगर, (चीमा चौक और समराला चौक के बीच में), लिंक रोड़, इण्डस्ट्रीयल एरिया–ए, लुधियाना–141003 (पंजाब)	Ph.: 0161-2222041/5087853 Fax: 0161-2220299 Web: agriculturalimplements.com

15.24 गार्डन टूल – Garden Tools

S. No.	Name & Address	नाम एवं पता	Contact No., Fax No. & E-mail
1	M/s Falcon Garden Tools (P) Ltd. Malar Kotla Road, Alamgir, Ludhiana-141116 (Punjab) **Delhi Branch Office:** DAWN Harvest Marketings 34881/1, 2nd Floor, Gali Bajrang Bali Chawri Bazar, Delhi-110006	मेसर्स फाल्कॉन गार्डन टूल्स (प्रा.) लि. मलार–कोटला रोड़, आलमगीर, लुधियाना–141116 (पंजाब) **दिल्ली ब्रांच ऑफिस–** डान हारवेस्ट मार्केटिंग 34881 / 1, द्वितीय तल, गली बजरंगबली, चावड़ी बाजार, दिल्ली–110006	Ph.: 0161-2811899/2812144 Fax.: 0161-2503156 E-mail: falcongardentools@edifmail.com Web: falcontools.com Ph.: 011-2756496/27867259 Fax: 011-23210068, Mo: 9811007886 E-mail: dawnharvest@siffy.com
2	M/s Green Touch International 1900, Shri Ram Market, Sirki Walan, Delhi-110006	मेसर्स ग्रीन टैच इन्टरनेशनल 1900, श्रीराम मार्केट, सीरकी वालान, दिल्ली–110006	Ph.: 011-3271616/326488/3911954 Mo: 9811150322
3	M/s Kumaon Nursery (Regd. 1945) Ram Nagar, Nainital-244715 (Uttarakhand)	मेसर्स कुमाऊं नर्सरी (रजि. 1945) रामनगर, नैनीताल–244715 (उत्तराखंड)	Ph.: 85339
4	M/s Manufacturers & Exporters Garden Tools, B-57, Mayapuri Industrial Area, Phase-I, New Delhi-64	मेसर्स मैनूफैक्चर्स एण्ड एक्सपोर्टर्स गार्डन टूल्स, बी–57, मायापुरी इण्डस्ट्रीयल एरिया, फेस–1, नई दिल्ली–110064	Ph.: 011-5434069 Fax: 011-5433054
5	M/s Mechani Co. Industries B-27, Bais Godam, Industrial Estate, Jaipur-06 (Raj.)	मेसर्स मैकेनी कम्पनी इण्डस्ट्रीज बी–27, बेस गोदाम इण्डस्ट्रीयल एस्टेट, जयपुर–06 (राजस्थान)	Ph.: 0141-365283/601561 Fax: 0161-361893

6	M/s Namit Sprayers 371, Rampura, Near Balmiki Mandir, Opp. Gali No. 28, Onkar nagar, Tri Nagar, Delhi – 110035	मेसर्स नामित स्प्रेयर्स 371, रामपुरा, निकट बाल्मीकि मन्दिर, अपोजिट गली नं. 28, ओंकार नगर, त्री नगर, दिल्ली	Ph.: 011-721031640 Mo: 9810047488 E-mail: namitsprayer@yahoo.com
7	M/s Panna Lal Brij Mohan Lal 3636, Chawri Bazar, Delhi – 110006	मेसर्स पन्नालाल ब्रिज मोहन लाल 3636, चावड़ी बाजार, दिल्ली	Ph.: 011-65350881/23264386/23243215 Fax.: 011-23234067, Mo: 9311068898/ 9999790062/9811068898/9990999934
8	M/s Passi Mechanical Works (Regd.) Phullanwal Passi Nagar, Pakhowal Road, Ludhiana–02 (Pnjab)	मेसर्स पासी मैकेनिकल वर्क्स (रजि.) फूलनवाल पासी नगर, पखोवल रोड़, लुधियाना (पंजाब)	Ph.: 0161-455990/457290 Fax: 0161-530103
9	M/s PEEKAY Farm Equipments (India) Pvt. Ltd., Raj House, D-1012, Okhla Industrial Area, Phase-I, New Delhi-110020 (India)	मेसर्स पी.के. फार्म इक्यूपमेन्ट (इण्डिया) प्रा.लि., राज हाऊस, डी–1012, ओखला इंडसट्रीयल एरिया, फेस–1, नई दिल्ली–20	Ph.: 011-26811996/26811610/26371597 Fax.: 011-26817032 E-mail: shintech@vsnl.com
10	M/s Proactive Overseas Pvt. Ltd. 101, Shahpuri Tirath Singh Tower, C-58, Community Centre, Janakpur, New Delhi- 110058	मेसर्स प्रोएक्टिव ओवरसीज प्रा.लि. 101, शाहपुरी, तीर्थ सिंह टॉवर, सी–58, कम्यूनिटी सेन्टर, जनकपुरी, नई दिल्ली – 110058	Ph.: 011-25501239/45567375 Fax: 011-45567375 Mo: 9810831810/9818714844 E-mail: proactive_ovs@vsnl.net Web: www.proactiveoverseas.com
11	M/s Ratnagiri Implex Pvt. Ltd. Annapurna House, 1/1G, 7th Cross	मेसर्स रत्नागिरी इम्पेक्स प्रा.लि. अन्नापूर्णा हाऊस, 1/1जी, 7वां.	Ph.: 080-26753601/232710246/162 Fax.: 080-26751658

	New Goddhali, Masure Road, Bangalore-560026	क्रॉस नई गुड्डहाली मैसूर रोड़, बैंगलोर–560026	E-mail: sales@ratnagirimpex.com
12	M/s South India Metal Company Shornnur-679122 (Kerala)	मेसर्स साऊथ इण्डिया मेटल कम्पनी शोरनूर–679122 (केरल)	
13	M/s Sunil Khanna Agril. Co. Rama Krishna Lan, G.T. Road, Modern, Town, Ghaziabad (U.P.)	मेसर्स सुनील खन्ना एग्री कम्पनी रामा कृष्णा लेन, जी.टी. रोड़, मॉडर्न टाऊन, गाजियाबाद (उ.प्र.)	
14	M/s TATA Steel Limited Agrico Division3rd Floor, Tata Centre, 43, Jawahar Lal Newhru Road, Kolkata-700071	मेसर्स टाटा स्टील लिमिटेड़ एग्रीको डिवीजन तीसरी मंजिल, टाटा सेन्टर, 43, जवाहर लाल नेहरू रोड़, कोलकता–700017	Ph.: 033-22248661/3475 Fax: 033-22888850 E-mail: agricoms@tatasteel.com Web: www.tataagrico.com
15	M/s Wavin India Ltd. P.O. Box No. 18, Ambattar Industrial Estate, Chennai-58 (T.N.)	मेसर्स वाविन इण्डिया लि. पो.बा.नं. 18, अम्वातार इण्डस्ट्रीयल एस्टेट, चैन्नई–58 (तमिलनाडु)	
16	M/s Yantra Vidyaloya Suruchi Campus, Bardoli-394601	मेसर्स यंत्र विद्यालय सुरूचि कैम्पस, बारदोली–394601	

15.25 जीरो टिल सीड कम फर्टीलाईजर ड्रिल – Zero till Seed cum Fertilizer drill

S. No.	Name & Address	नाम एवं पता	Contact No., Fax No. & E-mail
1	M/s A.B. Industries Industrial Area. Khurai Road, Bina (M.P.)	मेसर्स ए.बी. इण्डस्ट्रीज, इण्डस्ट्रीयल एरिया, खुरई रोड़, बीना (म.प्र.)	
2	M/s Amar Agricultural Implements Work (Regd.) Amar Street, Gill Road, Janta Nagar, Ludhiana-141003 (Punjab)	मेसर्स अमर एग्रीकल्चरल इम्पलीमेन्टस वर्क्स (रजि.) अमर स्ट्रीट, गिल रोड़, जनता नगर, लुधियाना–141003 (पंजाब)	Ph.: 0161-2491780/2493128 Fax.: 0161-5019886 E-mail: info@amaragri.com Web: www.amaragri.com
3	M/s Amar Singh & Sons (Regd.) Industrial Area 'B', Partap Nagar, Street No. 9, Ludhiana-3 (Punjab)	मेसर्स अमर सिंह एण्ड सन्स (रजि.) इण्डस्ट्रीयल एरिया 'बी' प्रताप नगर, स्ट्रीट नं. 9, लुधियाना (पंजाब) –03	Ph.: 0161-533425
4	M/s Arun Industries Industrial Area. Khurai Road, Bina (M.P.)	मेसर्स अरूण इण्डस्ट्रीज, इण्डस्ट्रीयल एरिया, खुरई रोड़, बीना (म.प्र.)	
5	M/s Avtar Implements G.T. Road, Palwal (Haryana)	मेसर्स अवतार इम्पलीमेन्ट्स जी.टी. रोड़, पलवल (हरियाणा)	Ph.: 01275-52335
6	M/s Azad Engineering Works G.T. Road, Shahbad (Haryana)	मेसर्स आजाद इन्जीनियरिंग वर्क्स जी.टी. रोड़, शाहबाद (हरियाणा)	
7	M/s Bamrah Agril. Works Main Padampur Road, Shri Ganganagar (Raj.)	मेसर्स बमराह एग्री वर्क्स मेन पदमपुर रोड़., श्री गंगानगर (राज.)	

8	M/s Basant Engg. Works Bina (M.P.)	मेसर्स बसन्त इन्जीनियरिंग वर्क्स बीना (म.प्र.)	
9	M/s Bhagwati Enterprises Anand Place, Uaipur (Rajasthan)	मेसर्स भगवती इन्टरप्राईजेज आनन्द प्लेस, उदयपुर (राज.)	
10	M/s Bharat Agril. Works Main Padampur Road, Shri Ganganagar (Raj.)	मेसर्स भारत एग्री. वर्क्स मेन पदमपुर रोड़., श्री गंगानगर (राज.)	
11	M/s Bharat Industries Namaste Chowk, , G.T. Road, Opp. Sir ChhoturamPark) Karnal (Haryana)	मेसर्स भारत इण्डस्ट्रीज नमस्ते चौक, जी.टी. रोड, (सामने सर छोटू राम पार्क) करनाल(हरियाणा)	Ph.: 0184-254262/256409 Fax.: 0184-251804
12	M/s Bharti Krishi Udhyog Industrial Area. Khurai Road, Bina (M.P.)	मेसर्स भारती कृषि उद्योग इण्डस्ट्रीयल एरिया, खुरई रोड़, बीना (म.प्र.)	
13	M/s Bina Industries, Industrial Area. Khurai Road, Bina (M.P.)	मेसर्स बीना इण्डस्ट्रीज, इण्डस्ट्रीयल एरिया, खुरई रोड़, बीना (म.प्र.)	
14	M/s Chali Repair Works Main Padampur Road, Shri Ganganagar (Raj.)	मेसर्स चेली रिपेयर वर्क्स मेन पदमपुर रोड़., श्री गंगानगर (राज.)	

15	M/s Chani Repair Works Main Padampur Road, Shri Ganganagar (Raj.)	मेसर्स चेनी रिपेयर वर्क्स मेन पदमपुर रोड़., श्री गंगानगर (राज.)	
16	M/s Chawla Agri. Machinery & Foundry Works, Stret No. 39, Sector-27/28A, Industrial Area, Hisar (Haryana)	मेसर्स चावला एग्री मशीनरी एण्ड फाउन्ड्री वर्क्स, स्ट्रीट नं. 39, सेक्टर–27 / 28ए, इण्डस्ट्रीयल एरिया, हिसार (हरियाणा)	Ph.
17	M/s Daljeet Engineering Works Railway Road, Narela, Delhi - 40	मेसर्स दलजीत इन्जीनियरिंग वर्क्स रेलवे रोड़, नरेला, दिल्ली–40	
18	M/s Dasmesh mechanical Works Raikot Road, Maler Kotla-148023 (Punjab)	मेसर्स दसमेश मैकेनिकल वर्क्स रायकोट रोड़, मेलार कोटला–148023 (पंजाब)	Ph.: 01675-253726/251726 Fax.: 01675-261726 E-mail: info@dasmesh.com Web: dasmesh.com
19	M/s Dhan Vishwakarma Works Main Padampur Road, Shri Ganganagar (Raj.)	मेसर्स धन विश्वकर्मा वर्क्स मेन पदमपुर रोड़., श्री गंगानगर (राज.)	
20	M/s Dinesh Agro. Industries G.T. Road, Near Bus Stand, Hodal, Distt. Faridabad (Haryana)	मेसर्स दिनेश एग्रो. इण्डस्ट्रीज जी.टी. रोड़, नियर बस स्टेन्ड, होडल, जि. फरीदाबाद (हरियाणा)	
21	M/s Diwan Agril. Corporation Samsubad, Agra (U.P.)	मेसर्स दिवान एग्री कार्पोरेशन समसाबाद, आगरा (उ.प्र.)	Ph.: 0562-3326000

22	M/s Durga Industries Industrial Area, Karnal (Haryana)	मेसर्स दुर्गा इण्डस्ट्रीज औद्योगिक क्षेत्र, करनाल (हरियाणा)	
23	M/s Graya Engg. Works Inford of Railway Station, Rao, Indore (M.P.)	मेसर्स ग्रेया इन्जीनियरिंग वर्क्स इन्फोर्ड ऑफ रेलवे स्टेशन, राऊ, इन्दौर (म.प्र.)	
24	M/s Gupta Agro Field Rajeswar Mandir, Samsubad Road, Rajpur, Agra (U.P.)	मेसर्स गुप्ता एग्रो फील्ड राजेश्वर मन्दिर, समसुबाद रोड़, राजपुर, आगरा (उ.प्र.)	Ph.: 0562-332408
25	M/s Gurunanak Agri.l Industries G.T. Road, Opp. Bus Stand, Khurja-203131 (U.P.)	मेसर्स गुरूनानक एग्री. इण्डस्ट्रीज जी.टी. रोड़, अपोजिट बस स्टैन्ड, खुर्जा–203131 (उ.प्र.)	Ph.: 05738-42299
26	M/s Gurunanamk Iron Works Railway Road, Narela, Delhi – 40	मेसर्स गुरूनानक आयरन वर्क्स रेलवे रोड़, नरेला, दिल्ली–40	
27	M/s Haryana Agricultural Industries, Industrial Area, Karnal (Haryana)	मेसर्स हरियाणा एग्रीकल्चरल इण्डस्ट्रीज, औद्योगिक क्षेत्र, करनाल (हरियाणा)	
28	M/s Haryana Agro Industries Corporation Ltd., Agro Engineering Workshop, Nilokheri-132117(Haryana)	मेसर्स हरियाणा एग्रो इण्डस्ट्रीज कारपोरेशन लि., एग्रो. इन्जीनियरिंग वर्कशॉप निलोखेडी–132117(हरियाणा)	Ph.: 662246/66255

29	M/s Hind Motors Works Main Padampur Road, Shri Ganganagar (Raj.)	मेसर्स हिन्द मोटर्स वर्क्स मेन पदमपुर रोड़., श्री गंगानगर (राज.)	
30	M/s Hindsons Pvt. Ltd. The Lower Mall, Patiala (Punjab)	मेसर्स हिडसन्स प्रा.लि. दि लोअर माल, पटियाला (पंजाब)	Ph.: 5381496
31	M/s Hunjan Agro Industries Jarg Chowk, Melar Kotla-148023 (Punjab)	मेसर्स हुन्जन एग्रो इण्डस्ट्रीज जार्ग चौक, मेलार कोटला–148023 (पंजाब)	Ph.: 53724
32	M/s Indson Farm Machinery Traders Post Box No. 137, G.T. Road, Jalandhar-1 (Punjab)	मेसर्स इन्डसन फार्म मशीनरी ट्रेडर्स पोस्ट बाक्स नं. 137, जी.टी. रोड़, जालन्धर–01 (पंजाब)	Ph.: 224762/225282
33	M/s Ishtyak Ahmd & Sons 3/10, Categorized Market, New Kabar Khana, Bhopal (M.P.)	मेसर्स इशत्याक अहमद एण्ड सन्स 3 / 10, केटेगराईजड़ मार्केट, नई कावड़ खाना, भोपाल (म.प्र.)	Ph.: 734905
34	M/s Jagindra Agro Industries Industrial Area. Khurai Road, Bina (M.P.)	मेसर्स जागिन्द्र एग्रो इण्डस्ट्रीज इण्डस्ट्रीयल एरिया, खुरई रोड़, बीना (म.प्र.)	
35	M/s Jaihind Agriculture Industries 111, Gazawali Roorkee Road, Opp. Pal Dharamshla, Muzaffarnagar-251001 (U.P.)	मेसर्स जयहिन्द एग्री. इण्डस्ट्रीज 111, गजावली रूड़की रोड़, अपोजिट पाल, धर्मशाला, मुजफ्फरनगर–251001 (उ.प्र.)	Ph.: 0131-402539

36	M/s Jamidara Agro. Implements Pvt. Ltd., Dhawali Road, Near Govt. High School, Vill. Dhanwala Mavour, Muktesar (Punjab)	मेसर्स जमींदार एग्रो इम्पलीमेन्ट्स प्रा.लि., धवाली रोड़, निकट गर्वमेन्ट्स हाई स्कूल, ग्राम धनवाला मेवोर, मुक्तेसर (पंजाब)	
37	M/s Janta Agri Works Udham Chowk, Sangaria, Hanumangarh (Raj.)	मेसर्स जनता एग्री. वर्क्स, उधम चौक, संगरिया, हनुमानगढ़ (राज.)	
38	M/s Jhandu Engg. Works Majestic Road, Mogha-1 (Punjab)	मेसर्स झन्डू इन्जनियरिंग वर्क्स मजेस्टिक रोड़, मोगा–142001(पंजाब)	Ph.: 01636-23204/21955
39	M/s Jhandu Steel Works Manav Chowk, Hisar Road, Ambala City,. Ambala (Haryana)	मेसर्स झन्डू स्टील वर्क्स मानव चौक, हिसार रोड़, अम्बाला सिटी, अम्बाला (हरियाणा)	
40	M/s Kailash Engg. Works A.B. Road, Rao, Indore (M.P.)	मेसर्स कैलाश इन्जीनियरिंग वर्क्स ए.बी. रोड़, राऊ, इन्दौर (म.प्र.)	
41	M/s Kalsi Agril. Works Main Padampur Road, Shri Ganganagar (Raj.)	मेसर्स कलसी एग्री. वर्क्स मेन पदमपुर रोड़., श्री गंगानगर (राज.)	
42	M/s Kamla Engg. Works, Near Punjab National Banks, Ismialabad, Distt. Kurukshetra-136129 (Haryana)	मेसर्स कमला इंजीनियरिंग वर्क्स नियर पंजाब नैशनल बैंक इस्माइलाबाद, जि. कुरूक्षेत्र (हरियाणा)	Ph.: 01744-5210415 Fax. 01744-52

43	M/s Karnal Agro Engg. G.T. Road, Karnal (Haryana)	मेसर्स करनाल एग्रो इन्जीनियरिंग जी.टी. रोड़, करनाल (हरियाणा)
44	M/s Kashmiri Singh & Amarjeet Singh, Main Padampur Road, Shri Ganganagar (Raj.)	मेसर्स कश्मीरी सिंह एण्ड अमरजीत सिंह, मेन पदमपुर रोड़, श्री गंगानगर (राज.)
45	M/s Khalsa Agril. & Repair Works Rawat Road, Hamuman Town, Hanumangarh (Raj)	मेसर्स खालसा एग्री. एंड रिपेयर वर्क्स रावत रोड़, हनुमान टाऊन, हनुमानगढ़ (राज.)
46	M/s Khalsa Agril. Works Main Padampur Road, Shri Ganganagar (Raj.)	मेसर्स खालसा एग्री. वर्क्स मेन पदमपुर रोड़, श्री गंगानगर (राज.)
47	M/s Khalsa Agro Engineering Works Railway Road, Narela, Delhi-40	मेसर्स खालसा एग्रो इन्जीनियरिंग वर्क्स, रेलवे रोड़, नरेला, दिल्ली–40
48	M/s Khalsa Krishi Udyog Vishwakarma Market, Hamumangarh Road, Sangaria, Hanumangarh (Raj.)	मेसर्स खालसा कृषि उद्योग विश्वकर्मा मार्केट, हनुमानगढ़ रोड़, संगरिया, हनुमानगढ़ (राज.)
49	M/s Kisan Engineering Works G.T. Road, Shahbad (Haryana)	मेसर्स किसान इन्जीनियरिंग वर्क्स जी.टी. रोड़, शाहबाद (हरियाणा)

50	M/s Kisan Tractors Trading Company Patodi Road, Halli Mandi, Distt. Gurgaon (Haryana)	मेसर्स किसान ट्रैक्टर ट्रेडिंग कम्पनी पटौदी रोड़ हैलीमण्डी, जि. गुड़गाँव (हरियाणा)	
51	M/s Lalwani Earthmoverse Lalwani Compound, Hamidiya Road, Bhopal-4622001 (M.P.)	मेसर्स लालवानी अर्थमूवर्स ललवानी कम्पाउन्ड, हमीदिया रोड़, भोपाल–462001 (म.प्र.)	Ph.: 5379321/533901 Fax.: 541340
52	M/s Lamsar Repairing Works Main Padampur Road, Shri Ganganagar (Raj.)	मेसर्स लमसर रिपेयरिंग वर्क्स मेन पदमपुर रोड़, श्री गंगानगर (राज.)	
53	M/s Laxmi Agro Industries Nishantpura Baresia Road, Near Railway Road Crossing, Bhopal (M.P.)	मेसर्स लक्ष्मी एग्रो. इण्डस्ट्रीज निशान्तपुरा बरेसिया रोड़, नियर रेलवे रोड़ क्रासिंग, भोपाल (म.प्र.)	Ph.: 42472/536347
54	M/s Laxmi Industries Union Karbaid, Near Cholla Road, Bhopal – 18 (M.P.)	मेसर्स लक्ष्मी इण्डस्ट्रीज, यूनियन कारवाईड़ के सामने, नजदीक छोला रोड़, भोपाल–462018 (म.प्र.)	Ph.: 07543-544387
55	M/s Light Carts Pvt. Ltd. Chaddar Nagar, Rithani, P.O. Box 59, Meerut-2 (U.P.)	मेसर्स लाईट कार्टस प्रा.लि. चादर नगर, पी.ओ. रिठानी, पो.ओ.बाक्स नं. 59, मेरठ–2 (उ.प्र.)	Ph.: 3610

56	M/s Mahindra & Mahindra Ltd. Farm Equipment, Sector Worli Road, No. 13, Worli, Munbai-18	मेसर्स महिन्द्रा एण्ड महिन्द्रा लि. फार्म इक्वीपमेन्ट्स सेक्टर वर्ली रोड़–13, वर्ली, मुम्बई–18	
57	M/s Malcha Repairing Works Main Padampur Road, Shri Ganganagar (Raj.)	मेसर्स मलचा रिपेयरिंग वर्क्स मेन पदमपुर रोड़., श्री गंगानगर (राज.)	
58	M/s Mistry Bhoor Singh Agril. Works Cinemra Road, Sangaria, Hanumangarh (Raj.)	मेसर्स मिस्त्री भूर सिंह एग्री. वर्क्स सिनेमा रोड़, संगारिया, हनुमानगढ़ (राज.)	
59	M/s Mittal Automobile Pataudi Road, Haily Mandi, Distt. Gurgaon (Haryana)	मेसर्स मित्तल आटोमोबाईल पटौदी रोड़ हैलीमण्डी, जि. गुड़गाँव (हरियाणा)	
60	M/s Mittal Engineering Works Mittal Nagar, Baghpat Road, Meerut City-02 (U.P.)	मेसर्स मित्तल इन्जीनियरिंग वर्क्स मित्तल नगर, बागपत रोड, मेरठ सिटी–02 (उ.प.)	Ph.: 0121-510105/510164 Fax.: 0121-513289
61	M/s Modern Agro Engg. Works G.T. Road, Near Namaste Chowk, Karnal (Haryana)	मेसर्स मॉडर्न एग्रो इन्जीनियरिंग वर्क्स जी.टी. रोड़, नजदीक नमस्ते चौक, करनाल (हरियाणा)	Ph.: 0184-2271844 Fax: 0184-2274144
62	M/s Modern Industries 52, Industrial Estate	मेसर्स मॉडर्न इण्डस्ट्रीज इण्डस्ट्रीयल स्टेट,	Ph.: 01882-251636-25/942 Fax.: 01882-250236/256008

	Hoshiarpur-146001 (Punjab)	होशियारपुर–146001 (पंजाब)	E-mail: modern.ind@rediffmail.com Web: moderninds.com
63	M/s Mohan Priya Agril. Works Near JCT, Cloth Mill, Karanpur Road, Shri Ganganagar (Raj.)	मेसर्स मोहन प्रिया एग्री. वर्क्स निकट जे.सी.टी. क्लॉथ मिल कर्णपुर, श्री गंगानगर (राज.)	
64	M/s Mortain Engineering Co. Opp. Gujcomasal Unava Road, Unjha-70 (Gujarat)	मेसर्स मोरटाईन इन्जीनियरंग कम्पनी अपोजिट गुजकोमासाल, यूनेवा रोड़, उन्झा–384170 (गुजरात)	Ph.: 02767-55894/55972 Fax.: 02767-53288
65	M/s Narendra Fabricators Industrial Area, Pritapur Road, Indore (M.P.)	मेसर्स नरेन्द्र फ्रेबीकेटर इण्डस्ट्रीयल एरिया, प्रीतापुरा रोड़, इन्दौर (म.प्र.)	
66	M/s Narnaulia Machinery Stores Ram Ganj Bazara, Alwar-01 (Rajasthan)	मेसर्स नारनायूलिया मशीनरी स्टोर्स रामगंज बाजार, अलवर– 301001 (राजस्थान)	
67	M/s National Agro Industries Link Road, Industrial Area, A- Opp. Transport Nagar, Ludhiana-141003 (Punjab)	मेसर्स नेशनल एग्रो इण्डस्ट्रीज सामने ट्रांसपोर्ट नगर, (चीमा चौक और समराला चौक के बीच में), लिंक रोड़, इण्डस्ट्रीयल एरिया–ए, लुधियाना–03 (पंजाब)	Ph.: 0161-2222041/5087853 Fax: 0161-2220299 Web: agriculturalimplements.com nationalagro.inds.com
68	M/s Navbharat Industries Foundry Nagar, Agra (U.P.)	मेसर्स नवभारत इण्डस्ट्रीज फाउन्ड्री नगर, आगरा (उ.प्र.)	

69	M/s Neeraj Engineering Works Khimlasa Road, Khurai-470117 Distt. Sagar (M.P.)	मेसर्स नीरज इन्जीनियरिंग वर्क्स खिमलासा रोड़, खुरई– 470117, जिला सागर (म.प्र.)	Ph.: 32125/32095/240525/240610
70	M/s New Indian Iron Works, Near Railway Station, Rao, Indore (M.P.)	मेसर्स न्यू इण्डियन आयरन वर्क्स निकट रेलवे स्टेशन, राऊ, इन्दौर (म.प्र.)	
71	M/s New Kalsi Agril. Works Main Padampur Road, Shri Ganganagar (Raj.)	मेसर्स न्यू कलसी एग्री. वर्क्स मेन पदमपुर रोड़., श्री गंगानगर (राज.)	
72	M/s Omkar Agril. Works Main Padampur Road, Shri Ganganagar (Raj.)	मेसर्स ओमकार एग्री. वर्क्स मेन पदमपुर रोड़., श्री गंगानगर (राज.)	
73	M/s P.K. Iron Industries Works Railway Road, Narela, Delhi - 40	मेसर्स पी.के. आयरन इण्डस्ट्रीज वर्क्स रेलवे रोड़, नरेला, दिल्ली–40	
74	M/s Padma Balas Iron Works Railway Road, Narela, Delhi-110040	मेसर्स पदमा बालास आयरन वर्क्स रेलवे रोड़, नरेला, दिल्ली–40	
75	M/s Pal Agro Industries Chandigarh Road, Opp. OBC Tohana-20, Fatehabad (Haryana)	मेसर्स पाल एग्रो इंडस्ट्रीज चण्ड़ीगढ़ रोड़, अपोजिट ओ.बी.सी. टोहना–20, फतेहाबाद (हरियाणा)	Ph.: 01692-231651/235493 Mob: 9416242391
76	M/s Pal Singh & Sons Near Petrol Pump, Aligarh Road, Sasni, Hathras (U.P.)	मेसर्स पाल सिंह एण्ड सन्स नियर पेट्रोल पम्प, अलीगढ़ रोड़, सासनी, हाथरस (उ.प्र.)	Ph.: 0572-20464

77	M/s Panchal Engg. Works A.B. Road, Rao, Indore (M.P.)	मेसर्स पंचाल इन्जीनियरिंग वर्क्स ए.बी. रोड़, राऊ, इन्दौर (म.प्र.)
78	M/s Panesar Industries Works Railway Road, Narela, Delhi - 40	मेसर्स पनेसर इंडस्ट्रीज वर्क्स रेलवे रोड़, नरेला, दिल्ली–40
79	M/s Panesar Works Main Padampur Road, Shri Ganganagar (Raj.)	मेसर्स पनेसर वर्क्स मेन पदमपुर रोड़., श्री गंगानगर (राज.)
80	M/s Patidare Loha/Mini Udyog Industrial Area, Rao, Indore (M.P.)	मेसर्स पटिदार लोह/लघु उद्योग इण्डस्ट्रीयल एरिया, राऊ, इन्दौर (म.प्र.)
81	M/s Prabi Engg.. Works Near Choudary Petrol Pump . Khurai Road, Bina (M.P.)	मेसर्स प्रबी इन्जीनियरिंग वर्क्स निकट चौधरी पेट्रोल पम्प, खुरई रोड़, बीना (म.प्र.)
82	M/s Prakash Agro Industries 311, Categorized Market, Bhopal (M.P.)	मेसर्स प्रकाश एग्रो इण्डस्ट्रीज 311, कटेगराईजड मार्केट, भोपाल (म.प्र.)
83	M/s Pratap Agro Repairing Works Main Padampur Road, Shri Ganganagar (Raj.)	मेसर्स प्रताप एग्रो रिपेयरिंग वर्क्स मेन पदमपुर रोड़., श्री गंगानगर (राज.)
84	M/s Punjab Agriculture Works Dehradun Road, Roorkee, Distt. Haridwar (U.K.)	मेसर्स पंजाब एग्रीकल्चर वर्क्स देहरादून रोड़, रूड़की, जि. हरिद्वार (उत्तराखंड)

85	M/s Punjab Agril. Works, Main Padampur Road, Shri Ganganagar	मेसर्स पंजाब एग्री. वर्क्स मेन पदमपुर रोड़, श्री गंगानगर (राज.)	
86	M/s Punjab Engineers Dasmesh Nagar, Baghpat Road, Meerut -02 (U.P.)	मेसर्स पंजाब इन्जीनियर्स दसमेश नगर, बागपत रोड़, मेरठ– 250002 (उ.प्र.)	Ph.: 0121-511627/21324
87	M/s R.K. Enterprises Kharkhoda Road, Sampla (Haryana)	मेसर्स आर.के. इन्टरप्राईज खरखौदा रोड़, साम्पला (हरियाणा)	
88	M/s Raj Agro seva Udyog Industrial Area. Khurai Road, Bina (M.P.)	मेसर्स राज एग्रो सेवा उद्योग इण्डस्ट्रीयल एरिया, खुरई रोड़, बीना (म.प्र.)	
89	M/s Raj Iron Works G.T. Road, Karnal (Haryana)	मेसर्स राज आयरन वर्क्स जी.टी. रोड़, करनाल (हरियाणा)	
90	M/s Rajasthan Mechanical Works Ltd.A-188(B) Road, 6-D, Vishkarma Industrial Area, Jaipur (Rajasthan)	मेसर्स राजस्थान मैकेनिकल वर्क्स लि. ए–188(बी) रोड़, 6–डी, विश्वकर्मा इण्डस्ट्रीयल एरिया, जयपुर (राजस्थान)	Ph.: 0141-331549/332239 Fax.: 0141-332631
91	M/s Ranjit Agro Industries Railway Road, Narela, Delhi - 110040	मेसर्स रंजीत एग्रो इण्डस्ट्रीज रेलवे रोड़, नरेला, दिल्ली– 40	
92	M/s Ranjit Agro Industries Nishantpura, Baresia Road, Bhopal (M.P.)	मेसर्स रणजीत एग्रो इण्डस्ट्रीज निशान्तपुरा, बरेसिया रोड़, भोपाल (म.प्र.)	

93	M/s Rapal Repair Works Vishwakarma Market, Sangaria, Hanumangarh (Raj.)	मेसर्स रपाल रिपेयर वर्क्स विश्वकर्मा मार्केट., संगारिया, हनुमानगढ़ (राज.)	
94	M/s Rawat Engineering Works Hodel (Haryana)	मेसर्स रावत इन्जीनियरिंग वर्क्स होड़ल (हरियाणा)	
95	M/s Rohtash Engineering Works Hodel (Haryana)	मेसर्स रोहताश इन्जीनियरिंग वर्क्स होड़ल (हरियाणा)	
96	M/s Saggu Agril. Works, Tibbi Road Hanumangarh Town, Near Railway Station, Hanumangarh (Raj.)	मेसर्स सेगु एग्री. वर्क्स, टिब्बी रोड़, हनुमानगढ़ टाऊन, निकट रेलवे स्टेशन, हनुमानगढ़ (राज.)	
97	M/s Sampla Iron Foundry Work Kharkhoda Road, Sampla (Haryana)	मेसर्स साम्पला आयरन फाउन्ड्री वर्क्स खरखौदा रोड़, साम्पला (हरियाणा)	
98	M/s Sarpal Agril. Works, 22, M.L. Suratgarh Road, Shri Ganganagar	मेसर्स सरपाल एग्री वर्क्स, 22, एम.एल. सूरतगढ़ रोड़, श्री गंगानगर (राज.)	
99	M/s Sharda Udhyog Industrial Area. Khurai Road, Bina (M.P.)	मेसर्स शारदा उद्योग इंडस्ट्रीयल एरिया खुरई रोड़, बीना (म.प्र.)	
100	M/s Sherpur Agro Industries G.T. Road, Focal Point, Near Glasspur Railway Crossing, Ludhiana (Punjab)	मेसर्स शेरपुर एग्रो. इण्डस्ट्रीज जी.टी.रोड़, फोकल प्वाइंट, निकट ग्लासपुर रेलवे क्रासिंग लुधियाना (पंजाब)	Ph.: 0161-671887/673839 Fax.: 0161-664875/673546

101	M/s Shiv Enterprises Showar Colony, Workshop Road, Yamuna Nagar (Haryana)	मेसर्स शिव इन्टरप्राईजेज शोवर कालोनी, वर्कशॉप रोड़, यमुना नगर (हरियाणा)	
102	M/s Shivgram Udyog D-5, Industrial Area, Workshop Road, Yamuna Nagar (Haryana)	मेसर्स शिवग्राम उद्योग डी–5, औद्योगिक क्षेत्र, वर्कशॉप रोड़, यमुना नगर (हरियाणा)	
103	M/s Shri Manak Industries & Machinery Tools Works, Plot No. 62, Sector-1, Pop Admin. Building, Indrapuri, BHEL, Bhopal–462022	मेसर्स मानक इण्डस्ट्रीज एण्ड़ मशीनरी टूल्स वर्क्स, प्लॉट नं. 62, सेक्टर–1, पोप एडमिनिस्ट्रेसन बिल्डिंग इन्द्रापुरी भेल, भोपाल (म.प्र.)	Ph.: 62576
104	M/s Shri Om Agri. Industries Kharkhoda Road, Sampla (Haryana)	मेसर्स श्री ओम एग्री. इण्डस्ट्रीज खरखौदा रोड़, साम्पला (हरियाणा)	
105	M/s Singhvi Enterprises Opp. Shri Niketan, Ashok Nagar, Main Road, Uaipur (Rajasthan)	मेसर्स सिंघवी इन्टरप्राईजेज अपोजिट श्री निकेतन, अशोक नगर, मेन रोड़, उदयपुर (राज.)	
106	M/s Solanki Tactors & Motors Pvt. Ltd.Taiyabba Market, Ujjain Road, Dewas (M.P.)	मेसर्स सोलंकी ट्रैक्टर्स एण्ड़ मोटर्स प्रा.लि., तैयाबा मार्किट, उज्जैन रोड़, देवास (म.प्र.)	Ph.: 07272-251516
107	M/s Star Agro Industries 10/4, Rampura, Roorkee Road, Muzaffarnagar- 251001 (U.P.)	मेसर्स स्टार एग्रो इण्डस्ट्रीज 10/4, रामपुरा–रूड़की रोड़, मुजफ्फरनगर–251001 (उ.प्र.)	Ph.: 0131-440739

108	M/s Subham Agro Industries Industrial Area. Khurai Road, Bina (M.P.)	मेसर्स सुभम एग्रो इण्डस्ट्रीज इण्डस्ट्रीयल एरिया, खुरई रोड़, बीना (म.प्र.)	
109	M/s Tanwar Agro. Industries G.T. Road, Near Bus Stand, Hodal, Distt. Faridabad (Haryana)	मेसर्स तनवर एग्रो. इण्डस्ट्रीज जी.टी. रोड़, नियर बस स्टैन्ड, होडल, जि. फरीदाबाद (हरियाणा)	
110	M/s The Bharat Agril. & Engg. Works Gurudwara Road, Rewari-123401 (Haryana)	मेसर्स दी भारत एग्री. एण्ड इन्जीनियरिंग वर्क्स, गुरूद्वारा रोड़, रेवाड़ी– 123401 (हरियाणा)	Ph.: 2673
111	M/s Umiya Agril. Industries 52-53, G.I.D.C. Visnagar - 384315 North Gujarat	मेसर्स ऊमिया एग्रीकल्चर इण्डस्ट्रीज 52–53, जी.आई.डी.सी. विसनगर–384315 नार्थ गुजरात	Ph.: 31593
112	M/s Vishal Agril works Bhagwan Singh Road, Samana- 147101, Distt. Patiala (Punjab)	मेसर्स विशाल एग्री, वर्क्स भगवान सिंह रोड़, समाना–147101, जि. पटियाला (पंजाब)	Ph.: 01764-21012
113	M/s Vishwakarma Agril. Works Main Padampur Road, Shri Ganganagar (Raj.)	मेसर्स विश्वकर्मा एग्री. वर्क्स मेन पदमपुर रोड़., श्री गंगानगर (राज.)	
114	M/s Wavin India Ltd. P.O. Box No. 18, Ambatter Industrial Estate, Chennai-58 (T.N.)	मेसर्स वाविन इण्डिया लि. पी.ओ. बाक्स नं. 18, अम्वातार इण्डस्ट्रीयल एस्टेट, चैन्नई (तमिलनाडु)	

S. No.	Name & Address	नाम एवं पता	Contact No., Fax No. & E-mail
115	M/s Worthi Agri. Works Railway Road, Narela, Delhi - 40	मेसर्स वर्दी एग्री. वर्क्स रेलवे रोड़, नरेला, दिल्ली–40	
116	M/s Yantra Vidyalaya, Factory-139, Durga Marge, Vidisha (M.P.)	मेसर्स यंत्र विद्यालया फैक्ट्री–139, दुर्गा मार्ग, विदिशा (म.प्र.)	Ph.: 32665
117	M/s Yantra VidyalayaSuruchi Campus, Bardoli - 394601	मेसर्स यंत्र विद्यालया सुरूचि कैम्पस, बारदोली–394601	

15.26 वाटर टेंकर – Water Tanker

S. No.	Name & Address	नाम एवं पता	Contact No., Fax No. & E-mail
1	M/s Amar Engineering Works Kharkhoda Road, Sanpla- 124501, Distt. Rohtak (Haryana)	मेसर्स अमर इंजीनियरिंग वर्क्स खरखोदा रोड़, साँपला–124501, जि. रोहतक (हरियाणा)	Ph.: 01262-263417 Mob: 9896453357
2	M/s Bharmal Industries 5, Gurunanak Colony, Baresia Rod, Bhopal (M.P.)	मेसर्स भारमल इण्डस्ट्रीज 5,गुरूनानक कालोनी, बरेसिया रोड़, भोपाल (म.प्र.)	Ph.: 0755-2732427/2534513
3	M/s Central India Fabrication A-31, Industrial Area, Govindpura, Bhopal (M.P.)	मेसर्स सेन्ट्रल इण्डिया फैब्रीकेशन ए–31, इण्डस्ट्रीयल एरिया, गोविन्दपुरा, भोपाल (म.प्र.)	Ph.: 0755-2586715/258827
4	M/s Ishwar Agro Industries Kharkhoda Road, Sampla- 124501, Distt. Rohtak (Haryana)	मेसर्स ईश्वर एग्रो इण्डस्ट्रीज खरखोदा रोड़, साँपला–124501, जि. रोहतक (हरियाणा)	Ph.: 01262-263378/263388 Mob: 9896250991/9896039158

5	M/s Kajla Agro Industries Kharkhoda Road, Sampla- 124501, Distt. Rohtak (Haryana)	मेसर्स काजला एग्रो इण्डस्ट्रीज खरखोदा रोड़, साँपला– 124501, जि. रोहतक (हरियाणा)	Ph: 01262-315852/263252/263353 Mob: 9896073356
6	M/s Laxmi Industries 4, Kall Prade, Near Cholla Road, Bhopal – 18 (M.P.)	मेसर्स लक्ष्मी इण्डस्ट्रीज 4, काल प्राडे, छोला रोड़, भोपाल–462018 (म.प्र.)	Ph.: 07543-75543
7	M/s New Aman Engineering Works Kharkhoda Road, Sampla- 124501, Distt. Rohtak (Haryana)	मेसर्स न्यू अमन इंजीनियरिंग वर्क्स खरखोदा रोड़, साँपला– 124501, जि. रोहतक (हरियाणा)	Ph.: 01262-63417
8	M/s Piara Agro Industries Namastey Chowk, Karnal (Haryana)	मेसर्स प्यारा एग्रो इण्डस्ट्रीज नमस्ते चौक, करनाल (हरियाणा)	E-mail: piaraagro@gmail.com Web: www.indiamart.com
9	M/s Pragati Eng. WorksIndustrial Estate, Madhupatn Cuttack (Orissa)	मेसर्स प्रगति इंजीनियरिंग वर्क्स औद्योगिक क्षेत्र, मधुपाटना, कटक (उड़ीसा)	Ph.: 345066
10	M/s Prakash Mittal Craft Industries 45, F/F, G.D. Complex, Near Krishna Talkis, Jabalpur (M.P.)	मेसर्स प्रकाश मित्तल क्राफ्ट इण्डस्ट्रीज 45–एफ/एफ, जी.डी. कम्पलेक्स, निकट कृष्णा टाकीज जबलपुर (म.प्र)	Ph.: 0761-5016027/2610918/5016029
11	M/s Sakshi agro Industries 10-11, Main Kolar Road, Akabarur, Bhopal (M.P.)	मेसर्स साक्शी एग्रो इण्डस्ट्रीज 10–11, मेन कोलर रोड़, अकबरपुर, भोपाल (म.प्र.)	

12	M/s Satish Agro Industries Kharkhoda Road, Sampla- 124501, Distt. Rohtak (Haryana)	मेसर्स सतीश एग्रो इण्डस्ट्रीज खरखोदा रोड़, साँपला–124501, जि. रोहतक (हरियाणा)	Ph.: 01262-263570
13	M/s Shri Ram Iron Industris Nagda Rod, Khachraud, Ujjain (M.P.)	मेसर्स श्रीराम आयरन इण्डस्ट्रीज नागड़ा रोड़, खचराड़, उज्जैन (म.प्र.)	Ph.: 07366-230541
14	M/s U.P. State Agro Industrial Corporation Ltd.Talkatora Road, Lucknow - 226004 (U.P.)	मेसर्स यू.पी. स्टेट एग्रो इण्डस्ट्रीयल कार्पोरेशन लि., तालकटोरा रोड़, लखनऊ–226004 (उ.प्र.)	Ph.: 0522-265490/265559 Fax.: 0522-216133
15	M/s Vinod Engineering Works Kharkhoda Road, Sampla- 124501, Distt. Rohtak (Haryana)	मेसर्स विनोद इंजीनियरिंग वर्क्स खरखोदा रोड़, साँपला–124501, जि. रोहतक (हरियाणा)	Ph.: 01262-263502
16	M/s Vishwakarma Industries Chola Road, Bus Stand, Bhopal (M.P.)	मेसर्स विश्वकर्मा इण्डस्ट्रीज छोला रोड़, बस स्टैन्ड़, भोपाल (म.प्र.)	Ph: 0755-274623

15.27 पोस्ट होल डिगर – Post Hole Digger

S. No.	Name & Address	नाम एवं पता	Contact No., Fax No. & E-mail
1	M/s Agro Commercial 8A, Camec 25B, Camac Street, Kolkata -16 (W.B.)	मेसर्स एग्रो कामर्शियल 8–ए, कामक कार्ट 25–बी, कामक स्ट्रीट, कोलकता–16	Ph.: 033-22874206 Fax: 033-22874/39 Mo: 9339872177 E-mail: agro_commercial@vsnl.net Web: agrocom.in

2	M/s Agro Eqipments 243/1B, Dr. Suresh Sarkar Road, Kolkata-14 (W.B.)	मेसर्स एग्रो इक्वीपमेन्ट्स 243/1बी, डॉ. सुरेश सरकार रोड़, कोलकत्ता–14 (वैस्ट बंगाल)	Ph.: 033-22450894/22444689 Mo: 9433090577
3	M/s Beri Udyog (P) Ltd. 110-101, Sector-3, HSDC Karnal (Haryana)	मेसर्स बेरी उद्योग प्रा.लि. 110–101, सेक्टर–3, एच.एस.डी.सी. करनाल (हरियाणा)	E-mail: infor@fieldking.com Web: www.fielding.com
4	M/s Bharat Industries 112A, Pollachi Road, Madumemichampatty, Coimbatore-21 (T.N.)	मेसर्स भारत इण्डस्ट्रीज 112ए, पूलोची रोड़, मलुमेमिचम्पेटी, कोयम्बटूर (तमिलनाडु)	
5	M/s Borse Agro Mech. Systems Pvt. Ltd.Plot No. W-3, MIDC, Industrial Area., Satpur, Nasik-422007 (M.S.)	मेसर्स बोर्स एग्रो मकैनिकल सिस्टम प्रा.लि., प्लॉट नं. डब्ल्यू–3, एम.आई.डी.सी., इण्डस्ट्रीयल एरिया, सतपुर, नासिक–7	Ph.: 0253-350403/393762 Fax.: 0253-350403
6	M/s Farm Implements (India) Pvt.Ltd. 13, Kumarippa Street, Nangamba Khan, Chennai- 600034 (T.N.)	मेसर्स फार्म इम्पलीमेन्ट्स (इण्डिया) प्रा.लि.13, कुमारप्पा स्ट्रीट, ननगम्बा खान, चैन्नई– 600034 (तमिलनाडु)	Ph.: 044-282616378/28273493/42137084 Fax.: 044-28265345 E-mail: rotavator@vsnl.com Web: www.fiipl.com
7	M/s Ganesh Agro Equipments Klol, Mehsana, Highway At, Vadpura,	मेसर्स गणेश एग्रो इकवीपमेन्ट, क्लोल महेसाणा हाइवे पोस्ट, वड़पुरा तहसील	Ph.: 02764-273442/267164 Mob: 9898615911

	Tehsil Kadi, Distt. Mehsana-382705 (N. Gujarat)	कड़ी, जिला–महेसाणा–382705 (उत्तरी गुजरात)	Fax.: 02764-267446 E-mail: asp_grai@hotmail.com Web: www.ganshagro.tradeindia.com
8	M/s Haryana Agro Servics Safido Road, Near Engg. College, Jind (Haryana)	मेसर्स हरियाणा एग्रो सर्विस सफिदो रोड़, निकट इन्जीनियरिंग कॉलेज, जि. जिन्द (हरियाणा)	
9	M/s Hindustan Agro Industris Opp. Jaswanth Threater, G.T. Road, Maloat - 152107 (Punjab)	मेसर्स हिन्दुस्तान एग्रो इण्डस्ट्रीज अपोजिट जसवन्त थियेटर, जी.टी.रोड़, मेलोट–152107 (पंजाब)	Ph.: 01637-500466/502466 Mo: 9216750466/9815920466 E-mail: agriimplments@yahoo.co.in
10	M/s J.N.P. Agro Systems Pvt. Ltd. 15, Poes Road, III Street Teynampat, Channi-18	मेसर्स जे.एन.पी. एगो. सिस्टम प्रा.लि. 15, पोज रोड,'तीसरा स्ट्रीट, तेनमपट, चैनन्ई–18	Ph.: 044-4347985/453286 Fax: 044-8284982
11	M/s Jamidara Agril. Repair Works Tibbi Road, HanumangarhTown, Near Railway Station, Hanumangarh (Rajasthan)	मेसर्स जमीदार एग्री रिपेयर वर्क्स टिबी रोड़, हनुमानगढ़ टाऊन, निकट रेलवे स्टेशन, हनुमानगढ़ (राज.)	
12	M/s Jhandeena Industries C-70, Focal Point, G.T. Road, Moga-142001 (Punjab)	मेसर्स झनदीना इण्डस्ट्रीज सी–70, फोकल प्वाइंट, जी.टी. रोड़, मोगा–142001 (पंजाब)	Ph.: 01636-228511/23108 Mo: 9814832511/9814833511 E-mail: jhandeena_70@yahoo.co.in Web: www.jhandeena.com

13	M/s Kamla Engineering Works Near PNB Ismalabad, -136129, Distt. Kurukshetra (Haryana)	मेसर्स कमला इन्जीनियरिंग वर्क्स निकट पी.एन.बी. इस्माईलाबाद–29, जि. कुरूक्षेत्र (हरियाणा)	Ph.: 01744-252104 Fax.: 01744-2221574
14	M/s Khalsa Agril. & Repair Works Rawat Road, Hamuman Town, Hanumangarh (Raj)	मेसर्स खालसा एग्री. एंड रिपेयर वर्क्स रावत रोड़, हनुमान टाऊन, हनुमानगढ़ (राज.)	
15	M/s Khalsa Krishi Udyog Vishwakarma Market, Hamumangarh Road, Sangaria, Hanumangarh (Raj)	मेसर्स खालसा कृषि उद्योग विश्वकर्मा मार्केट, हनुमानगढ़ रोड़, संगारिया, हनुमानगढ़ (राज.)	
16	M/s Modern Industries 52, Industrial Estate Hoshiarur-146001 (Punjab)	मेसर्स मॉडर्न इण्डस्ट्रीज 52, इण्डस्ट्रीयल स्टेट, होशियारपुर–146001 (पंजाब)	Ph.: 01882-251636/251942 Fax.: 01882-250236/256008 E-mail: modern.ind@rediffmail.com Web: moderninds.com
17	M/s Need Services 10, Balemurugan, Koayil First, Street Porur, Chennai-600116 (T.N.)	मेसर्स नीड सर्विस, 10, बालेमुरूगन, कोयिल प्रथम, स्ट्रीट पुरूर, चैन्नई–600116	Ph.: 044-4826304 Mo: 9841119453/9843127479
18	M/s Pal Agro Industris Chandigarh Road, Opp. OBC, Tohana-125120, Faridabad (Haryana)	मेसर्स पाल एग्रो इण्डस्ट्रीज चण्ड़ीगढ़ रोड़, अपोजिट ओ.बी.सी., टोहना–125120, फरीदाबाद (हरियाणा)	Ph.: 01692-231651 Mob: 9466374651/9416142391

19	M/s Rama Kumar Industries P.B.No. 5309, 57, Vella Kinak Road, Coimbatore-29 (T.N.)	मेसर्स रामाकुमार इण्डस्ट्रीज पो.बा.नं. 5309, 57, वेला किनक रोड़, कोयम्बटूर (तमिलनाडु)	Ph.: 0422-2642056
20	M/s Ratan Agro Industries C-68-70, Focal Point, G.T. Road, Moga-142001 (Punjab)	मेसर्स रतन एग्रो इण्डस्ट्रीज सी–68–70, फोकल प्वाइंट, जी.टी. रोड़, मोगा–142001 (पंजाब)	Ph.: 01636-228511/23108 Mo: 9814832511/9814833511 E-mail: rattan_c69@yahoo.co.in Web: www.jhandeena.com
21	M/s Shri Annapoorna Agro Industris 29, Thiru Nagar, Nar Centre Studio, Singanallur, Coimbatore-5 (T.N.)	मेसर्स अन्नपूर्णा एग्रो इण्डस्ट्रीज 29, थीरू नगर, निकट सेन्टर स्टूडियो सिंगानलुर, कोयम्बटूर–05 (तमिलनाडु)	Ph.: 0422-231667 Mo: 9443331620 E-mail: guruvenkatvankat@yahoo.com
22	M/s Tirth Agrotechnology Pvt. Ltd. Near Hotel Krishna Park, NH-8B, Gondal Road, Vavadi, Rajkot-4 (Guj.)	मेसर्स तीर्थ एग्रो टैक्नोलोजी प्रा.लि. एन.एच.–8बी, गॉडल रोड़, वावड़ी, राजकोट–4 (गुजरात)	Ph.: 0281-2377204/2386047 Fax.: 0281-2380852 E-mail: info@shaktimaragro.com Web: shaktimanagro.com

15.28 रेज्ड़ बेड प्लान्टर/मेडों पर बुवाई यंत्र – Raised Bed Planter

S. No.	Name & Address	नाम एवं पता	Contact No., Fax No. & E-mail
1.	M/s Dasmesh Mechanical Works Main Road, Amargarh, Distt. Sangrur (Punjab)	मेसर्स दशमेश मैकेनिकल वर्क्स मैन रोड, अमरगढ़, जि. संगरूर (पंजाब)	Ph.: 01675-284221 Fax: 01675-285999 E-mail: info@dasmesh.net Web: dasmesh.net

2.	M/s National Agro Industries Link Road, Industrial Area-A, Opp. Transport Nagar, Ludhiana-141003 (Punjab)	मेसर्स नेशनल एग्रो इण्डस्ट्रीज सामने ट्रांसपोर्ट नगर, (चीमा चौक और समराला चौक के बीच में), लिंक रोड़, इण्डस्ट्रीयल एरिया–ए, लुधियाना–03 (पंजाब)	Ph.: 0161-2222041/5087853 Fax: 0161-2220299 E-mail: nationalagro@satyam.net.in Web: nationalagroinds.com
3.	M/s Rajesh Agril. Works Near Saran Hospital Ludhiana Road, Mandi, Mullanpur Dakha-01, Distt. Ludhiana (Punjab)	मेसर्स राजेश एग्रीकल्चरल वर्क्स नियर सरन हॉस्पीटल, लुधियाना रोड़, मण्डी, मुलानपुर, डाखा–01, जि. लुधियाना (पंजाब)	Ph.: 0161-2878832 Mo: 9417199761 Fax: 0161-2878832 E-mail: rajeshcombine@gmail.com

15.29 रोटो सीड़ ड्रिल – Roto-Seed Drill

S. No.	Name & Address	नाम एवं पता	Contact No., Fax No. & E-mail
1.	M/s Dasmesh Mechanical Works NABHA Malerkotla Road, Amargarh-148022 Sangrur (Punjab)	मेसर्स दसमेश मैकेनिकल वर्क्स नाभा मेलारकोटला रोड़, अमरगढ़–148022, जिला संगरूर (पंजाब)	Ph.: 01675-284221 Fax.: 01675-285999 E-mail: info@dasmesh.net Web: www.dasmesh.net
2.	M/s Hind Agro Industries Outside Alkohran Gate, Nabha-01, Distt, Patiala (Punjab)	मेसर्स हिन्द एग्रो इण्डस्ट्रीज आउटसाइड़ एलकोहरन गेट, नाभा–01, जि. पटियाला (पंजाब)	Ph.: 01765-226571 Mo: 9814699997/9814002910 Fax: 01765-504499 E-mail: hind_agro@yahoo.com Web: www.hindcombins.com

S. No.	Name & Address	नाम एवं पता	Contact No., Fax No. & E-mail
3.	M/s Jhandeena Industries C-70, Focal Point, G.T. Road, Moga-142001 (Punjab)	मेसर्स झनदीना इण्डस्ट्रीज सी–70, फोकल प्वाइंट, जी.टी. रोड़, मोगा–142001 (पंजाब)	Ph.: 01636-228511 E-mail: jhandeena_70@yahoo.co.in
4.	M/s Lath Akriti Bamra Distt. Sambalpur-768221 (Orissa)	मेसर्स लेथ आकृति, बमरा, जिला सम्बलपुर–768221 (उड़ीसा)	Ph.: 06642-229095/229336 Mobile: 09437051336 E-mail: contact@lathakriti.com Web: www.lathakriti.com
5.	M/s Madho Agro Industries (Regd.) Plot No. B-3, Industrial Focal Point (Opp. Petrol Pump), Moga (Punjab) - 142001	मेसर्स माधो एग्रो इण्डस्ट्रीज (रजि.) प्लॉट नं. बी–3, इण्डस्ट्रीयल फोकल प्वाइंट (अपोजिट पेट्रोल पम्प), मोगा (पंजाब)	Ph.: 01636-226135/329906/220106 E-mail: madhoagro@aim.com imai@indiatimes.com
6.	M/s National Agro Industries Link Road, Industrial Area-A, Opp. Transport Nagar, Ludhiana-141003 (Punjab)	मेसर्स नेशनल एग्रो इण्डस्ट्रीज सामने ट्रांसपोर्ट नगर, (चीमा चौक और समराला चौक के बीच में), लिंक रोड़, इण्डस्ट्रीयल एरिया–ए, लुधियाना–03 (पंजाब)	Ph.: 0161-2222041/5087853 Fax: 0161-2220299 E-mail: nationalagro@satyam.net.in Web: nationalagroinds.com

15.30 टर्बो हैप्पी सीडर (जीरो टिल हैप्पी सीडर) – Turbo Happy Seeder (Zero-till-Happy Seeder)

S. No.	Name & Address	नाम एवं पता	Contact No., Fax No. & E-mail
1.	M/s Dasmesh Mechanical Works Main Road, Amargarh, Distt. Sangrur (Punjab)	मेसर्स दशमेश मैकेनिकल वर्क्स मैन रोड़, अमरगढ़, जि. संगरूर (पंजाब)	Ph.: 01675-284221 Fax: 01675-285999 E-mail: info@dasmesh.net Web: dasmesh.net

2.	M/s National Agro Industries Link Road, Industrial Area, A- Opp. Transport Nagar, Ludhiana-141003 (Punjab)	मेसर्स नैशनल एग्रो इण्डस्ट्रीज सामने ट्रांसपोर्ट नगर, (चीमा चौक और समराला चौक के बीच में), लिंक रोड़, इण्डस्ट्रीयल एरिया–ए, लुधियाना–03 (पंजाब)	Ph.: 0161-2222041 Fax: 0161-2220299 Web: agriculturalimplements.com nationalagro.inds.com

15.31 ट्रेलर (ट्रॉली) – Trailer (Trolley)

S. No.	Name & Address	नाम एवं पता	Contact No., Fax No. & E-mail
1	M/s A.S. Foundary & Agri Eng. Works, G.T. Road, Near Police Station, Jhandiala Guru Amritsar (Punjab)	मेसर्स ए.एस. फाउन्ड्री एंड एग्री. इन्जीनियरिंग वर्क्स, जी.टी. रोड़, निकट पुलिस स्टेशन, झाडियाला गुरू, अमृतसर (पंजाब)	
2	M/s Adarsh Engg. Works Pithampura Road, Rao, Indore - 45331 (M.P.)	मेसर्स आदर्श इन्जीनियरिंग वर्क्स पीतमपुरा रोड़, राऊ, इन्दौर–45331 (म.प्र.)	
3	M/s Amar Engineering Works Kharkhoda Road, Sampla- 124501, Distt. Rohtak (Haryana)	मेसर्स अमर इंजीनियरिंग वर्क्स खरखोदा रोड़, साँपला– 124501, जि. रोहतक (हरियाणा)	Ph.: 01262-263417 Mob: 9896453357
4	M/s Arif Mistry Bhuteshwar Road, Mathura (U.P.)	मेसर्स आरिफ मिस्त्री भुतेश्वर रोड़, मथुरा (उ.प्र.)	

5	M/s Arjun Industries Nishantpura Barasia Road, Bhopal (M.P.)	मेसर्स अर्जुन इण्डस्ट्रीज निशान्तपुरा, बरेसिया रोड़, भोपाल (म.प्र.)	Ph.: 0755-273529
6	M/s Ashok Verma Agril. Works Antiatal, Jhansi (U.P.)	मेसर्स अशोक वर्मा एग्री. वर्क्स अन्तियाताल, झाँसी (उ.प्र.)	
7	M/s Avtar Implements G.T. Road, Palwal (Haryana)	मेसर्स अवतार इम्पलीमेन्ट्स जी.टी. रोड़, पलवल (हरेयाणा)	Ph.: 01275-52335
8	M/s Banaras Agro Industris 217/2, Industrial Estate, Varanasi (U.P.)	मेसर्स बनारस एग्रो. इण्डस्ट्रीज 217/2, इण्डस्ट्रीयल एस्टेट, वाराणसी (उ.प्र.)	Ph.: 2370058/2451744
9	M/s Beri Udyog (P) Ltd. 100-101, Sector-3, HSDC Karnal (Haryana)	मेसर्स बेरी उद्योग प्रा.लि. 100–101, सेक्टर–3, एच.एस.डी.सी. करनाल (हरियाणा)	Ph.: 0184-2221571/72/73 Fax: 0184-2221574 Mo: 9416021570 E-mail: infor@fieldking.com Web: www.fieldking.com
10	M/s Bhansali Trailors Pvt Ltd. Kopargaon - 423601, Distt. Ahmednagar (India)	मेसर्स बनसाली ट्रेलर्स प्रा.लि. कापरगाँव–423601, जिला अहमदनगर (भारत)	Ph.: 0243-223391/92/93 Fax: 0243-223394 E-mail: bhansaliuryog@rediffmail.com Web: bhansalitrailors.com
11	M/s Bharat Agril. Works G.T. Bahadrabad Road, Roorkee, Distt. Haridar (U.K.)	मेसर्स भारत एग्री. वर्क्स जी.टी. बहादराबाद रोड़, रूड़की, हरिद्वार (उत्तराखंड)	Ph.: 01334-248529

12	M/s Bharat Engg. Works Sonkh Road, Padampur, Mathura (U.P.)	मेसर्स भारत इन्जी. वर्क्स सांख रोड़, पदमपुर, मथुरा (उ.प्र.)	
13	M/s Bharat Krishi Udhyog Industrial Estate. Bina (M.P.)	मेसर्स भारत कृषि उद्योग इण्डस्ट्रीयल इस्टेट, बीना (म.प्र.)	
14	M/s Bharmal Industries 5 Gurunanak Colony, Barasia Road, Bhopal (M.P.)	मेसर्स भारमल इण्डस्ट्रीज 5 गुरू नानक कालोनी, बरेसिया रोड़, भोपाल (म.प्र.)	Ph.: 0755-2732427/2534513
15	M/s Bhuteshwar Engg. Works Bhuteshwar Road, Mathura (U.P.)	मेसर्स भूतेश्वर इन्जीनियरिंग वर्क्स भूतेश्वर रोड़, मथुरा (उ.प्र.)	
16	M/s Central India Fabrication A-31, Industrial Area, Govindpura, Bhopal (M.P.)	मेसर्स सेन्ट्रल इण्डिया फैब्रीकेशन ए–31, इण्डस्ट्रीयल एरिया, गोविन्दपुरा, भोपाल (म.प्र.)	Ph.: 0755-2586715/2588270
17	M/s Chawla Agri. Machinery & Foundry Works, Stret No. 39, Sector-27/28A, Industrial Area, Hisar (Haryana)	मेसर्स चावला एग्री मशीनरी एण्ड फाउन्ड्री वर्क्स, स्ट्रीट नं. 39, सेक्टर–27 / 28ए, इण्डस्ट्रीयल एरिया, हिसार (हरियाणा)	Ph.: 758021038
18	M/s Choudhary Engineering Works Choudhary Bhawan, G.T. Road, Hodal , Distt. Faridabad (Haryana)	मेसर्स चौधरी इन्जीनियरिंग वर्क्स चौधरी भवन, जी.टी. रोड़, होड़ल, जि. फरीदाबाद (हरियाणा)	Ph.: 01276-55440

19	M/s Ganesh Agro Equipments Klol, Mehsana, Highay At, Vadpura, Tehsil Kadi, Distt. Mehsana-382705 (Gujarat)	मेसर्स गणेश एग्रो इण्डस्ट्रीज क्लोल महेसाणा, हाइवे पोस्ट, वड़पुरा तहसील कड़ी, जिला–महेसाणा–382705 (गुजरात)	Ph.: 02764-273442/267164 Mo: 9898615911 Fax.: 02764-267446 E-mail asp_grai@hotmail.com Web: www.ganshagro.tradeindia.com
20	M/s Ganga Singh Agro Industries G.T. Road, Bhogpur (Punjab)	मेसर्स गंगा सिंह एग्रो इण्डस्ट्रीज जी.टी रोड़, भोगपुर (पंजाब)	Ph.: 0181-5050070
21	M/s Gurunanak Agriculture Imlements, G.T. Road, Byepass Near Focal Point, Jalandhar City (Punjab)	मेसर्स गुरूनानक एग्रीकल्चर इम्प्लीमेन्टस, जी.टी. रोड़, बाईपास, नियर फोकल प्वाइन्ट, जालन्धर सिटी (पंजाब)	Ph.: 0181-2602670/2600040 Mo: 9855894015 Fax.: 0181-2602670
22	M/s Gurunanak Agril. Works Antiatal, Jhansi (U.P.)	मेसर्स गुरूनानक एग्री. वर्क्स अन्तियाताल, झाँसी (उ.प्र.)	
23	M/s Gurunanak Gramin Krishi Udhyog, Jwalapur Sarai Road, Sitapur, G.T. Road, Roorkee, Distt. Haridwar (U.K.)	मेसर्स गुरूनानक ग्रामीण कृषि उद्योग ज्वालापुर सराय रोड़, सीतापुर, जी.टी. रोड़, रूड़की, जिला हरिद्वार (उत्तराखंड)	Ph.: 01334-248147 Mo: 9897249751
24	M/s Gyan Verma Agril. Works Antiatal, Jhansi (U.P.)	मेसर्स ज्ञान वर्मा एग्री. वर्क्स अन्तियाताल, झाँसी (उ.प्र.)	
25	M/s Hari Singh & Sons Railway Road, Pataudi, Gurgaon (Haryana)	मेसर्स हरी सिंह एण्ड सन्स पटौदी रेलवे रोड़, गुड़गाँव (हरियाणा)	Ph. 6374648

26	M/s Haryana Agro Industries Near Saharanpur Bus Stand, Opp.MayaPalace, Roorkee Road, Muzaffarnagar (U.P.)	मेसर्स हरियाणा प्रग्रो इण्डस्ट्रीज निकट सहारनपुर बस स्टैन्ड, अपोजिट माया प्लेस, रूड़की रोड़, मुजफ्फरनगर (उ.प्र.)	Ph.: 0131-442241
27	M/s Haryana Krishi Yanra Udyog, Haily Mandi, Distt. Gurgaon (Haryana)	मेसर्स हरियाणा कृषि यन्त्र उद्योग हैलीमण्डी, जि. गुड़गाँव (हरियाणा)	Ph.: 0214-37424
28	M/s Hind Agril. Works Chaouki Bagh, Bahadur Station Road, Mathura (U.P.)	मेसर्स हिन्द एग्री. वर्क्स, चौकी बाग, बहादुर स्टेशन रोड़, मथुरा (उ.प्र.)	
29	M/s Ishityak Ahmed & Sons 3/10 Main Road, Categorized Market, New Kabar Khana, Bhopal (M.P.)	मेसर्स ईशतियाक अममद एंड सन्स 3 / 10, मेन रोड़, केटेगराइज्ड मार्किट, न्यू काबड़ खाना, भोपाल (म.प्र.)	Ph. 734905
30	M/s Ishwar Agro Industries Kharkhoda Road, Sampla- 124501, Distt. Rohtak (Haryana)	मेसर्स ईश्वर एग्रो इण्डस्ट्रीज खरखोदा रोड़, साँपला–124501, जि. रोहतक (हरियाणा)	Ph.: 01262-263378/263388 Mob: 9896250991/9896039158
31	M/s Jaggannath & Dashrath Sonkh Road, Padampur, Mathura (U.P.)	मेसर्स जगन्नाथ एण्ड दशरथ सांख रोड़, पदमपुर, मथुरा (उ.प्र.)	

32	M/s Kajla Agro Industries Kharkhoda Road, Sampla- 124501, Distt. Rohtak (Haryana)	मेसर्स काजला एग्रो इण्डस्ट्रीज खरखोदा रोड़, साँपला– 124501, जि. रोहतक (हरियाणा)	Ph: 01262-315852/263252/263353 Mob: 9896073356
33	M/s Kalsi Agro Industries Rawatsar Road, HamumanTown, Hanumangarh (Raj)	मेसर्स कलसी एग्रो इण्डस्ट्रीज रावतसर रोड़, हनुमान टाऊन, हनुमानगढ़ (राज.)	
34	M/s Karan Industries Industrial Estate, Karai Road, Bina – 470113, Distt. Sagar (M.P.)	मेसर्स करण इण्डस्ट्रीज इण्डस्ट्रीयल इस्टेट, केरई रोड़, बीना–470113, जि. सागर (म.प्र.)	Ph.: 03051-30049
35	M/s Kisan Agro Industries Fatehpur Roshanai, Rania, Kanpur Dehat (U.P.)	मेसर्स किसान एग्रो. इण्डस्ट्रीज फतेहपुर रोशनाई, रेनिया, कानपुर देहात (उ.प्र.)	Ph.: 05113-240539
36	M/s Kisan Engg. Works Chaouki Bagh, Bahadur Station Road, Mathura (U.P.)	मेसर्स किसान इंजीनियरिंग वर्क्स चौकी बाग, बहादुर स्टेशन रोड़, मथुरा (उ.प्र.)	
37	M/s Lalwani Industries Plot No. 8-9, Sector-1, Industrial Area, Govindpura, Bhopal-462023 (M.P.)	मेसर्स लालवानी इण्डस्ट्रीज प्लॉट नं. 8–9, सेक्टर–1, इण्डस्ट्रीयल एरिया, गोविन्दपुरा, भोपाल–462023 (म.प्र.)	Ph.: 5379321/533901

38	M/s Laxmi Industries 4, Kall Prade, Chhola, Bhopal – 18 (M.P.)	मेसर्स लक्ष्मी इण्डस्ट्रीज 4, काल प्रेड़, छोला रोड़, भोपाल–462018 (म.प्र.)	Ph.: 75543
39	M/s Mahendra Agro Industris G.T. Road, Hodal (Haryana)	मेसर्स महेन्द्रा एग्रो इण्डस्ट्रीज जी.टी. रोड़, होड़ल (हरियाणा)	
40	M/s Mittal Agro Industries Pataudi Road, Haily Mandi, Distt. Gurgaon (Haryana)	मेसर्स मित्तल एग्रो इण्डस्ट्रीज पटौदी रोड़ हैलीमण्डी, जि. गुड़गाँव (हरियाणा)	Ph.: 0214-6374030
41	M/s Modern Industries 52, Industrial Estate Hoshiarur-146001 (Punjab)	मेसर्स मॉडर्न इण्डस्ट्रीज 52, इण्डस्ट्रीयल स्टेट, होशियारपुर–146001 (पंजाब)	Ph.: 01882-251636-25/942 Fax.: 01882-250236/256008 E-mail: modern.ind@rediffmail.com Web: moderninds.com
42	M/s Navbharat Engg. Works 71, Bhagpat Road, Opp. Madhuban Cinema, Meerut– 02 (U.P.)	मेसर्स नवभारत इन्जीनियरिंग वर्क्स 71, बागपत रोड़, मधुबन सिनेमा, मेरठ–2 (उ.प्र.)	Ph.: 529328/511486
43	M/s Neeraj Engineering Works Khimbasa Road, Khurai, Sagar (M.P.)	मेसर्स नीरज इन्जीनियरिंग वर्क्स खिमबासा रोड़, खुरई, सागर (म.प्र.)	Ph.: 32125/32098 240525/240610 (R)
44	M/s New Verma Agril. Industries Antiatal, B.K.D. Crosing, Jhansi (U.P.)	मेसर्स न्यू वर्मा एग्री. इण्डस्ट्रीज अन्तियाताल, बी.के.डी. क्रासिंग, झाँसी (उ.प्र.)	

45	M/s Om Industries 318, Categorized Market, New Kabar Khana, Bhopal (M.P.)	मेसर्स ओम इण्डस्ट्रीज 318, कटेगराईजड़ मार्केट, नई कबर खाना, भोपाल (म.प्र.)	Ph.: 0755-2745524/5255524
46	M/s Piara Agro Industries Namastey Chowk, Karnal (Haryana)	मेसर्स प्यारा एग्रो इण्डस्ट्रीज नमस्ते चौक, करनाल (हरियाणा)	Ph.: 0184-2262081 Mo: 9416109050, 9215709050 E-mail: piaraagro@gmail.com Web: www.indiamart.com
47	M/s Pragati Engg. Works Industrial Estate, Madhupatna, Cuttack& 345066 (Orissa)	मेसर्स प्रगति इंजीनियरिंग वर्क्स औद्योगिक क्षेत्र, मधुपाटना कटक–66 (उड़ीसा)	
48	M/s Prakash Agro Industries 311-A, Categorized Market, Main Road, Bhopal–462001 (M.P.)	मेसर्स प्रकाश एग्रो इण्डस्ट्रीज 311–ए, कटेगराईजड़ मार्केट, मेन रोड़, भोपाल (म.प्र.)	Ph.: 0755-2736988/5256968
49	M/s Ravi Industries 172-A, ABU Lane, Meerut Cantt. (U.P.)	मेसर्स रवि इण्डस्ट्रीज 172–ए. ए.बी.यू. लेन, मेरठ कैन्ट (उ.प्र.)	
50	M/s Regal Agril. Works Sonkh Road, Padampur, Mathura (U.P.)	मेसर्स रीगल एग्री. वर्क्स सांख रोड़, पदमपुर, मथुरा (उ.प्र.)	

51	M/s Rihal Agril. Industries Mathura Road, Raya, Mathura (U.P.)	मेसर्स रिहल इन्जी. इण्डस्ट्रीज मथुरा रोड़, राया,, मथुरा (उ.प्र.)	
52	M/s Rohtash Engineering Works Hodal , Distt. Faridabad (Haryana)	मेसर्स रोहताश इन्जीनियरिंग वर्क्स होड़ल, जि. फरीदाबाद (हरियाणा)	
53	M/s Sadhu Singh Trilochan Singh Near Old Power House Area Road, Aligarh – 204216 (U.P.)	मेसर्स साधु सिंह त्रिलोचन सिंह निकट आल्ड पावर हाऊस एरिया रोड़, अलीगढ़–204216 (उ.प्र.)	
54	M/s Satish Agro Industries Kharkhoda Road, Sampla- 124501, Distt. Rohtak (Haryana)	मेसर्स सतीश एग्रो इण्डस्ट्रीज खरखोदा रोड़, साँपला–124501, जि. रोहतक (हरियाणा)	
55	M/s Shiva Agro Industries Near Agarwal Dharamshala, Chhola Road, Bhopal (M.P.)	मेसर्स शिवा एग्रो इण्डस्ट्रीज निकट अग्रवाल धर्मशाला, छोला रोड़, भोपाल (म.प्र.)	Ph.: 0755-2736988/5256968
56	M/s Shri Ram Engieering Corporation Behind Bus Stand, Abhanpur. Distt. Raipur–4727252 (M.P.)	मेसर्स श्रीराम इन्जीनियरिंग कारपोरेशन, बस स्टैन्ड के पीछे, अभानपुर, जि. रायपुर–427252 (म.प्र.)	Ph.: 74378
57	M/s Solanki Tactors & Motors Pvt. Ltd.Taiyabba Market, Ujjain Road, Dewas (M.P.)	मेसर्स सोलंकी ट्रैक्टर्स एण्ड़ मोटर्स प्रा.लि., तैयाबा मार्किट, उज्जैन रोड़, देवास (म.प्र.)	Ph.: 07272-251516

58	M/s Sombanshi Agro. Implements Works Pvt. Ltd. Katra Road, Sarvodya Nagar, Pratapgarh (U.P.)	मेसर्स सोमवंशी एग्रो. इण्डस्ट्रीज वर्क्स प्रा.लि.. कटरा रोड़, सर्वोदय नगर, प्रतापगढ़ (उ.प्र.)	Ph.: 05392-223654
59	M/s Sompal Engineering Works Hodal , Distt. Faridabad (Haryana)	मेसर्स सोमपाल इन्जीनियरिंग वर्क्स होड़ल, जि. फरीदाबाद (हरियाणा)	
60	M/s Star Engg. Works AB Road, Rao, Indore–45331 (M.P.)	मेसर्स स्टार इन्जीनियरिंग वर्क्स ए.बी. रोड़, राऊ, इन्दौर–45331 (म.प्र.)	Ph.: 856533
61	M/s Sunlight Foundry Lucknow Road, Barabanki (U.P.)	मेसर्स सनलाईट फाउन्डरी लखनऊ रोड़, बाराबंकी (उ.प.)	Ph.: 22312/22986
62	M/s TAFE/ Tractor & Farm Equipments Ltd., 35, Nungambakham Highway Road, Chennai - 34 (T.N.)	मेसर्स टैफे: ट्रैक्टर फार्म इक्वीपमेन्टस लि., 35, ननगाम्बकम हाइवे रोड़, चैन्नई–34 (महाराष्ट्र)	Ph.: 044-28279073 Fax.: 044-28260224 Mo: 9340598892
63	M/s Veer Engg. Works Veer Agril.WorksKashipur Road, Ramnagar (U.K.)	मेसर्स वीर इन्जीनियरिंग वर्क्स वीर एग्री. वर्क्स, काशीपुर रोड़, रामनगर (उत्तराखंड)	Mob: 9837253091
64	M/s Vikrant Industries (Regd) P.B.No. 33, G.T. Rad, Khatouli-251201, Distt. Muzaffarnagar (U.P.)	मेसर्स विक्रान्त इण्डस्ट्रीज (रजि.) पी.बी.नं. 33, जी.टी.रोड़, खतौली–01, जि. मुजफ्फर नगर (उ.प्र.)	Ph.: 01396-72320/72588

65	M/s Vinod Engineering Works Kharkhoda Road, Sampla- 124501, Distt. Rohtak (Haryana)	मेसर्स विनोद इंजीनियरिंग वर्क्स खरखोदा रोड़, साँपला–124501, जि. रोहतक (हरियाणा)	Ph.: 01262-263502
66	M/s Vishal Agril Works Bhagwan Singh Rd, Samana-147101, Distt. Patiala (Punjab)	मेसर्स विशाल एग्री वर्क्स भगवान सिंह रोड़, सामना–147101 जि. पटियाला (पंजाब)	
67	M/s Vishal Agro Industries 311, Catagore Seed Market, Bhopal (M.P.)	मेसर्स विशाल एग्रो इण्डस्ट्रीज 311, कैटेगोर सीड मार्किट, भोपाल (म.प्र.)	Ph.: 734003/733672
68	M/s Vishvakarma Engineering Works Malviya Chowk, Ganeshpur, Roorkee, Haridwar (U.P.)	मेसर्स विश्वकर्मा इन्जीनियरिंग वर्क्स मालवीय चौक, गणेशपुर, रूड़की, जि. हरिद्वार (उ.प्र.)	Ph.: 01332-274744Mo: 9837146154
69	M/s Vishvakarma Engineering Works Hodal, Distt. Faridabad (HR)	मेसर्स विश्वकर्मा इन्जीनियरिंग वर्क्स होड़ल, जि. फरीदाबाद (हरियाणा)	
70	M/sVishwakarma Engineering Works 241, New Categorized Market, Bhopal (M.P.)	मेसर्स विश्वकर्मा इन्जीनियरिंग वर्क्स 241, न्यू कटेगराईजड़ मार्केट, भोपाल (म.प्र.)	Ph.: 0755-2730208

15.32 स्टैन्डर्ड कृषि यंत्र एवं मशीनरी निर्माताओं की सूची – List of Standard Agriculture Implement and Machinery Manufacturers

S. No.	Name & Address	Phone No/E-mail/Web No.	Mixed Products मिश्रित उत्पाद
1	M/s. New Holland Tractor (India) Pvt Ltd.210, Okhla Industrial Area, Phase-III, New Delhi-20	Ph.: 011-6932207 Fax.: 011-6932203	24 Disc Harrow, Precision Blast, 15.17.19 Tyne Tiller, Sub Soiler, Chigal Plogh, 2, 3 Farrow Resersible Plogh, 3+1, Farrow Disc Plough, Rotaty Tiller
	मेसर्स न्यूहॉलैन्ड़ ट्रैक्टर (इण्डिया) प्रा.लि. 210, ओखला इण्डस्ट्रियल एरिया, फैस-III, नई दिल्ली – 110020		24 डिस्क हैरो, प्रिसिजन ब्लास्ट, 15,17,19 टाईन टिलर, सब सोयलर, चिजिल प्लाऊ, 2 व 3 फरो रिवार्सिबल प्लऊ, 3+1 फरो डिस्क प्लाऊ, रोटरी टिलर
2	M/s. Mahindra & Mahindra Ltd. Farm Equipment Sector-5th Floor, E.P.U. Bilium Gate No. 4] Akurli Road, Kandivali (W), Mumbai-400101	Web: mahindrakisnamitra.com	Tractor Rotovator, Cultivator, Offset Harrow, Disc Plough, Tractor Dozer, Laveller
	मेसर्स महिन्द्रा एण्ड़ महिन्द्रा लि. फार्म इक्विपमेनट सेक्टर 5वीं मंजिल, ई.पी.यू. बिलियम गेट नं. 4, आकुर्ली रोड़, कांदिवली (वै.), मुम्बई–400101		ट्रैक्टर रोटोवेटर, कल्टीवेटर, आफसेट हैरो, डिस्क प्लाऊ, ट्रैक्टर डोजर, लेवलर

3	M/s BCS India Pvt. Ltd. Vill. Manngaarh, Machiwara Road, P.O. Kohara, Distt. Ludhiana-141112	Ph.: 0161-2848597 Fax: 0161-2848598 Mob.: 09872874743/ 09872874744/09872874745 E-mail: bcs@ferarri.in Web: www.bcsferrari.in	Mini Reaper, Mini Potato Digger, Mini Seed Drill, Mini Cutter, Mini Lown Mover, Mini Cultivator, Mini Eno Thrower, Mini Power Sprayer, Mini Power Trolley
	मेसर्स बी.सी.एस. इण्ड़िया प्रा.लि. गाँव मानगढ़, माछीवाड़ा रोड़, पी.ओ. कोहाड़ा, जि. लुधियाना–141112	Ph.: 0161-2848597 Fax: 0161-2848598 Mob.: 09872874743/ 09872874744/09872874745 E-mail: bcs@ferarri.in Web: www.bcsferrari.in	मिनी रीपर, मिनी पोटेटो डिग्गर, मिनी सीड ड्रिल, मिनी कटवार, मिनी लान मुवर, मिनी कल्टीवेटर, मिनी एनो थ्रोवर, मिनी पावर स्प्रेयर, मिनी स्पावर ट्रोली
4	M/s National Agro Industries Link Road Industrial Area-A Opp. Transport Nagar, Ludhiana-03 (Punjab)	Ph.: 0161-2222041, 5087853 Fax: 0161-4621299, 91814610101 Email: nationalagro@satyam.net.in Web: www.nationalagro.com	Zero till ferti-seed drill, PAU zero tiller chopper seeder, zero till maize/ multi-crop planter, seed-cum fertilizer drill, multi crop ridge planter, raised bed planter, rotavator, roto till drill, vegetable nursery transplanter, vegetable seed extractor, maize sheller
	मेसर्स नैशनल एग्रो इन्डस्ट्रीज सामने ट्रांस्पोर्ट नगर (चीमा चौक और समराला चौक के बीज में) लिंक रोड़, इन्डस्ट्रीयल एरिया–ए, लुधियाना–03 (पंजाब)	Ph.: 0161-2222041, 5087853 Fax: 0161-4621299, 91814610101 Email: nationalagro@satyam.net.in Web: www.nationalagro.com	जीरो टिल फर्टी–सीड ड्रिल, पी.ए.यू. जीरो टिलर चापर सीडर, जीरो टिल मेज मल्टी क्राप प्लान्टर, सीड–कम फर्टीलाइजर ड्रिल, मल्टी क्राप रेजड प्लान्टर, रेजड बैड प्लान्टर,रोटावेटर, रोटो टिल ड्रिल, बैजीटेबल

			नर्सरी ट्रान्सप्लान्टर,, बैजिटेबल सीड एक्ट्रैक्टर, मैज सेलर
5	M/s. Tirth Agro Technology Pvt. Ltd., Near Hotel Krishna Park, NH-8B, Gondal Road, Vavadi Rajkot-360004 (Gujarat)	Ph.: 0281-2377204 Fax.: 0281-2380852 E-mail: infor@shaktimanagro.com Web: www.shaktimanagro.com	Rotary tiller, Rotary Plogh, Post Hole Digger, Rotary Slasher
	मेसर्स तीर्थ एग्रो टैक्नोलोजी प्रा.लि. एन.एच.–8बी., गोंडल रोड़, वावड़ी, राजकोट–360004 (गुजरात)		रोटरी टिलर, रोटरी प्लाऊ, पोस्ट होल डिग्गर, रोटरी स्लेशर
6	M/s Dasmesh Mechanical Works Main Road, Amargarh-148022 Distt. Sangrur (Punjab)	Ph.: 01675-284221/304949 Fax.: 01675-285999/304950 E-mail: infor@darmeshgroup Web www.dasmeshgroup.in.in Web: www.	Rotary tillar, roto seeder, happy seeder, seed cum fertilizer drill
	मेसर्स दसमेश मैकेनिकल वर्क्स मेन रोड़, अमरगढ़–148022 जिला–संगरूर (पंजाब)		रोटरी टिलर, रोटो सीडर, हैप्पी सीडर, सीड–कम–फर्टीलाइजर ड्रिल
7	M/s. Beri Udyog (P) Ltd. Plot no. 235-240 Sector-3, HSIIDC, Karnal (Haryana)	Ph.: 0184-2221571/72/73 Fax.: 0184-2221574 E-mail: info@fieldking.com Web: fieldking.com	Trailer, Disc plogh, Disc Redger, Disc Harrow, MBI Plough, Tyne redger, Rotary tiller, Post hole digger, Laser leveller, Terrecer Bladge, Sub soiler, Spring loaded tiller, Rigid tiller
	मेसर्स बेरी उद्योग (प्रा.) लि. प्लॉट न;235.240, सेक्टर–3, HSIIDC,	Ph.: 0184-2221571/72/73 Fax.: 0184-2221574	ट्रेलर, डिस्क प्लाऊ, डिस्क रिजर, डिस्क हैरो, एम.बी.आई.प्लाऊ, टाईन रिजर, रोटरी टिलर,

	करनाल (हरियाणा)	E-mail: info@fieldking.com Web: fieldking.com	पोस्ट होल डिगर, लेसर लेवलर, ट्रेसर ब्लैड, सब सोयलर, सप्रिंग लेडिड टिलर, रिजिड टिलर
8	M/s M.N. Agro Industries A-3, Naraina Vihar, New Delhi-28	Ph.: 01-25779607/65177485 Mob.: 9868284902	Selfpropelled reaper, Cultivator, Harrow, Thresher
	मेसर्स एम.एन. एग्रो इण्डस्ट्रीज ए–3, नारायणा विहार, नई दिल्ली–28		स्वचालित रीपर, कल्टीवेटर, हैरो, थ्रैसर
9	M/s. Ambika Engineering Works NH No. 8, Navagam, Opp. Agro Petrol Pump, Kamraj Char Rasta, Surat (Gujarat)	Ph.: 0261-234472/253110 Fax.: 0261-2343484/251110 E-mail: ambika_agromech @rediffmail.com Web: ambikaengineeringworks.com	Rotary tiller, Power Harrow, Disc Plough, Reversible Hydrolic Plough, Front End Loader/Dogger, Disc Harrow, Farm Cultivator, MB Plough, Compost Turner, Trolley, Bund Maker, Sub Soiler, Laveller, Ridger
	मेसर्स अम्बिका इन्जीनिंयरिंग वर्क्स एन.एच. नं.–8, नयाग्राम, अपोजिट एग्रो पेट्रोल पम्प, केमराज चार रास्ता, सूरत (गुजरात)		रोटरी टिलर, पावर हैरो, डिस्क प्लाऊ, रिवर्सीवल हाइड्रोलिक प्लाऊ, फ्रन्ट एंड लोडर/डोजर, डिस्क हैरो, फार्म कल्टीवेटर, एम.बी. प्लाऊ, कम्पोसट टर्नर, ट्रॉली, बंड मेकर, सब सोयलर, लैवलर, रीजर
10	M/s Kisan Kraft Machine Tools Pvt. Ltd., 32/5C, Dasarahali Village, Dasarahali Main Road, H.A. Farm, Post Office Hebbal, Bangalore-34	Ph.: 080-64561434/6456/1435 08950157693/09215047444 www.kisankraft.com	Mini Inter Cultivator, Multipurpose Diesel tiller, H.A. Diesel Mini tiller, Mini Combine Harvester, Reaper Rice Transplanter, Post Hole Digger, Tea Harvester, Knepsa ek sproger

	मेसर्स किसान क्राफ्ट मशीन टूल्स प्रा.लि. 32/5सी, इसाराहली गाँव, दसाराहली मेन रोड़, एच.ए. फार्म, पोस्ट आफिस हेबल, बंगलौर–24	Ph.: 080-64561434/6456/1435 08950157693/09215047444 www.kisankraft.com	मिनी इन्टर कल्टीवेटर, मल्टीपरपज डीजल टिलर, एच.ए. डीजल मिनी टिलर, मिनी कम्बाइन हार्वेसटर, रीपर राइस ट्रान्सप्लान्टर, पोस्ट होल डिगर, टी हावेस्टर, ज्ञनेचें एक स्प्रोगर
11	M/s. Amar Agricultural Implements Work (Regd.), Amar Street Gill Road, Janta Nagar, Ludhiana-141003 (Punjab)	Ph.: 0161-2491780/2493128/ 3299540/09465633992/ 08271359507 Fax.: 0161-5019886 E-mail: export@amaragri.com marketing@amaragri.com Web: www.amaragri.com	Multi crop thresher, Reaper, Rotavator, Paddy thresher, Maize thresher cum dehudsker, single row maize chapper, vertical mixer feeder Chaft Cutter, Rotary tiller, etc.
	मेसर्स अमर एग्रीकल्चरल इम्पलीमेन्टस वर्क्स (रजि.) अमर स्ट्रीट, गिल रोड़, जनता नगर, लुधियाना–141003 (पंजाब)	Ph.: 0161-2491780/2493128/ 3299540/09465633992/ 08271359507 Fax.: 0161-5019886 E-mail: export@amaragri.com marketing@amaragri.com Web: www.amaragri.com	मल्टीक्राप थैसर, रीपर रोटावेटर, पैडी थ्रैसर, मेज थ्रैसर, चाफ्ट कटर, रॅाटरी टिलर
12	M/s Madho Agro Industry (Regd.) Plot No. B-3, Industrial Focal Point, Opp. Petrol Pump, G.T. Rcad, Moga-142001 (Punjab)	Ph.: 01636-226135/329906 01636-220106 (R) E-mail: madhoagro@aim.com	Rotavator, Roto seed drill, Haramba (Wheat) Cutter Thresher, Paddy thresher, Seed drill, Multcrop cutter Thresher,. Seen Flower Thresher, Zindra, Stab Cutter

	मेसर्स माधो एग्रो इन्डस्ट्री (रजि.) प्लाट नं. बी–3, फोकल प्वाइंट, जी.टी. रोड़, सामने पेट्रोल पम्प, मोगा–142001 (पंजाब)		पैडी थ्रैसर, सीड ड्रिल, मल्टीक्राप कटर थ्रैसर, सीन प्लावर थ्रैशर, जिन्दरा, स्लेब कटर
13	M/s. Amar Tractors Pvt. Ltd. 1957, St. No. 2, Janta Nagar, Gill Road, Ludhiana -3 (Pb.)	Ph.: 0161-2491780, 2493128, 3299539 Fax.: 0161-2814036 Email: info@amaragri.com	Bar Rotary Toppers, Maize Choppers, Silage Cutter & Feeders, Multi disc movers
	मेसर्स अमर ट्रैक्टर्स प्रा.लि. 1957, स्ट्रीट नं. 2, 2 जनता नगर, गिल रोड़, लुधियाना–3 (पंजाब)		बर रोटरी टॉपर्स, मेज चॉपर्स, सिलेज कटर एवं फीडर, मल्टी डिस्क मूवर
14	M/s Modern Industries 52, Industrial Estate, Hoshiarpur-146001 (Punjab)	Ph.: 01882-251636/251942 Fax.: 01882-250236/256008 E-mail: moderninds@rediffmail.com Web: moderninds.com	Crop cutter, Power tiller, Trolley, Reaper, Water Rumping, Maize Planter, Cultivator, Pole Hole Digger, Automatic Potato Planter, Rotary Cutter, Tractor Trailer Hydraulic, Rotavator, Sub-soiler, Zero till drill, Disc Harrow
	मेसर्स मॉर्डन इन्डस्ट्रीज 52, इण्डस्ट्रीयल एस्टेट होशियारपुर–146001 (पंजाब)		क्रॉप कटर, पावर टिलर, ट्रॉली, रीपर, वाटर पम्पिंग, मेज प्लान्टर, कल्टीवेटर पोल होल डिगर, ऑटोमेटिक पुटेटो प्लान्टर, रोटरी कटर, ट्रैक्टर ट्रेलर हाइड्रोलिक, रोटावेटर, सब सोयलर, जीरो टिल ड्रिल, डिस्क हैरो

15	M/s. Punjab Agro Sales (India) Opp. New Grain Market, Delhi Byepass, G.T. Road, Karnal-132001 (Haryana)	Ph.: 0184-220113/2220114 Mo.: 9416075113/ 9410002113 E-mail: Punjab_agro_india@yahoo .co.in Web: www.krishiking.com	Rotary tiller, Rotary Slasher, Tractor Mounted Disc Plough
	मेसर्स पंजाब एग्रो सैल्स (इण्डिया) अजोजिट न्यू ग्रेन मार्केट, जी.टी. रोड़, करनाल–132001 (हरियाणा)		रोटरी टिलर, रोटरी स्लेशर, ट्रैक्टर माउन्टेड डिस्क प्लाऊ
16	M/s. John Deere Equipment Pvt.Ltd. Off Pune Nagar Road, Sanawadi, Pune-412208 (Maharashtra)	Ph.: 0522-3290864 Fax.: 0522-2309021 Web: johndeere.co.in	Sugarcane Harvester, Cotton Pickar, Grain Harvester, Heavy Duty Wheat Road, Multicrop planter, Square Balar
	मेसर्स जॉन डियर इक्वयूपमेंट प्रा.लि. ऑफ पुणे नगर रोड़, सोनावड़ी पुणे–412208		सुगरकेन हार्वेस्टर, कॉटन पिकर ग्रेन हार्वेस्टर, हैवी डयूटी व्हीट रोड, मल्टीक्रॉप प्लान्टर, स्कवेयर बलार
17	M/s Ganesh Agri Industries Kolal MehsanaPost-Vadpura, Tehsil-Kari, Distt. Mahsana (N. Gujarat)	Ph.: 02764-273442/ 267446 Mob: 9825012224/ 9825319817 E-mail: info@ganeshraj.com Web: www.ganeshraj.com	Tiger Rotovator (Rotary tiller), Automatic pyrato planter, Potato Planter (Manual), potato Digger, Chiger Blaj, Makai Hydraulic post hole digger, Tractcr Trolley, Trctor Ground Harvester, Mini harvester
	मेसर्स गणेश एग्री इण्डस्ट्रीज क्लोज मेहसाणा, हाइवे पोस्ट वड़पुरा, तहसील–कड़ी, जि. मेहसाणा–382705 (उ.गुजरात)	Ph.: 02764-273442/ 267446 Mob: 9825012224/ 9825319817 E-mail: info@ganeshraj.com Web: www.ganeshraj.com	टाइगर रोटोवेटर (रोटरी टिलर), आटोमेटीक पारैटोप्लास्टर, पोटेटो प्लान्टर (मुन्युअल), पोटेटो डीगर, चीझर ब्लाज, मकाई हाइड्रोलिक, पोस्ट होल डीगर, ट्रैक्टर ट्रॉली, ट्रेक्टर ग्राउण्डे हार्वेस्टर, मिनी हाइवेस्टर

18	M/s. Lath Akriti, Bamra Distt. Bambalpur-768221 (Orissa)	Ph.: 06642-229095/229336 Mobile: 09437051336 E-mail: contact@lathakriti.com Web: www.lathakriti.com	Rota drill, Paddy thresher, Multicrop thresher, Chaff Cutter, Maize Sheller, Mini Power tiller
	मेसर्स लेथ आकृति, बमरा, जिला–सम्बलपुर–768221 (उड़ीसा)		रोटा ड्रिल, पैडी थ्रैसर मल्टीक्राप थेशर, चैफ कटर, मैज शेलर, मिनी पॉवर टिलर
19	M/s Jhandeena Industries C-70, Focal Point, G.T. Road, Moga-142001 (Punjab)	Ph.: 01636-228511 jhandeena_c70@yahoo.co.in Web: www.jhandeena.com	Combine straw reaper, Post Hole digger, Rotavator
	मेसर्स झनदीना इण्डस्ट्रीज सी–70, फोकल प्वाइंट, जी.टी. रोड़, मोगा – 142001 (पंजाब)		कम्बाईन इस्ट्रो रीपर, पोस्ट होल डीगर, रोटोवेटर
20	M/s Bharat Industries Corporation, Akalsar Road, Moga-142001 (Punjab)	Ph.: 01636-222075/224075/ 2229025 Fax.: 01636-224076 Mob.: 9828029075/ 9814069075 E-mail: baldevmoga@satyam.net Web: www.bharatagri.com	Tractor Reaper, Haramba thresher, Straw reaper, Paddy thresher, Selfpropelled Reeaper, Fooder Harvester, Fooder Chopper-cum-Trolley Loader
	मेसर्स भारत इण्डस्ट्रीज कारपोरेशन अकालसर रोड़, मोगा–142001 (पंजाब)		ट्रैक्टर रीपर, हरम्बा थ्रेसर, स्ट्रा रीपर, पैडी थ्रेसर, स्वचालित रीपर, फुडर हार्वेस्टर, फुडर चॉपर–कम ट्राली लोडर
21	M/s Shree Balaji Industries 20, Ishwar Trade Centre, Grey Town,	Ph.: 0422-2307811/4393763 Fax.: 0422-2301598	Paddy transplanter, Mini combine harvester, Power breeder, Brush Cutter,

	Opp. TOIOB, Dr. Nanjappa Road, Coimbatore-641018 (T.N.)	sreebalajiindustries@rediffmail.com Web: www.sreebalajiindustries.com	Sugarcane Harvester, Tea Harvester, Power tiller, Power sprayer etc.
	मेसर्स श्री बालाजी इन्डस्ट्रीज–20 ईश्वर ट्रेड सेन्टर, ग्रे टाउन, Opp. TOIOB, डा. ननजप्पा रोड़, कोयम्बाटूर–641018 (तमिलनाडु)		पैडी ट्रांस्प्लान्टर, मिनी कम्बाईन हार्वेस्टर, पॉवर ब्रीडर, ब्रुश कटर, सुगरकेन हार्वेस्टर टी हार्वेस्टर, पॉवर टिलर, पॉवर स्प्रे
22	M/s Green Planet Machines Pvt. Ltd. 35, Rani Jhansi Road, New Delhi-55	Ph.: 011-23523807/23522807 Mob.: 09868154407/09311124407 E-mail: infor@greenplanet.in www.gardenlawmachines.com	Power Reeaper, Power tiller, Power sprayer, Mini Cultivator, Sugarcane stripper
	मेसर्स ग्रीन प्लेनेट मशीन प्रा.लि 35, रानी झाँसी रोड़, नई दिल्ली–55	Ph.: 011-23523807/23522807 Mob.: 09868154407/09311124407 E-mail: infor@greenplanet.in www.gardenlawmachines.com	पॉवर रीपर, पॉवर टिलर, पॉवर स्प्रेयर, मिनी कल्टीवेटर, सुगरकेन स्ट्रीपर
23	M/s Shri Sharma and Company 21/92, Near Mayank Cinema, Station Road, Jaipur - 6	Ph.: 0141-2369447 E-mail: chetakbrand@sify.com	Disc Plough, M.B. Plough, Offset Disc Harrow, Cultivator M.F. Type, Seed Drill, Laveller etc.
	मेसर्स श्री शर्मा एंड कम्पनी 21/92, निकट मयंक सिनेमा, स्टेशन रोड़, जयपुर–6		डिस्क प्लाऊ, एम.बी. प्लाऊ, ऑफसेट डिस्क हैरो, कल्टीवेटर एम.एफ. टाईप, सीड ड्रिल, लेवलर
24	M/s NIPHA Exports Pvt. Ltd. 48, Ganga-Jamuna, 25/1,	Ph.: 033-402143500 Fax: 033-22875104	Cultivator, Rotary Tiller, Blades

	Shakespeare Sarani, Kolkata- 700017 (India)	E-mail: nipha@niphaindia.com Web: niphaindia.com	
	मेसर्स निफा एक्सपोर्ट प्रा.लि. 48, गंगा–जमुना, 28/1, शक्सपीयर सारानी, कालकत्ता–700017		कल्टीवेटर, रोटरी टिलर, ब्लैड्स
25	M/s J.N.P. Agro Systems Pvt. Ltd. No. 15, Poes Road-III, Street Teynampat, Channi-18	Ph.: 044-4347985/453286 Fax: 044-8284982	Post Hole digger
	मेसर्स जे.एन.पी. एग्रो. सिस्टम प्रा.लि. नं. 15, पोज रोड–'तीसरा स्ट्रीट, तेनमपट, चैनन्ई–18		पोस्ट होल डीगर
26	M/s Bharatiya Cattle Resource Development Foundation, Ahimsa Bhawan, F-125, Lado Sarai, Mehrauli, New Delhi	Ph.: 011-6533248-50 Fax.: 011-6445455 E-mail: shakhar@vsnl.net.in Web: cowindia.org	Potato planter, Cultivator, Spray Pump, Sub soiler Water Channel., Chara Cutter, Fertilizer Spreeder, Potato digger, Harambha Thresher
	मेसर्स भारतीय गोबंश संवर्धन प्रतिष्ठान अहिंसा भवन, एफ–125, लाड़ो सराय, महरौली, नई दिल्ली–30		पौटेटा प्लान्टर, कल्टीवेटर, स्प्रे पम्प, सब–सोयलर वाटर चैनल, चारा कटर, फर्आलाइजर स्प्रीडर, पौटेटो डिगर, हरम्बा थ्रेसर
27	M/s Droli Mechanical Works (Regd.) Near Majestic Cinema, Majestic Road, Moga-142001 (Punjab)	Ph.: 01636-223487 Mob: 9814360027 droli_dmw_moga@yahoo.co.in	Two Race Automatic Potato planter with Fertilizers, Potato digger, Cultivatorm Spray Pumps, Water

			Channel, Sub soiler, Fertilizer Spreader, TM potato planter
	मेसर्स डरोली मैकेनिकल वर्क्स (रजि.) नजदीक मैजस्टिक सिनेमा, मैजस्टिक रोड़, मोगा–01 (पंजाब)		टू रेश ऑटोमेटिक पुटेटो प्लान्टर विद फर्टीलाइजर, पोटेटो डिगर, कल्टीवार्म स्प्रे पम्प, वाटर चैनल, सब–सोयलर, फर्ठीलाइजर स्प्रीडर, टी.एम. पोटेटो प्लान्टर
28	M/s Pal Agro Industries Chandigarh Road, Opp. OBC, Tohna-125120, Fatehabad (Haryana)	Ph.: 01692-231651/235473 Mob: 9416242391	Straw Reaper, Zero till drill, Post Hole digger, Power Cleaner
	मेसर्स पाल एग्रो इण्डस्ट्रीज चण्डीगढ़ रोड़, अपॉजिट ओ.बी.सी. टोहना–125120, फतेहाबाद (हरियाणा)		स्ट्रा रीपर, जीरो टिल ड्रिल, पोस्ट होल डिगर, पॉवर क्लीनर
29	M/s Shraph Industries Khuia Distt, Sagar - 470117 (M.P.)	Ph.: 240501/240781 Mo: 9425452451	Seed Drill, Cultivator Plough, Trolley, Thresher, Laveller
	मेसर्स सराफ इण्डस्ट्रीज खुइया, जि. सागर–470117 (म.प्र.)		सीड ड्रिल, कल्टीवेटर प्लाऊ, ट्रोली, थ्रेसर, लेवलर
30	M/s. Mukul Enterprises Mala Flour Mill Compound, Delhi Road, Partapur, Meerut (U.P.) India	Ph.: 0121-2440732/2440734/2440735 Fax: 0121-2440737 E-mail: mukuletp@vsnl.com Web: www.mukulenterprises.com	Tractor Cultivator, Disc Harrow, Double share plough, Laveller, Rotary tiller,, Trolley

	मेसर्स मुकुल इन्टरप्राईजेज माला फ्लोर मिल कम्पाउंड, दिल्ली रोड़, परतापुर, मेरठ (उ.प्र.)		ट्रैक्टर कल्टीवेटर, डिस्क हैरो, डबल शेयर प्लाऊ, सेवलर, रोटरी टिलर, ट्राली
31	M/s S.P. Industries G.T. Road, Delhi Side, P.O.Box No. 64, Karnal-132081 (Haryana)	Ph.: 0184-2255488/2256540 Mo: 9416000288 Fax: 0184-256540	Cultivator, MB Plough,.Disc Harrow, Leveller
	मेसर्स एस.पी. इण्डस्ट्रीज दिल्ली साईड़, पी.ओ.बॉक्स नं. 64, करनाल–132001 (हरियाणा)		कल्टीवेटर, एम.बी. प्लाऊ, डिस्क हैरो, लेवलर
32	M/s. Birla Power Solution Ltd. 901, Bhikaji Cama Bhawan 11, Bhikaji Cama Place, New Delhi-66	Ph.: 011-42594100 Fax.: 011-42549199	Disc Plough, Seed drill, Rotavator, Reaper, Winnow, Mobile Flour Mill maker, Disc wet plough, Trolley
	मेसर्स बिरला पावर सोलूसन लि. 901, भीकाजी कामा भवन–11, भीकाजी कामा प्लेस, नई दिल्ली–66		डिस्क प्लाऊ, सीड ड्रिल, रोटावेटर, रीपर, विन्नो, मोबाईल फ्लोर मिल मेकर, डिस्क वेट प्लाऊ, ट्राली
33	M/s Kamla Engg. Works Near Punjab National Bank, Ismailabad, Distt. Kurukshetra-136129 (Haryana)	Ph.: 01744-5210415/52589	Paddy thresher, Zero till drill, Sugarcane Rizzer, Disc Harow, Leveller, Cultivator, Sunflower, Seed Drill
	मेसर्स कमला इंजीनियरिंग वर्क्स नियर पंजाब नैशनल बैंक इस्माईलाबाद, जि. कुरूक्षेत्र (हरियाणा)		पैडी थ्रेशर, जीरो टिल ड्रिल, सुगरकेन रीजर, डिस्क हैरो, लेवलर, कल्टीवेटर, सनफ्लोवर, सीड ड्रिल

34	M/s. B.D.J. International E-3/8, New Arya Nagar, Meerut Road, Ghaziabad (U.P.)	Ph.: 0120-2855148 Fax.: 0120-2634628 Mob.: 9810610280/9312430933/ 9810166713 bdjinternational@rediffmail.com	Power tiller, Cultivator, Seed-cum-fertilizer Drill, Garden Tractors, Sprayers, Lower Movers, Brush Cutter, Chain Sows, Shorter Rotary
	मेसर्स बी.डी.जे. इन्टरनैशनल ई–3/8, न्यू आर्य नगर, मेरठ रोड़, गाजियाबाद (उ.प्र.)		पॉवर टिलर, कल्टीवेटर, सीड–कम फर्टीलाइजर ड्रिल, गार्डन ट्रैक्टर्स, स्प्रेयर्स, लोअर मूवर्स, ब्रुश कटर, चैन सो, षोरटर रोटरी
35	M.s Punjab Engineers Dasmesh Nagar, Baghpat Road, Meerut -02 (U.P.) Email: Khalsa_agri@yahoo.co.uk	Ph.: 0121-2511627/6541627 Fax:0121-2513756 Mob.0997045722 Email:singhjaskaran19@yahoo,co.in	Semi-automatic Sugarcane planter, Stick Sugarcane cutter planter, Stic Automati Sugarcane Cutter Planter, Ridgr, Ridger with fertilizer Attachment, Interculture cultivator, Tarctor mounted Boom Sprayer, Field Cleaning Jaal, Fertilizer Broad Caster, Sugarcane set cutter, Chesil Khalsa Bullock drawn, Sugarcane planter
	मेसर्स पंजाब इन्जीनियर्स दसमेश नगर, बागपत रोड़, मेरठ– 250002 (उ.प्र.)	Ph.: 0121-2511627/6541627 Fax:0121-2513756 Mob.0997045722 Email:singhjaskaran19@yahoo,co.in Email: Khalsa_agri@yahoo.co.uk	सेमी ऑटोमेटिक सुगरकेन प्लान्टर, स्टिक सुगरकेन कटर प्लान्टर, स्टिक ऑटोमेटिक सुगरकेन कटर प्लान्टर, रीजर, रीजीर विद फर्टीलाइजर एटेचमेन्ट, इनटरकल्चर कल्टीवेटर, ट्रैक्टर माउन्टेड बूम स्प्रेयर्स आदि

36	M/s Gurunanak Agriculture Imlements, G.T. Road Byepass, Nr Focal Point, Jalandhar City (Punjab) मेसर्स गुरूनानक एग्रीकल्चर इम्प्लीमेन्टस जी.टी. रोड़, बाईपास, नियर फोकल प्वाइन्ट, जालन्धर सिटी (पंजाब)	Ph.: 0181-2602670Mo: 9855894015 www.gurunanakagriculture.com	Potato didger, Potato planter, Potato Grader & Planter, Disc Harrow, Pulverizing Roller पोटैटो डीगर, पोटैटो प्लान्टर, पोटैटो ग्रेडर एवं प्लाान्टर, डिस्क हैरो, पलवराईजिंग रौलर
37	M/s Bharat Engineering Company Sham Nagar, G.T. Road, Karnal-132001 (Haryana) मेसर्स भारत इण्डस्ट्रीयल कम्पनी, श्याम नगर, जी.टी. रोड, करनाल–132001 (हरियाणा)	Ph.: 0184-2274720 Fax: 0184-2274220 Mo: 9354100328	Harrow, Cultivator हैरो, कल्टीवेटर
38	M/s Primco Power 46, Shradhanand Marg, G.B. Road, Delhi–110006 मेसर्स प्राईमको पावर 46, श्रृद्धानन्द मार्ग, जी.बी. रोड़, दिल्ली–110006	Ph.: 011-23213124/23216374/ 55300505 primcopower@rediffmail.com	Pump sets, Lawm movers, Power srayer, Brush Cutter, Rotary tiller, Fogging Machines पम्प सैट, लॉम मूबर्स, पॉवर स्प्रेर, ब्रुश कटर, रोटरी टिलर, फोगिंग मशीन
39	M/s Piara Singh & Sons Near Namastey Chowk, G.T. Road, Karnal-01 (Haryana)	Ph: 0184-2258268 Mo: 9416170011/ 9215536268/9215636268 Web: www.indiabiz.com	Zero till drill, Thesher, Harrow, Cultivator, Chaffer

	मेसर्स प्यारा सिंह एण्ड सन्स निकट नमस्ते चौक, जी.टी. रोड़, करनाल–132001 (हरियाणा)		जीरो टिल ड्रिल, थ्रेशर, हैरो, कल्टीवेटर, चाफ़र
40	M/s Piara Agro Industries Namastey Chowk, Karnal (Haryana)	Ph.: 0184-2262081 E-mail: piaraagro@gmail.com Web: www.indiamart.com	Harrow, Cultivator, Zero till drill, Leveller
	मेसर्स प्यारा एग्रो इण्डस्ट्रीज नमस्ते चौक, करनाल (हरियाणा)		हैरो, कल्टीवेटर, जीरो टिल ड्रिल, लेवलर
41	M/s Modern Agro Engg. Works G Near Namaste Chowk, G.T. Road, Karnal (Haryana)	Ph.: 0184-2271844/2205144 Mo: 9812019627 Fax: 0184-2274144 E-mail: modernagric@rediffmail.com Web: indiamart.com	Harrow, Cultivator, Zero till drill, Leveller
	मेसर्स मॉडर्न एग्रो इन्जीनियरिंग वर्क्स नजदीक नमस्ते चौक, जी.टी. रोड़, करनाल (हरियाणा)		हैरो, कल्टीवेटर, जीरो टिल ड्रिल, लेवलर
42	M/s Khalsa Agriculture Works 2005/3, Railway Road, Narela, Delhi - 110040	Ph.: 011-27282686	Straw Reaper, Thesher, Cultivator, Harrow, Seed drill
	मेसर्स खालसा एग्रीकल्चर वर्क्स 2005/3, रेलवे रोड़, नरेला, दिल्ली–40		स्ट्रा रीपर, थ्रेशर, कल्टीवेटर, हैरो, सीड ड्रिल

43	M/s Khalsa Agro Engineering Works, 2015, Railway Road, Narela, Delhi - 110040	Ph.: 011-27281415	Thresheer, Cultivator, Harrow, Seed Drill etc.
	मेसर्स खालसा एग्रो इंजीनियरिंग वर्क्स 2015, रेलवे रोड़, नरेला, दिल्ली–40		थ्रेशर, कल्टीवेटर, हैरो, सीड ड्रिल इत्यादि
44	M/s Kajla Agro Industries Kharkhoda Road, Sampla- 124501, Distt. Rohtak (Haryana)	Ph: 01262-315852/263252/ 263353 Mob: 9896073356	Water Tanker, Trailers, Dumpher, Harrow, Cutivator etc.
	मेसर्स काजला एग्रो इण्डस्ट्रीज खरखोदा रोड़, साँपला–124501, जि. रोहतक (हरियाणा)		वाटर टेंकर, ट्रेलर्स, डमपर्स, हैरो, कल्टीवेटर आदि
45	M/s Ishwar Agro Industries Kharkhoda Road, Sampla- 124501, Distt. Rohtak (Haryana)	Ph.: 01262-263378/263388 Mob: 9896250991/9896039158	Hydraulic Trailers, Water Tanker, Harrow, Cultivator
	मेसर्स ईश्वर एग्रो इण्डस्ट्रीज खरखोदा रोड़, साँपला–124501, जि. रोहतक (हरियाणा)		हाइड्रोलिक ट्रेलर्स, वॉटर टेंकर, हैरो, कल्टीवेटर
46	M/s Amar Engineering Works Kharkhoda Road, Sampla-124501, Distt. Rohtak (Haryana)	Ph.: 01262-263417 Mob: 9896453357	Tractor, Trailers, Harrow, Tanker, Cultivator
	मेसर्स अमर इंजीनियरिंग वर्क्स खरखोदा रोड़, साँपला–124501, जि. रोहतक (हरियाणा)		ट्रैक्टर, टेलर्स, हैरो, टेंकर, कल्टीवटर

47	M/s Jai Bharat Engineering Works Kharkhoda Road, Sampla, Distt. Rohtak (Haryana)	Ph.: 01262-263527 Mob: 9416159160/941673370	Cultivator, Harrow, Trailer, etc
	मेसर्स जय भारत इंजीनियरिंग वर्क्स खरखोदा रोड़, साँपला, जि.रोहतक (हरियाणा)		कल्टीवेटर, हैरो, ट्रेलर आदि
48	M/s Vinod Engineering Works Kharkhoda Road, Sampla- 124501, Distt. Rohtak (Haryana)	Ph.: 01262-263502	Harrow, Trolley, Cultivator, Tractor etc.
	मेसर्स विनोद इंजीनियरिंग वर्क्स खरखोदा रोड़, साँपला–124501, जि. रोहतक (हरियाणा)		हैरो, ट्रॉली, कल्टीवेटर, ट्रैक्टर आदि
49	M/s Tirupati Udyog 32/3, HSIDC, Industrial Area, Karnal-01 (Haryana)	Ph.: 0184-2261691/2265111 Fax: 0184-2220033 Mo: 9416031691	MB Plough, Disc Plough, Cultivator, Harrow etc.
	मेसर्स त्रिरूपति उद्योग एच.एस.आई.डी.सी. इण्डस्ट्रीयल एरिया, करनाल–132001		एम.बी. प्लाऊ, डिस्क प्लाऊ, कल्टीवेटर, हैरो इत्यादि
50	M/s Harbhajan Agri-Iron Works 2005, Railway Road, Narela, Delhi-40	Ph.: 011-7280016	Harrow, Cultivator, Seed drill, Thesher etc.
	मेसर्स हरभजन एग्री आयरन वर्क्स 2005, रेलवे रोड़, नरेला, दिल्ली–40		हैरो, कल्टीचेटर, सीड ड्रिल, थ्रेषर आदि

51	M/s Ranjit Agro Industries 2004/4, Railway Road, Narela, Delhi - 110040	Ph.: 011-7282899	Thresher, Seed drill, Cultivator, Jantra, Leveller, Harrow etc.
	मेसर्स रंजीत एग्रो इण्डस्ट्रीज 2004 / 4, रेलवे रोड़, नरेला, दिल्ली– 40		थ्रेसर, सीड ड्रिल, कल्टीवेटर, जंतरा, लेवलर, हैरो आदि
52	M/s Padam Khalsa Iron Works Railway Road, Narela, Delhi-40	Ph.: 011-7282518	Thresher, Harrow, Tiller etc.
	मेसर्स पदम खालसा आयरन वर्क्स रेलवे रोड़, नरेला, दिल्ली–40		थ्रेसर, हैरो, टिलर आदि
53	M/s Pramod Engg. Works Jhajhar Road, Sampla- 124501, Distt. Rohtak (Haryana)	Ph.: 01262-63326	Cultivator, Harrow etc.
	मेसर्स प्रमोद इंजीनियरिंग वर्क्स झझर रोड़, साँपला–124501, जि. रोहतक (हरियाणा)		कल्टीवेटर, हैरो आदि
54	M/s Jamidar Engg. Works Kharkhoda Road, Sampla-124501, Distt. Rohtak (Haryana)	Ph.: 01262-63259	Trolley, Harrow, Cultivatir, Leveller, Bund Maker, etc.
	मेसर्स जमींदार इंजीनियरिंग वर्क्स खरखोदा रोड़, साँपला–124501, जि. रोहतक (हरियाणा)		ट्रौली, हैरो, कल्टीवेटर, लेवलर, बंड मेकर आदि

55	M/s Satish Agro Industries Kharkhoda Road, Sampla-124501, Distt. Rohtak (Haryana)	Ph.: 01262-263570	
	मेसर्स सतीश एग्रो इण्डस्ट्रीज खरखोदा रोड़, साँपला–124501,जि.रोहतक(हरियाणा)		
56	M/s Kisan Agro Industries Jhajhar Road, Sampla, Distt. Rohtak (Haryana)	Ph.: 01262-63394	Harrow, Cultivator, Tractor, Bund Maker, Trolley
	मेसर्स किसान एग्रो इण्डस्ट्रीज झझर रोड़, साँपला–124501, जि. रोहतक (हरियाणा)		हैरो, कल्टीवेटर, ट्रैक्टर, बंड मेकर, ट्राली
57	M/s Haryana Agricultural Implements, Sham Nagar, G.T. Road, Karnal-132001 (Haryana)	Ph.: 0184-2254215/2256472/ 2220847/2220958 Fax.: 0184-2258472 Mo: 9812067265 E-mail: ripper.m@yahoo.com	Harrow, Cultivator, Bund Maker
	मेसर्स हरियाणा एग्रीकल्चरल इम्पलीमेन्ट्स शाम नगर, जी.टी. रोड, करनाल–132001 (हरियाणा)		हैरो, कल्टीवेटर, बंड मेकर
58	M/s Pratap Iron Works (Regd). Near Namaste Chowk, G.T. Road, Karnal (Haryana)	Ph.: 0184-2252446/2220446 Fax.: 0184-2262447	Harrow, Cultivator
	मेसर्स प्रताप आयरन वर्क्स (रजि.) नजदीक नमस्ते चौक, जी.टी. रोड़, करनाल (हरियाणा)		हैरो, कल्टीवेटर

59	M/s Basant Agril. Implements Near Dhaliwal Hospital, Majestic Road, Moga-142001 (Punjab)	Ph.: 01636-23557 Mob: 9814029811 Web: www.123.punjabbazar.com	Wheat thresher, Automatic Potato planter, Digger, Harrow, Cultivator
	मेसर्स बसंत एग्रीकल्चरल इम्पलीमेन्ट्स नजदीक धालीवाल हॉस्पीटल, मैजस्टिक रोड़, मोगा–01 (पंजाब)		व्हीट थ्रेसर, ऑटोमेटिक पोटैटो प्लान्टर, डीगर, हैरो, कल्टीवेटर
60	M/s Gurunanak Industries Sales Corporation, Near Tinkoni, Opp. BDO Office, Link Road, Mansa-151505	Ph.: 01652-26998/28698 Fax.: 01652-23766	Reaper, Thresher
	मेसर्स गुरूनानक इण्डस्ट्रीज सेल्स कार्पोरेशन, नजदीक तिनकोनी, सामने बी.डी.ओ. दफ्तर, लिंक रोड़, मानसा–151505		रीपर, थ्रेशर
61	M/s Karnal Agricultural Industries Ltd., Meera Ghati, G.T. Road, Karnal (Haryana)	Ph.: 253564/255763/ 262883/253017	Tyne, Hooks, High carbon steel diesel etc.
	मेसर्स करनाल एग्रीकल्चरल इण्डस्ट्रीज लि. मीरा घाटी, जी.टी.रोड़, करनाल (हरियाणा)		टाईन, हुक्स, हीई कार्बन स्टील डीजल आदि
62	M/s Kisan Agricltural Industries Near Roadways Bus Stand, G.T. Road, Khurja-203131 (U.P.)	Ph.: 05738-41437/41488	Thresher, Paddy thesher, Seed drill, Potato planter, Trolly, Ridged, Harrow, tiller, etc
	मेसर्स किसान एग्रीकल्चरल इण्डस्ट्रीज रोड़वेज बस स्टैन्ड़ के सामने, जी.टी.रोड़, खुर्जा–203131 (उ.प्र.)		थ्रेशर, पैडी थ्रेशर, सीड ड्रिल, पोटैटो प्लान्टर, ट्राली, रिज्ड़, हैरो, टिलर

63	M/s K.S. Agro Industries Opp. Roadways Bus Stand, Khurja-203131 (U.P.) मेसर्स के.एस. एग्रो. इण्डस्ट्रीज रोड़वेज बस स्टैन्ड़ के पीछे, खुर्जा – 203131 (उ.प्र.)	Ph.: 05738-46445 Mo: 9837107545	Harrow, Cultivator, Thresher etc. हैरो, कल्टीवेटर, थ्रेशर आदि
64	M/s Kalsi Industries Shahabad, Markanda-132135 (HR) मेसर्स कलसी इण्डस्ट्रीज शाहबाद, मारकान्डा (हरियाणा)	Ph.: 01744-40478/40058/ 40829	Thresher, Potato planter, Harrow, Cultivator थ्रेशर, पोटैटो प्लान्टर, हैरो, कल्टीवेटर
65	M/s Sadhu Singh Trilochan Singh Near Old Power House, Agra Road, Aligarh - 204216 (U.P.) मेसर्स साधु सिंह त्रिलोचन सिंह निकट आल्ड बिजली घर, आगरा रोड़, अलीगढ़– 204216 (उ.प्र.)	Ph.: 05722-20203	Trolley, Harrow, Cultivator, Thesher etc ट्राली, हैरो, कल्टीवेटर, थ्रेशर आदि
66	M/s Vijay Agricultural Engg. Works Delhi-Saharanpur Road, Baraut-250611 (U.P.) मेसर्स विजय एग्रीकल्चरल इंजीनियरिंग वर्क्स, दिल्ली–सहारनपुर रोड़, बड़ौत– 250611 (उ.प्र.)	Ph.: 01234-63391/62822	Disck Harrow, Trailer, Cultivator, Rizer, Leveller, Thresher, AD.V. Bogi etc. डिस्क हैरो, ट्रेलर, कल्टीवेटर, रिजर, लेवलर, थ्रेशर, ए.डी.वी. बोगी

67	M/s Parambeer Engineers & Manufacturers, C-71&72, Focal Point, Moga-1 (Punjab)	Ph.: 01636-224075/222075 Mob.: 9814069075 baldev_moga@satyam.net.in Web: bharatagril.com	T.M. Reaper, Self Propelled Reaper, Straw Reaper, Fodder Harvester, Harambha Thresher (Cutter Thresher), Sunflower Thesher, Paddy Thresher, Shrub Master
	मेसर्स परमवीर इन्जीनियर्स एण्ड़ मैन्यूफैक्चर्स सी–71–72, फोकल प्वाइंट, मोगा–01 (पंजाब)		टी.एम. रीपर, स्वचालित रीपर, स्ट्रा रीपर, फॉडर हार्वेस्टर, हरम्बा थ्रेसर (कटर थ्रेसर), सनफ्लोवर थ्रेसर, पेडी थ्रेसर, षिरब मास्टर
68	M/s Star Engg. Works A.B. Road, Rao, Indore-31 (M.P.)		Tractor Trolley, Seed drill, Cultivator, Potato Planter
	मेसर्स स्टार इन्जीनियरिंग वर्क्स ए.बी. रोड़, राऊ, इन्दौर–31 (म.प्र.)		ट्रैक्टर ट्राली, सीड ड्रिल, कल्टीवेटर, पोटैटो प्लान्टर
69	M/s Pal Singh & Sons Near Petrol Pump, Aligarh Road, Sasni, Hathras (U.P.)	Ph.: 05722-20464/20014	Harrow, Tiller, Leveller, Seed drill, Cultivator
	मेसर्स पाल सिंह एण्ड सन्स निकट पेट्रोल पमप, अलीगढ़ रोड़, सासनी, हाथरस (उ.प्र.)		हैरो, टिलर, लेवलर, सीड ड्रिल, कल्टीवेटर
70	M/s Allied Trading Company Railway Road, Ambala City-134002 (Haryana)	Ph.: 0171-2550439/2520603	Harrow, Cultivator, Tractor parts etc.

	मेसर्स एलाईड़ ट्रेडिंग कम्पनी रेलवे रोड़, अम्बाला सिटी–134002 (हरियाणा)		हैरो, कल्टीवेटर, ट्रैक्टर पार्ट्स
71	M/s National Agro Industries Link Road Industrial Area-A, Opp. Transport Nagar, Ludhiana-03 (Punjab)	Ph.: 0161-2222041/5087853 Mol: 8146101101 Fax: 0161-4621299 Email: nationalagro@satyam Web: www.nationalagro..com	Zero till ferti seed drill, PAU zero till chopper seeder, Multicrop planter, Seed-cum-Fertilizer drill, Multicrop planter for sowing on Ridges, Raised Bed Planter, Rotavator, Roto till Seed drill, Vegetable Nursery Transplanter, Vegetable Seed extractor, Maize sheller
	मेसर्स नैशनल एग्रो इन्डस्ट्रीज सामने ट्रांसपोर्ट नगर, (चीमा चौक और समराला चौक के बीज में) लिंक रोड़, इन्डस्ट्रीयल एरिया–ए, लुधियाना–03 (पंजाब)	Ph.: 0161-2222041/5087853 Mol: 918146101101 Fax: 0161-4621299 Email: nationalagro@satyam Web: www.nationalagro..com	जीरो टिल फर्टी सीड ड्रिल, पी.ए.यू. जीरो टिल चॉपर सीडर, मलटीक्राप प्लान्टर, सीड–कम– फर्टीलाइजर ड्रिल, मल्टीक्राप प्लान्टर, रेज्ड बैड प्लान्टर, रोटावेटर, रोटो टिल सीड ड्रिल, वैजिटेबल नर्सरी ट्रान्सप्लान्टर, वैजिटेबल सीड एक्सट्रेक्टर, मेज षेलर
72	M/s. Kerala Agro Machinery Corporation Ltd., Antani-683585, Arnakulam Distt. (Keraka)	Ph.: 0484-247301 Fax.: 0484-2474589 E-mail: kamco@satyam.net.in Web: www.kamcoindia.com	Reaper
	मेसर्स केरल एग्रो मशीनरी कोरपोरेशन लि. अन्ताणी–683585, एर्नाकुलम जिला (केरल)		रीपर

73	M/s Madho Agro Industry (Regd.) Plot No. B-3, Industrial Focal Point, Opp. Petrol Pump, G.T. Road, Moga-142001 (Punjab) मेसर्स माधो एग्रो इन्डस्ट्री (रजि.) प्लाट नं. बी–3, फोकल प्वाइंट, जी.टी. रोड़, सामने पेट्रोल पम्प, मोगा–142001 (पंजाब)	Ph.: 01636-226135/329906 01636-220106 (R) E-mail: madhoagro@aim.com 1mai@indiatimes.com	Rotavator, Roto Seed drill, Haramba Cutter Thesher, Paddy Thresher, Seed-cum-Ferti Seed drill, Multicrop Cutter Thresher, Sunflower Threshers, Zindra, Stub Cutter etc. रोटावेटर, रोटो सीड ड्रिल, हरम्बा कटर थ्रेसर, पैडी थ्रेसर, सीड–कम फर्टी सीड ड्रिल, मल्टीक्राप कटर थ्रेसर, सनफ्लावर थ्रेसर, जिन्डरा, स्टब कटर
74	M/s. Escorts Limited Agri. Machinery Marketing Division 18/4, Mathura Road, Faridabad (Haryana) - 121007 मेसर्स एस्कोर्टस लिमिटेड एग्री मशीनरी मार्केटिंग डिवीजन 18/4, मथुरा रोड़, फरीदाबाद (हरियाणा)–121007	Ph.: 0129-2284911 Fax: 0129-2293257 Web: www. escortsagri.com	Paddy Transplanter, Sugarcane Harvester, Combine Harvester, Tractors पैडी ट्रान्सप्लान्टर, सुगरकेन हारवेस्टर, कमबईन हार्वेस्टर, ट्रैक्ट्र्स
75	M/s Ganesh Agro Industries National Highway No. 8, Vadpura, Tehsil-Kadi, Distt. Mahsana (Gujarat)	Ph.: 02764-273724/267446 Mob: 9898615911/9825319817 Fax.: 02764-267446 E-mail: info@ganeshraj.com Web: www.ganeshraj.com	Rotavator (Rotary tiller), Automatic Potato Planter, Potato Planter (Mannual), Potato Digger, Chigger Plough, Maize Hydraulic, Post Hole Digger, Tractor Mounted Harvester, Mini Harvester (Combine), Trolley

	मेसर्स गणेश एग्री इण्डस्ट्रीज क्लोज मेहसाणा, हाइवे पोस्ट वड़पुरा, तहसील– कड़ी, जि.–मेहसाणा– 382705 (उ.गुजरात)		रोटावेटर (रोटरी टिलर), ऑटोमेटिक पोटैंटो प्लान्टर, पोटैटो प्लान्टर (मैन्युअल), पोटैंटो डीगर, चीगर प्लाऊ, मेज हीइड्रोलिक, पोस्ट होल डीगर, ट्रैक्टर माउन्टेड हार्वेस्टर, मिनी हार्वेस्टर (कम्बाईन), ट्राली
76	M/s Preet Agro Industries Pvt. Ltd. P.O.Box No. 29, Patiala Road, Nabha-147201 (Punjab)	Ph.: 01765-220400/222609 Fax.: 01765-221619 E-mail: preetagro@sancharnet.in Web: www.preetagro.com www.preettractors.com	Preet Tractor, Preet Multicrop Combine-987, Preet maize Combine-987, Preet Track Combine-949, Preet Engine-35-75 HP, Preet Rotavator
	मेसर्स प्रीत एग्रो इण्डस्ट्रीज प्रा.लि. पी.ओ. बाक्स नं. 29, पटियाला रोड़, नाभा–147201 (पंजाब)		प्रीत ट्रैक्टर, प्रीत मल्टीक्राप कम्बाईन–987, प्रीत मेज कम्बाईन–987, प्रीत ट्रेक कम्बाईन–949, प्रीत इंजन 35–75 एच.पी., प्रीत हार्वेस्टर
77	M/s Dasmesh Agricultural Industries, Rajkot Road, Malerkotla-148023, Distt. Sangrur (Pb) India	Ph.: 01675-253726/251726 Fax.: 01675-261726 E-mail: dasmeshcombines@gmail.com Web: www.darmesh.com	Straw Reaper, Rotavator, 4x4 Tractor driven, Harvester
	मेसर्स दसमेश एग्रीकल्चरल इन्डस्ट्रीज राजकोट रोड़, मेलारकोटला–148023 जि. संगरूर (पंजाब)		स्ट्रा रीपर, रोटावेटर, 4 / 4 ट्रैक्टर ड्राइवन, हार्वेस्टर

78	M/s Dasmesh Mechanical Works Main Road, Amargarh-148022 Distt. Sangrur (Punjab)	Ph.: 01675-284221 Fax.: 01675-285999 E-mail: infor@darmesh.net Web: www.dasmesh.net	Straw Reaper, Haramabha Thresher, Rotary Tiller, Cultivator, Rigid Tiller, Zero till multicrop planter, Raised Bed Planter, Paddy Harvester, Maize Combine Harvester, Tractor Driven Harvester, Roto Seed Drill, Happy Seeder, Laserland Leveller
	मेसर्स दसमेश मैकेनिकल वर्क्स मेन रोड़, अमरगढ़–148022 जिला–संगरूर (पंजाब)		स्ट्रा रीपर, हरम्बा थ्रेसर, रोटरी टिलर, कल्टीवेटर, रिज्ड टिलर, जीरो टिल मल्टीक्राप प्लान्टर, रेज्ड बैड प्लान्टर, पैडी हार्वेस्टर, मेज कम्बाईन हार्वेस्टर, ट्रैक्टर ड्राइवन हार्वेस्टर, रोटो सीड ड्रिल, हैप्पी सीडर, लेजरलैंड लेवलर
79	M/s. New Holland Fiat (India) Pvt Ltd., Plot No 3, Udyog Kendra, Greater Noida, Distt. Gautam Budh Nagar (U.P.)	Ph.: 0120-305600 Fax.: 0120-305689 Web: www.newhollandindia.co.in	Cane Harvester, Tractor, Sub Soiler, Disc Harrow, Precision Planter, Tyne Tiller, Farrow Reversible Plough, Farrow Disc Plough, Rotary Tiller
	मेसर्स न्यूहॉलैन्ड़ फिएट (इण्डिया) प्रा.लि. प्लाट नं. 3, उद्योग केन्द्र, ग्रेटर नोएड़ा, जि. गौतम बुद्ध नगर (उ.प्र.)	Ph.: 0120-305600 Fax.: 0120-305689 Web: www.newhollandindia.co.in	कैन हार्वेस्टर, ट्रैक्टर, सब सोयलर, डिस्क हैरो, प्रीसिजन प्लानटर, टाईन टिलर, फैरो रिवर्सिबल प्लाऊ, फैरो डिस्क प्लाऊ, रोटरी टिलर

80	M/s. Beri Udyog (P) Ltd. 100-101, Sector-3, HSIIDC, Karnal (Haryana)	Ph.: 0484-221571/72/73 Fax.: 0484-2221574 E-mail: info@fieldking.com Web: fieldking.com	Rotary tiller, Tapping Trailer, Disc Plough, MB Plough, Disc Harrow, Ridger, Post Hole Digger, Laserland leveler, Sub soiler, Cultivator
	मेसर्स बेरी उद्योग (प्रा.) लि. 100–101, सेक्टर–3, HSIIDC, करनाल (हरियाणा)		रोटरी टिलर, टेपिंग ट्रेलर, डिस्क प्लाऊ, एम.बी. प्लाऊ, डिस्क हैरो, रीजर, पोस्ट होल डीगर, लेजरलैंड लेवलर, सब सोयलर, कल्टीवेटर
81	M/s Punjab Agro Sales (India) Opposite New Grain Market, Delhi ByePass, G.T. Road, Karnal-132001 (Haryana)	Ph.: 0184-2220113/2220114 Mob.: 9416075713/9416002113 punjab_agro_india@yahoo.co.in Web: www.krishiking.com	Mounted Disc Plough, Rotary Slesher, Rotary tiller, Cultivater, Harrow
	मेसर्स पंजाब एग्रो सेल्स (इंडिया) अपोजिट न्यू ग्रेन मार्किट, दिल्ली बाईपास, जी.टी. रोड, करनाल–132001 (हरियाणा)		माउन्टेड डिस्क प्लाऊ, रोटरी स्लेशर, रोटरी टिलर, कल्टीवेटर, हैरो
82	M/s. Punjab Agro Industries Sham Nagar, G.T. Road, Karnal-132001 (Haryana)	Ph.: 0184-2261055/2273153 Fax.: 0184-2273347 E-mail: pairagroking@rediffmail.com Web: www.pairagroking.com	Rotary Tiller
	मेसर्स पंजाब एग्रो इन्डस्ट्रीज (रजि.) शाम नगर, जी.टी. रोड़, करनाल–132001 (हरियाणा)		रोटरी टिलर

83	M/s. Same Greaves Tractors Ltd. Express Building Annexe 9-10, Bahadurshah Zafar Marg, New Delhi-110002	Ph.: 011-3730554 Fax: 011-3359782	Cultivator, Trailer, Loader, Dozer, Plough, Rotavator, Tractor
	सामे ग्रीव्ज ट्रैक्टर लि. एक्सप्रैस बिल्डिंग एनेक्सर 9–10, बहादुरशाह जफर मार्ग, नई दिल्ली–110002		कल्टीवेटर, ट्रेलर, लोडर, डोजर, प्लाऊ, रोटोवेटर, ट्रैक्टर
84	M/s Greaves Cotton Limited Express Annexe, 9-10, Bahadurshah Zafar Marg, P.B. No. 7024, New Delhi-02	Ph.: 011-23730554/2332048 Fax.: 011-23359782 Mo: 98186449/ 9910015532 / 9971108959/9818692603	Power Operated Reaper, Multipurpose Rotary tiller, Power Saw, Power Driven harvester, Paddy Transplanter, Sugarcane Stripper
	मेसर्स ग्रीवस लि., एक्सप्रेस बिल्डिंग, एनेक्स– 9–10, बहादुरशाह जफर मार्ग, पी.बी. नं. 7024, नई दिल्ली–02		पॉवर आपरेटेड रीपर, मल्टीक्राप रोटरी टिलर, पॉवर सॉ, पॉवर ड्राइवन हार्वेस्टर, पैडी ट्रान्सप्लान्टर, सुगरकेन स्ट्रीपर
85	M/s Shri Sharma and Company 21/92, Near Mayank Cinema, Station Road, Jaipur - 6	Ph.: 0141-2369447 E-mail: chetakbrand@sify.com	Seed drill Cultivator, Disc Harrow&Plough, MB Plough, Disc Plough, Reversible Disc Plough, Round Pipe, Disc Plough, Square Frame, Leveller
	मेसर्स श्री शर्मा एंड कम्पनी 21/92, निकट मयंक सिनेमा, स्टेशन रोड़, जयपुर–6		सीड ड्रिल कल्टीवेटर, डिस्क हैरो एवं प्लाऊ, एम.बी. प्लाऊ, डिस्क प्लाऊ, रिवर्सिबल डिस्क प्लाऊ, राउन्ड पाईप, डिस्क प्लाऊ, स्कवेर फ्रेम, लेवलर

86	M/s Bellota Plot No. 267/4, Sinnar Shiv Road, Stice, Sinnar-Shirdi Road, Behind PLG Industrial & Om Containers, Musalgaon-422112, Sinnar, Distt. Nashik (M.S.)	Ph.: 255130297 Web: www.ballota.com	Harrow, Disc, Blades
	मेसर्स बेलोटा प्लॉट नं. 267/4, सिन्नर शिव रोड़, स्टिस, सिन्नर शिर्डी रोड़ एवं ओम कन्टेनर के पीछे, मूलसगाँव–422112, सिन्नर, जि. नासिक (महाराष्ट्र)		हैरो, डिस्क, ब्लेड्स
87	M/s Stitchwell Qualitex Pvt. Ltd. G-58, Sector-6, Noida-201301	Ph.: 0120-2422496/3052023 E-mail: info@sqplindia.com	Floating Mover, Chipper Shreadders, Micro Tiller, Earth Fager, Brush Cutter-cum-Crop Reaper, Cut of source, Hodge Timner, Chain sow
	मेसर्स स्टीचवैल क्वालिटैक्स प्रा.लि. जी–58, सैक्टर–6, नोएड़ा–201301		फ्लोटिंग मूवर, चीपर स्रीडर, माइक्रो टिलर, अर्थ फेगर, ब्रुश कटर–कम क्राप रीपर, कट ऑफ सोर्स, हॉज टिनर, चैन सॉ
88	M/s Kamla Engg. Works Near Punjab National Banks, Ismailabad, Distt. Kurukshetra-136129 (Haryana)	Ph.: 01744-52104 Fax: 01744-52921	Disc Harrow, Multicrop Thresher, Heavy Duty Three Row Sugarcane Rizzer, Disc Type Dual Maker (Bund Farmer), Cultivator, Offset Disc Harrow, Zero till drill, Paddy thresher

	मेसर्स कमला इंजीनियरिंग वर्क्स नियर पंजाब नैशनल बैंक इस्माईलाबाद, जि. कुरूक्षेत्र (हरियाणा)		डिस्क हैरो, मल्टीक्राप थ्रेसर, हैवी ड्यूटी थ्री रो सुगरकेन रीजर, डिस्क टाईप डुयल मेकर (बंड फारमर), कल्टीवेटर, ऑफसेट डिस्क हैरो, जीरो टिल ड्रिल, पैडी थ्रेंसर
89	M/s Ishwar Agro Industries Kharkhoda Road, Sampla- 124501, Distt. Rohtak (Haryana) मेसर्स ईश्वर एग्रो इण्डस्ट्रीज खरखोदा रोड़, साँपला– 124501, जि. रोहतक (हरियाणा)	Ph.: 01262-263378/263388 Mob: 9896250991/9896039158	
90	M/s Kanika Exports 10A, Model House, Ludhiana-3 (Punjab) मेसर्स कनिका एक्सपोर्ट 10ए, मॉडल हाऊस, लुधियाना (हरियाणा)	Ph.: 0161-5019220 Mo: 9872700027 Web: www.kanikaexports.com	Disc Harrow, Land leveler, Rotary Slashers, MB Plough Hole Diggers, Spring loaded tillers, Heavy duty Spring loaded tillers, Slab Cutter डिस्क हैरो, लैंड लेवलर, रोटरी स्लेसर, एम.बी. प्लाऊ होल डीगर, स्प्रिंग लोडेड टिलर्स, हैवी ड्यूटी स्प्रिंग लोडेड टिलर, स्लिब कटर
91	M/s Dagoba Engineering Works 7B, Shastri Nagar, Nagpur-8 (M.S.)	Ph.: 0712-2769678/2779678 Fax: 0712-2779678	Paddy thresher, Paddy rice thresher, Agriculture pulversisers, Multicrop threshers

	मेसर्स दगोला इन्जीनियरिंग वर्क्स 7–बी, शास्त्री नगर, नागपुर–08 (महाराष्ट्र)		पैडो थ्रेसर, पैडी राईस थ्रेसर, एग्रीकल्चर पलवरसीजर्स मल्टीक्राप थ्रेसर
92	M/s Global Engineering Corporation Plot No. 83-A, Shiv Colony, Sector-22, Near Rachna Cinema, NIT, Faridabad-15 (Haryana)	Mob: 9818134040 Fax: 0129-4120979 Web: indiamart.com	Combine Harvester
	मेसर्स ग्लोबल इंजीनियरिंग कारपोरेशन प्लॉट नं. 83–ए, शिव कालोनी, सेक्टर–22, निकट रचना सिनेमा, एन.आई.टी., फरीदाबाद – 15 (हरियाणा)		कम्बाईन हार्वेस्टर
93	M/s Bhagwan Engineering Works Raikot Road, Melar Kotla-141002 (Punjab)	Ph.: 01765-289955/261655 Fax: 01655-259955 Mo: 9876600955 www.rajkumaragromechind.com	Rcta vatory, Garden Rota vators
	मेसर्स भगवान इंजीनियरिंग वर्क्स रायकोट रोड़, मेलार कोटला–141002 (पंजाब)		रोटावेटरी, गार्डन रोटा वेटर
94	M/s Raj Kumar Agro Engineers Pvt. Ltd., Ghat Road, Nagpur-440018 (M.S.)	Ph.: 0712-2725271 Fax: 0712-2773746 Mo: 9422807682 Web: rajkumaragromachins.com	Mini Rice Harvester, Rice Transplanter
	मेसर्स राज कुमार एग्रो इंजीनियर्स घाट रोड़, नागपुर–440018 (महाराष्ट्र)		मिनी राईस हार्वेसटर, राईस ट्रान्सप्लान्टर

95	M/s Samrat Greentech, Shop No. 5, Rohan Prathana, Gandhi Bhawan, Kothod-Pune-411029 (M.s.)	Ph.: 020-25389898/25389898 Mo: 9822001692 Web: www.indiamart.com	Agricultural drip irrigation systems
	मेसर्स स्मार्ट ग्रीनटेक सॉप नं0 5, रोहन प्रथाना, गाँधी भवन, कोथोड, पुणे–411029 (महाराष्ट्र)		एग्रीकल्चर ड्रिप इरीगेशन सिस्टम
96	M/s. K.S. Agrotech Rajkot Road, Melar Kotla, Ditt. Sangrur (Punjab)	Ph.: 01675-254555/259055 Fax.: 01675-25995 Mo: 9876600955 Web: www.indiamart.com	Leveller, Seed drill, Rotavator Straw Reapers, Self Propelled Harvester
	मेसर्स के.एस. एग्रीकल्चरल इण्डस्ट्रीज (रजि.), राजकोट रोड, मेलार कोटला, जि. संगरूर (पंजाब)		लेवलर, सीड ड्रिल, रोटावेटर, स्ट्रा रीपर्स, स्वचालित हार्वेस्टर
97	M/s Deep Agro Machinery Pvt. Ltd. Near Kashiram Textiles, Narol, Ahmedabad (Gujarat)	Ph.: 079-25350187/2538051 Mo: 9825652564/9825445569 Web: www.indiamart.com	Forage choppers, Forage Harvester, Maize Grinding
	मेसर्स दीप एग्रो मशीनरी प्रा.लि. निकट काशीराम टैक्सटाईल्स नरोल, अहमदाबाद–382405		फोरेज चॉपर्स, फोरेज हार्वेस्टर, मक्का पिसाई यंत्र
98	M/s Unisoft Pheripherals No. 3, Shreyas Anand Complex, Ist Floor, Asharam Road, Rajkot-360003 (Gujarat)	Ph.: 0281-2450300 Mo: 9825389070/9998889171 Fax: 0281-2450300 Web: indiamart.com	Grain grading machine, Chaff Cutter, Casting products, Crashing machiner, Milling Machine

	मेसर्स यूनिसोफ्ट पैरीफेरल्सनं. 3, श्रीयास आनन्द कम्पलैक्स, प्रथम तल, आश्रम रोड़, राजकोट (गुजरात)		ग्रेन ग्रेडिंग मशीन, चैफ कटर, कास्टिंग प्रोडक्ट्स, क्रेशिंग मशीनर, माइलिग मशीन
99	M/s Mistsun Engineering FF-107, Silver Coin, Shrenik Park, Char Rasta, Akota, Vadodara-20	Ph.: 0265-2352802 Mo: 9824083532/9824097599 Fax: 0265-2354371 Web: www.mitsunengineering.com	
	मेसर्स मिस्ट्सन इंजीनियरिंग एफ.एफ.–107, सिल्वर कॉइन, सिनिक पार्क, चार रास्ता, अकोटा, वडोदरा–20		
100	M/s L.N. Trading Company New No. 102, Old No. 271, Linghi Chetty Street, Mannady, Chennai- 600001	Ph.: 044-65433637	Rotary tiller, Gear Box, Shaft, Post Hole Digger box & PTO Shaft, Power tiller, Blade etc.
	मेसर्स एल.एन. ट्रेडिंग कम्पनी न्यू नं. 102, ओल्ड नं. 271, लिंघी चैटी स्ट्रीट, मनाडी, चैन्नई – 600001		रोटरी टिलर, गियर बॉक्स, शॉफ्ट, पोस्ट होल डीगर बॉक्स एवं पी.टी.ओ. शाफ्ट, पॉवर टिलर, ब्लेड
101	M/s Flora Agro 39/2/1, Varad Vinayak, Flat No. 5, Kothrud, Pune-38	Mo: 9423010055	Green House Clamps, Exhaust Fan, Colling Pade, Green House Patching tapes
	मेसर्स फ्लोरा एग्रो, 39/2/1, वरद विनायक, फ्लैट नं. 5, कोटरूद, पुणे–38		ग्रीन हाऊस क्लेम्पस, एगजोस्ट फेन, कॉलिंग पैड, ग्रीन हाउस पैचिंग टेप्स

102	M/s Extra Internaitonal Shivaji Market, Tagore Garden Extension, New Delhi-27	Ph.: 011-25415437 Mo: 9810109848 Fax: 011-25261304	Harvester Combine, Gear Chain Spocket, Rotary Blades, PTO Shaft
	मेसर्स एक्स्ट्रा इन्टरनेशनल, शिवाजी मार्केट टैगोर गार्डन एक्सटैन्शन, नई दिल्ली–27		हार्वेस्टर कम्बाईन, गियर चैन स्पोकेट, रोटरी ब्लेड्स, पी.टी.ओ. शाफ्ट
103	M/s Amar Agro Ltd. Chhata NH-2, Mathura (U.P.)	Mo: 9368311468/9416303981	Rice Wheat Mill
	मेसर्स अमर एग्रो लि. छाता, एन.एच.–2, मथुरा (उ.प्र.)		राईस ह्वीट मिल
104	M/s Varsha Associates Mruthyunjoya Compound, V.P. Extension, Chitradurga-1	Ph.: 08194-651721 Fax: 08194-226648 Mo: 9417740546	Cultivator, M.B Plough, Chaff Cutter, Rotavator, Seed drill, Disc Harrow, Thresher, Sprayer etc.
	मेसर्स बर्खा एसोसिऐट मरूथाईउजोआ कम्पाउन्ड, वी.पी. एक्सटैन्शन, चित्रादुर्गा – 1		कल्टीवेटर, एम.बी. प्लाऊ, चैफ कटर, रोटावेटर, सीड ड्रिल, डिस्क हैरो, थ्रेसर, स्प्रेयर
105	M/s A.K. Engg. Works Pandua Kalbazar, G.T. Road, P.O. Pandua, Distt. Hooghly, West Bengal-49	Ph.: 03213-663359133-663359113	Thresher
	मेसर्स ए.के. इंजीनियरिंग वर्क्स पंडुआ कलबाजार, जी.टी. रोड़, पो.ऑ. पंडुआ, जि. हुगली, वेस्ट बंगाल–49		थ्रैसर

15.33 विविध कृषि यंत्र एवं मशीनरी निर्माताओं की सूची – List of Miscellaneous Agriculture Implements and Machinery Manufacturers

S. No.	Name & Address	Phone No/E-mail/Web No.	Mixed Products मिश्रित उत्पाद
1	M/s A.P. State Agro Industries Development Corpn Ltd., Registered Office, Agro Bhawan; 10-2-3 A.C. Guards, Hyderabad-500004	Ph.: 040-3314246 Fax: 040-3394234	Tractor drawn rigid 9 tyne cultivator, Disc plough disc harrow, Leveler, 3 bottom ridge, Iron plough, Ridger plough, bund former, APAU Puddler, Groundnut decorticator, Star weeder, Sunflower thresher, Seed-cum-fertilizer drill, APAU planter, Ground digger.
	मेसर्स ए.पी एस्टेट इण्डस्ट्रीज डेबलपमेंट कारपोरेशन लि., रजि. आफिस, एग्रो भवन, 10–2–3, ए.सी. गार्डस, हैदराबाद–500 004		ट्रैक्टर ड्रान रीजिड़ 9 टाईन कल्टीवेटर, डिस्क प्लाऊ, डिस्क हैरो, लेवलर, 3 बोटम रीज, आयरन प्लाऊ, रीजर प्लाऊ, बड फार्मर, ए.पी.यू. पडलर ग्राऊंडनट डकोरटीकेटर
2	M/s Adarsh Udyog Plot A-50, H Block MIDC, Pimpri, Pune-411 018	Ph.: 779283 E-mail: adhonde@hotmail.com	T.D. Plough, Power Tller, Rotavator, B.D. ridger, cultivator, Seed drill, Sprayer
	मेसर्स आदर्श उद्योग प्लाट ए–50, एच. ब्लॉक, एम.आई0डी.सी., पिम्परी, पूना–411018		टी.डी. प्लाऊ, पावर टीलर, रोटावेटर, बी. डी. रीजर, कल्टीवेटर, सीड ड्रिल स्प्रेयर

3	M/s Agrico Equipments (India) Pvt. Ltd.1753/129, Sant Nagar, Tri Nagar, Delhi-110035	Ph.: 011-7198806 Fax: 011-7195099	Multipurpose hi-pressure power pump & sorayers
	मेसर्स एग्रीको इक्वीपमेन्ट (भारत) प्रा.लि. 1753 / 129, संत नगर, त्री नगर, दिल्ली		बहुउद्देश्य हाई–प्रेशर, पावर पम्प और स्प्रेयर्स।
4	M/s Agro Equipments Co. Ltd..46, Industrial Estate, Pologround, Indore-3 (M.P.)	Ph.: 461652 Fax: 421677	Varshar Submersible Pumps
	मेसर्स एग्रो इक्वीपमेन्ट क.लि. 46, इण्डस्ट्रीयल स्टेट, पोलो मैदान, इन्दौर–3 (म.प्र.)		वर्षा सबमर्सिबल पम्पस
5	M/s Agro Implements & General Engineer works, Plot No. W-3, MIDC Satpur, Nashik - 422007 (M.S.)	Ph.: 350403 / 383762	Agro mower cum reaper (Tractor operated), Bullock drawn plough cum ridger, Blade harrow, Cultivator
	मेसर्स एग्रो इम्पलीमेंट्स और जनरल इंजीनियर वर्क्स प्लाट नं. 3, एम.आई.डी.सी., सतपुर, नासिक–422007 (महाराष्ट्र)		एग्रो मूवर कम रीपर (टैक्टर ओपरेटीड़), बैल चालित प्लाऊ कम रीजर, ब्लैड़, हैरो, कल्टीवेटर
6	M/s Agro Industrial Machines 10th K.M. Stone, Ambala Chandigarh Road, Village - Saddopur, P.O. Kakru, Ambala City-134003 (Haryana)	Ph.: 0171-540093/651547/650157 Fax: 0171-651419	Power operated seed grader, Seed preclearner (Grain cleaner) Seed treater (Slurry Type)

	मेसर्स एग्रो इण्डस्ट्रीयल मशीनस 10, के.एम. सटोन, अम्बाला चंडीगढ़ रोड़, गाँव–सदोपुर, पी.ओ. ककरू, अम्बाला सिटी–134003 (हरियाणा)		पावर ओपरेटिड़, सीड़ ग्रेड़र, सीड़ प्रीक्लीनर (ग्राम क्लीनर), सीड़ ट्रीटर (स्लेरी टाईप)
7	M/s Allied Agro Aids, Chandigarh Road, Ambala City-134007 (Haryana)	Ph.: 0171-540307/440525/ 57835/ 56362/41262	Power driven maize shelter, Tractor drawn disc harrow & cultivator, Bullock drawn harrow & bund former Triphalies
	मेसर्स एलाईड एग्रो एंड़ चंडीगढ़ रोड़, अम्बाला सिटी– 134 007 (हरियाणा)		शक्ति चालित मेज सेल्टर, ट्रैक्टर चालित डिस्क हैरो एंड कल्टीवेटर, बुलूक ड्रन हैरो एड बंड फार्मर ट्रीप हाईलाईज
8	M/s Amar Engineering Works Jail Road, Khurai, Sagar (M.P.)	Ph.: 32298 / 33118	Seed drill, cultivator etc.
	मेसर्स अमर इंजीनियरिंग वर्क्स जेल रोड़, खुरई सागर, म.प्र.		सीड ड्रिल, कल्टीवेटर इत्यादि।
9	M/s Adarsh Plants Products Ltd. 119-D, GIDC Vithal Udyog Nagar, Anand (Gujarat	Ph.: 02692-46786 Fax.: 02692-46397	Knapsack sprayer, Outer cylnder sprayer, Hand compression sprayer, Fot sprayer, Rocking sprayer, Hand rotary duster, Motorized sprayer
	मेसर्स आदर्श प्लान्ट प्रोडक्ट्स लि. 119–डी, जी.आई.डी.सी. विट्ठल उद्योग नगर, आनन्द (गुजरात)		क्नैपसेक स्प्रेयर, आऊटर सिलेंडर स्प्रेयर, फुट स्प्रेयर, हैंड कम्प्रेसन स्प्रेयर, रोकिंग स्प्रेटर हैंड रोटरी डस्टर, मोटोराईज्ड् स्प्रेयर

10	M/s Almighty Agro Products, Adarsh Building, 17, Bhakti Nagar, Station Plot, Rajkot - 360002 (Gujarat) मेसर्स आलमाईटी एग्रो प्रोडक्ट्स आदर्श बिल्डिंग, 17, भक्ती नगर, स्टेशन प्लाट, राजेकाट – 360002 (गुजरात)	Ph.: 0281-2462289 Fax.: 0281-2462529	Knapsack sprayer, Hand rotary duster (shoulder mounted type) नेपसेक स्प्रेयर, हैंड रोटरी डस्टर (शोल्ड़र माऊंटिड टाईप)
11	M/s. Amar Agricultural Implements Work (Regd.) Amar Street, Gill Road, Janta Nagar, Ludhiana-141003 (Punjab) मेसर्स अमर एग्रीकल्चरल इम्पलीमेन्टस वर्क्स (रजि.) अमर स्ट्रीट, गिल रोड़, जनता नगर, लुधियाना–141003 (पंजाब)	Ph.: 0161-2491780/2493128 Fax.: 0161-491780	Multipurpose thresher (3 HP to 25 HP), Tractor drawn reaper, Maize, sheller, Strip till drill बहुउद्देश्य थ्रैसर (3 एच.पी. टू 25 एच.पी.), ट्रैक्टर चालित, माईज शैलर, स्ट्रिप टिल ड्रिल
12	M/s American Spring & Pressing Works Ltd.Malad, Mumbai मेसर्स अमरीकन स्प्रिंग एंड प्रेसिंग वर्क्स लि. मलाड़ (मुम्बई)	Ph.: 022-8822331 Fax: 022-8822336	Hand Rotary duster, Mist blower-cum-duster, Foot srayer, Rocking sprayers, Knapsack sprayer, Hand compression sprayer, Bucket sprayer, Back Pack fogger, Tractor operator sprayer etc. हैंड रोटरी, मिस्ट ब्लोअर–कम– डस्टर, फुट स्प्रेयर, रोकिग स्प्रेयर

13	M/s Amit Agro Associated Jain Estate, Jwala Nagar, Rampur - 244901 (UP)	Ph.: 350542/350393	Automatic sugarcane planter, All type of ridgers, Palkati (for cutting cane from fields) Sickles, heat treatment plant for the treatment of sugarcane sets
	मेसर्स अमित एग्रो एसोसिएटेड़ जैन इस्टेट, ज्वाला नगर, रामपुर–244901 (उ.प्र.)		ऑटोमेटिक शुगरकेन प्लांटर, आल टाईप आफ राईजर, पलकटी (फोर कटिंग केन फ्रोम फिल्ड्स) सिकलस
14	M/s Anil Agri. Horticultural Ltd. Rama Krishna Lane (Opp. Chowdry Cinema), Model Town, Ghaziabad-201001 (UP)	Ph.: 733185/711571	Garden tools, Lawn movers, Foot sprayer, Rocking sprayer, Compression sprayer, Strirrup pump, Knapsack sprayer, Hand rotary duster
	मेसर्स अनिल एग्री होर्टीकल्चरल लि0 रामा कृष्णा लेन (अपोजिट चौधरी सिनेमा), माडल टाऊन, गाजियाबाद–201001		गार्डन टूल्स, लोन मूवर्स, फुट स्प्रेयर, रोकिंग स्प्रेयर, कम्प्रेसिन स्प्रेयर, स्टीपर पम्प, पेनसेक स्प्रेयर, हैंड रोटरी डस्टर।
15	M/s Anand Krishi Yantra Udyog Ltd. 81-84, Shastri Market, Indore-452007	Ph.: 433616/533430 Fax: 539650	Wheat thresher, Harrow, Bukher type cultivator
	मेसर्स आनन्द कृषि यंत्र उद्योग लि. 81–84, शास्त्री नगर मार्किट, इन्दौर–452007 (म.प्र.)		गेहूँ थ्रैसर, हैरो, बुखर टाईप कल्टीवेटर।

16	M/s Anil Agrico 21, Industrial Estate, Bina-452007 (M.P.) मेसर्स अनिल एग्रीको 21, इण्डस्ट्रीयल स्टेट, बीना–470113 (म.प्र.)	Ph.: 07580-20056/21038/20077	Reaper (self propelled) Thresher, Troley, Bund former, leveler, .B. Plough, Seed drill and seed cum fertilizer drill सीपर (सेल्फ प्रोपल्ड़), थ्रैसर, ट्राली, बंड फार्मर, लेवलर, एम.बी. प्लाऊ।
17	M/s Asian Agrico Industries Post Box No. 29, Gandevi, Bilimora–393321 (Gujarat) मेसर्स एशियन एग्रीको इण्डस्ट्रीजपोस्ट बॉक्स नं. 29, गन्देवी, बिलीमोरा–396321 (गुजरात)	Ph.: 02634-53850 Fax.: 02634-53398	Knapsack sprayer, Foot sprayer, Rocking sprayer, Belly mounted duster नेपसेक स्प्रेयर, फुट स्प्रेयर, बेली माऊंटिड़ डसटर।
18	M/s Asiatic Traders, 36, Shastri Market, Indore–452007 (MP) मेसर्स एशियटीक ट्रैडर्स 36, शास्त्री मार्केट,इन्दौर–452007 (म.प्र.)	Ph.: 534011/431667 Fax.: 432720	Submersible and mono-block pumps sets सबमर्शिबल सिंबल एण्ड मोना–ब्लाक पम्पेट्स।
19	M/s Aspee Agro Equipment Pvt. Ltd. Chikhli Road, Antalia Bilimora–396321 मेसर्स एसपी एग्रो इक्वीपमेन्ट प्रा.लि. चिखाली रोड़, अन्तालिया, बिलीमोरा–396321	Ph.: 02634-55816/53865 Fax.: 02634-53591	Motorized Knapsack blower cum duster, Tractor mounted sprayer, Single piston sprayer मोटोराईज्ड पेनसेक ब्लोअर कम डस्टर, ट्रैक्टर माऊंटिड स्प्रेयर, सिंगल पिस्टन स्प्रेयर

20	M/a Ajanta Steel Works Anisabad, Khagoti Road, Patna		Multicrop thesher, T.D. cultivator
	मेसर्स अजन्ता स्टील वर्क्स अनीसाबाद, खगोती रोड़, पटना		मल्टी–क्राप थ्रेशर, टी.डी. कल्टीवेटर
21	M/s A.M.I. Engineering E-32, Industrial Area, Patilputra, Patna	Ph.: 2242274/262847	Semi automatic mini dal mill
	मेसर्स ए.एम. आई इंजीनियरिंग ई–32, इण्डस्ट्रीयल एरिया, पाटलीपुत्र, पटना		सेमी ऑटोमेटिक मिनी दाल मिल
22	M/s Adarsh Engineer Works Pithampur Road, Rau, Indore (MP)		uck foot cultivator, trolley, Thresher, Potato planter
	मेसर्स आदर्श इंजीनियर वर्क्स प्रीतमपुर रोड़, राऊ, इन्दौर (म.प्र.)		डक फुट कल्टीवेटर, ट्रोली, थ्रेसर, आलू प्लान्टर
23	M/s A.S. Foundary & Agri Eng. Works, G.T. Road, Near Police Station, Jhandiala Guru Amritsar (Punjab)		Seed drill, seed cum fertilizer drill, No till drill, Trolley, cultivator
	मेसर्स ए.एस. फाउन्ड्री एंड एग्री. इन्जीनियरिंग वर्क्स, जी.टी. रोड़, निकट पुलिस स्टेशन, झाडियाला गुरू, अमृतसर (पंजाब)		सीड ड्रिल, सीड कम फर्आीलाईजर ड्रिल, नो टिल ड्रिल, ट्रोली, कल्टीवेटर।

24	M/s Amar Engineering Works Jhajjar Road, Sampla- 124501, Distt. Rohtak (Haryana)		T.D. Cultivator, T.D. Harow
	मेसर्स अमर इंजीनियरिंग वर्क्स झझर रोड़, साम्पला–124501, जिला रोहतक (हरियाणा)		टी.डी. कल्टीवेटर, टी.डी. हैरो
25	M/s Agro Engineers, Shyam Nagar, G.T. Road, Karnal (Haryana)	Ph.: 0184-253361	T.D. Tiller, T.D. Harrow, Tynes, Spring
	मेसर्स एग्रो इंजीनियर्स श्याम नगर, जी.टी. रोड, करनाल (हरियाणा)		टी.डी. टिलर, टी.डी. हैरो, टाईनस, स्प्रिंग।
26	M/s Agro King Agril. Imeplements Karnal (Haryana)		T.D. Cultivator, T.D. Harrow, T.D. bund maker
	मेसर्स एग्रो किंग एग्री. इम्पलीमेंटस, करनाल (हरियाणा)		टी.डी. कल्टीवेटर, टी.डी. हैरो, टी.डी. बंड मेकर
27	M/s Anil Agro Products Pvt. Ltd. Foundry Nagar, Hathras Road, Agra (U.P.)		T.D. Harrow
	मेसर्स अनिल एग्रो प्रोडक्ट्स प्रा.लि. फाऊंडरी नगर, हाथरस रोड़ आगरा (उ.प्र.)		टी.डी. हैरो
28	M/s A.K. Trolley Makers & Krishiyentra, Nandlalpur, Agra (UP)		T.D. Harrow, T.D. Cultivator

	मेसर्स ए.के. ट्रोली मेकर्स एण्ड़ कृषि यंत्र नन्दलालपुर, आगरा (उ.प्र.)		टी.डी. हैरो, टी.डी. कल्टीवेटर
29	M/s. Avtar Implements G.T. Road, Palwal (Haryana)	Ph.: 01275-52335	Tractor trolley, Wheat thresher, Disc harrow, T.D. Cultivator, T.D. Seed drill., T.D. Leveller
	मेसर्स अवतार इम्पलीमेन्ट्स जी.टी. रोड़, पलवल (हरियाणा)		ट्रैक्टर ट्रोली, गेहूँ थ्रेसर, डिस्क हैरो, टी.डी. कल्टीवेटर, टी.डी. सीड ड्रिल, टी.डी. लेवलर।
30	M/s Amar Singh & Sons (Regd.) Industrial Area-B, Pratap Nagar, Street No. 9, Ludhiana-3 (Punjab)	Ph.: 0161-2533425/25374802 Mo: 9876322477 Fax: 0161-5019761	Wheat threshers, Seed drills, Harvester combines reaper, potato planter etc
	मेसर्स अमर सिंह एण्ड सन्स (रजि.) इण्डस्ट्रीयल एरिया 'बी', प्रताप नगर, स्ट्रीट नं. 9, लुधियाना (पंजाब) – 03		गेहूँ थ्रेसर, सीड ड्रिल्स, हारवेस्टर कम्बईन्स रीपर, आलू प्लान्टर इत्यादि।
31	M/s Agro Tabs (India) Jalandhar By pass Chowk, G.T. Road, Ludhiana-141005 (Pb)	Ph.: 22803/404981	Spare parts of combine harvesters
	मेसर्स एग्रो टेबस (भारत) जालंधर बाईपास चौक, जी.टी. रोड़, लुधियाना–141005 (पंजाब)		स्प्रेयर पार्ट्स आफर कम्बाईन हारवेसटरस।

32	M/s Advance Industries Manaser Road, Gurgaon (Haryana)	Ph.: 6371006/63720062006 / 2644	Trailed type tractor drawn, Disc harrow, Rigid and Spring Loaded tractor cultivator, Tractor drawn Leveler
	मेसर्स एडवांस इंडस्ट्रीज मनेसर रोड, गुड़गाँव (हरियाणा)		ट्रेल्ड टाईप ट्रैक्टर ड्रान, डिस्क हैरो, रिज्ड एण्ड़ स्प्रिंग लौएडिड ट्रैक्टर कल्टीवेटर ड्रान लेवलरा
33	M/s Azad Repairing Works Bundhana Road, Khatauli, Distt. Muzaffarnagar (UP)	Ph.: 71189	Harrow, Cultivator, Ridger, Leveler
	मेसर्स आजाद रिपेयरिंग वर्क्स बुधाना रोड़, खतौली, जि. मुजफ्फरनगर (उ.प्र.)		हैरो, कलटीवेटर, रीजर, लेवलर
34	M/s Agro Sprayer (Regd.) J-4/16, Rajouri Garden, New Delhi - 27	Ph: 011-5190516	Knapsack power, Operated sprayer cum duster, Foot sprayer, Hand compression sprayer, Duster
	मेसर्स एग्रो स्प्रेयर (रजि.) जे–4/16, राजौरी गार्डन, नई दिल्ली–27		नेपसेक पावर, ओपरेटिड़ स्पेयर कम डस्टर, फुट स्प्रेयर, हैंड कम्प्रीसन स्प्रेयर, डस्टर
35	M/s Agrawal Machinery Near Telegram Office, Athras, Naryach, Agra (UP)	Ph.: 0562-344794	T.D. Cultivator

	मेसर्स अग्रवाल मशीनरी नियर टेलीग्राम आफिस, अथरस, नारयच, आगरा (उ.प्र.)		टी.डी. कल्टीवेटर
36	M/s B.E. Pumps Pvt. Ltd. 4BD, Bagh East, P.O. Box 2550, Calcutta-700001	Ph.: 033-2487746-7747 Fax.: 033-2484862	Centrifugal pumps, Self priming pumps
	मेसर्स बी.ई. पम्पस प्रा.लि. 4 बी.डी., बाग ईस्ट, पो.बा. 2550, कलकत्ता–700001		सेन्ट्रोफ्यूगल पम्पस, सेल्फ प्राईमिंग पम्पस
37	M/s B. Sen Barry & Co.65/11, New Rohtak Road, Karol Bagh, New Delhi-05	Ph.: 011-5723553/5721105 Fax.: 011-5721105	Double seaming machine, Rollers, Fruit mill, Canning retorts, Potato peeler
	मैसस बी. सेन एण्ड कम्पर्नी 65/11, न्यू रोहतक रोड़, करोल बाग, नई दिल्ली–05		डबल सीमिंग मशीन, रोलर्स, फ्रूट मिल, केनिंग तमटोरट्स, आलू पिलर
38	M/s Balmer Laweric & Co. Ltd. 21, Netaji Subhash Road, Calcuta-700001	Ph.: 22871	Diesel Engine, Foot Sprayer, Rocket Sprayer, Strirrup Pump, Hand, Compression Sprayer, Knapsack Sprayer, Hand rotary duster
	मेसर्स बामर लोरिक एण्ड कम्पनी लि. 21, नेताजी सुभाष रोड़, कलकत्ता–700001		डीज्ल इंजिन, फुट स्प्रेयर, रोकिट स्प्रेयर, स्ट्रिपर पम्प, हैंड कम्परजिन स्प्रेयर, नेपसेक स्प्रेयर, हैंड रोटरी डस्टर

39	M/s Balaganesar Engin. & Foundry Works 5C, Thalagatham Bazar, Gudiyattan-02 (TN)	Ph.: 04171-20187	3 Roller Sugarcane Juice Machine
	मेसर्स बालागनसर इंजीनियरिंग एण्ड फाऊंडरी वर्क्स, 5–सी, थलागथम बाजार, गुडीयातन–02 (तमिलनाडु)		3–रोलर शुगरकेन जूस मशीन
40	M/s Basant Ispat Udyog Pvt. Ltd. E-34, Foundry Nagar, Agra- 282006 (UP)	Ph.: 0562-344294/344603 / 344293 Fax.: 0562-346297	Diesel engines, Centrifugal water pumps etc.
	मेसर्स बसन्त इस्पात उद्योग प्रा.लि. ई–34, फाऊंडरी नगर, आगरा ' 282006 (उ.प्र.)		डीजल इंजनस, सेंटरीफ्यूगल वाटर पम्पस इत्यादि।
41	M/s Bali Ram Pyara Lal, Ramlila Maidan, G.T. Road, Ghaziabad (UP)		Wheat store tank, Atta Mill, Power Wheat Thresher
	मेसर्स बालीराम प्यारे लाल, रामलीला मैदान, जी.टी. रोड़, गाजियाबाद (उ.प्र.)		गेहूँ स्टोर टेंक, आटा मिल, पावर गेहूँ थ्रेसर
42	M/s Bengal Metal Works, 69/A, Serpentines, Calcutta - 700014	Ph.: 033-2271533/2440471 Fax.: 033-2276514	Post hole digger, Tractor mounted towering, winch, Front mounted dozer, Trailor, Garden tools
	मेसर्स बंगाल मेटल वर्क्स 69/ए, सरपेनटाईन्स, कलकत्ता–700014		पोस्ट हाल डीगर, ट्रैक्टर माऊंटिड टावरिंग वाईन्स, फ्रंट माऊंटिड डोजर, ट्रेलर, गार्डन टूल

43	M/s Bengal Toold Ltd. P-15, India Exchange Place Extn. Calcutta-700073	Ph.: 033-262878/275415/27636 Fax.: 033-2258901	Power tiller and harvester, Mini rice mill, Diesel forkalift truck etc.
	मेसर्स बंगाल टूल्स लि. पी–15, इंडिया एक्सचेंज प्लेस, एक्टेशन, कलकत्ता–700073		पावर टिलर एवं हारवेस्टर, मिनी राईस मिल, डीजल फोरकालिफ्ट ट्रक इत्यादि।
44	M/s Bairrack Engineers 436, Marutthamalai, P.N. Pudur Coimbatore - 641041 (TN)	Ph.: 0422-215052 Fax: 0422-215052	Manually board castor, Chaff cutter, weeder peg & star type, Bullock drawn bund former, Cultivator Sweep, Power operated chaff cutter, Sprayer
	मेसर्स बैरक इंजीनियर्स 436, मरूथामलाई, पी.उन. पुदूर, कोयम्बटूर–641041 (तमिलनाडु)		मैन्यूली बोर्ड कस्टर, चाफ कटर, वीडर पेग एवं स्टार टाईप, बुलोक ड्रान बन्ड फॉर्मर, कल्टीवेटर सिविप, पॉवर आपरेटिड चफ कटर स्प्रेयर
45	M/s Beta Engineers 1534, Mamurpur, Narela, Delhi - 110040	Ph.: 011-7281926/7282448	Brass knapsack, rocket foot, hand compression sprayers, Rotary duster
	मैसस बेटा इंजनियर्स, 1534, मामुरपुर, नरेला, दिल्ली–110040		बरास नेपसेक, राकेट फुट, हैंड कम्परिजन स्प्रेयरस, रोटरी डस्टर
46	M/s Bharat Earth Movers Ltd. Bemlsoudha, 23/1, 4th Main S.R. Nagar, Bangalore-560027	Ph.: 2224141 Fax.: 2226883	Bulldozers, Walking drag line, Water sprinklers, Wheel loader & dozers, Motor graders

	मेसर्स भारत अर्थ मूवर्स लि. बेमलसोधा, 23/1, 4 मेन एस.आर. नगर, बैंगलूर–560027		बुलडोजर्स, वाकिंग ड्रग लाईन, वाटर स्प्रिंकलरस, विल लोडर एवं डोजर, मोटर ग्रेडरर्स
47	M/s Bharat Engineering Co. Opp.Tehsil, Building, G.T. Road, Karnal (Haryana)	Ph.: 2510/2534/3226	Disc harrow, Paddy harrow, Disc plough, Cultivator spring loaders, Cage wheels, Seed drill
	मेसर्स भारत इंजीनियरिग कं0 अपोजिट तहसील बिल्डिंग, जी.टी. ऱोड़, करनाल (हरियाणा)		डिस्क हैरो, पेडी हैरो, डिस्क प्लाऊ, कल्टीवेटर स्पिंग्र लोडिड, केज विलस, सीड ड्रिल
48	M/s Bharat Industrial Corp. Akalsar Road, Moga-142001	Ph.: 01636-22075/24075/76	Sun flower combine, Multi crop reaper harvester, Potato planter
	मेसर्स भारत इंडस्ट्रीयल कार्पोरेशन अकालसर रोड, मोगा–142001		सन फ्लवार कम्बाईन, मलटी क्रोप रीपर हारवेस्टर, आलू प्लांटर
49	M/s Bharat Engg. Works Budhvaria Bus Stand, Ujjain (MP)	Ph.: 559402	Bullock drawn seed drill, Thresher, Automatic toka thresher, Sunflower thresher, Reaper, Potato planter, Harrow, Seed drill
	मेसर्स भारत इंजी. वर्क्स बुधवारीया बस स्टैंड, उज्जैन (म.प्र.)		बुलक ड्रान सीड ड्रिल, थ्रेसर, ऑटोमेटिक टोका थ्रेसर, सनफ्लोवर थ्रेसर, रीपर, आलू प्लान्टर, हैरो, सीड ड्रिल

50	M/s Bharat Industries Namestey Chowk, G.T. Road, Karnal - 132001 (HR)	Ph.: 0184-254262/21804 / 256409/ 256049/261918 Fax.: 0184-251804	Tractor drawn tiller, Disc harrow, Tillers, Land Leveller, Thresher
	मेसर्स भारत इंडस्ट्रीज नमस्ते चौक, जी.टी. रोड़, करनाल (हरियाणा)		ट्रैक्टर ड्रन टिलर, डिस्क हैरो, टिलर, लैण्ड लेवलर, थ्रैसर
51	M/s Bharat Textile Corporation 123/195-A, Suresh Bagh, Kanpur - 208012 (UP)	Ph.: 0512-221185	Dall Mill
	मेसर्स भारत टैक्स्टाईल कॉरपोरेशन 123/195–ए, सुरेश बाग, कानपुर–208012 (उ.प)		दाल मिल
52	M/s Bhavna Enterprises Near Kavita Theatre, 533-A, Nehru Street, Kasthuri Bhawan Hotel (Up stairs) Ram Nagar, Coimbatore-9	Ph.: 233632, 498087 Fax.: 234423	Kanpsack, foot, rocker sprayer, engine operated sprayer, hand rotary duster, brass hand compression sprayer
	मेसर्स भावना इंटरप्राईसिस नियर कविता थियेटर, 553–ए, नेहरू स्ट्रीट, कस्थूरी भवन होटल (अप सटेयर्स) राम नगर, कोयम्बटूर–9		नेपसेक, फुट, रोकर स्प्रेयर, इंजिन आपरेटिड स्प्रेयर, हैंड रोटरी डस्टर, ब्रास हैंड कम्प्रेशन स्प्रेयर
53	M/s Binny Ltd., PB No. 8677, Meenambakkam, Chennai-600114(TN)	Ph.: 044-2341157, 2344018 Fax.: 044-2345251	Rice Mills, Polisher

	मेसर्स बिन्नी लि. पी.बी. नं.–8677, मीनाबक्कम, चैन्नई–600114 (तमिलनाडु)		राईस मिल्स, पॉलिसर
54	M/s Birla Yamaha, A-1, Ring Road, N.D.S.E.-1, New Delhi–49	Ph.: 011-4690352/53/54 Fax.: 011-4626188	All purpose small engines
	मेसर्स बिरला यामाहा ए–1, रिंग रोड़, एन.डी.एस.ई.–1, नई दिल्ली–49		ऑल परपस छोटा इंजिन्स
55	M/s Borse Agro-Mech Systems Pvt. Ltd., Plot No. W-3, MIDC, Industrial Area, Satpur, Nasik- 422007	Ph.: 0253-350403, 393762 Fax.: 0253-350403	Bund former, post hole digger, loader, sub soiler, back hoe, hydro scrapper etc.
	मेसर्स बोर्स एग्रो मेक सिस्टम प्रा.लि. प्लॉट नं. डब्ल्यू–3, एम.आई.डी.सी., इंडस्ट्रीयल एरिया, सतपुर, नासिक		बंड फार्मर, पोस्ट होल डाईगर, लोडर, सब सोलर बेक हो, हाइड्रो स्क्रेपर इत्यादि।
56	M/s Bharat Agriculture Indls. 246, Indl. Area (A) Ludhiana (Punjab)		6 row ferti-seed drills
	मेसर्स भारत एग्रीकल्चर इण्डस्ट्रीज 246, इण्डस्ट्रीयल एरिया (ए), लुधियाना (पंजाब)		6 रो फर्टी–सीड ड्रिल
57	M/s. Beri Udyog (P) Ltd. 100-101, Sector-3, HSIIDC, Karnal (Haryana)	Ph.: 0184-221571/72/73 Fax.: 0484-2221574 E-mail: beriudyog@hotmail.com Web: fieldking.com	Tractor drawn disc plough, mould board plough, trailed off set disc harrow offset disc harrow

	मेसर्स बेरी उद्योग (प्रा.) लि., 100–101, सेक्टर–3, HSIIDC, करनाल (हरियाणा)		टैक्क्टर ड्रन डिस्क प्लाऊ, माउल्ड बोर्ड प्लाऊ, ट्रैल्ड सेट डिस्क हैरो ऑफसेट डिस्क हैरो
58	M/s B.K. & Brothers Agricultural Works, G.T. Road, Mandi Dabwali, Sirsa-125104 (Haryana)	Ph.: 01668-27002 Fax.: 01668-26076	Carrot washing machines, tractor drawn flour mill, bund former etc.
	मेसर्स बी.के. एण्ड ब्रदर्स एग्रीकल्चर वर्क्स जी.टी. रोड़, मण्ड़ी, दाबवाली, सिरसा–125104 (हरियाणा)		गाजर धुलाई मशीन, ट्रैक्टर ड्रन फ्लोर मिल, बंड फार्मर इत्यादि।
59	M/s Bharti Krishi Udyog Industrial Estate, Bina–470113 (MP)		Self propelled riding type reaper, cultivator, tractor trolley
	मेसर्स भारती कृषि उद्योग इण्डस्ट्रीयल एस्टेट, बीना–470113 (म.प्र.)		सेल्फ प्रोपल्ड राईडिंग टाईप रीपर, कल्टीवेटर, ट्रैक्टर, ट्रोली
60	M/s Bharat Krishi Yantra Udyog 8, Industrial Estate, Vidisha–464001 (MP)	33216	Multi crop thresher and tractor reaper
	मेसर्स भारत कृषि यंत्र उद्योग, 8, इंडस्ट्रीयल एस्टेट, विदिशा–464001(म.प्र.)		मल्टी क्रोप थ्रेसर एवं ट्रैक्टर रीपर
61	M/s Bharati Krishi Udyog 21, Industrial Estate, Bina–470113 (MP)	Ph.: 20056, 21038	Self propelled reaper and thresher

	मेसर्स भारती कृषि उद्योग इण्डस्ट्रीयल एस्टेट, बीना–470113 (म.प्र.)		सेल्फ प्रोपल्ड राईडिंग टाईप, रीपर एवं थ्रेसर
62	M/s Bansal Machines & Equipments Pvt. Ltd., P.Box No. 320, Ram Bagh, Bagpat Road, Meerut City (U.P.)	Ph.: 0121-513761/517615/550699 Fax: 0121-514070	Trolley, Trailed harrow, seed drills, potato planter, cultivator, M.B. plough, thresher, potato digger, leveler
	मेसर्स बंसल मशीन्स एण्ड़ इक्वीपमेंट प्रा.लि., पी. बाक्स नं. 320, राम बाग, बागपत रोड़, मेरठ सिटी (उ.प्र.)		ट्रोली, ट्रेल्ड हैरो, सीड ड्रिलस, आलू प्लांटर, कलटीवेटर, एम.बी. प्लाऊ, थ्रेसर, आलू डाईगर, लेवलर
63	M/s Barjarng Agro Industries Railway Road, Sampla (Haryana)		T.D. Cultivator
	मेसर्स बजरंग एग्रो इण्डस्ट्रीज रेलवे रोड, सम्पला (हरियाणा)		टी.डी. कल्टीवेटर
64	M/s Bharat Engg, Company Shyam Nagar, G.T. Road, Karnal (Haryana)	Ph.: 0184-253020	T.D. Tillers, T.D. harrow
	मेसर्स भारत इंजी. कम्पनी, श्याम नगर, जी.टी. रोड, करनाल (हरियाणा)		टी.डी. टिलर, टी.डी. हैरो
65	M/s. Bharat Agro Foundry G.T. Road, Karnal (Haryana)	Ph.: 0184-254133	Harrow Disc, T.D. Cultivator

	मेसर्स भारत एग्रो फाऊंडरी जी.टी. रोड, करनाल (हरियाणा)	हैरो डिस्क, टी.डी. कल्टीवेटर
66	M/s Bajaj Industries G.T. Road, Karnal (Haryana)	T.D. Cultivator, T.D. Harrow
	मेसर्स बजाज इण्डस्ट्रीज जी.टी. रोड, करनाल (हरियाणा)	टी.डी. कल्टीवेटर, टी.डी. हैरो
67	M/s Babu Agril. Corp. Near Petrol Pump, Aligarh Road, Sasni, Hathras (UP)	T.D. Cultivator, T.D. Harrow
	मेसर्स बाबू एग्रीकल्चरल कारपोरेशन नियर पेट्रोल पम्प, अलीगढ़ रोड़, सासनी, हाथरस (उ.प्र.)	टी.डी. कल्टीवेटर, टी.डी. हैरो
68	M/s B.T. Agro Industries Foundry Nagar, Agra (UP)	Multi crop thresher
	मेसर्स बी.टी. एग्रो इण्डस्ट्रीज फाऊंडरी नगर, आगरा (उ.प्र.)	मल्टी क्रोप थ्रेसर
69	M/s Brahampuri Agro Field Foundry Nagar, Agra (UP)	T.D. Cultivator, T.D. Harrow
	मेसर्स ब्रह्मपुरी एग्रो फील्ड फाऊंडरी नगर, आगरा (उ.प्र.)	टी.डी. कल्टीवेटर, टी.डी. हैरो

70	M/s Babbu Engg. Works G.T. Road, Hodal (Haryana)		Sowing machine, water lifting device, thresher
	मेसर्स बाबू इंजीनियरिंग वर्क्स जी.टी. रोड, होडल (हरियाणा)		बुवाई मशीन, वाटर लिफटिंग डिवाईस, थ्रेसर
71	M/s Bharat Industries G.T. Road (Delhi bypass), Karnal (Haryana)	Ph.: 0184-271844/261918 / 254262/256409 Fax.: 0184-251804	Haramba and multicrop threshers, cultivator
	मेसर्स भारत इण्डस्ट्रीज जी.टी. रोड (दिल्ली वाईपास), करनाल (हरियाणा)		हरम्बा एवं मल्टीक्रोप थ्रेसर, कल्टीवेटर
72	M/s Bhor Singh & Sons Krishi Udyog, Sanaria (Raj.)	Ph.: 20442	Mould board plough etc.
	मेसर्स भोर सिंह एण्ड सन्स कृषि उद्योग, सनारिया (राजस्थान)		माउल्ड बोर्ड प्लाऊ इत्यादि।
73	M/s Bharat Krishi Udyog Indl. Estate, Bina- 470113 (M.P.)	Ph.: 07580-21038	Anti-self propelled riding type reaper cultivator, tractor trolley
	मेसर्स भारत कृषि उद्योग, इण्डस्ट्रीयल एस्टेट, बीना–470113 (म.प्र.)		एंटी–सेफल प्रोपेल्ड राईडिंग टाईप रीपर, कल्टीवेटर, ट्रैक्टर ट्रोली
74	M/s B.K. & Brothers Agricultural Works, G.T. Road, Mandi Dabwali, Distt. Sirsa (Haryana)	Ph.: 01668-27002	Floor mill, sprayer pump, ridger etc.

	मेसर्स बी.के. एण्ड ब्रदर्स एग्रीकल्चरल वर्क्स जी.टी. रोड, मंडी, दबवाली, जि. सिरसा (हरियाणा)		फ्लोर मिल, स्प्रेयर पम्प, राईजर इत्यादि।
75	M/s Bharat Agriculture Works Opp. Ashok Kilat, G.T. Road, Khatauli Distt. Muzaffar Nagar (UP)	Ph.: 74919 / 74918	9 type cultivator, harrow band maker, iron plough, ridger thresher
	मेसर्स भारत एग्रीकल्चर वर्क्स अपोजिटी अशोक किलाट, जी.टी. रोड़, खतौली, जि. मुजफ्फर नगर (उ.प्र.)		9 टाईप कल्टीवेटर, हैरो बैंड मेकर, आयरन प्लघ, राईजर थ्रेशर
76	M/s Calama Inds. Pvt. Ltd. 173-B, G.I.D.C. Estate, Naroda, Ahmedabad-382330	Ph.: 079-2821816, 2811316 Fax: 079-2822176	Diesel engine, process pump, multi stage centrifugal pump, hygiene pump submersible pump, mono block pump etc.
	मेसर्स कलामा इंडस्ट्रीज प्रा.लि. 173–बी, जी.आई.डी.सी. एस्टेट, नरोदा,–382330 (अहमदाबाद)		डीजल इंजिन, प्रोसिस पम्प, मल्टी स्टेज सेन्टीफयूगल पम्प, हाईजिन पम्प सबमर्सिबल पम्प, मोना ब्लॉक पम्प
77	M/s Central Engineering Corpn. P.B. No. 540, Bhaktinagar, Station Road, Rajkot- 360002	Ph.: 0281-448003/365059/362385 Fax.: 0281-725900	Grinding mill, diesel oil engines
	मेसर्स सेंट्रल इंजीनियरिंग कारपोरेशन पी.बी. नं. 540, भक्तीनगर, स्टेशन रोड़, राजकोट–360002		ग्राईडिंग मिल, डीजल ऑइल इंजिन्स

78	M/s Central Institute of Agricultural Engineering, Nabibagh, Berasia Road, Bhopal–462018 मेसर्स सेंट्रल इंस्टीट्यूट ऑफ एग्रीकल्चरल इंजीनियरिंग, नबीबाग, बेरसिया रोड़, भोपाल–462018	Ph.: 0755-2737191 Fax.: 0755-2734016	Seed-cum-fertilizer drill, 6 row rice trans planter, multicrop thresher, hand wheel hoe सीड–कम–फर्टीलाईजर ड्रिल, 6 रो राईस ट्रांस प्लानटर, मल्टी क्रोप थेसर, हैंड बिल हो
79	M/s Chandra Metal Co. 27, G.B. Marg, Lucknow (UP) मेसर्स चन्द्रा मेटल कम्पनी 27, जी.बी. मार्ग, लखनऊ (उ.प्र.)	Ph.: 44704	Rice huller राईस हुलर
80	M/s Chemech Engineers Pvt. Ltd. 16/3, Sterling Road, Nungambaram, Chennai-34 मेसर्स चेमेक इंजीनियर्स प्रा.लि. 16/3, स्टारलिंग रोड़, नानगमबारम, चैन्नई–34		Grain processing and drying systems ग्रेन प्रोसेसिंग एण्ड डाईंग सिस्टमस
81	M/s Chudeker Inds., Ganesh Bhawan, 160, Shastri Marg, Kurla, Mumbai-400 070 मेसर्स चूडेकर इंडस्ट्रीज, गणेश भवन, 160, शास्त्री मार्ग, कुरला, मुम्बई–400070	Ph.: 7451270. 7458311	Multi purpose power filter बहुउद्देशीय पावर फिल्टर

82	M/s Chudekar Industries Admn. Off. Plot No. 380, Behind S.T. Stand, Panvel, Distt. Raigod-410206	Ph.: 7451270, 746708	Little master mini power tiller, reager, rotovator, trolley, Grass cutter
	मेसर्स चूडेकर इंडस्ट्रीज एडमि. ऑफिस प्लॉट नं. 380, बिहाइंड एस.टी. स्टैंड, पेनवेल, जि. रायगौड़–410206		लिटिल मास्टर मिनी पावर टीलर, रिजर, रोटावेटर, ट्रॉली, धार कटर
83	M/s Cossul & Co. Pvt. Ltd. 123/367, Fazalganj, Kanpur-12 (UP)	Ph.: 0512-221020, 224644, 224397 Fax.: 0512-294214	Wheel hoe, garden rake, Sharma hoe, pitch fork, portable elevator, grain/seed cleaner cum grader, bullock drawn implements i.e. olpad thresher, ridger, cultivator, plough etc.
	मेसर्स कोसल एण्ड़ कम्पनी प्रा.लि. 123 / 367, फेजलगंज, कानपुर – 12 (उ.प्र.)		व्हील हो, गार्डन रेक, शर्मा हो, पिच फोरक, पोर्टेबल एलिवेटर, गेन सीड क्लीनर कम ग्रेडर, कल्टीवेटर आदि।
84	M/s Choudhary Agro Industries Jhajjar Road, Sampla (Haryana)	Ph.: 0262-63644	T.D. Cultivator, Harrow, water tanker
	मेसर्स चौधरी एग्रो इण्डस्ट्रीज झझर रोड़, साम्पला (हरियाणा)		टी.डी. कल्टीवेटर, हैरो,, वाटर टैंकर
85	M/s Chaudhary Krishi Udyog 162, Auto Market, Hisar (Haryana)		Cultivator, trolley, Harrow and wheel hand hoes

	मेसर्स चौधरी कृषि उद्योग 162, ऑटो मार्किट, हिसार (हरियाणा)		कल्टीवेटर, ट्रोली, हैरो और बिल हैंड होज
86	M/s Chawla Agril. Machinery & Foundry Works, Street No. 39, Sector –27/28-A, Industrial Area, Hisar (Haryana)		Ridge bed planter, cotton seed drill, trolley, wheel hand hoe
	मेसर्स चावला एग्रीकल्चरल मशीनरी एण्ड फाऊंडरी वर्क्स, स्ट्रीट नं. 39, सेक्टर–27 / 28ए, इण्डस्ट्रीयल एरिया, हिसार		रीज बैड लान्टर, कॉटन सीड ड्रिल, ट्रोली, बिल हैंड हो
87	M/s Champion Agro Industries Namaste Chowk, G.T. Road, Karnal (Haryana)	Ph.: 0184-261691	T.D. Cultivator, springs tynes, shovel
	मेसर्स चैम्पियन एग्रो इण्डस्ट्रीज, नमस्ते चौक, जी.टी. रोड़, करनाल (हरियाणा)		टी.डी. कल्टीवेटर, स्प्रिंगस टाईन्स, शोवल
88	M/s Choudhary Engg. Works Choudhary Bhawan, G.T. Road, Hodal, Faridabad (Haryana)	Ph.: 01276-55440	Trolley/thresher, sowing machine, T.D. harrow, T.D. cultivator, Water lifting pump
	मेसर्स चौधरी इंजी. वर्क्स चौधरी भवन, जी.टी. रोड़, होडल, फरीदाबाद (हरियाणा)		ट्रोली थ्रेसर, सोइंस मशीन, टी.डी. हैरो, टी.डी. कल्टीवेटर, वाटर लिफटिंग पम्प
89	M/s Chander Agricultural Works Near KatkilBuilding, Karana Road, Shamli, Muzaffarnagar (UP)	Ph.: 74652	Ridger, tiller, harrow and bullock drawn, cultivator

	मेसर्स चन्द्र एग्रीकल्चरल वर्क्स नियर कटकील बिल्डिंग, कराना रोड़, शामली, मुजफ्फरनगर (उ.प्र.)		रीजर, टिलर, हैरो एवं बुलक ड्रन कल्टोवेटर
90	M/s Chowdhary Agricultural Works Karana Road, Shamli, Muzaffarnagar (UP)		Cultivator, harrow
	मेसर्स चौधरी एग्रीकल्चरल वर्क्स कराना रोड़, शामली, मुजफ्फरनगर (उ.प्र.)		कल्टीवेटर, हैरो
91	M/s Dasmesh Mechanical Works ® Rajkot Road, Maler Kotla - 148023		Threshers, seed drills, levelers, rigid and string loaded tyne cultivator
	मेसर्स दसमेश मेकैनिकल वर्क्स राजकोट रोड़, मेलर कोटला–148023 (पंजाब)		थ्रेसर, सीड ड्रिलस, लेवलरस, रिज्ड एवं स्ट्रिंग लोडिड़, टाईन कल्टीवेटर
92	M/s D.V. Engg. Enterprises D-46, Shivaji Market, Tagore Garden Extn., New Delhi-27		Tractor Drawn Reaper
	मेसर्स डी.वी. इंजी. इंटरप्राइसिस डी–46, शिवाजी मार्केट, टैगोर गार्डन एक्स्टेंशन, नई दिल्ली–27		ट्रैक्टर ड्रन रीपर
93	M/s Dandekar Brothers Shivaji Nagar, Sangli–416416 (MS)	Ph.: 2758275	Power maize sheller, groundnut decorticator, rice flake machine, hand operated chaff cutter, land

			levelers, knife grinder, hand maize sheller, wheat thresher, sugarcane crusher
	मेसर्स दंडेकर ब्रदर्स शिवाजी नगर, सनगली–416416 (महाराष्ट्र)		पावर मेज शैलर, ग्राउंडनट डेकारटीकेटरर, राईस फ्लेक मशीन, हैंउ आपरेटिड चफ कटर, लैंड लेवलरस, चाकू ग्राईंडर, हैंड मेज शैलर, गेहूँ थ्रेषर, शुगर क्रेशर
94	M/s Damodar Process Plant Pvt. Ltd. 1/4, Vansittart Road, Opp. Tel Bhawana, B.B.D. Dag, Calcutta-70001 (India)	Ph.: 2487824 / 7918 Fax.: 248759	Automatic modern rice mill plants, paddy claner, rice grader
	मेसर्स दामोदर प्रोसेस प्लांट प्रा.लि. 1/4, वनसिआर्ट रोड़, अपोजिट तेल भवन, बी.बी.डी. दाग, कोलकाता–70001(भारत)		ऑटोमेटिक मॉडर्न राईस कमल प्लान्ट, पेडी क्लीनर, राईस ग्रेडर
95	M/s Dev Agro Tools (P) Ltd. Road Office No. 307, Akkithimanalli Layout, Shanti Nagar, Bangalore-27	Ph.: 080-603737, 2234516 Fax.: 080-2226456	Toothed sickles
	मेसर्स देव एग्रो टूल्स (प्रा.) लि. रोड आफिस नं. 307, अकीथाईमानाली लेआऊट, शन्ति नगर, बंगलौर–27		टूथड़ सिकल्स

96	M/s Dev Raj Hi-Tech Machines Ltd. Indl. Area, Firozpur City-152002 (PB)	Ph.: 01632-46468,43468,44468,43468 Fax.: 01632-46468	Rice mill machinery, rice grader, emery cone polisher, paddy separator, rubber roll sheller
	मेसर्स देव राज हाई–टेक मशीन्स लि. इण्डस्ट्रीयल एरिया, फिरोजपुर सिटी–152002 (पंजाब)		राईस मिल मशीनरी, राईस ग्रेडर, इमरी कोन पोलिशर, पैडी सेपरेटर, रबर रोल शैलर
97	M/s Darshan Singh & Co. P.B. No. 30, G.T. Road, Gorya - 144 409, Jalandhar (PB)	Ph.: 62692, 62252	Motorized chaff cutters, power chaff cutters, hand operated chaff cutters etc.
	मेसर्स दर्शन सिंह एण्ड कम्पनी पी.बी.नं. 30, जी.टी. रोड़, गोरइया–1444091, जालंधर (पंजाब)		मोटेराईजड चफ कटरस, पावर चाफ कटरस, हैंड आपरेटिड चफ कटरस इत्यादि।
98	M/s Darshan Singh & Sons Vijay Nagar, Behind Bhagwat Ashram, Near Namastey Chowk, G.T. Road, Karnal-132001	Ph.: 0184-2262815	Thresher, Seed drill, trolley, cultivator, harrow
	मेसर्स दर्शन सिंह एण्ड सन्स, विजय नगर, (भागवत आश्रम के पीछे, नियर नमस्ते चौक, जी.टी. रोड़), करनाल–132001		थ्रैसर, सीड ड्रिल, ट्रॉली, कल्टीवेटर, हैरो
99	M/s Dayal Poultry Appliances WZ-16, Lajwanti Garden, New Jail Road, New Delhi-46	Ph.: 011-5555091 Fax.: 011-5500860	Setters & Hatchers, Poultry equipment

	मेसर्स दयाल पोलेटरी एपलाईन्सिस डब्ल्यू.जेड़–16, लाजबन्ती गार्डन नई जेल रोड़, नई दिल्ली–46		सैटरर्स एवं हचरस, पोलटरी इक्वीपमेंट
100	M/s Dilip Engg. Co.5th Floor, Motilal Centre, Near Dinesh Hall, Ashram Road, Admedabad–380009	Ph.: 079-6586180, 6584276 Fax.: 079-6589658	Mini mono block pump & mono block pump
	मेसर्स दिलीप इंजीनियरिंग क., पाँचवा तल, मोती लाल सेंन्टर, नियर दिनेश हाल, आश्रम रोड़, अहमदाबाद–380009		मिनी मोना ब्लाक पम्प एवं मोना ब्लाक पम्प
101	M/s Dhandaythapani Foundry Pvt. Ltd.Post Box No. 6307, 14, Pulikulam Road, Cimbatore-37 (TN)	Ph.: 212419, 216273 Fax.: 866442	Diesel engines, centrifungal motors & mono blocks, footvalves submersible pump set
	मेसर्स धनडेयथापनी फाऊडरी प्रा.लि. पोस्ट बाक्स नं.6307, 14, पुलीकलम रोड़, कोयम्बटूर–37 (तमिलनाडु)		डीजल इंजिनस, सेंटरीफगल मोटर्स एवं मोना ब्लाक्स, फुटबेलवस, सबमर्सिबल पम्प सेट
102	M/s Droli Mechanical Works (Regd.) Majestic Road, Moga-142001 (Punjab)	Ph.: 23487	Automatic potato planter, tractor mounted potato, elevator digger
	मेसर्स ड्रोली मैकेनिकल वर्क्स (रजि.) मजेस्टिक रोड़, मोगा–142001 (पंजाब)		आटोमेटिक आलू प्लान्टर, ट्रैक्टर माऊटिड़ पोटेटो, एलीवेटर डीगर
103	M/s Droli Indls. (Regd.) Near Dhaliwal Hospital, Majestic Road, Moga-142001 (PB)	Ph.: 0163-623557, 20781	Tractor mounted automatic potato planter, tractor mounted two row, potato planter ridger

	मेसर्स ड्रोली इडस्ट्रीज (रजि.) नियर धालीवाल हास्पीटल, मजेस्टिक रोड़, मोगा – 142001 (पंजाब)		ट्रैक्टर माऊंटिड आटोमेटि, पोटेटो प्लान्टर, ट्रैक्टर माऊंटिड़ टू रो, पोटेटो प्लांटर राईजर
104	M/s Dewan Agril. Corpn. Samsabad, Agra (UP)	Ph.: 0562-532600	T.D. cultivator, T.D. harrow, T.D. leveler, Thresher, T.D. seed drill
	मेसर्स दीवान एग्रीकल्चरल कारपोरेशन समसाबाद, आगरा (उ.प्र.)		टी.डी. कल्टीवेटर, टी.डी. हैरो, टी.डी. लेवलर, थ्रेसर, टी.डी. सीड ड्रिल
105	M/s Dinesh Agro Industries G.T. Road, Near Bus Stand, Hodal Distt. Faridabad (Haryana)		T.D. Seed drill, thresher, T.D. cultivator, T.D. harrow
	मेसर्स दिनेश एग्रो इंडस्ट्रीज जी.टी. रोड़, नियर बस स्टैंड, होडल, जि. फरीदाबार (हरियाणा)		टी.डी. सीड ड्रिल, टी.डी. कल्टीवेटर, टी. डी. हैरो
106	M/s Delta Agro Industries Near Old Chungi, Karhmi Road, Muzaffarnagar (UP)	Ph.: 402762	Ridger, harrow, cultivator, leveler etc.
	मेसर्स डेल्टा एग्रो इंडस्ट्रीज नियर ओल्ड चुंगी, करहमी रोड़, मुजफ्फरनगर (उ.प्र.)		रीजर हैरा, कल्टीवेटर, लेवलर इत्यादि।
107	M/s Dasmesh Mechanical Works Main Road, Amargarh, Sangur (PB)	Ph.: 84221, 84281	Combine harvester and straw reaper

	मेसर्स दसमेश मैकेनिकल वर्क्स मेन रोड़, अमरगढ़, संगरूर (पंजाब)		कम्बाईन हारवेटस्टर एवं स्ट्रा रीपर
108	M/s D.H. Brother Pvt. Ltd. Latoucher Road, Kanpur (UP)	Ph.: 2328	Spike tooth harrow, cultivator, paddy thresher, leveler, seed treating drum, single wheel hand hoe, ridger plough, bund former, winnowing fan
	मेसर्स डी.एच. ब्रदर्स प्रा.लि. लाटचर रोड, कानपुर (उ.प्र.)		स्पाईक टूथ हैरो, कल्टीवेटर, पैडी थ्रेसर, लेवलर, सीड ट्रीटिंग ड्रम, सिगल व्हील हैंड हो, रीजर प्लघ, बंड फार्मर, बिनोइंग फेन
109	M/s Deepak Agriculture Basi Road, Gurgaon (Haryana)		Trailed type harrow, cultivator, water tank and leveler
	मेसर्स दीपक एग्रीकल्चर बासी रोड़, गुड़गाँव (हरियाणा)		ट्रैल्ड टाईप हैरो, कल्टीवेटर, वाटर टेंक एवं लेवलर
110	M/s Deluxe Agriculture Repairing WorksBudhana Road, Khatauli, Muzaffarnagar (UP)	Ph.: 71035	Harrow 12, 14 & 16 discs, cultivator 8, 9, 10, 11 tyne
	मेसर्स डीलक्स एग्रीकल्चर रिपेयरिंग वर्क्स बुधाना रोड़, खतौली, मुजफ्फरनगर (उ.प्र.)		हैरो 12, 14 एवं 16 डिस्क, कल्टीवेटर 8, 9, 10, 11 टाईन
111	M/s Dabur Industries (India) Namaste Chowk, Karnal (Haryana)	Ph.: 0184-258658	T.D. harrow, cultivator

	मेसर्स डाबर इंडस्ट्रीज (भारत), नमस्ते चौक, जी.टी. रोड़, करनाल (हरियाणा)		टी.ड़ी. हैरो, कल्टीवेटर
112	M/s E.L. Power Engg. (P) Ltd. 671, Trichy Road, P.B. No. 1828, Singanlur, Coimbatore (TN)	Ph.: 0422-317583, 317545 Fax.: 0422-318391	Electric motors, single & three phase mono blocks jet pumps, submersible pump set, centrifugal pumps
	मेसर्स ई.एल. पावर इंजी. (प्रा.) लि. 671, ट्रिची रोड़, पी.बी.नं. 1828, सिंगनलूर, कोयम्बटूर (तमिलनाडु)		इलैक्ट्रिक मोटर्स, सिंगल एवं थ्री फेस मोना ब्लोक जेट पम्पस, सबमर्सिबल पम्पस सेट, सेंटरीफगल पम्पस
113	M/s Elite Engg. Co., Nav Bhavan, Near Gaisford Cinema, Rajkot (Gujarat)		Knapsack sprayer, bucket, sprayer, compression sprayer, garden tools, seeder & hoes etc.
	मेसर्स एलाईट इंजी. कम्पनी, नव भवन, नियर गईसफोर्ड सिनमेा, राजकोट (गुजरात)		नेपस्नेक स्प्रेयर, बुकेट स्प्रेयर, कम्प्रीसन स्प्रेय्र, गार्डन टूल्स, सीड़र एवं होज इत्यादि।
114	M/s E.P.C. Industries Ltd. Regional Office 131/6, Kiran Complex, Zone-II, M.P. Nagar, Bhopal (MP)	Ph.: 765348	Spinkler and drip irrigation system
	मेसर्स ई.पी.सी. इंडस्ट्रीज लि. रीजगल आफिस 13/16, किरन कम्पलैक्स, जोन–दूसरा, एम.पी. नगर, भोपाल (म.प्र.)		स्प्रिंकलर एवं ड्रिप इर्रीगेशन सिस्टम

115	M/s Eskay Agro Sales, Roorkee Road, Near Saharanpur, Bus Stand, Muzaffarnagar-251001 (UP)	Ph.: 442728	Harrow, tiller, ridger and land leveler
	मेसर्स एसके एग्रो सेल्स रूड़की रोड़, नियर सहरनपुर बस स्टैंड, मुजफ्फरनगर (उ.प्र.)		हैरो, टीलर, रिजर एवं लैंड लेवलर
116	M/s Escorts Ltd., Agri. Machinery Marketing Division, 18/4, Mathura Road, Faridabad (Haryana)	Ph.: 5284911 Fax.: 5284802	Tractors, paddy transplanter, sugarcane, harvester, combine harvester
	मेसर्स एसकोर्ट्स लि., एग्री. मशीनरी मार्केटिंग डिवीजन 18/4, मथुरा रोड़, फरीदाबाद (हरियाणा)		ट्रैक्टर, पैडी ट्रान्सप्लांटर, शुगरकेन हारवेस्टर, कम्बाईन हारवेस्टर
117	M/s Field Worthy Equipment Pvt. Ltd., Patel Farm, Opp. Ralson Tyres Godown Ahmedabad, Bharagiya Kua Bus Stand, NH-8, Lambha, Ahemdabad	Ph.: 079-5712861, 5714967 Fax.: 079-5713757	Self propelled, vertical conveyor reaper
	मेसर्स फिल्ड़ वर्थी इक्वीपमेन्ट प्रा.लि. पटेल फार्म, अपोजिट रायसेन टायर्स गोडाऊन, भरागया कुँआ, बस स्टैंड, एन.एच.–8, लम्भा, अहमदाबाद		सेल्फ प्रोपेल्ड़, वर्टीकल कनवेयर रीपर
118	M/s Falcon Industries 2524, Street No. 5, Janta Nagar, Gill Road, Ludhiana–141003 (Punjab)	Ph.: 0161-490877, 494840 Fax.: 0161-440877	Garden tools, seeder & hoes, hand seed drill

	मेसर्स फलकन इंडस्ट्रीज 2524, स्ट्रीट नं. 5, जनता नगर, गिल रोड़, लुधियाना–141003 (पंजाब)		गार्डन टूल्स, सीडर एवं होज, हैंड सीड ड्रिल
119	M/s Farm Implements (India) Pvt. Ltd., No. 10, Kamarappa Street, Nungambakkan, Chennai-600 034 (TN)	Ph.: 044-8261676 Fax.: 044-8265345 E-mail: rotavator@giasmd.01.vsnl.net.in	Tractor powered rotavator, Hole digger, sugarcane, harvesting, Detopper cum leaf, Stripes
	मेसर्स फार्म इम्पलीमेंन्टस (भारत) प्रा.लि. न.–10, कुमारअप्पा स्ट्रीट, नुगम बक्कन, चेन्नई–600034 (तमिलनाडु)		ट्रैक्टर वावरड़ रोटावेटर, होल डीगर, शुगरकेन, हार्वेस्टिंग, डीटेपर कम लीफ, स्ट्रीपर
120	M/s Francis D'Souza & Co. Dahanu Road, Pine–401602, Distt. Thana (MS)	Ph.: 22326, 22931	Rice mills plants, rice polisher, paddy separators
	मेसर्स फ्रांसिस डिसूला एण्ड़ कम्पनी धानु रोड़, पाईन 4010602, जि. थाना (महाराष्ट्र)		राईस मिल्स प्लांटस, राईस पॉलिशर, पेडी सेपरेटर
121	M/s Fine Agro Centre, Meerut Road, Near RailwayBridge, Roorkee, Haridwar (Uttarakhand)	Ph.: 747687	Cultivator, leveler, harrow, thresher etc.
	मेसर्स फाईन एग्रो सेंन्टर, मेरठ रोड़, नियर रेलवे ब्रिज, रूड़की, हरिद्वार (उत्तराखण्ड)		कल्टीवेटर, लेवलर, हैरो, थ्रेषर इत्यादि।

122	M/s Friends Agro Industries Jarg Cowk, Malerkotla–148023 (Punjab)	Ph.: 52716, 58869	Combine harvesters, straw reaper, harrow, cultivator, seed cum fertilizer drill
	मेसर्स फ्रेंडस एग्रो इण्डस्ट्रीज, जारग चौक, मेलर कोटला–148023 (पंजाब)		कम्बाईन हारवेस्टर, स्ट्रा रीपर, हैरो, कल्टीवेटर, सीड़ कम फर्टीलाईजर ड्रिल
123	M/s Farmers Repairing Works G.T. Road, Khatauli, Distt. Muzaffarnagar (UP)	Ph.: 71012	Tractor ridger, harrow, cultivator, leveler
	मेसर्स फार्मस रिपेयरिंग वर्क्स जी.टी. रोड़, खतौली, जि. मुजफ्फरनगर (उ.प्र.)		ट्रैक्टर राईजर, हैरो, कल्टीवेटर, लेवलर
124	M/s Fine Agriculture Repairing Works, Budhana Road, Khatauli, Distt. Muzaffarnagar (U.P.)	Ph: 7240	Tractor harrow, cultivator, ridger, leveler
	मेसर्स फाईन एग्रीकल्चर रिपेयरिंग वर्क्स बुधाना रोड़, खतौली, जि. मुजफ्फरनगर (उ.प्र.)		ट्रैक्टर, हैरो, कल्टीवेटर, रीजर, लेवलर
125	M/s G.G. Gardekar Machine Works Ltd., Bhiwandi - 421302 (MS)	Ph.: 02522-21870/31871/51870/51871 Fax.: 02522-31874/51874	Rice milling par boiling and drying plants, dal mill, grain, drier, mini rice mill
	मेसर्स जी.जी. गरड़ेकर मशीन वर्क्स लि. भिवाड़ी–421302 (महाराष्ट्र)		राईस मिलिंग परबॉयलिंग एवं ड्राईंग प्लांटस, दाल मिल, ग्रेन, ड्रायर, मिनी राईस मिल

126	M/s Gardeners Corpn. India 6, Doctors Lane, Near Gole Market, New Delhi–110001 मेसर्स गार्डनर्स कारपोरेशन इण्डिया 6, डॉक्टर लेन, नियर गोल मार्केट, नई दिल्ली–01	Ph.: 011-334487 Fax.: 011-37179/6841886	Power operated masala & dal grinder, cabinet dryer, automatic dough diver. पावर चालित मसाला एवं दाल ग्रेडर, केबीनेट ड्रायर, आटोमेटिक डोफ डीवर
127	M/s Geco Engg. (Regd.) Near Preet Palace, Ludhiana - 141003 मेसर्स जीको इंजीनियरिंग (रजि.) नियर प्रीत पैलेस, लुधियाना – 141003	Ph.: 26656/22598	Knapsack sprayer, foot sprayer, rocker sprayer, hand compression sprayer, stirrup pump. dressing drum नेपसेक स्प्रेयर, फुट स्प्रेयर, रोकर स्प्रेयर, हैंड कम्परीजन स्प्रेयर, स्ट्रिपर पम्प, ड्रैसिंग ड्रम
128	M/s Grain Processing Industries (I) Pvt. Ltd., Regd, Off. 29, Strand Road, Calcutta (WB) मेसर्स ग्रेन प्रोसेसिंग इंडस्ट्रीज (आई) प्रा.लि. रजि. आफिस 29, स्ट्रेन्ड रोड़, कलकता (वेस्ट बंगाल)	Ph.: 033-2103368/2204508/2204508 Fax.: 033-2431639/2101252	Rice milling plant, automatic paddy parboiling & mechanical dryer plant, grain handling & storing side राईस मिलिंग प्लांट, ऑटोमेटिक पेड़ी परबॉयलिंग एवं मैकेनिकल ड्रायर प्लांट, ग्रेन हैंडलिंग एवं स्टोरिंग साईड़
129	M/s Great Eastern Engg. Co. 23, Mooker Nallamuthu Street, Chennai-01 (TN)	Ph.: 512560	Foot sprayers, hand compression sprayer, knapsack sprayer, power sprayer, rocking sprayer, ground nut decorticator, stirrup pump

	मेसर्स ग्रेट ईस्टर्न इंजीनियरिंग कम्पनी 23, मौकर नालामुथु स्ट्रीट, चैन्नई–01 (तमिलनाडु)		फुट स्प्रेयर, हैंड कम्परीजन स्प्रेयर, नेपसेक स्प्रेयर, पावर स्प्रेयर, रोकिंग स्प्रेयर, ग्राउंडनट डेकोरटीकेटर स्ट्रिपर पम्प
130	M/s Green Gold Irrigation Pvt. Ltd. Gole Bazar, Dongargarh–491445, Rajnandgaon (MP)	Ph.: 033-248670/238/2381 Fax: 033-248/5031	H.D.P.E. sprinkler irrigation system
	मेसर्स ग्रीन गोल्ड इर्रीगेशन प्रा.लि. गोल बाजार, डोनगरगढ़–491445, राजनन्द गाँव (म.प्र.)		एच.डी.पी.ई. स्प्रिंकलर इर्रीगेशन सिस्टम
131	M/s Greaves Cotton & Co. Ltd. Lombardini Division–1, Dr. V.B. Gandhi Marg, Mumbai–400023	Ph.: 271524	IRRI power tiller wheat power thresher, power sprayer, lawn mover, paddy harvester, self propelled rotovator
	मेसर्स ग्रिवस कॉटन एन्ड कम्पनी लि. लमबारदीनी डिवीजन–1, डॉ. वी.बी. गाँधी मार्ग, मुम्बई–400023		आई.आर.आर.आई. पावर टिलर, व्हीट पावर थ्रेसर, पावर स्प्रेयर, लोन मूवर, पेड़ी हारवेस्टर, सेल्फ प्रोपेल्ड़ रोटावेटर
132	M/s. Greaves Business Group-III, Portable Engines, ExpressBuilding Annex 9-10, Bahadurhah Zafar Marge, New Delhi–110002	Ph.: 011-3730554 Fax: 011-3317593 E-mail: greaves@greaves. grvsdelxeede4	Agri pump set, self priming pumpset

	मेसर्स ग्रीवेस बिजिनेस ग्रुंप–111, छोटा इंजन एक्सप्रैस बिल्डिंग एनेक्जर 9–10, बहादुरशाह जफर मार्ग, नई दिल्ली–110002		एग्री. पम्प सेट, सेल्फ प्राईमिंग पम्पसेट
133	M/s Gurunanak Agriculture Implements Manufacturers G.T. Road, Byepass Near Pathankot Chowk, Jalandhar City (Punjab)	Ph.: 0181-292302/2911692	Sun flower, thresher, wheat thresher, potato planter, disc harrow, seed cum-fertilizer drill, potato digger
	मेसर्स गुरूनानक एग्रीकल्चर इम्प्लीमेन्टस निर्माता जी.टी. रोड़, बाईपास, नियर पठानकोट चौक, जालन्धर सिटी (पंजाब)		सन फ्लोवर, थ्रेसर, गेहूँ थ्रेसर, आलू प्लांटर, डिस्क हैरो, सीड़ कम फर्टीलाईजर ड्रिल, आलू डिगर
134	M/s Guru Nanak Industries Sales Corpn Near Timkoni, Opp. B.D.O. Office, Mansa-151505 (Punjab)	Ph.: 1652-20998/30698 Fax.: 01652-23766/30406 Mob: 98282998	Wheat, paddy, mustard, soyabean, harvesting machine, reaper, harvester combine, potato planter, digger
	मेसर्स गुरू नानक इंडस्ट्रीज सेल्स कारपोरेशन नियर तिमकोनी, अपोजिट बी.डी.ओ. ऑफिस, मन्सा–151505(पंजाब)		ब्हीट, पेडी, मस्टर्ड, सोयाबीन, हारवेस्टिंग मशीन, रीपर, हारवेस्टर कम्बाईन, आलू प्लान्टर, डीगर
135	M/s Gujarat agro Industries Corpn. Ltd., Agro Services Div. IIIrd Floor, Bhavni Chambers, Ashram Road, Ahmedabad – 380009 (Guj.)	Ph.: 411498/411442	Hand maize shelter, sickle, groundnut decorticator, hand rack, garden rake, hand hoe, digging hoe, grubber rotary weeder, cotton stalk puller, wheel hoe, sugarcane harvesting knife, winnowing fan

	मेसर्स गुजरात एग्रो इंडस्ट्रीज कारपोरेशन लि. एग्रो सर्विसेज डिवीजन तीसरी मंजिल, भावनी चेम्बर्स, आश्रम रोड़, अहमदाबाद–380009 (गुजरात)		हैंड मेज शैल्टर, सिकल ग्राउंडनट डकारटीकेटर, हैंड रेक, गार्डन रेक, हैंड हो, डाईगिंग हो, ग्रावर रोटरी विडाईर, कॉटन सटलक पुलर, बिल हो, शुगनकेन हारवेस्टिंग चाकू, विनोविग फेन
136	M/s Gujarat Krishi Machinery Ltd. Krishi Yantra Bhawan,1/2 Shri Ram Park, Lathi Road, P.O. No. 39, Amreli-01 (Gujarat)	Ph.: 02792-22886/23116 Fax.: 02792-22531	Tractor trailer, wheat thresher
	मेसर्स गुजरात कृषि मशीनरी लि. कृषि यंत्र भवन, 1/2 श्री राम पार्क, लाठी रोड़, पी.ओ. नं. 39, अमरेली–01 (गुजरात)		ट्रैक्टर ट्रेलर, गेहूँ थेंसर
137	M/s Gahir Agro Industries Pvt. Ltd. Near Bus Stand Sunam, Dist. Sangrur (Punjab)	Ph.: 01676-20280/22680 Fax.: 01676-22480	Combine harvesters and straw combines
	मेसर्स गहीर एगो इण्डस्ट्रीज प्रा.लि., नियर बस स्टैन्ड़, सुनाम, जिला–संगरूर (पंजाब)		कम्बाईन हारवेस्टरस एवं स्ट्रा कम्बाईन्स
138	M/s Gurunanak Industries Sales Corporation Near Tinkoni, Opp. BDO Office, Link Road, Mansa- 151505 (Punjab)	Ph.: 01652-26998 Fax.: 01652-30406	Tractor mounted vertical conveyor reaper, automatic potato planter, potato digger, paddy thresher and well boring machine

	मेसर्स गुरूनानक इण्डस्ट्रीज सेल्स कार्पोरेशन, नजदीक तिनकोनी, सामने बी.डी.ओ. दफ्तर, लिंक रोड़, मानसा–151505 (पंजाब)		ट्रैक्टर माऊंटिड़ वर्टीकल कनवेयर रीपर, ऑटोमेटिक आलू प्लांटर, आलू डाईगर, पेड़ी थ्रेसर एवं वेल बोरिंग मशीन
139	M/s Ganjoo Agencies, A-296, Majlis Park, Azadapur, Delhi–33	Ph.: 011-7411874 Fax.: 011-743358	Mitsubishi Shakti Power Tiller and attachments
	मेसर्स गंजू एजेंसीज ए–296, मजलिस पार्क, आजादपुर, दिल्ली–33		मितासुबीशी शक्ति पॉवर टीलर एवं अटैचमेंटस
140	M/s Ganga Industries, Devas (MP)	Ph.: 75520/75620	Multi crop thresher
	मेसर्स गंगा इंडस्ट्रीज देवास (म.प्र.)		मल्टी क्रोप थ्रेसर
141	M/s Gupta Agro Field Rajpur, Agra–282001 (UP)	Ph.: 332408/332877	Thresher, harrow, seed drill, potato planter, potato digger
	मेसर्स गुप्ता एग्रो फील्ड़ राजपुर,, आगरा–282001 (उ.प्र.)		थ्रेसर, हैरो, सीड़ ड्रिल, आलू प्लांटर, आलू डीगर
142	M/s Ganesh Iron Works Industrial Area, Rau Indore (MP)	Ph.:	Trolley, seed drill, thresher, cultivator
	मेसर्स गणेश आयरन वर्क्स इंडस्ट्रीयल एरिया, राऊ इन्दौर (म.प्र.)		ट्रॉली, सीड ड्रिल, थ्रेसर, कल्टीवेटर
143	M/s Gaba Agril. Implements Shyam Nagar, G.T. Road, Karnal (HR)	Ph.: 0184-256116	T.D. harrow, T.D. cultivator

	मेसर्स गबा एग्रीकल्चरल इम्पलीमेंन्टस श्याम नगर जी.टी. रोड़, करनाल (हरियाणा)		टी.डी. हैरो, टी.डी. कल्टीवेटर
144	M/s Gupta Agro Field, Rajeshwar Mandir, Shamsubad Road,Rajpur, Agra-282001 (U.P.)	चेण्रू 0562.332408	T.D. harrow, T.D. tillers, T.D. cultivators, T.D. seed drill, T.D. leveler, Thresher
	मेसर्स गुप्ता एग्रो. फील्ड राजेश्वर मन्दिर, शमसूबाद रोड़, राजपुर, आगरा–282001		टी.डी. हैरो, टी.डी. टिलर, टी.डी. कल्टीवेटर, टी.डी. लेवलर, थ्रेसर
145	M/s Gurunanak Agril. Implements Indust., Near Old Electrical House, Agra Road, Sasni, Aligarh (UP)		T.D harrow, T.D. cultivator
	मेसर्स गुरूनानक एग्रीकल्चरल इम्पलीमेन्टस इंडस्ट्रीज नियर ऑल्ड इलैक्ट्रिक हाऊस, आगरा रोड़, सासनी, अलीगढ़ (उ.प्र.)		टी.डी. हैरा, टी.डी. कल्टीवेटर
146	M/s Gurunanak Industries G.T. Road, Palwal (Haryana)		T.D. harrow
	मेसर्स गुरूनानक इंडस्ट्रीज जी.टी. रोड़, पलवल (हरियाणा)		टी.डी. हैरो
147	M/s Gurunanak Agro Industries (Regd.) Patiala Road, Nabha-147201 (Punjab)	Ph.: 70151	Combiner harvester

	मेसर्स गुरूनानक एग्रो इंडस्ट्रीज (रजि.) पटियाला रोड़, नाभा–147201 (पंजाब0)		कम्बाईन हारवेस्टर
148	M/s Golden Mechanical Works Near Power House, Roorkee Road, Muzaffarnagar (UP)	Ph.: 402732	Disc harrow, 9 tyne tiller, tyne tiller, thresher, leveller
	मेसर्स गोल्ड्न मैकेनिकल वर्क्स नजदीक पॉवर हाऊस, रूड़की रोड़, मुजफ्फरनगर (यू.पी.)		डिस्क हैरो, 9 टाईन टिलर, टाईन टिलर, थ्रेसर, लेवलर
149	M/s Gujarat Forgings Ltd., Opp. P.D.T.C. Ajit Industrial Estate P.Box No. 1004, Rajkot-36003 (Guj.)	Ph.: 0281-387750/87751/387752 Fax: 0281-387751	Centripetal pumping sets and diesel engines
	मेसर्स गुजरात फोरजिग्स लि., अपोजिट पी.डी.टी.सी. अजीत इण्डस्ट्रीयल एस्टेट पो.बा. 1004, राजकोट–360003 (गुजरात)		सेंटरीपेटल पम्पिंग सेट एवं डीजल इंजिन्स
150	M/s Ganjoo Agencies, A-296, Majlis Park, Azadapur, Delhi-33	Ph.: 011-7411874 Fax.: 011-743358	5 tyne cultivator, Hi-Tech bracket, assembly, light weight power tillers
	मेसर्स गंजू एजेंसीज, ए–296, मजलिस पार्क, आजादपुर, दिल्ली–33		5 टाईन कल्टीवेटर, हाई–टैक ब्रेकेट, एसेम्बली लाईट वेट पावर टिलर्स
151	M/s. Girish Agro Pvt. Ltd. 4, Mile Stone Basari Road, Near Basari Village, Gurgaon (Haryana)	Ph.: 329151	Trolley, trailed type harrow with transport wheels, rigid and cultivator, leveler, poultry feed grading and mixing machine

	मेसर्स गिरीश एग्रो प्रा.लि. 4, माईल स्टोन, बसई रोड़, नजदीक बसई गाँव, गुड़गाँव (हरियाणा)		ट्रॉली, ट्रेलड टाईप हैरो विद ट्रांसपोर्ट व्हील्स, रिजल्ड़ एवं कल्टीवेटर, लेवलर, पाल्टरी फीड़ ग्रेडिंग एवं मिक्सिंग मशीन
152	M/s Gurunanak Agril. Implements Railway Road, Pataudi, Gurgaon (Haryana)	Ph.: 6374172	Tractor trolley, trailer type, disc harrow, rigid and spring type cultivator
	मेसर्स गुरूनानक एग्रीकल्चरल इम्पलीमेंन्टस रेलवे रोड़, पटौदी, गुड़गाँव (हरियाणा)		ट्रैक्टर ट्रॉली, ट्रेलर टाईप, डिस्क हैरो, रिज्ड़ एवं स्प्रिंग टाईप कल्टीवेटर
153	M/s Gurunanak Agril. Industries G.T. Road, Opp. Bus Stand, Khurja-203131 (U.P.)	Ph.: 05738-42299	Cultivator, seed drill, trailer type disc harrow, potato planter, ridger, leveler, cultivator, maize sheller, trolley, paddy thresher, tractor mounted vertical conveyor reaper
	मेसर्स गुरूनानक एग्री. इण्डस्ट्रीज जी.टी. रोड़, अपोजिट बस स्टैन्ड, खुर्जा–203131 (उ.प्र.)		कल्टीवेटर, सीड़ ड्रिल, ट्रेलर टाईप डिस्क हैरो, आलू प्लान्टर, रीजर, लेवलर, कल्टीवेटर, मेज शैलर, ट्रॉली, पैड़ी थ्रेशर, ट्रैक्टर माऊंटिड़ वर्टीकल कनवेयर रीपर
154	M/s H.T.C. Diesel Engines Pvt. Ltd. Beaumon Chambers, 27/33, Nagindas Master Road, Mumbai-23	Ph.: 022-265188/2653892 Fax.: 022-2650548	Air cooled diesel engine
	मेसर्स एच.टी.सी. डीजल इंजन्स प्रा.लि. बियुमन चैम्बर्स, 27 / 33, नागिनदास मास्टर रोड़, मुम्बई–23		एयर कूल्ड़, डीजल इंजन

155	M/s Haryana Agro Industries Roorkee Road, Near Saharanpur Bus Stand, Muzaffarnagar (UP)	Ph.: 441269/442241	Disc. harrow, cultivator, wheat thresher tractor trolley
	मेसर्स हरियाणा एग्रो इंडस्ट्रीज रूड़की रोड़, नियर साहरनपुर बस स्टैंण्ड़, मुजफ्फरनगर (उ.प्र.)		डिस्क हैरो, कल्टीवेटर, गेहूँ थ्रेसर ट्रैक्टर ट्रॉली
156	M/s Haryana Agro Industries Corporation Ltd., Agro Engineering Work shop, Nilokheri-132117(Haryana)	Ph.: 662246/66255	Disc harrow, seed treatment drum, seed cum fertilizer drill, groundnut digger, maize shelter, wheat thresher, sugarcane planter
	मेसर्स हरियाणा एग्रो इण्डस्ट्रीज कारपोरेशन लि., एग्रो. इन्जीनियरिंग वर्कशोप, निलोखेडी–1321117 (हरियाणा)		डिस्क हैरो, सीड ट्रीटमेंन्टस ड्रम, सीड कम फर्टीलाईजर ड्रिल, ग्राऊंडनट डीगर, मेज शेल्टर, गेहूँ थ्रेसर, शुगरकेन प्लांटर
157	M/s HIMCO5C, Industries Estate, Collector Ganj,-243502, Bareilly (U.P.)	Ph.: 0581-480856	Land leveler, border disc harrow, disc plough, cultipacker, subsoiler, Chaff cutter, Hay bailer
	मेसर्स हिमको 5–सी, इण्डस्ट्रीज एस्टेट, कलेक्टर गंज–243502, बरेली (उ.प्र.)		लैंड लेवलर, बोर्डर डिस्क, हैरो, डिस्क प्लाऊ, कल्टीपैकर, सबसोलर, चफ कटर, हे बेलर
158	M/s Hymatic Agro Equipment Pvt. Ltd., 31, Kanchan House, Karampura Commercial Complex, New Delhi-110015	Ph.: 011-5421677/7119327 Fax.: 011-5458097/5464933	Knapsack sprayer, power spryer, hand compression sprayer, hi-tree sprayers, hand rotary duster

	मेसर्स हाइमैटिक एग्रो इक्व्यूपमेन्ट प्रा.लि. 301, कंचन हाऊस, करमपुरा कॉमर्शियल कम्पलैक्स, नई दिल्ली–110015		नेपसेक स्प्रेयर, पावर स्प्रेयर, हैंड कम्परीजन स्प्रेयर, हाई–ट्री स्प्रेयरस, हैंड रोटरी डस्टर
159	M/s Himachal Pradesh Agro Industries Corpn. Ltd., Nigam Vihar, Shimla - 171002 (HP)	Ph.: 0177-223792/223811/221729 Fax.: 0177-22792	Shovel, pickaze, beaters, kudali, digging fork, kassies, sledge, hammers & gardening tools etc.
	मेसर्स हिमाचल प्रदेश एग्रो इंडस्ट्रीज कारपोरेशरन लि., निगम विहार, शिमला – 1710002 (हिमाचल प्रदेश)		शोवल, पिकाज, बीटर्स, खुदली डीगिंग फोरक, काईसिस, सेलेज हैमर्स एवं गार्डनिंग टूल्स इत्यादि।
160	M/s Hindustan Foundry & Engg. Work, Railway Road, Sampla(Haryana)	Ph.: 012621-63224/53270	Mounted type offset harrow, sugarcane crusher, trailers & cultivator
	मेसर्स हिन्दुस्तान फाऊंडरी एन्ड़ इंजीनियरिंग वर्क, रेलवे रोड, सम्पला (हरियाणा)		माऊंटिड़ टाईप आफसेट हैरो, शुगरकेन क्रेशर, ट्रेलर्स एवं कल्टीवेटर
161	M/s Hindustan Pvt. Ltd. Goniana Road, Bhatinda (Punjab)	Ph.: 5381496	Seed cleaner and graders
	मेसर्स हिन्दुस्तान प्रा.लि., गुनियाना रोड़, भटिन्ड़ा (पंजाब)		सीड़ क्लीनर एवं ग्रेडर्स
162	M/s. Harvel Aqua India Pvt. Ltd. 304, Meghdoot, 94, Nehru Place, New Delhi-19	Ph.: 011-26485365/26413370 Fax.: 011-26464819	Oscillating sprinkler, seateurs, circular sprinkler, turbo sprinkler irrigation system and accessories

	मेसर्स हर्बल एक्वा इण्डिया प्रा.लि. 304, मेघदूत, 94 नेहरू प्लेस, नई दिल्ली		ऑक्सीलेटिंग स्प्रिंकलर, सिट्रयरस, सरकुलर स्प्रिंकलर, टरबो स्प्रिंकलर, इर्रीगेशन सिस्टम एवं एकसेरीज
163	M/s Hindsons Pvt. Ltd. The Lower Mall, Patiala (Punjab)	Ph.: 5381496	Tractor drawn seed-cum-fertilizer drill etc.
	मेसर्स हिंडसन्स प्रा.लि. दि लोअर माल, पटियाला (पंजाब)		ट्रैक्टर ड्राम सीड़ कम फर्टीलाईजर ड्रिल इत्यादि।
164	M/s Haryana Agro Industries, Near Saharanpur Bus Stand, Opp. Maya Place, Roorkee Road, Muzaffarnagar (UP)	Ph.: 0131-442241/407035/ 441267	Trailed harrow, trollies and cultivators, ridger, leveler
	मेसर्स हरियाणा एग्रो इंडस्ट्रीज, नजदीक सहारनपुर बस स्टैंन्ड, अपोजिट माया पैलेस, रूड़की रोड़, मुजफ्फरनगर (उ.प्र.)		ट्रेल्ड़ हैरो, ट्रौली एण्ड़ कल्टीवेटरस, रीजर, लेवलर
165	M/s Haryana Agril. Imeplements Shyam Nagar, G.T. Road, Karnal (Haryana)	Ph.: 0184-252847	T.D. Cultivator
	मेसर्स हरियाणा एग्रीकल्चरल इम्पलीमेंन्ट्स श्याम नगर, जी.टी. रोड़, करनाल (हरियाणा)		टी.डी. कल्टीवेटर
166	M/s Harbans Lal Kundanlal HSDDC, Karnal (Haryana)	Ph.: 0184-256116	T.D. Harrow, Cultivator

	मेसर्स हरबंस लाल कुंदनलाल एच.एस., डी.डी.सी. करनाल (हरियाणा)		टी.डी. हैरो, कल्टीवेटर
167	M/s Hari Om Machinery Stores New Subzi Mandi, Sasni, Hathras (UP)	Ph.: 0572-20755	T.D. tiller, T.D. harrow, Trolley
	मेसर्स हरिओम मशीनरी स्टोर्स नई सब्जी मण्ड़ी, सासनी, हाथरस (उ.प्र.)		टी.डी. टिलर, टी.डी. हैरो, ट्रोली
168	M/s Hunjan Agro Industries Jarg Chowk, Maler Kotla-148023 (Punjab)	Ph.: 53724	Wheat threshers, combine harvester, straw reaper, seed cum fertilizer drill, cultivators etc.
	मेसर्स हनजन एग्रो इंडस्ट्रीज जर्ग चौक, मेलर कोटला–148023 (पंजाब)		गेहूँ थ्रेसर, कम्बाईन हारवेस्टर, स्ट्रा रीपर, सीड़ कम फर्टीलाईजर ड्रिल, कल्टीवेटरस इत्यादि।
169	M/s Heera Agro Industries Jarg Road, Nabha-147201 (Punjab)	Ph.: 20400/70563	Combiner harvester, straw reaper and other agricultural implements
	मेसर्स हीरा एग्रो इंडस्ट्रीज जार्ग रोड़, नाभा–147201 (पंजाब)		कम्बाईन हारवेस्टर, स्ट्रा रीपर एवं अदर एग्रीकल्चरल इम्पलीमेंन्ट्स
170	M/s HSF Food Product Pvt. Ltd. Dabwali Road, Opp. Air Force Station, Sirsa (Haryana)	Ph.: 20239/25239 Fax.: 25293	Rice milling, equipment and machines
	मेसर्स एच.एस.एफ. फुड़ प्रोडेक्ट प्रा.लि. दबवाली रोड़, अपोजिट एयर फोर्स स्टेशन, सिरसा (हरियाणा)		राईस मिलिंग इक्वीपमेंट एवं मशीनस

171	M/s Hari Singh & Sons Railway Road, Pataudi, Gurgaon (Haryana) मेसर्स हरी सिंह एण्ड सन्स रेलवे रोड़, पटौदी, गुड़गाँव (हरियाणा)	Ph. 6374648	Tractor trolley, tractor drawn disc harrow, rigid and spring loaded cultivator ट्रैक्टर ट्रॉली, ट्रैक्टर ड्रन डिस्क हैरा, रीजड़ एण्ड़ स्प्रिंग लोडिंड कल्टीवेटर
172	M/s Hind Agri Works Salabat Pura Road, Village Bhai Rupa, Bhatinda (Punjab) मेसर्स हिन्द एग्री वर्क्स सलाबत पुरा रोड़, गाँव भाई रूपा, भटिण्ड़ा (पंजाब)	Ph.: 01651-30537	Bucket type tractor drawn leveler, harrow, cultivator etc. बुकेट टाईप ट्रैक्टर ड्रन लेवलर, हैरा, कल्टीवेटी इत्यादि।
173	M/s Hind Agro Products Budhana Road, Khatauli, Distt. Muzaffarnagar (UP) मेसर्स हिन्द एग्रो प्रोड़क्ट्स, बुढ़ाना रोड़, खतौली, जि. मुजफ्फरनगर (उ.प्र.)	Ph.: 72695 ®	Tractor cultivator, harrow leveler, ridger ट्रैक्टर कल्टीवेर, हैरा लेवलर, रीजर
174	M/s Haryana Agricultural Works Near Bye pass, Railway Road, Muzaffarnagar (UP) मेसर्स हरियाणा एग्रीकल्चरल वर्क्स नजदीक बाईपास, रेलवे रोड़, मुजफ्फरनगर (उ.प्र.)	Ph.: 73156	Tractor drawn, trailed type harrow, leveler and cultivator ट्रैक्टर ड्रन, ट्रैल्ड़ टाईप हैरो, लेवलर एण्ड़ कल्टीवेटर

175	M/s Hasan Taj Agricultural Works Karana Road, Shamli, Muzaffarnagar (UP)	Ph.: 51908	Bullock drawn, iron plough, cultivator and harrow
	मेसर्स हसन ताज एग्रीकल्चरल वर्क्स कैराना रोड़, शामली, मुजफ्फर नगर (उ.प्र.)		बुलक ड्रन, आयरन प्लाऊ, कल्टीवेटर एवं. हैरो
176	M/s Hind Agricultural Works Karana Road, Shamli, Muzaffarnagar (UP)	Ph.: 74180	Trailed type harrow, tiller, bullock drawn cultivator and trolley
	मेसर्स हिन्द एग्रीकल्चरल वर्क्स कराना रोड़, शामली, मुजफ्फर नगर (उ.प्र.)		ट्रेल्ड़ टाईप हैरो, टिलर बुलक ड्रान कल्टीवेटर एवं ट्रॉली
177	M/s Indo German Agr. Sprayers Pressing Works P.Box No. 125, Near Chand Cinema, G.T. Road, Ludhiana-8 (Pb)	Ph.: 0161-741999/744648 Fax.: 0161-745366 E-mail: inquiry@kisan76.com Web: www.kisan76.com	Hand compression sprayers, hand rotary sprayer, foot operated sprayers, knapsack sprayer, hand rotary duster, engine operated power sprayer cum duster, tractor operated sprayers
	मेसर्स इण्डो जर्मन एग्रीकल्चरल स्प्रेयर्स प्रेसिंग वर्क्सपोस्ट बाक्स न. 125, निकट चाँद सिनेमा, जी.टी रोड़, लुधियाना–141008 (पंजाब)		हैंड कम्परीजन स्प्रेयरस, हैंड रोटरी स्प्रेयर, फुट ओपरेटिड़ स्प्रेयरस, नेपसेक स्प्रेयर, हैंड रोटरी डस्टर, इंजिन ओपरेटिड़ पावर स्प्रेयर कम डस्टर, ट्रैक्टर ओपरेटिड़ स्प्रेयर

178	M/s Indo German Industries 1, S.B. Borai Road, Asansol (WB)	Ph.: 202706/202906 Fax.: 202906	Power tiller and its attachments
	मेसर्स इंडो जर्मन इंडस्ट्रीज 1, एस.बी. बोरई रोड़, आसनसोल (वैस्ट बंगाल)		पावर टिलर एवं अटैचमेन्ट
179	M/s Industrial Chains A-8 to 12, Industrial Estate, Sirhind Road, Patiala (Punjab)	Ph.: 72685/21449	Self propelled combine harvester
	मेसर्स इंडस्ट्रीयल चैन्स, ए–8 टू 12, इंडस्टीयल एस्टेट, सिरहीन्द रोड़, पटियाला (पंजाब)		सेल्फ प्रोपल्ड़ कम्बाईन हारवेस्टर
180	M/s Indus Food Product & Equipments Ltd., 238/B, Acharya J.C. Bose Road, Calcutta-700 020 (WB)	Tel.: 033-2478503/2471962 Fax.: 033-2471874	Paddy parboiling & drying plants
	मेसर्स इंडयूस फूड़ प्रोड़क्ट्स एन्ड़ इक्वीपमेंन्ट्स लि. 238/बी, आचार्य जे.सी. बोस रोड़, कलकता–700020 (वेस्ट बंगाल)		पैड़ी परबॉयलिंग एण्ड़ ड्राईंग प्लान्ट्स
181	M/s Indoxy Industrial Products 418, Kalas Alandi Road, Pune - 411 015 (MS)	Ph.: 61770	Bullock driven pump for pumping water
	मेसर्स इण्डोसी इंडस्ट्रीयल प्रोड़क्ट्स 418, कलास आलंड़ी रोड़, पुणे–4110015 (महाराष्ट्र)		बुलोक ड्राईवन पम्प फोर पम्पिंग वाटर

182	M/s Indson Farm Machinery Traders Post Box No. 137, G.T. Road, Jalandhar-1 (Punjab)	Ph.: 224762/225282	Harrows, Tillers, Levellers. Ploughs, Seed drills, Planters, Diggers, Trailers
	मेसर्स इन्डसन फार्म मशीनरी ट्रेडर्स पोस्ट बाक्स नं. 137, जी.टी. रोड़, जालन्धर–01 (पंजाब)		हैरोस, टिलर्स, लेवलरस, प्लगस, सीड़ ड्रिलस, प्लांटर्स, डिगर्स, ट्रेलर्स
183	M/s Implement Factory Satyanagar, Bhubaneswar-7 (Orissa)		Mould board plough, Cast iron plough, Disc. harrow, three row, seed drill, trench hoe, maize sheller etc.
	मेसर्स इम्पलीमेन्ट्स फैक्टरी सत्यानगर, भुवनेश्वर–7 (उड़ीसा)		मोल्ड़ बोर्ड प्लघ, कास्ट आयरन प्लघ, डिस्क हैरो, थ्री रो, सीड़ ड्रिल, ट्रन्च हो, मेज शैलर इत्यादि
184	M/s. International Tractor Ltd. Vill. Chak Gurajat Piplanwala, Jalandhar Road, Hoshiarpur (Punjab)-01	Ph.: 0882-60164/60165 Fax.: 01882-60062/22756	Wheat thresher & tractor operated vertical conveyor reaper, combine harvester
	मेसर्स इन्टरनेशनल ट्रैक्टर लि. गाँव चैक गुजरात पिपलानवाला, जालन्दर रोड़, हौशियारपूर (पंजाब)–146001		गेहूँ थ्रेशर एण्ड़ ट्रैक्टर ओपरेटिड़ वर्टीकल कनवेयर रीपर, कम्बाईन हारवेस्टर
185	M/s. Ishtyak Ahmd & Sons 3/10, Categorized Market, New Kabar Khana, Bhopal (M.P.)	Ph.: 734905	Seed drill, reaper, trolley, cultivator

	मेसर्स ईश्त्याक अहमद एण्ड सन्स 3/10, केटेराईजड़ मार्केट, नई कवाड़ खाना, भोपाल (म.प्र.)		सीड ड्रिल, रीपर, ट्रॉली, कल्टीवेटर
186	M/s Ishwar Agro Industries Kharkhoda Road, Sampla- 124501, Distt. Rohtak (Haryana)	Ph.: 01262-263378	Water tanker, Trailers
	मेसर्स ईश्वर एग्रो इण्डस्ट्रीज, खरखोदा रोड़, साँपला– 124501, जि. रोहतक (हरियाणा)		वाटर टेंकर, ट्रैलर्स
187	M/s Indian Agril. Implements Namaste Chowk, G.T. Road, Karnal (Haryana)	Ph.: 0184-250625	T.D. harrow, T.D. tiller, T.D.MB plough, T.D. leveler
	नमस्ते चौक, जी.टी. रोड़, करनाल (हरियाणा)		टी.डी. हैरो, टी.डी. टिलर, टी.डी. एम.बी. प्लाऊ, टी.डी. लेवलर
188	M/s International Mfg. Company Hospital Road, Jagraou, Distt. Ludhiana	Ph.: 404567	Hira threshers, Dummy threshers, Disc harrow
	मेसर्स इंटरनेशनल मेन्यूफैक्चरर्स कम्पनी अस्पताल रोड, जागरऊ, जि. लुधियाना		हीरा थ्रेशर, डमी थ्रेशर, डिस्क हैरो
189	M/s JNP Agro Systems Pvt. Ltd. No. 15, Poes Road, III Street, Teynampat, Chennai-18	Ph.: 044-4347985/453286 Fax.: 044-8284982	Hole, digger, rotary tiller & ditcher, sugarcane harvester, electricity generators

	मेसर्स जे.एन.पी. एग्रो सिस्टमस प्रा.लि. नं. 15, पोज रोड़, तीसरा स्ट्रीट, तेनमपत, चैन्नई–18		होल, डाईगर, रोटरी टिलर एवं डिचर, शुगरकेन हारवेस्टर, इलैक्ट्रीसिटी जनरेट्रर्स
190	M/s Jain Irrigation System Ltd. Jain Industrial Complex, P.O.B. No. 72, Jalgaon–425001 (Maharashtra)	Ph: 0753201/2573201	Sprinler and drip irrigation system
	मेसर्स जैन इर्रीगेशीन सिस्टम लि. जैन इण्डस्ट्रीयल कम्पलैक्स, पो.ब.नं.–72, जलगाँव–425001 (महाराष्ट्र)		स्प्रिंकलर एण्ड़ ड्रिप इर्रीगेशन सिस्टम
191	M/s Jadhao Agro Industries Pvt. Ltd. Shed No. A38, M.I.D.S. Area, Amravati (MS)	Ph.: 0721-677907/675352	Different type of cultivators
	मेसर्स जाधो एग्रो इंडस्ट्रीज प्रा.लि. शेड़ नं. ए–38, एम.आई.डी.एस. एरिया, अमरावती (महाराष्ट्र)		डिफरेंट टाईप आफ कल्टीवेटरस
192	M/s Jadhu Engg. Works Majestic Road, Moga (Punjab)	Ph.: 01636-23204	Potato planter, potato digger
	मेसर्स जडू इंजीनियरिंग वर्क्स मजैस्टिक रोड़, मोगा (पंजाब)		आलू प्लांन्टर, आलू डाईगर
193	M/s. Jhandiana Mechanical Works Akalsar Road, Moga-1 (Punjab)	Ph.: 01636-225113650	Straw combine (Reaper)

	मेसर्स झडियाना मैकेनिकल वर्क्स अकालसर रोड़, मोगा–01 (पंजाब)		स्ट्रा कम्बाईन (रीपर)
194	M/s Jhalani Agro Industries Pvt. Ltd. 303, Bomikhal, Cuttack Road, Bhubaneswar - 751010 (Odisha)	Ph.: 0674-480341/480342 Fax.: 481541	Paddy thresher, Hand pump, Trench hoe, Rake weeder, Fork hoe, Garden rake plough, Puddler, Ground nut decorticator
	मेसर्स झलानी एग्रो इंडस्ट्रीज प्रा.लि. 303, बोमीखल, कटक रोड़, भुवनेश्वर – 751010 (उड़ीसा)		पैड़ी थ्रेशर, हैंड पम्प, ट्रेन्च हो, राक वीड्र, फार्क हो, गार्डन राक प्लघ, पड़लर, ग्राऊंडनट डेकोरेटरीकेटर
195	M/s Jindal Aluminium Ltd. 16th K.M. Tumkur Road, Bangalore	Ph.: 0145-38697/560073 Fax.: 0145-305	Electrical motors, vertical non clog pumps, Sprinkler irrigation system
	मेसर्स जिन्दल एल्युमिनियम लि. सोलवाँ के.एम. तुमकुर रोड़, बंगलौर		इलैक्ट्रीकल मोटर्स, वर्टीकल नोन क्लोग पम्पस, स्प्रिकलर इर्रीगेशन सिस्टम
196	M/s Jyoti Industries Opp. New Bus Stand, Pandri, Raipur-492004 (M.P.)	Ph.: 426721/426159	Paddy winnowing fan, wheat and paddy thresher, Paddy puddler, Paddy drum seeder Chaff cutter
	मेसर्स ज्योति इण्डस्ट्रीज, अपोजिट नई बस स्टैन्ड, पण्ड्री, रायपुर–492004 (म.प्र.)		पेड़ी विनोइंग फैन, गेहूँ एवं पैडी थ्रेशर, पेड़ी पड़लर, पैडी ड्रम सीडर चफ कटर
197	M/s Jet Agro Agriculture & Equipment, 298, Onkar Nagar, B- Trinagar, Delhi-35	Ph.: 011-7194672/7196675 Fax.: 011-7196675	Power sprayer, knapsack sprayer, Hand compression sprayer, Foot sprayer

	मेसर्स जेट एग्रो एग्रीकल्चर एण्ड इक्यूपमेन्ट्स, 298/27, ओंकार नगर, बी; त्रि नगर, दिल्ली–110035		पावर स्प्रेयर, नेपसेक स्प्रेयर, हैंड कम्परिजन स्प्रेयर, फुट स्प्रेयर
198	M/s Jai Bharat Engineering Works Jhajjar Road, Sampla (Haryana)		T.D. Cultivator, Harrow, Trolley, T.D. Bund Maker
	मेसर्स जय भारत इंजीनियरिंग वर्क्स झझर रोड़, साँपला (हरियाणा)		टी.डी. कल्टीवेटर, हैरो, ट्रॉली, टी.डी. बंड मैकर
199	M/s Jaihind Works, Kharkhoda Road, Sampla (Haryana)		T.D. Cultivator
	मेसर्स जयहिन्द वर्क्स खरखोदा रोड़, सम्पला (हरियाणा)		टी.डी. कल्टीवेटर
200	M/s Jai Baba Mast Ram Kharkhoda Road, Sampla (Haryana)		T.D. Harrow
	मेसर्स जय बाबा मस्त राम खरखोदा रोड़, सम्पला (हरियाणा)		टी.डी. हैरो
201	M/s Jai Kisan Agril. Implements Shyam Nagar, G.T. Road, Karnal	Ph.: 0184-277742	T.D. Tiller, Tynes, Springs Discs
	मेसर्स जय किसान एग्रीकल्चरल इम्पलीमेन्ट्सशाम नगर, जी.टी. रोड, करनाल (हरियाणा)		टी.डी. टिलर, टाईनस, स्प्रिंगस डिस्कस

202	M/s Jaihind Agriculture Industries 111, Gazawali Roorkee Road, Opp. Pal Dharamshala, Muzaffarnagar-251001 (U.P.) मेसर्स जयहिन्द एग्री. इण्डस्ट्रीज 111, गजावली रूड़की रोड़, अपोजिट पाल धर्मशाला, मुजफ्फरनगर–251001	Ph.: 0131-402539	Trailed type disc harrow, 9 tyne tiller, Ridger, Seed drill etc, ट्रयल्ड़ टाईप डिस्क हैरो, 9 टाईन टिलर, रीजर, सीड ड्रिल इत्यादि।
203	M/s Jaswant Engineering Works Jungra Kulara Road, Sunam (Pb) मेसर्स जसवंत इंजीनियरिंग वर्क्स जंगरा कालरा रोड़, सुनम (पंजाब)		Straw reaper and combine harvesters स्ट्रा रीपर एवं कम्बाईन हारवेस्टर्स
204	M/s John Footer (India) Ltd. Sarjapur Road, Bangalore–560034 मेसर्स जॉन फुटर (भारत) लि. सरजापुर रोड़, बंगलौर–560034	Ph.: 080-55330026 Fax: 080-5533228	Pre-cleaner and Fine cleaner प्री–क्लीनर एवं फाईन क्लीनर
205	M/s Jai Kisan Agro Equipment Pvt. Ltd., Plot No. 14(1), Kolhar Indul. Area, Bidar–585403 (MS) मेसर्स जय किसान एग्रो इक्वीपमेन्ट्स प्रा.लि., प्लाट नं. 14(1), कोलहार इंडस्ट्रीयल एरिया, बिदर–585403 (महाराष्ट्र)	Ph.: 08482-32040/32255 Fax.: 08482-27979	Rocker sprayer, Hand operating Knapsack sprayer, Motor sprayer, Compression sprayer रोकर स्प्रेयर, हैंड आपरेटिंग नेपसेक स्प्रेयर, मोटर स्प्रेयर, कम्प्रेसन स्प्रेयर

206	M/s Jai Kishan Agricultural Works Karana Road, Shamli, Muzaffarnagar	Ph.: 74062	Bullock drawn iron plough, ridger
	मेसर्स जय किशन एग्रीकल्चरल वर्क्स कराना रोड़, शामली, मुजफ्फर नगर (उ.प्र.)		बैल चलित हल, रीजर
207	M/s Jyoti Industries, Opp. New Bus Stand, Pandri, Raipur-492004 (M.P.)	Ph.: 426721/426159	Paddy winnowing fan, wheat and paddy thresher, paddy puddler, Paddy drum seeder chaff cutter
	मेसर्स ज्योति इण्डस्ट्रीज, अपोजिट न्यू बस स्टैन्ड, पण्ड्री, रायपुर–492004 (म.प्र.)		पैडी विनाइंग पंखा, गेहूँ एवं पैडी थ्रेशर, पैडी पड़लर, पैडी ड्रम सीड़र चफ कटर
208	M/s K.C. Agro Aids P.O. Box No. 77, Delhi By Pass, G.T. Road, Karnal - 132001 (Haryana)	Ph.: 0184-24010/21190/24366	Spare parts of power chaff cutter
	मेसर्स के.सी. एग्रो एड्स, पी.ओ. बॉक्स नं. 77, दिल्ली बाईपास, जी.टी. रोड़, करनाल–132001 (हरियाणा)		स्पेयर पार्ट्स आफ पावर चफ कटर
209	M/s Karnataka Agro Industries Corpn. Ltd.Hebbal, Bangalore - 560024	Ph.: 70077/62483	Trailer, Cage wheels, Cultivator, Tobacco press, M.B. plough, Disc plough, Blade harrow, Rotary oil mill. Filters, Press
	मेसर्स कर्नाटक एग्रो इंडस्ट्रीज कारपोरेशन लि. हेबल, बंगलौर–560024 (कर्नाटक)		ट्रेलर, केज ब्हील्स, कल्टीवेटर, टुबेको प्रेस, एम.बी. प्लाऊ, डिस्क प्लाऊ, ब्लैड़ हैरो, रोटरी ऑयल मिल, फिल्ट्र्स प्रेस

210	M/s. Kalsi Metal Works Bosti Bawa Khel, Kapurthala Road, Jallandhar City-144002 (Punjab) मेसर्स कलसी मेटल वर्क्स बस्ती बावा खेल, कपूरथला रोड़, जालन्धर सिटी–14402 (पंजाब)	Ph.: 0181-252601-04 Fax.: 0181-252606 E-mail: kalsi@nde.vsnl.net.in	Centrifugal, Submersible Mono Block pumps सेंन्टरीफ्यूगल, सबमर्सिबल मोनो ब्लाक पम्पस
211	M/s. Kamco Kerala Agro Machinery Corporation Ltd., Regd. Office Athani-683585, Arnakulam Distt. (Keraka) मेसर्स काम्को केरल एग्रो मशीनरी कारपोरेशन लि., रजि. ऑफिस अन्ताणी–683585, एर्नाकुलम जिला (केरल)	Ph.: 0484-474301/474302 Fax.: 0484-474589	Power tiller, Self propelled vertical conveyor reaper, Diesel engine पॉवर टिलर, सेल्फ प्रोपल्ड़ वर्टीकल कनवेयर रीपर, डीजल इंजन
212	M/s Khalsa Iron Works, 20/5, Railways Road, Narela, Delhi-40 मेसर्स खालसा आयरन वर्क्स 20/5, रेलवे रोड़, नरेला, दिल्ली–40	Ph.: 011-89210	Thresher, Winnower, Disc harrow, Leveller, Rigid cultivator थ्रेशर, विनोवर, डिस्क हैरो, लेवलर, रीजिड़ कल्टीवेटर
213	M/s Krishak Industries,18-3-14, Chatrimaka Lal, Darwaza, Hyderabad-500253 (AP)	Ph. 61680/56038	Harvester, Winnower, Power thresher, Sunflower cum-maize thresher, Puddler, Bund former, cultivator, Ferti seed drill paddy weeder, Plough of different types

	मेसर्स कृषक इंडस्ट्रीज 18–3–14, छतरीमाक लाल, दरवाजा, हैदराबाद–500253 (आन्ध्र प्रदेश)		हारवेस्टर, विनोवर, पॉवर थ्रेशर, सनफ्लोवर कम–मेज थ्रेशर, पड़लर, बंड फार्मर, कल्टीवेटर, फर्टी सीड़ ड्रिल वीडर, प्लाऊ डिफरेंट टाइप्स
214	M/s Kisan Krishi Yanra Udyog 18-C, Pokharpur Lal Bungalow, Kanpur-208010	Ph.: 350753/350819 Fax.: 351671	Rice mill, Portable Ghani, Fibre machines, Seed processing equipments
	मेसर्स किसान कृषि यंत्र उद्योग 18–सी, पोखरपुर लाल बंगला, कानपुर–208010		राईस मिल, पोर्टबल घानी, फाईबर मशीनस, सीड प्रोसेसिंग इक्वीपमेंटस
215	M/s Kisan Yantra Udyog, 64, Murti Bhawan, Collectorganj, Kanpur (UP)	Ph.: 268945/252554/ 350819/350753 Fax.: 369118/351671	Rice polisher, rubber role, sheller
	मेसर्स किसान यंत्र उद्योग, 64, मूर्ति भवन, कलक्टरगंज, कानपुर (उ.प.)		राईस पॉलिशर, रबर रोल, सेलर
216	M/s Krushi Sadhan Kendra Post Box No. 28, Mahadeo Nagar, Bilimora (Gujarat)		Multi purpose cultivator, Jai hind hoe, Bullock hoe, Kisan plough, Ridger plough, Land leveler, Gujarat weeder, Puddler, Paddy weeder, Hand harrow, Winnowing fan, Seed dressing drum
	मेसर्स कृषि साधन केन्द्र, पो.बा. नं. 28, महादेव नगर, बिलीमोरा (गुजरात)		मल्टी परपज कल्टीवेटर, जय हिन्द हो, बुलोक हो, किसान प्लाऊ, रीजर प्लाऊ, लैंड लेवलर, गुजरात वीडर, पडलर, पेड़ी

			वीडर, हैंड हैरो, विनाइंग फेन, सीड ड्रेसिंग ड्रम
217	M/s Kumaon Nursery (Regd. 1945) Ram Nagar, Nainital - 244715 (UP)	Ph.: 85339	Horticultural implement and Plant protection equipment (hand tools & sprayer)
	मेसर्स कुमाऊ नर्सरी (रजि. 1945) राम नगर, नैनीताल – 244715 (उ.प्र.)		हॉर्टीकल्चरल इम्पलीमेंन्ट एवं प्लांट प्रोटेक्शन इक्वीपमेन्ट (हैंड टूल्स एवं स्प्रेयर)
218	M/s. Krishi Seva, Shed No. 83/1 and Plot No. 76. GIDC, Industrial Estate, Naroda, Admedabad-30 (Gujarat)	Ph.: 079-2820510/641725/6403918 Fax.: 079-6466255/2840087/2822361	Crop dryers, Air screener cum grader, Spiral separator, Automatic bag filling machines, Bucket elevators
	मेसर्स कृषि सेवा सेड़ नं. 83/1, प्लाट नं. 76, जी.आई.डी.सी. इण्डस्ट्रीयल एस्टेट, नरोदा, अहमदाबाद– 382330 (गुजरात)		क्रोप ड्रायर, एयर स्क्रीनर कम ग्रेडर, स्पाईरल सेपरेटर, ऑटोमेटिक बेग फिलिंग मशीनस, बुकेट मलिवेटरर्स
219	M/s Kamla Engg. Works, Near Punjab National Banks, Ismailabad, Distt. Kurukshetra-136129 (Haryana)	Ph.: 01744-52104 Fax.: 01744-52921	Pantnagar Zero till drill, Trailed type disc harrow, threshers etc.
	मेसर्स कमला इंजीनियरिंग वर्क्स नजदीक पंजाब नैशनल बैंक इस्माईलाबाद, जि. कुरूक्षेत्र (हरियाणा)		पंतनगर जीरो टिल ड्रिल, ट्रेल्ड टाईप डिस्क हैरो, थ्रेशर इत्यादि।

220	M/s Kisan Steels, Jalpura Bhopal Road, Devas (MP)	Ph.: 78784	Tractor mounted vertical reaper, Cultivator
	मेसर्स किसान स्टील्स जलपुरा भोपाल रोड़, देवास (म.प्र.)		ट्रैक्टर माऊंटिड़ वर्टीकल रीपर, कल्टीवेटर
221	M/s Kushwa Agro Trading Co. 39, Vashnav Stadium (Dhar Road), Indore (MP)	Ph.: 469389	Multi crop Thresher (5 HP to 25 HP)
	मेसर्स कुशवाह एग्रो ट्रेड़िंग क. 39, वैष्णव स्टेडियम (धार रोड़), इन्दौर (म.प्र.)		मल्टी क्राप थ्रेशर (5 एच.पी. टू 25 एच. पी.)
222	M/s Karan Industries, Industrial Area, Kurai Road, Bina–470113, Distt. Sagar (M.P.)	Ph.: 30051/30049	Seed drill, Thresher, trolley, Cultivator etc.
	मेसर्स करण इण्डस्ट्रीज इण्डस्ट्रीयल एरिया, कुरई रोड़, बीना –470113, जि. सागर		सीड ड्रिल, थ्रेशर, ट्रॉली, कल्टीवेटर इत्यादि।
223	M/s Kisan Agro Industries Jhajhar Road, Sampla (Haryana)	Ph.: 01262-63394	T.D. Harrow, Trolley, T.D. cultivator, T.D. Bund Maker, Tanker
	मेसर्स किसान एग्रो इंडस्ट्रीज, झझर रोड़, सम्पला (हरियाणा)		टी.डी. हैरा, ट्रॉली, टी.डी. कल्टीवेटर, टी. डी. बंड मेकर, टैंकर
224	M/s Karnal Agril. Implement Shyam Nagar, G.T. Road, Karnal	Ph.: 0184-260686/2251180	T.D. harrow, T.D. cultivator

	मेसर्स करनाल एग्रीकल्चरल इम्पलीमेंट्स श्याम नगर, जी.टी. रोड़, करनाल(हरियाणा)		टी.डी. हैरो, टी.डी. कल्टीवेटर
225	M/s Krishna Agril. Implements Old G.T. Road, Karnal (Haryana)		T.D. harrow, T.D. cultivator
	मेसर्स कृष्णा एग्रीकल्चरल इम्पलीमेंट्स ऑल्ड़ जी.टी. रोड़, करनाल (हरियाणा)		टी.डी. हैरा, टी.डी. कल्टीवेटर
226	M/s K.C. Agro Industries G.T. Road, Karnal (Haryana)		T.D. harrow, T.D. cultivator
	मेसर्स के.सी. एग्रो इंडस्ट्रीज जी.टी. रोड़, करनाल (हरियाणा)		टी.डी. हैरा, टी.डी. कल्टीवेटर
227	M/s Krishi Seva Udyog Foundry Nagar, Agra (UP)		Godam spades, T.D. cultivator
	मेसर्स कृषि सेवा उद्योग फाऊंडरी नगर, आगरा (उ.प्र.)		गोल्डन स्पेड़स, टी.डी. कल्टीवेटर
228	M/s Krishna Agro Industries Palwal (Haryana)		T.D. Harrow
	मेसर्स कृष्णा एग्रो इडस्ट्रीज पलवल (हरियाणा)		टी.डी. हैरा
229	M/s Krishna Agro Industries G.T. Road (Delhi bypass), Karnal	Ph.: 273160	Haramba and Multicrop threshers

	मेसर्स कृष्णा एग्रो इंडस्ट्रीज जी.टी. रोड़ (दिल्ली बाईपास) करनाल (हरियाणा)		हरम्बा एवं मल्टीक्राप थ्रेशरस
230	M/s Kartar Agro Industries Pvt. Ltd. Amloh Road, Bhadson-147202, Patiala (Pb)	Ph.: 01765-60136/60236	Self propelled, Combine harvesters
	मेसर्स करतार एग्रो इंडस्ट्रीज प्रा.लि. अमलोह रोड़, भड़सन–147202, पटियाला		सेल्फ प्रोपल्ड, कमबईन हारवेस्टरस
231	M/s K.S. Agro Tech (Regd.) Raikot Road, Malerkotla-148023 (Pb)	Ph.: 01675-59055/51467/53789	Combine harvester and Straw reaper
	मैसस के.एस. एग्रो टेक (रजि.) रायकोट रोड़, मेलार कोटर्ला–148023 (पंजाब)		कम्बाईन हारवेस्टर एवं स्ट्रा रीपर
232	M/s Karnal Agro Industries Dehradoon Road, Opp. Sapana Picture Hall, Saharanpur (UP)	Ph.: 420331, 727226 (Fac.) 722274 (Resi)	Harrow (trailed type), Tiller, Ridger and Leveller, bund maker, cage wheel
	मेसर्स करनाल एग्रो इंडस्ट्रीज देहरादून रोड़, अपोजिट सपना पिक्चर हॉल, सहरनपुर (उ.प्र.)		हैरो (ट्रेल्ड टाईप), टिलर, रीजर एवं लेवलर, बंड मेकर, केज ब्हील
233	M/s Karnal agricultural Work shop, Dehradoon Road, Roorkee Distt. Haridwar (Uttarakhand)		Trailed type disc harrow, Trolley, Tiller etc.

	मेसर्स करनाल एग्रीकल्चरल वर्कशॉप देहरादून रोड़, रूड़की, जि. हरिद्वार		ट्रेल्ड टाईप डिस्क हैरा, ट्रॉली, टिलर इत्यादि।
234	M/s Kartar Engineering Work shopNear Bus Stand, Sangrur (Punjab)	Ph.: 21005	Combine harvester and Straw reaper
	मेसर्स करतार इंजीनियरिंग वर्कशॉप नियर बस स्टैंड, संगरूर (पंजाब)		कम्बाईन हारवेस्टर एवं स्ट्रा रीपर
235	M/s Kisan Loha Udyog, Pataudi Road Haily Mandi, Gurgaon (Haryana)	Ph.: 0214-6374651	Tractor mounted cultivator, Tractor leveler, Trailed type disc harrow
	मेसर्स किसान लोहा उद्योग, पटौदी रोड़, हैली मंडी, गुड़गाँव (हरियाणा)		ट्रैक्टर चालित कल्टीवेटर, ट्रैक्टर लेवलर, डिस्क हैरो
236	M/s Khatauli Agriculture Repairing Works, Budhana Road, Khatauli, Distt. Muzaffarnagar (UP)	Ph.: 72649	Harrow, 12, 14 discs, Cultivator 8, 9 tyne
	मेसर्स खतौली एग्रीकल्चरल रिपेयरिंग वर्क्स बुधाना रोड़, खतौली, जि. मुजफ्फर नगर		हैरो. 12, 14 डिस्क, कल्टीवेटर 8, 9 टाईन
237	M/s Kiran Agriculture Works Budhana Road, Khatauli, Distt. Muzaffarnagar (UP)	Ph.: 72643	Tractor cultivator, Harrow ridger
	मेसर्स किरन एग्रीकल्चर वर्क्स, बुढ़ाना रोड़, खतौली, जि. मुजफ्फर नगर (उ.प्र.)		ट्रेक्टर कल्टीवेटर, हैरा रीजर

238	M/s Kishan Repairing Works Budhana Road, Khatauli, Distt. Muzaffarnagar (UP)	Ph.: 72611	Harrow 12, 14 discs, Tiller 8, 9 tyne
	मेसर्स किशन रिपेयरिंग वर्क्स, बुधाना रोड़, खतौली, जि. मुजफ्फर नगर (उ.प्र.)		हैरो 12, 14 डिस्कस, टिलर 8, 9 टाईन
239	M/s Kapoor Engineering Works Railway Road, Saharanpur (UP)	Ph.: 661450	12, 14 Disc harrow, Tiller, Leveller, Ridger
	मेसर्स कपूर इंजीनियरिंग वर्क्स रेलवे रोड़, सहारनपुर (उ.प्र.)		12, 14 डिस्क हैरा, टिलर, लेवलर, रीजर
240	M/s Kirpal Singh & Sons, Sagwan Chowk, Dabwali Road, Sirsa, Haryana	Ph.: 21553	Harmba cutter thresher
	मेसर्स किरपाल सिंह एंड सन्स, सागवान चौक, डबवाली रोड़, सिरसा, हरियाणा		हरम्बा कटर थ्रेशर
241	M/s Kishan Agro Industries Dehradoon Road, Distt. Saharanpur (UP)	Ph.: 661772/728430/536347	Tractor harrow, Tiller, Leveller
	मेसर्स किशान एग्रो इंडस्ट्रीज देहरादून रोड़, जि. सहारनपुर (उ.प्र.)		ट्रैक्टर हैरा, टिलर, लेवलर
242	M/s Laxmi Agro Industries Nishantpura, Baresia Road, Near Railway Road Crossing, Bhopal (M.P.)	Ph.: 42472/536347	Multicrop reaper, Tractor trolley, Thresher Cultivator, Water tanker, Plough, Seed drill, Hydro ram

	मेसर्स लक्ष्मी एग्रो. इण्डस्ट्रीज निशान्तपुरा बरेसिया रोड़, नियर रेलवे रोड़ क्रासिंग, भोपाल (म.प्र.)		मल्टीक्राप रीपर, ट्रैक्टर ट्रॉली, थ्रेशर कल्टीवेटर, वाटर टेंकर, प्लघ, सीड ड्रिल, हाइड्रो रम
243	M/s Laxmi Modern Rice Mill Suppliers, B-7A, Indl. Estate, Maula Ali, Hyderabad - 500 040	Ph.: 851137/631137	Miri rice mills, Paddy pre-cleaner, Paddy separator
	मेसर्स लक्ष्मी मॉडर्न राईस मिल सप्लार्यस बी–7ए, इंडस्ट्रीयल एस्टेट, मौलाअली, हैदराबाद–500040		मिनी राईस मिल्स, पेड़ी प्री क्लीनर, पेडी सेपरेटर
244	M/s Laxmi Industries, 4, Kall Prade, Near Cholla Road, Bhopal-18 (M.P.)	Ph.: 07543-75543/744387	Threshers, Reaper, Tractor trolleys, Seed drills, Cultivator, Water Tankers
	मेसर्स लक्ष्मी इण्डस्ट्रीज 4, काल प्राडे, छोला रोड़, भोपाल–462018 (म.प्र.)		थ्रेशर, रीपर, ट्रैक्टर ट्रॉली, सीड ड्रिल्स, कल्टीवेटर, वाटर टैंकर्स
245	M/s Laxmi Sales Corporation 219, Chetak Centre (Armex) 2nd Floor, R.N.T., Indore (MP)	Ph.: 0731-538328 Fax.: 0731-538328	Diesel engines, Mono block pumps, Jets domestic motor, Submersible pumps
	मेसर्स लक्ष्मी सेल्स कारपोरेशन 219, चेतक सेन्टर (आरमेक्स) दूसरा फ्लोर, आर.एन.टी., इन्दौर (म.प्र.)		डीजल इंजन्स, मोनो ब्लॉक पम्पस, जेट्स डोमेस्टिक मोटर, सबमरसिबल पम्पस्त

246	M/s Light Crafts Pvt. Ltd. Chaddar Nagar, P.O. Rithani, P.O. Box 59, Meerut-2 (UP)	Ph.: 3610	Cultivator, Harrow, Disc plough, Ridgers, Seed cum Fertilizer Drill.
	मेसर्स लाईट क्राफ्ट प्रा.लि. चादर नगर, पो.ऑ. रिथानी, पो.ओ. बॉक्स 59, मेरठ–2 (उ.प्र.)		कल्टीवेटर, हैरो, डिस्क प्लाऊ, रीगर, सीड कम फर्टीलाईजर ड्रिल
247	M/s Lok Sewak Industrial, B-Q-19, Shalimar Bagh, New Delhi-110052	Ph.: 011-8310292/7434816	Different types of harrow discs
	मेसर्स लोक सेवक इंडस्ट्रीयल, बी.क्यु.–19 शालीमार बाग, नई दिल्ली–110052		डिफरेन्ट टाईप ऑफ हैरो डिस्कस
248	M/s Laxmi Agro Industries Foundry Nagar, Agra (UP)		T.D. Cultivator
	मेसर्स लक्ष्मी एग्रो इंडस्ट्रीज फाऊंडरी नगर, आगरा (उ.प्र.)		टी.डी. कल्टीवेटर
249	M/s Lalwani Earthmoverse Lalwani Compound, Hamidia Road, Bhopal-462001 (M.P.)	Ph.: 5379321/533901/73901 Fax.: 541340	Seed cum ferti. Drill, Tractor trolley, Thresher, Cultivators etc.
	मेसर्स लालवानी अर्थमूवर्स लालवानी कम्पाउन्ड, हमीदिया रोड़, भोपाल–462001		सीड कम फर्टी ड्रिल, ट्रैक्टर ट्रॉली, थ्रेषर, कल्टीवेटर इत्यादि।
250	M/s Laxmi Agricultural Works Karana Road, Shamli, Muzaffarnagar (UP)		Bullock drawn cultivator

	मेसर्स लक्ष्मी एग्रीकल्चरल वर्क्स कराना रोड़, शामली, मुजफ्फर नगर (उ.प्र.)		बुलोक ड्रन कल्टीवेटर
251	M/s M.G. Industrial G.T. Road, Batala-143505 (Pb)	Ph.: 01871-43167/41367 Fax.: 01871-43149	Rubber roll sheller, Rice mill plant, Paddy separator, Rice cone polisher, Mini rubber roll sheller
	मेसर्स एम.जी. इंडस्ट्रीयल जी.टी. रोड़, बटाला–143505 (पंजाब)		रबर रोल शैलर, राईस मिल प्लांट, पैडी सेपरेटर, राईस कॉन पालिशर, मिनी रबर रॉल शैलर
252	M/s Madho Mechanical Works B-49, Focal Point, G.T. Road, Moga-142001 (Pb)	Ph.: 01636-20135/20106/27045 Fax.: 01636-24663	Wheat thresher, Paddy thresher, Sunflower thresher, Multi crop thresher
	मेसर्स माधो मैकेनिकल वर्क्स, बी–49, फोकल प्वाइंट, जी.टी. रोड, मोगा–142001		गेहूँ थ्रेशर, पैडी थ्रेशर, सनफ्लोवर थ्रेशर, मल्टीक्राप थ्रेशर
253	M/s Mahendra Engineering Works Puliakulama, Coimbatore - 641045	Ph.: 0422-212860 Fax.: 0422-210017	Borewell pumps, Submersible Mono-block and Jet pumps
	मेसर्स महेन्द्र इंजीनियरिंग वर्क्स पुलीकुल्लम, कोयम्बटू (लमिलनाडू)–641045		बोरवैल पम्पस, सबमर्सिबल मोना–ब्लॉक एवं जेट पम्पस
254	M/s Mahindra & Mahindra Ltd. Tractor Division, Delite Cinema Building (Ist Floor), Asaf Ali Road, New Delhi-02	Ph.: 011-3274362/3273617	Spring loaded tiller, Disc harrow, Mounted mould broad plough, Leveller, Heavy duly tiller, Rigid tyne cultivator, Disc plough

	मेसर्स महेन्द्र एण्ड़ महेन्द्र लि. ट्रैक्टर डिवीजन, डिलाईट सिनेमा बिल्डिंग (पहला फ्लोर), आसफ अली रोड़, नई दिल्ली–02		स्प्रिंग लोडिड टिलर, डिस्क हैरो, माऊंटिड माऊल्ड बोर्ड प्लाऊ, लेवलर, हैवी ड्यूटी टिलर, रिज्ड़ टाईन कल्टीवेटर, डिस्क प्लघ
255	M/s Mortain Engineering Co. Opp. Gujcomasal Unava Road, Unjha-384170 (Gujarat)	Ph.: 02767-55894/55972 Fax.: 02767-53288	Multi purpose threshers, Chaff cutters, Seed cum fertilizer drill & Potato harvester, combine thresher
	मेसर्स मार्टिन इंजीनियरिंग कं0 अपोजिट गुजकोमासाल यूनेवा रोड़, उन्झा–384170 (गुजरात)		मल्टीपरपज थ्रेसर्स, चफ कटर्स, सीड कम फर्टीलाईजर ड्रिल एवं आलू हारवेस्टर, कम्बाईन थ्रैशर
256	M/s Manufacturers & Exporters Garden Tools, B-57, Mayapuri Industrial Area, Phase-I, New Delhi-110064	Ph. 011-5434069 Fax. 011-5433057	Garden hand tools, Pick axe, Rake, spade etc.
	मेसर्स मैन्युफैक्चरर्स एण्ड़ एक्सपोर्टर्स गार्डन टूल्स, बी–57, मायापुरी इंडस्ट्रीसल एरिया, फेस–1, नई दिल्ली–110064		गार्डन हैंड टूल्स, पिक एक्स, रेक, फावड़ा इत्यादि।
257	M/s Mechani Co. Industries, B-27, Bais Godam Industrial Estate, Jaipur-302006 (Rajasthan)	Ph. 0141-365283/601561 Fax. 0141-361893	Gardening hand tools
	मेसर्स मैकेनी कं0 इडस्ट्रीज बी–27, बेस गोदाम इंडस्ट्रीयल एस्टेट, जयपुर–302006 (राजस्थान)		गार्डनिंग हैंड टूल्स

258	M/s Modern Industries, Vijay Nagar G.T. Road, Karnal (Haryana)	Ph.: 0184-253762	Cultivator tynes, springs
	मेसर्स मार्डन इंडस्ट्रीज, विजय नगर, जी.टी. रोड़, करनाल (हरियाणा)		कल्टीवेटर टाईन्स, स्प्रिंगस
259	M/s Mahavir Aluminium Ltd. 1603, NirmalTower,26, Barakhamba Road, New Delhi-110001	Ph.: 011-23738011-13 Fax: 011-23312677 E-mail: mahavirpipes@bol.net.in Web: www.planetindia.net	Sprinkler system with aluminium and HDEP pipes
	मेसर्स महावीर एल्यूमीनियम लि. 1603, निर्मल टॉवर, 26, बाराखम्बा रोड़, नई दिल्ली–110001		स्प्रिंकलर सिस्टम विद एल्युमिनियम एवं एच.डी.ई.पी. पाईप्स
260	M/s Mahendra Agro Industries G.T. Road, Hodal (Haryana)		Thresher, Trolley, water lifting device
	मेसर्स महेन्द्रा एग्रो इंडस्ट्रीज जी.टी. रोड़, होडल (हरियाणा)		थ्रेशर, ट्रॉली, वाटर लिफ्टिंग डिवाईस
261	M/s Modern Agril. Implements Industrial Area, Ujjain Road, Barhnagar - 456771, Ujjain (M.P.)	Ph.: 23119/23018/25132/23063 / 23132	Multi crop thresher, Cultivator, Duck foot type cultivator, Seed drill leveler, Blade harrow, M.B. plough,. Reaper, Disc harrow
	मेसर्स मॉडर्न एग्री. इम्पलीमेन्ट इण्डस्ट्रीयल एरिया, उज्जैन रोड़, बड़हनगर–456771, उज्जैन (म.प्र.)		मल्टीक्राप थ्रेशर, कल्टीवेटर, डक फुट टाईप कल्टीवेटर, सीड ड्रिल, लेवलर, ब्लैड हैरो, एम.बी. प्लघ, रीपर, डिस्क हैरो

262	M/s Mittal Engineering Works Mittal Nagar, Baghpat Road, Meerut City-02 (U.P.) मेसर्स मित्तल इन्जीनियरिंग वर्क्स, मित्तल नगर, बागपत रोड़, मेरठ सिटी–02 (उ.प्र.)	Ph.: 0121-510105/510164 Fax.: 0121-513289 / 513256	Potato planter, seed drill, cultivator, trolley etc. आलू प्लांटर, सीड़ ड्रिल, कल्टीवेटर, ट्रॉली इत्यादि।
263	M/s Moden Agro Industries G.T. Road (Delhi bypass), Karnal मेसर्स मार्डन एग्रो इंडस्ट्रीज जी.टी. रोड़ (दिल्ली बाईपास) करनाल (हरियाणा)	Ph.: 254262	Haramba and Multicrop threshers हरम्बा एवं मल्टीक्राप थ्रेसर्स
264	M/s Mohindra Engineering Works Bhadson-147202, Patiala (Pb) मेसर्स महेन्द्र इंजीनियरिंग वर्क्स भड़सन–147202, पटियाला (पंजाब)		Self driven, Combine harvester, Driven combine harvesters and agricultural implements सेल्फ ड्रीवन, कम्बाईन हारवेस्टर, ड्राईवन कम्बाईन हारवेस्टर्स एवं एग्रीकल्चरल इम्पलीमेंन्टस
265	M/s Malkit Agro Industries Cantt. Road, Near Preeti Gas Service, Nabha-1472001 मेसर्स मलकित एग्रो इण्डस्ट्रीज कैन्ट रोड़, निकट प्रीति गैस सर्विस, नाभा	Ph.: 01765-23412	Combine harvester, Trolley, Seed drills, Cultivators etc. कम्बाईन हारवेस्टर, ट्रॉली, सीड ड्रिल्स, कल्टीवेटर्स इत्यादि।

S.No.	Name & Address	Phone	Products
266	M/s Md. Maksood Mechanical works Roorkee Road, Muzaffarnagar (U.P.)	Ph.: 402121	Bullock drawn cultivator and chaff cutter etc.
	मेसर्स मो. मकसूद मैकेनीकल वर्क्स रूड़की रोड़, मुजफ्फरनगर (उ.प्र.)		बुलक ड्रान कल्टीवेटर एवं चफ कटर इत्यादि।
267	M/s Mohit Agro Industries Roorkee Road, Muzaffarnagar (U.P.)		Bullock drawn iron plough and cultivator
	मेसर्स मोहित एग्रो इण्उस्ट्रीज रूड़की रोड़, मुजफ्फरनगर (उ.प्र.)		बुलक ड्रान आयरन प्लघ एवं कल्टीवेटर
268	M/s Mittal Agro Industries Pataudi Road, Haily Mandi, Distt. Gurgaon (Haryana)	Ph.: 0214-6374030	Tractor trolley, Tractor mounted bund maker, Tractor mounted, Trailed type disc harrow, Tractor mounted cultivator
	मेसर्स मित्तल एग्रो इण्डस्ट्रीज, पटोदी रोड़ हैलीमण्डी, जि. गुड़गाँव (हरियाणा)		ट्रैक्टर ट्रॉली, ट्रैक्टर माऊंटिड बंड मैकर, ट्रैक्टर माऊंटिड, ट्रैल्ड टाईप डिस्क हैरो, ट्रैक्टर माऊंटिड कल्टीवेटर
269	M/s Mahindra Engineering Works Pataudi Road, Haily Mandi, Distt. Gurgaon (Haryana)		Trailed type disc harrow, Threshers, Cultivators
	मेसर्स महेन्द्रा इंजीनियरिंग वर्क्स, पटौदी रोड़, हैली मण्ड़ी, जि. गुड़गाँव (हरियाणा)		ट्रेल्ड़ टाईप डिस्क हैरो, थ्रेशर, कल्टीवेटर्स,

270	M/s Moon Star Agriculture Works G.T. Road, Khatauli - 251 201, Distt. Muzaffarnagar (UP)	Ph.: 72378	Bullock drawn cultivator, 9 tyne cultivator, 12&14 discs harrow
	मेसर्स मून स्टार एग्रीकल्चरल वर्क्स जी.टी. रोड़, खतौली–251 201, जि. मुजफ्फर नगर (उ.प्र.)		बुलक ड्रान कल्टीवेटर, 9 टाईन कल्टीवेटर, 12 एवं 14 डिस्क्स हैरो
271	M/s Mittal Farm Equipment Co. 35/2-12, Rampur Garden, Bareilly-2430001 (UP)	Ph.: 48834	Tiller, Disc plough, Harrow, Cage wheel etc.
	मेसर्स मित्तल फार्म इक्वीपमेन्टस कम्पनी 35/2–12, रामपुर गार्डन, बरेली		टिलर, डिस्क प्लघ, हैरा, बेज ब्हील इत्यादि।
272	M/s Mill Stores (Madras) Pvt Ltd. 15. Errabalu Street , P.B,No. 4, Chennai-60001 (India)	Ph.: 044-5227014 Fax.: 044-5220242	Potato planter, Rice mill, Dal mills, Parboling & Drying plants
	मेसर्स मिल स्टोर्स (मद्रास) प्रा.लि. 15, इराबालू स्ट्रीट, पो.ब.नं. 4, चैन्नई–01 (भारत)		आलू प्लांटर, राई मिल, दाल मिल्स, पारबोलिग एण्ड़ ड्राईंग प्लांटस
273	M/s. Model Mark Howrah Amta Road, Dassnagar, Howrah–05 (W.B.)	Ph.: 6670905/6670433	Mini rice mill, Single pass mini mill, Rubber roll sheller, Paddy cleaner, Rice cleaner, Rice grader etc.

	मेसर्स मॉडल मार्क, हावड़ा अमता रोड़, दास नगर, हावड़ा– 05 (वैस्ट बंगाल)		मिनी राईस मिल, सिंगल पास मिनी मिल, रबर रोल शैलर, पैडी क्लीनर, राईस क्लीनर, राईस ग्रेडर इत्यादि।
274	M/s Mohinder & Co. Allied Industries, Kurali, Roper (Pb)		Triphali, Disc harrow, Tiller, Hydrant valve, Bund former, Leveller
	मेसर्स महेन्द्र एण्ड़ कम्पनी एलाईड़ इंडस्ट्रीज, कुराली, रोपर (पंजाब)		त्रिपाली, डिस्क हैरो, टिलर हाईड्रंट वाल्व, बंड फार्मर लेवलर
275	M/s Moden Foundry and Machine Works Ltd.Railway Station Jawal Post Box No. 5, Ahmednagar	Ph.: 8871888/424/346	Wheat thresher, Oil engine, Winnowing fan, Trolley
	मेसर्स माडर्न फाऊंडरी एण्ड मशीन वर्क्स लि., रेलवे स्टेशन जवाल, पोस्ट बाक्स नं. 5, अहमद नगर		गेहूँ थ्रेशर, ऑयल इंजन, विनाइंग पंखा, ट्रॉली
276	M/s Modern Farm Aids Shalimar Bagh, New Delhi	Ph.: 011-7474816	Different type of disc harrows
	मेसर्स माडर्न फार्म एड्स शालीमार बाग, नई दिल्ली		डिफरेंट टाईप आफ डिस्क हैरोस
277	M/s Mamta Iron Works Nursery Road, Mahadev Nagar, Bilimora-396321 (Gujarat)	Ph.: 02634-83549/84445 Fax.: 02634-84445	Harrow, Hoe, Plough, Leveler, Paddy weeder, Bund former, Iron Rake, Cotton plant puller,

			winnowing fan, Gardening implements
	मेसर्स ममता आयरन वर्क्स नर्सरी रोड़, महादेव नगर, बिलीमोरा–396321 (गुजरात)		हैरो हो, प्लाऊ, लेवलर, पैडी वीडर, बंड फार्मर, आयरन रेक, कॉटन प्लांट पुलर, विनोइंग फेन, गार्डनिंग इम्पलीमेंटस
278	M/s N.R.V. Industrial Corporation 116, Deep Shikha Rajendra Place, New Delhi - 08		Knapsack sprayers, Hand compressions sprayer, Foot sprayer, Rocker sprayer, Stirrup pump continuous hand sprayer etc.
	मेसर्स एन.आर.वी. इण्डस्ट्रीयल कॉरपोरेशन 116, दीप शिखा, राजेद्र फ्लैस, नई दिल्ली		नेपसेक स्प्रेयर्स, हैंड कम्प्रेशर स्प्रेयर, फुट स्प्रेयर, रॉकर स्प्रेयर, स्ट्रिप पम्प कान्टीनुवस हैंड स्प्रेयर इत्यादि।
279	M/s Narnaulia Machinery Stores Ram Ganj Bazara, Alwar-01 (Rajasthan)		Wheat thresher, Seed drill, Chaff cutter
	मेसर्स नारनायूलिया मशीनरी स्टोर्स रामगंज बाजार, अलवर–301001 (राजस्थान)		गेहूँ थ्रेशर, सीड ड्रिल, चफ कटर
280	M/s National Agro Industries Link Road, Industrial Area-A, Opp. Transport Nagar, Ludhiana-141003 (Punjab)	Ph.: 0161-662041/663299/ 5087853 Mob: 9815064000, Fax.: 0161-2220299 Web:. nationalagro_inds.comagril_ implements.com	Vegetable seed extracting machine, Tractor drawn, Bullock drawn Disc harrow, Maize sheller, Seed cum fertilizer drill, Zero-till drill wheat thresher

	मेसर्स नेशनल एग्रो इण्डस्ट्रीज लिंक रोड़, इण्डस्ट्रीयल एरिया–ए, सामने ट्रांसपोर्ट नगर,, लुधियाना–03 (पंजाब)		वेजिटेबल सीड एक्सट्रेक्टिंग मशीन, टैक्टर ड्रन, बुलोक ड्रन डिस्क हैरो, मेज शैलर, सीड कम फर्टीलाईजर ड्रिल, जीरो–टिल ड्रिल गेहूँ थ्रेशर
281	M/s Nalanda Agro Works Nalanda Nagar, Kurji, Patna-80010 (Bihar)	Ph.: 263886/285214	Mini dal mill, other processing machines
	मेसर्स नालन्दा एग्रो वर्क्स नालन्दा नगर, कुर्जी, पटना–80010 (बिहार)		मिनी दाल मिल, अन्य प्रोसेसिंग मशीन्स
282	M/s Narang Industries, 789/1, Baghpat Road, Meerut–250002 (UP)	Ph.: 0121-515159/513509/765191	Cultivator, potato planter, leveler, harrow
	मेसर्स नारंग इंडस्ट्रीज 789/1, बागपत रोड़, मेरठ–250002 (उ.प्र.)		कल्टीवेटर, आलू प्लान्टर, लेवलर, हैरो
283	M/s New Karwal Engg. Works (Regd.) Guru Nanak St. No. 7, Opp. I.T.O. Gill Road, Ludhiana- 142002 (Punjab)	Ph.: 493468	Shafts of combine harvesters
	मेसर्स न्यू करावल इन्जीनियरिंग वर्क्स (रजि.) गुरूनानक स्ट्रीट नं. 7, अपोजिट आई.टी.ओ., गिल रोड, लुधियाना–2 (पंजाब)		शॉफ्ट्स आफ कम्बाईन हारवेस्टर्स
284	M/s National Metal & Engg. Works Circular Road, Ganpat Nagar, Rewari-01	Ph.: 01274-24145/25722	Tiller, Seed cum fertilizer drill, seed drill

	मेसर्स नेशनल मेटल एण्ड़ इंजीनियरिंग वर्क्स, सर्कुलर गणपत नगर, रेवाड़ी–01		टिलर, सीड कम फर्टिलाईजर ड्रिल, सीड ड्रिल
285	M/s Nav Pragati Krishi Laghu Udyog Vikram Nagar (Maulana) Barh Nagar, Ujjain	Ph.: 62231/62186	Hopper type multi crop threshers
	मेसर्स नव प्रगति कृषि लघु उद्योग विक्रम नगर (मौलाना) बारा नगर, उज्जैन		हॉपर टाईप मल्टी क्रॉप थ्रेशर्स
286	M/s. Navbharat Engg. Works 71, Bhagpat Road, Opp. Madhuban Cinema, Meerut - 02	Ph.: 0121-529378/511486667807/ 644716	Cultivator, Harrow, Trollies, Leveller, Thresher, potato planter, seed drill, doul mother
	मेसर्स नवभारत इन्जीनियरिंग वर्क्स 71, बागपत रोड़, मधुबन सिनेमा, मेरठ–2		कल्टीवेटर, हैरो, ट्रॉलीस, लेवलर, थ्रेशर, आलू प्लान्टर, सीड ड्रिल, डाल मदर
287	M/s New Aman Engg. Works Kharkhoda Road, Sampla (Haryana)	Ph.: 01262-63417	T.D. Harrow, Cultivator, Trailer, Water Tanker
	मेसर्स न्यू अमन इंजीनियरिंग वर्क्स खरखोदा रोड़, सांपला (हरियाणा)		टी.डी. हैरो, कल्टीवेटर, ट्रेलर, वाटर टैंकर
288	M/s New Trailer and Implements Corporation Bhiwani Road, Rohtak	Ph.: 01262-545356	T.D. Cultivator, T.D. Harrow
	मेसर्स नई ट्रेलर एण्ड़ इम्पलीमेंन्टस कॉरपोरेशन, भिवानी रोड़, रोहतक(हरियाणा)		टी.डी. कल्टीवेटर, टी.डी. हैरो

289	M/s Nav Bharat Industries B-25, Foundry Nagar, Agra (UP)	Ph.: 344728Fax.: 344226	T.D. Seed drill, Multi crop thresher
	मेसर्स नव भारत इंडस्ट्रीज बी–25, फाऊंडरी नगर, आगरा (उ.प्र.)		टी डी. सीड ड्रिल, मल्टीक्राप थ्रेशर
290	M/s N.S. Agro Works, Patiala Road, Near Octroi Post, Nabha (Pb)	Ph.: 71636	Cultivator, Threshers, Harrows
	मेसर्स एन.एस. एग्रो वर्क्स, पटियाला रोड़, नियर ऑकट्राई पोस्ट, नाभा (पंजाब)		कल्टीवेटर, थ्रेशर्स, हैरोस
291	M/s. New Holland Tractor (India) Pvt Ltd. 210, Okhla Industrial Area, Phase-II, New Delhi-20	Ph.: 011-6932208 Fax.: 011-6932203	Ford 5630 70 hp tractor, Hay bailer
	मेसर्स न्यूहॉलैन्ड़ ट्रैक्टर (इण्डिया) प्रा.लि. 210, ओखला इण्डस्ट्रियल एरिया, फैस-II, नई दिल्ली–110020		फोर्ड 5630 70 एच.पी. ट्रैक्टर, हे बेलर
292	M/s National Disc Corporation Meenaghati Chowk, Karnal (Haryana)	Ph.: 0184-256532	Disc, Tynes
	मेसर्स नेशनल डिस्क कारपोरेशन मीनाघाटी चौक, करनाल (हरियाणा)		डिस्क, टाईन्स
293	M/s. Okasu Engineers Pvt. Ltd. Plot No. 77, Rawa Bhatta Industrial Estate, Raipur – 493221 (M.P.)	Ph.: 0771-525041/324980 Fax.: 0771-511328	Power tiller, Cultivator, Plough, Reaper, Puddler, Pit hole digger trolley

	मेसर्स ओकासु इन्जीनियर्स प्रा.लि. प्लॉट नं. 77, रावा भट्ठा इण्डस्ट्रीयल एस्टेट, रायपुर–493221 (पंजाब)		
294	M/s Oriental Machinery (1919) Pvt. Ltd., Mission Court-25, Rajendra Nath Mukherjee Road, Kolkata-01	Ph.: 2484840	Oil expeller, Atta mill, Chaff cutter, Sugarcane crusher, Grinding mill, Bur mill, Bottle filling, Filter press
	मेसर्स ओरियंटल मशीनरी (1919) प्रा.लि. मिशन कोर्ट–25, राजेन्द्रनाथ मुखर्जी रोड़, कोलकता–1		ऑयल एक्सपलर, आटा मिल, चफ कटर, शुगरकेन क्रशर, ग्राइंडिंग मिल, बर मिल, बोतल फिलिंग, फिल्टर प्रेस
295	M/s OSAW Agro Industries P.O. Box No. 5, Oswal Complex, Jagadhari Road, Ambala Cantt.-133001	Ph.: 0171-652154/652167 Fax.: 0171-652018/652102	Slurry seed trater, Seed grader, Seed/Grain polisher, Grain cleaner, Mobile seed processing
	मेसर्स ओसा एग्रो इण्डस्ट्रीज, पी.ओ. बॉक्स–5, ओसवाल कॉम्पलैक्स, जगादरी रोड़, अम्बाला कैंट (हरियाणा)		स्लरी सीड ट्रेटर, सीड ग्रेडर, सीड/ग्रेन पालिशर, ग्रेन क्लीनर, मोबाईल सीड प्रोसेसिंग
296	M/s P.S.G. Industrial Institute Peelmadav, Coimbatore–04	Ph.: 572265 Fax.: 422573	Grader, Bund former, Plough, Seed drill
	मेसर्स पी.एस.जी. इंडस्ट्रीयल इंस्टीट्यूट पिलमादेव, कोयम्बटूर–04		ग्रेडर, बंड फार्मर, प्लघ, सीड ड्रिल
297	M/s P.M.M. Tech, Post Box No. 7156, Madurai Mudaliar Road, Bangalore–560053	Ph.: 604219	Sugarcane crushers

	मेसर्स पी.एम.एम. टैक पोस्ट बॉक्स नं. 7156, मदुराई मुदालिआर रोड़, बंगलौर–560053		षुगरकेन क्रेषर्स
298	M/s Paligilwar Electrical Industries (Agro Division)Mangaldas Market, Akola–444001 (MS)	Ph.: 0724-433660/58099 Fax.: 0724-430004	Power sprayer, Multicrop thresher, Chaff cutter, carting attachement, Seed treater
	मेसर्स पलीगिलवार इलैक्ट्रीकल इंडस्ट्रीज (एग्रो डिवीजन) मंगलदास मार्केट, अकोला–444001 (महाराष्ट्र)		पॉवर स्प्रेयर, मल्टीक्रा थ्रेशर, चफ कटर, करटिंग एटेंचमेनट, सीड ट्रिटर
299	M/s. Panesaw Brothers Pop. Water Works, Taran Taran-143401, Distt. Amritsar (Pb)	Ph.: 01852-22275/23318 Fax.: 01852-222275	Rice milling machinery
	मेसर्स पेनेसर ब्रदर्स पोप. वाटर वर्क्स, तरण तरण, जि. अमृतसर–143401 (पंजाब)		राईस मिलिंग मशीनरी
300	M/s Passi mechanical Works (Regd.) Phullanwal Passi Nagar, Pakhowal Rod, Ludhiana - 02 (Punjab)	Ph.: 0161-455990/457290/562295/ 534970 Fax: 0161-530103	Horticultural, Forestry and garden tools
	मेसर्स पासी मैकेनिकल वर्क्स (रजि.) फूलनवाल पासी नगर, पखोवल रोड़, लुधियाना (पंजाब)		हॉर्टिकल्चरल, फॉरेस्ट्री एवं गार्डन टूल्स

301	M/s Piara Singh & Sons G.T. Road, Karnal (Haryana)	Ph.: 0184-2258268 Mob: 9416170011/9215636268 E-mail: piara_singhandsons@ rediffmail.com Web.: www.piarasinghandsons.com	Power operated cultivator, Disc harrow
	मेसर्स पियारा सिंह एण्ड संस जी.टी. रोड़, करनाल (हरियाणा)		पावर आपरेटिड़ कलटीवेटर, डिस्क हैरो
302	M/s Partap Sons Engineers Nehru Garden Road, Jalandhar		Semi-automatic potato planter
	मेसर्स प्रताप सन्स इंजीनियरिंग नेहरू गार्डन रोड़, जालंधर		सेमी–ऑटोमेटिक आलू प्लान्टर
303	M/s Patel Brothers Services & Engg. Pvt. Ltd., 6, Elphinstone Road, Mumbai- 400001 (M.S.)	Ph.: 022-2041072 Fax.: 022-2049178	Seed cleaner, purifier, Hull beater, Hull & seed separator, Safety shaker, Tailings beater
	मेसर्स पटेल ब्रदर्स सर्विसेस एण्ड़ इन्जीनियरिंग प्रा.लि., 6, इल्फिन स्टोन रोड़, मुम्बई–1 (महाराष्ट्र)		सीड क्लीनर, प्यूरीफाईर, हल बीटर, हल एवं सीड सेपरेटर, सेफी शेकर, टेलिंग बीटर
304	M/s Pocha Seed Pvt. Ltd. Post Box No. 55, Near Sholapur Bazar, Poona-411040 (MS)	Ph.: 671978/671979 Fax.: 672987	Hand tools, Sprayers
	मेसर्स पोचा सीड प्रा.लि. पोस्ट बॉक्स नं. 55, नियर शोलापुर बाजार, पूना–411040 (महाराष्ट्र)		हैंड टूल्स, स्प्रेयर्स

305	M/s Popular Steel Works & Agricultural Implements Pvt. Ltd. 13251/1, KH/6, Shivaji Udyam Nagar, Kolhapur-416008 (MS) मेसर्स पॉपूलर स्टील वर्क्स एण्ड़ एग्रीकल्चरल इम्पलीमेन्टस प्रा.लि. 1325/1, के.एच./6, शिवाजी उद्यम नगर, कोल्हापुर–416008 (महाराष्ट्र)	Ph.: 0231-27424/26640 Fax.: 0231-23121/657988 Web: www.popularpsw.com	Cultivator, Tillers, Disc harrow, Ridger, Seed cum fertilizer drill, Leveller, automative sugarcane planter, sub soiler, plough, reger कल्टीवेटर, टिलर्स, डिस्क हैरो, रीजर, सीड कम फर्टीलाईजर ड्रिल, लेवलर, ऑटोमेटिक सुगरकेन प्लान्टर, सबसोयलर, प्लाऊ, रीगर
306	M/s Prabhat Iron Works, Alkot Road, Geeta Nagar, Jasdan मेसर्स प्रभात आरयन वर्क्स अलकोट रोड़, गीता नगर, जसदान	Ph.: 20712	Ground Nut thresher ग्राऊंडनट थ्रेशर
307	M/s Premier Irrigation Equipment Ltd. 17/1C, Alipora Road, Kolkata-27 मेसर्स प्रिमियर इर्रीगेशन इक्वीपमेन्टस लि. 17/1–सी, अलीपुरा रोड़, कलकत्ता–27	Ph.: 033-4795155/7455 Fax.: 033-4797626	Sprinkler, drip irrigation system, Pipe, Filters स्प्रिंकलर, ड्रिप इर्रीगेशन सिस्टम, पाईप, फिल्टर्स
308	M/s Punjab Engineers Dasmesh Nagar, Baghpat Road, Meerut–250002 (U.P.)	Ph.: 0121-511627/21324/ 514748	Potato planter, potato ridge, Thresher, Seed drill, Harrow, Maize sheller, Trollies, Sugarcane Planter, Potato Digger etc.

	मेसर्स पंजाब इन्जीनियर्स, दसमेश नगर, बागपत रोड़, मेरठ–250002 (उ.प्र.)		आलू प्लान्टर, आलू रीजर, थ्रेशर, सीड ड्रिल, हैरो, मेज शैलर, ट्रॉलीस, शुगरकेन प्लान्टर, आलू डिगर इत्यादि।
309	M/s Pump engg. Co. Pvt. Ltd. C-38, GIDC, Estate near Fire Station Odhav, Ahmedabad (Gujarat)	Ph.: 079-2871257/2871298 Fax: 079-2874375	Centrifugal pumps, process pumps, Hydraulic test pumps, Gear Pumps, Electric motors, Triplex pumps
	मेसर्स पम्प इन्जीनियरिंग कम्पनी प्रा.लि. सी'–38, जी.आई.डी.सी., एस्टेट नियर फायर स्टेशन, उधाव, अहमदाबाद (गुजरात)		सेंन्ट्रीफ्युगल पम्पस, प्रोसेस पम्पस, हाइड्रॉलिक टेस्ट पम्पस, गियर पम्पस, इलैक्ट्रिक मोटर्स, ट्रिपलक्स पम्पस
310	M/s Pritam Singh & Sons B-12, Mayapuri, Ph-I, Indl. Area, New Delhi-110064	Ph.: 011-5141667/5142916 Fax.: 011-5139027	Disc plough, Harrow, Cultivator
	मेसर्स प्रीतम सिंह एण्ड़, सन्स बी–12, मायापुरी, फेस–1, इंडस्ट्रीयल एरिया, नई दिल्ली–110064		डिस्क प्लाऊ, हैरो, कल्टीवेटर
311	M/s Patidar Agro Industries, Vikram Nagar, Maulana Barh Nagar, Ujjan	Ph.: 62228/62235	Multi crop thresher (6 to 30 HP)
	मेसर्स पटीदार एग्रो इंडस्ट्रीज, विक्रम नगर, मौलाना, बड नगर, उज्जैन (म.प्र.)		मल्टीक्राप थ्रेशर (6–30 एच.पी.)
312	M/s Parishit Plastics Ltd., 213, Zone-1, MP Nagar, Bhopal-462101	Ph.: 764661	Sprinkler and drip irrigation system

	मेसर्स परीक्षित प्लास्टिक्स लि. 213, जॉन–1, एम.पी. नगर, भोपाल–462101		स्प्रिंकलर एवं ड्रिप इर्रीगेशन सिस्टम
313	M/s Partap Iron Works (Regd). Delhi Bypass, G.T. Road, Karnal-132001 (Haryana)	Ph.: 0184-2252446/2220446 Fax.: 0184-2262447 E-mail: partapironworks@yahoo.co.in	Disc harrows, Land cultivators, Land leveler, Bund former, Mould plough, Can tiller, Ridgers
	मेसर्स प्रताप आयरन वर्क्स (रजि.)दिल्ली वाईपास, जी.टी. रोड़, करनाल–132001		डिस्क हैरोस, लैंड कल्टीवेटर्स, लैंड लेवलर, बंड फार्मर, माऊल्ड प्लाऊ, केन टिलर, रीजर्स
314	M/s PEEKAY Farm Equipments (India) Pvt. Ltd.Raj House, D-10/2, Okhla Industrial Area, Phase-I, New Delhi-110020 (India)	Ph.: 011-26811996/26811610 Fax.: 011-26817032 E-mail: shintech@vsnl.com	Knapsack power spraywr, Portable sprayer (motor & engine operated), hand carry reversible motor lawn mower
	मेसर्स पी.के. फार्म इक्यूपमेन्ट (इण्डिया) प्रा.लि., राज हाऊस, डी–10 / 2, ओखला इंडस्ट्रीयल एरिया, फेस–1, नई दिल्ली–20		नेपसेक पावर स्प्रेयर, पोर्टेबल स्प्रेयर (मोटर एवं इंजन आपरेटिड), हैंड कैरी रिवर्सीबल मोटर लॉन मूवर
315	M/s Promod Engg. Works Jhajhar Road, Sampla, Rohtak (Haryana)	Ph.: 01262-63326	T.D. cultivator, T.D. harrow
	मेसर्स प्रमोद इंजीनियरिंग वर्क्स, झझर रोड़, सम्पला, रोहतक (हरियाणा)		टी.डी. कल्टीवेटर, टी.डी. हैरो
316	M/s Punjab Agro Industries, Shyam Nagar, G.T. Road, Karnal (Haryana)	Ph.: 0184-262113/273957/ 282062/ 283063Mob: 9416075113/	Discs

		9416002113/ 9813234460 E-mail: punjabagro_india@yahoo.co.in Web.: indiamart.com/krishiking.com	
	मेसर्स पंजाब एग्रो इंडस्ट्रीज श्याम नगर, जी.टी. रोड़, करनाल (हरियाणा)		डिस्क्स
317	M/s Pandaji Engg. Works, G.T. Road, Hodal (Haryana)		Thresher, trolley, Water lifting device
	मेसर्स पंडाजी इंजीनियरिंग वर्क्स जी.टी. रोड़ होंडल (हरियाणा)		थ्रेशर, ट्रॉली, वाटर लिफ्टिंग डिवाईज
318	Me. Preet Agro Industries Pvt. Ltd. P.O. Rohtak Patiala Road, Nabha-147201 (Punjab)	Ph.: 01765-220400/70563 Fax.: 01765-20400	Self propelled combine harvester
	मेसर्स प्रीत एग्रो इण्डस्ट्रीज प्रा.लि. पी.ओ. रोहतक पटियाला रोड़, नाभा–147201 (पंजाब)		सेल्फ प्रोप्लड कम्बसईन हारवेस्टर
319	M/s Palsingh and Sons, Near Petrol Pump, Aligarh Road, Sasni, Hathras (U.P.)	Ph.: 0572-20464	T.D. harrow, T.D. bund maker, T.D. seed drill, T.D. Leveller
	मेसर्स पालसिंह एण्ड़ सन्स नियर पेट्रोल पम्प, अलीगढ़ रोड़, सासनी, हाथरस (उ.प्र.)		टी.डी. हैरो, टी.डी. बंड मेकर, टी.डी. सीड ड्रिल,. टी.डी. लेवलर

320	M/s Pawan Agril. Corp. Near Petrol Pump, Aligarh Road, Sasni, Hathras (UP)		T.D. harrow, T.D. cultivator
	मेसर्स पवन एग्रीकल्चरल कॉरपोरेशन नियर पेट्रोल पम्प, अलीगढ़ रोड़, सासनी, हाथरस (उ.प्र.)		टी.डी. हैरो, टी.डी. कलटीवेटर
321	M/s Puran Engg. Works G.T. Road, Hodal, Faridabad		Trolley, Water lifting device, Sowing Machine
	मेसर्स पूरन इंजीनियरिंग वर्क्स जी.टी. रोड़, होडल, फरीदाबाद (हरियाणा)		ट्रॉली, वाटर लिफ्टिंग डिवाईस, सोइंग मशीन
322	M/s Piya Iron (Regd.) Patiala Road, Nabha-147201 (Pb)	Ph.: 22738	Parts of combine harvesters
	मेसर्स पिया आयरन (रजि.) पटियाला रोड़, नाभा–147201 (पंजाब)		पार्ट्स ऑफ कम्बाईन हारवेस्टर्स
323	M/s Prem Industries, Sherpur, Ludhiana–141 010 (Pb)	Ph.: 0161-671938/671856 Fax.: 0161-456846	Hand pump and Submersible pumps
	मेसर्स प्रेम इडस्ट्रीज, शेरपुर, लुधियाना–141010 (पंजाब)		हैंड पम्प एवं सबमर्सिबल पम्पस
324	M/s Punjab Agriculture Industries Jansal Road, Near Sugar Mill, Khatauli, Distt. M. Nagar (UP)	Ph.: 72149	Harrow, Cultivator, Leveller

	मेसर्स पंजाब एग्रीकल्चरल इंडस्ट्रीज जनसल रोड़, नियर सुगर मिल, खतौली, जि. मुजफ्फर नगर (उ.प्र.)		हैरो, कल्टीवेटर, लेवलर
325	M/s Punjab Agriculture Works Dehradun Road, Roorkee, Distt. Haridwar (U.K.)		Tiller, Disc harrow, Land leveler, Zero till drill, Potato digger, Trolley etc.
	मेसर्स पंजाब एग्रीकल्चर वर्क्स देहरादून रोड़, रूड़की, जि. हरिद्वार (उत्तराखंड)		टिलर, डिस्क हैरो, लैंड लेवलर, जीरो टिल ड्रिल, आलू डाईगर, ट्राली इत्यादि।
326	M/s Pragati Engg. Industrial Estate, Madhupatn Cuttack (Orissa)	Ph.: 345066	Tractor trolley, Tiller, Leveler, Cage wheel, Water tanker etc.
	मेसर्स प्रगति इंजीनियरिंग वर्क्स औद्योगिक क्षेत्र, मधुपाटना , कटक (उड़ीसा)		ट्रैक्टर ट्राली, टिलर, लेवलर, केज ब्हील, वाटर टेंकर इत्यादि।
327	M/s R.K. Agro Industries Mettupalayam Road, Vellakinar, Bus Stop Rama Kumar Industries Compound, Coimbatore- 641029	Ph.: 0422-842056/440056 Fax.: 0422-842301	Land leveler, Attachements for land shaping
	मेसर्स आर.के. एग्रो इंडस्ट्रीज मेट्टूपलायम रोड़, विलाकिनार, बस स्टाप, रामा कुमार इंडस्ट्रीज कम्पाऊंड, कोयम्बटूर (तमिलनाडु)–641029		लैंड लेवलर, अटैचमेन्ट्स फार लैंड शेपिंग
328	M/s Rajiv Farm Machinery 192, Auto Mobile Market, Hisar		Disc harrow, Blade harrow, Wheel hand hoe, Ridger seeder

	मेसर्स राजीव फार्म मशीनरी 192, आटो मोबाईल मार्केट, हिसार (हरियाणा)		डिस्क हैरा, ब्लैड हैरो, ब्हील हैंड हो, रीजर सीड़र
329	M/s Ramakumar Industries 57, Vellakinaru Road, G.N. Mills, P.O. Coimbatore –29 (Tamilnadu)	Ph.: 0422-2642056 Fax.: 0422-82959	Tillers plough, Ridgers, Levellers, Cultivators
	मेसर्स रामाकुमार इण्डस्ट्रीज 57, वेलैकिनारू रोड़, जी.एन.मिल्स, पी.ओ. कोयम्बटूर–29 (तमिलनाडु)		टिलर प्लाऊ, रीजरस, लेवलरस, कल्टीवेटर
330	M/s. Raki Industries, 2-279, Pitampura Road, Ramanayyapeta, Kakinadaa-53309 (A.P.)	Ph.: 0884-64257/78223/76630/ 46863 Fax.: 0884-63265	Hand rotary duster, Hand operated knapsack sprayer and power sprayer
	मेसर्स राकी इण्डस्ट्रीज 2–279, प्रीतमपुरा रोड़, रामानयापेटा, काकीनाड़ा–53309		हैंड रोटरी डस्टरी, हैंड ऑपरेटिड़ नेपसेक स्प्रेयर एवं पावर स्प्रेयर
331	M/s Ravi Industries, 172A, ABU Lane, Meerut City (UP)	Ph.: 2305	Different type of trolley hand barrow, Transport Box, Discs Shares
	मेसर्स रवि इंडस्ट्रीज 172–ए, ए.बी.यू. लेन, मेरठ सिटी (उ.प्र.)		डिफरेंट टाईप आफ ट्राली हैंड बैरो, ट्रांसपोर्ट बाक्स, डिस्कस शेयरस
332	M/s Riteset Industries Gudivada – 521301, Krishna Distt. (AP)	Ph.: 43918	Cage wheels, Leveller plough, Harrow, Ridger, Paddy Disc Harrow, Cultivator

	मेसर्स राईटसेट इंडस्ट्रीज गुड़ीवाड़ा–521301, कृष्णा जिला (आन्ध्र प्रदेश)		केज ब्हील्स, लेवलर प्लाऊ, हैरा, रीजर, पेडी डिस्क हैरा, कल्टीवेटर
333	M/s Raswa Industrial Enterprises Khangan, G.T. Road, Distt. Hooghly–712157 (WB)		Paddy threshers
	मेसर्स रासवा इंडस्ट्रीयल इंटरप्राईजेज खंगन, जी.टी. रोड़, जि. हुगली–712157 (वेस्ट बंगाल)		पेडी थ्रेसर
334	M/s Rajasthan Mechanical Works Ltd., A-188(B) Road, 6-D, Vishkarma Industrial Area, Jaipur (Rajasthan)	Ph.: 0141-331549/332239 Fax.: 0141-332631 E-mail: rmwl@brahmpuri.com Web: www.brahmpuri.com	M.B. plough, Disc plough, Mounted harrow, Leveller, Seed drill, Rigid and spring loaded cultivators
	मेसर्स राजस्थान मैकेनिकल वर्क्स लि. ए–188(बी) रोड़, 6–डी, विश्वकर्मा इण्डस्ट्रीयल एरिया, जयपुर (राजस्थान)		एम.बी. प्लघ, डिस्क प्लघ, माऊंटिड़ हैरो, लेवलर, सीड ड्रिल, रीज्ड़ एवं स्प्रिंग लोडिड कल्टीवेटरस
335	M/s Raj Agro Industries Foundry Nagar, Agra (UP)		T.D. Cultivator
	मेसर्स राज एग्रो इंडस्ट्रीज फाऊंडरी नगर, आगरा (उ.प्र.)		टी.डी. कल्टीवटर
336	M/s Rawat Engg. Works Hondal (Haryana)		T.D. seed drill, trolley Thresher, Trolley water lifting device

	मेसर्स रावत इंजीनियरिंग वर्क्स होडल (हरियाणा)		टी.डी. सीड ड्रिल, ट्रॉली थ्रेशर, ट्रॉली वाटर लिफ्टिंग डिवाईस
337	M/s Rohtash Engg. Works Hodal (Haryana)		T.D. seed drill, Trolley Thresher, Trolley
	मेसर्स रोहताश इंजीनियरिंग वर्क्स, होंडल (हरियाणा)		टी.डी. सीड ड्रिल, ट्रॉली थ्रेशर, ट्रॉली
338	M/s Rattan Agro Industries C-69, Focal Point, Moga (Pb)	Ph.: 44307	Straw reaper and Combine harvesters
	मेसर्स रतन एग्रो इंडस्ट्रीज सी–69, फोकल प्वाइंट, मोगा (पंजाब)		स्ट्रा रीपर एवं कम्बाईन हारवेस्टर्स
339	M/s Ramsharan Engg. Works G.T. Road, Palwal (Haryana)		Sowing Machine, thresher, Water lifting device
	मेसर्स रामशरण इंजीनियरिंग वर्क्स जी.टी. रोड़, पलवल (हरियाणा)		सोविंग मशीन, थ्रेशर, वाटर लिफ्टिंग डिवाईस
340	M/s. S.K. Engg. Works 1753/A, Gali No. 129, Shanti Nagar Tri Nagar, Delhi-35	Ph.: 011-7216826 Fax.: 011-7195099	Power sprayer & Agri. Equipments
	मेसर्स एस.के. इन्जीनियरिंग वर्क्स 1753/ए, गली नं. 129, शान्ति नगर, त्रि नगर, दिल्ली–35		पॉवर स्प्रेयर एवं एग्री. इक्वीपमेंन्टस

341	M/s. S.P. Engineering Corporation 79/7, Latouche Road, P.Box No. 218, Kanpur-208001 (U.P.)	Ph.: 364252/216166/221091	Oil expeller & spare parts
	मेसर्स एस.पी. इन्जीनियरिंग कॉरपोरेशन 79/7, लाऊच रोड़, पो.ब.नं. 218, कानपुर–208001 (उ.प्र.)		ऑयल एक्सपेलर एवं स्पेयर पार्टस
342	M/s. Sabari Industries Kilkovalavedu Vandavasi, T.K. (T,N,) - 604404		Oil expellers & spare parts
	मेसर्स सबरी इण्डस्ट्रीज किलकोवेलवेडू वनदावासी, टी.के. तमिलनाडु–604404		ऑयल एक्सपेलर एवं स्पेयर पार्टस
343	M/s Sehra Motors & Tractors Engineers Nehru Garden Road, Jallandhar City, Jallandhar (Punjab)	Ph.: 57691/253512/227202	Potato harvester, Planter, Ridger, Harrow, Fertilizer board castor, Tiller, thresher
	मेसर्स सेहरा मोटर्स एण्ड़ ट्रैक्टर इन्जीनियर्स, नेहरू गार्डन रोड़, जालन्धर सिटी, जालन्धर (पंजाब)		आलू हारवेस्टर, प्लांटर रीजर, हैरो, फर्टीलाईजर बोर्ड केस्टर, टिलर, थ्रेसर
344	M/s Shakti Engg.Works G.T. Road, Batala-143505 (Punjab)	Ph.: 01871-43167/41367 Fax.: 01871-43149	Feed grinder, Feed mixer, Hammer mill, Birds dresser, Pellet Mill, Pulverisers etc.
	मेसर्स शक्ति इंजीनियरिंग वर्क्स जी.टी. रोड़, बटाला–05 (पंजाब)		फीड़ ग्राइंडर, फीड मिक्सर, हामर मिल, बर्डस ड्रेसर, पिलिट मिल, पलवराईरस इत्यादि।

345	M/ Shiva Industries, Mandipot, Tumkur-572101 (Karnataka)	Ph.: 78436/73450	Tractor mounted multi purpose deep trencher
	मेसर्स शिवा इंडस्ट्रीज, मन्डीपोट, तुम्कुर–572101 (कर्नाटक)		टैक्टर माऊंटिड़ मल्टी परपज डिप ट्रैन्चर
346	M/s Shivagri Co. Implement Ltd. A-38, H.M. Nagar, Falna-306116 (Rajasthan)	Ph.: 02938-33011/33126 Fax.: 029385-3882678/33320	Workshop hand tools, Ploughs, Powraha hoes, garden rake, picks etc.
	मेसर्स शिवागिरी कम्पनी इम्पलीमेन्ट्स लि. ए–38, एच.एम. नगर, फलना–306116		वर्कशॉप हैंड टूल्स, प्लाऊ, फावड़ा हो, गार्डन रेक, पिक्स इत्यादि।
347	M/s Shiv Agrico Implements Ltd. A-404/405, Adinath Apartment, 281, Tardeo Road, Mumbai–40007	Ph.: 022-4939874/4939875 Fax.: 022-4947490	Pickaze, Crowbar, Kudali, Spades and animal drawn ploughs
	मेसर्स शिव एग्रो इम्पलीमेंन्ट्स लि. ए–404 / 405, आदिनाथ अपार्टमेंट, 281, तारदेव रोड, मुम्बई–40007		पिक्स, क्राऊबार, कुदाली, स्पेड्स एवं दनीमल ड्रन प्लाऊस
348	M/s Sharma Dusters & Sprayers 93, Aish Bagh, Lucknow (UP)	Ph.: 265744	Sprayer & Duster Machines
	मेसर्स शर्मा डस्टर्स एण्ड़ स्प्रेयर्स 93, आईश बाग, लखनऊ (उ.प्र.)		स्पेयर एवं डस्टर मशीनस
349	M/s South India Metal Company Shornnur–679122 (Kerala)	Horticultural and Garden Tools	Horticulural and garden tools

	मेसर्स साऊथ इंडिया मेटल कम्पनी, शोरनूर–679122 (केरल)		हॉर्टीकल्चरल एवं गार्डन टूल्स
350	M/s Sherpur Agro Industries G.T. Road, Focal Point, Ludhiana	Ph.: 0161-671887/23636 Fax.: 0161-664875/673546	Reaper, Harrow, Cultivator, Thresher, Seed drill, Sugarcane cleaners, Planter, Digger, Leveller, Grader, Trailer
	मेसर्स शेरपुर एग्रो. इण्डस्ट्रीज जी.टी. रोड़, फोकल प्वाइंट, लुधियाना (पंजाब)		रीपर, हैरो, कल्टीवेटर, थ्रेशर, सीड ड्रिल, शुगरकेन क्लीनर्स, प्लान्टर, डाईगर, लेवलर, ग्रेडर, ट्रेलर
351	M/s Shri Manak Industries & Machinery Tools Works, Plot No. 62, Sector-1, Pop Admin. Building, Indrapuri, BHEL, Bhopal–462022 (M.P.)	Ph.: 62575	Seed drill, Harrow Weeder, Bakhar, Rice Transplanter, Hand weeder, Thresher, Dal mill, Maize shelter, Reaper, Potato digger, Grain cleaner
	मेसर्स श्री मानक इण्डस्ट्रीज एण्ड़ मशीनरी टूल्स वर्क्स, प्लॉट नं. 62, सेक्टर–1, पोप एडमिन बिल्डिंग, इन्द्रापुरी, भेल, भोपाल (म.प्र)		सीड ड्रिल, हैरो वीडर, बखर, राईस ट्रान्सप्लान्टर, हैंड विडर, थ्रेशर, दाल मिल, मेज शेल्टर, रीपर, आलू डिगर, ग्रेन क्लीनर
352	M/s Shri Ram Handa Power Equipments Ltd., 5th Floor, Kirti Mahal, 19, Rajendra Place, New Delhi-110008	Ph.: 011-5723718/5739103 Fax.: 011-585835	Portable engines for use with sprayers, mowers etc.

	मेसर्स श्रीराम हांडा पॉवर इक्वीपमेन्ट्स लि. पाँचवा फ्लोर, कीर्ति महल, 19, राजेन्द्र प्लेस, नई दिल्ली–110008		पोर्टेबल इंजन्स फोर यूज विद स्पेयरस, मूवर्स इत्यादि।
353	M/s. Skoda (India) Engg. Pvt. Ltd. Fogun Mansion, 26, Ethiraj Salari, Egmore, Chennai-600105 (T.N.)	Ph.: 8271242Fax.: 8270978	Power sprayer and plant protection equipment
	मेसर्स सकोदा (भारत) इन्जीनियरिंग प्रा.लि. फागुन मानसिन, 26, इथीराज सालरी, इगमोर, चैन्नई–600105 (तमिलनाडु)		पावर स्पेयर एवं प्लान्ट प्रोटेक्शन इक्वीपमेंट्स
354	M/s Sobti Agro Industries 98-R, Industrial Area B, Ludhiana-03 (Pb)		Rotavator, Cultivator, Seed drill thresher etc.
	मेसर्स सोबती एग्रो इंडस्ट्रीज 98–आर., इंडस्ट्रीयल एरिया बी, लुधियाना–03 (पंजाब)		रोटावेटर, कल्टीवेटर, सीड ड्रिल थ्रेशर इत्यादि।
355	M/s. Sonalika Agriculture Industries Jalandhar Road, Hoshiarpur-146001	Ph.: 01882-22756/22625 Fax.: 01882-22625	Multi crop, Thresher, Maize shellers, Reaper, Potato planter, Diggers, Ridgers, Cultivator, Pumps seed drills.
	मेसर्स सोनालिका एग्रीकल्चर इण्डस्ट्रीज जालन्धर रोड़, होशियारपुर–146001		मल्टीक्रॉप, थ्रेशर, मेज शेलर्स, रीपर, आलू प्लान्टर, डिगर्स, रीजर्स, कल्टीवेटर, पम्पस सीड ड्रिल्स

356	M/s Sree Bhuvaneshlari Industries 1832, Avanathi Road, Peelamedu, Coimbatore–641004 (TN)	Ph.: 572917	Grain threshing machine
	मेसर्स श्री भुवनेशलरी इंडस्ट्रीज 1832, अवन्ती रोड़, पिलामेडू, कोयम्बटूर–641004 (तमिलनाडु)		ग्रेन थेशिंग मशीन
357	M/s Star Engineering works AB Road, Rao, Indore–45331	Ph.: 856533	Tractor trolley, Seed drill, Cultivator, Duck foot type cultivator, Potato planter
	मेसर्स स्टार इंजीनियरिंग वर्क्स ए.बी. रोड़, राऊ, इन्दौर–45331		ट्रैक्टर ट्राली, सीड ड्रिल, कल्टीवेटर, डक फुट टाईप कल्टीवेटर, आलू प्लान्टर
358	M/s Sarang Industries, Narang Complex, 789/1, Bagpat Road, Meerut-2 (U.P.)	Ph.: 515159/13500	Tractor drawn cultivator, Harrow, Trolley, Seed drill, Leveller, Potato planter
	मेसर्स सारंग इण्डस्ट्रीज नारंग कॉम्पलैकस, 789 / 1, बागपत रोड़, मेरठ–02 (उ.प्र.)		ट्रैक्टर ड्रन कल्टीवेटर, हैरो, ट्राली, सीड ड्रिल, लेवलर, आलू प्लान्टर
359	M/s Solanki Loha Laghu Udyog Kendra, Station Road, Raou, Indore (MP)	Ph.: 856097	Hydraulic operated trolley, Seed drill, Thresher, M.B. Plough
	मेसर्स सोलंकी लोहा लघु उद्योग केन्द्र स्टेशन रोड़, राऊ, इन्दौर (म.प्र.)		हाइड्रोलिक ऑपरेटिड़ ट्राली, सीड ड्रिल, थ्रेशर, एम.बी. प्लघ

360	M/s Solanki Tractor & Motors Pvt. Ltd., Taiyabbe Market, Ujjain Road, Dewas	Ph.: 21516	Hydraulic two wheel trolley, Seed drill single box, Seed drill double box, Duck foot 5 type cultivator, M.B. plough, Potato Planter
	मेसर्स सोलंकी ट्रैक्टर एण्ड़ मोटर्स प्र.लि. तैयाबा मार्केट, उज्जैन रोड, देवास (म.प्र.)		हाइड्रोलिक टू ब्हील ट्राली, सीड ड्रिल सिंगल बॉक्स, सीड ड्रिल डबल बॉक्स, डक फुट 5 टाईप कल्टीवेटर, एम.बी. प्लाऊ, आल प्लान्टर
361	M/s Satish Agro Industries Kharkhoda Road, Sampla- 124501, Distt. Rohtak (Haryana)	Ph.: 01262-263570	Harrow, Water tanker, Trailer
	मेसर्स सतीश एग्रो इण्डस्ट्रीज खरखोदा रोड़, साँपला–124501, जि. रोहतक		हैरा, वाटर टेंकर, ट्रेलर
362	M/s Shri Om Agro Industries Railway Road, Sampla, Rohtak		T.D. Cultivator, Harrow
	मेसर्स ओम एग्रो इण्डस्ट्रीज रेलवे रोड़, साम्पला, रोहतक (हरियाणा)		टी.डी. कल्टीवेटर, हैरा
363	M/s Suraj Engg. Works, Kharkhoda Road, Sampla- 124501, Distt. Rohtak		T.D. Harrow
	मेसर्स सूरज इंजीनियरिंग वर्क्स, खरखोदा रोड़, साम्पला–124501, जि. रोहतक		टी.डी. हैरो

364	M/s Super Agril. Industries G.T. Road, Near Bus Stand, Karnal (Haryana)	Ph.: 0184-271290	Thresher, T.D. Seed-cum-Ferti Drill
	मेसर्स सुपर एग्री. इंडस्ट्रीज, जी.टी. रोड, नियर बस स्टैंड़, करनाल (हरियाणा)		थ्रेशर, टी.डी. सीड कम फर्टी ड्रिल
365	M/s Super Agril. Corporations Near Teacher Colony, Gate, Sasni, Hathras (UP)	Ph.: 0572-20241	Thresher, T.D. Harrow, T.D. Cultivator, T.D. Leveller
	मेसर्स सुपर एग्रील. कारपोरेशन नियर टीचर कालोनी गेट, सासनी, हाथरस (उ.प्र.)		थ्रेशर, टी.डी हैरा, टी.डी कल्टीवेटर, टी. डी लेवलर
366	M/s Sadhu Singh Trilochan Singh Near Old Bijli Ghar, Agra Road, Hathras (U.P.)	Ph.: 0572-20203	Thresher, T.D. Bund Maker, T.D. Cultivator, T.D. Harrow, trolley
	मेसर्स साधु सिंह त्रिलोचन सिंह निकट ओल्ड बिजली घर, आगरा रोड़, हाथरस–204216 (उ.प्र.)		थ्रेशर, टी.डी बेंड मेकर, टी.डी कल्टीवेटर, टी.डी हैरो, ट्राली
367	M/s Saco Agro Industries Near Petrol Pump, Aligarh Road, Sasni, Hathras (UP)		T.D. Cultivator, T.D. Harrow, T.D. Leveller, Thresher
	मेसर्स साको एग्रो इंडस्ट्रीज नियर पेट्रोल पम्प, अलीगढ़ रोड़, सासनी, हाथरस (उ.प्र.)		टी.डी कल्टीवेटर, टी.डी हैरो, टी.डी लेवलर, थ्रेशर

368	M/s Super Agril. Corp., Near Petrol Pump, Aligarh Road, Sasni, Hathras मेसर्स सुपर एग्रीकल्चरल कारपोरेशन नियर पेट्रोल पम्प, अलीगढ़ रोड़, सासनी, हाथरस (उ.प्र.)		T.D. Cultivator, T.D. Harrow, T.D. Leveler टी.डी कल्टीवेटर, टी.डी हैरो, टी.डी लेवलर
369	M/s Singh Krishi Yantra Seva Kendra, Foundry Nagar, Hathras Road (UP) मेसर्स सिंह कृषि यंत्र सेवा केन्द्र फाऊंडरी नगर, हाथरस रोड़ (उ.प्र.)		Potato digger, T.D. Leveller, T.D. Cultivator आलू प्लान्टर, टी.डी लेवलर, टी.डी कल्टीवेटर
370	M/s Sarjit Singh and Sons Sohna Road, G.T. Road, Palwal मैसस सरजीत सिंह एण्ड़ सन्स सोहना रोड़, जी.टी. रोड़, पलवल	Ph.: 01275-32212	T.D. Harrow, T.D. Cultivator टी.डी हैरा, टी.डी कल्टीवेटर
371	M/s Sompal Engg. Works Hodal, Faridabad (Haryana) मेसर्स सोमपाल इंजीनियरिंग वर्क्स होडल फरीदाबाद (हरियाणा)		Trolley, Water lifting device ट्राली, वाटर लिफ्टिंग डिवाईज
372	M/s Sansar Industries, Patiala Road, Nabha-147201 (Pb)	Ph.: 7C236/70033	Combine harvesters, Straw reapers and other farm equipments

	मेसर्स संसार इंडस्ट्रीज, पटियाला रोड़, नाभा–147201 (पंजाब)		कम्बाईन हारवेस्टर्स, स्ट्रा रीपर्स एवं अबर फार्म इक्वीपमेन्ट्स
373	M/s Shirka Structurals Pvt. Ltd. (Agro Division)72-76, Mindhwa Industrial Estate, Pune-411036	Ph.: 670151/670727 Fax.: 671612	Bucket elevators, Chain, Belt and Srew conveyors, Seed/grain cleaners, Magnetic separators
	मेसर्स शिर्का स्ट्रक्चरलस प्रा.लि. (एग्रो डिवीजन) 72–76, मिंदवा इंडस्ट्रीयल एस्टेट, पूना–411036		बुकेट इलिवेटर्स, चेन, बेल्ट एवं स्क्रू कनवेयर्स, सीड/ग्रेन क्लीनर्स, मेगनेटिक सेपरेटर्स
374	M/s Satyam Metal Industries Near Saharanpur, Bus Stand, Roorke Road, Muzaffarnagar-01 (UP)	Ph.: 442737/442806/411101 Fax.: 401298	Disck plough, Bind fomer, Sugarcane, Ridger, Disc harrow (mounted and trailed type), land leveler, Tractor bumper etc.
	मेसर्स सत्यम मेटल इंडस्ट्रीज नियर सहरनपुर, बस स्टैंड रूड़की रोड़, मुजफ्फर नगर–01 (उ.प्र.)		डिस्क प्लाऊ, बांईड फार्मर, षुगरकेन, रीजर, डिस्क हैरा (माऊंटिड एवं ट्रेल्ड टाईप) लैंड लेवलर, ट्रैक्टर पम्पस इत्यादि।
375	M/s Star Agro Industries 1014, Rampura, Roorkee Road, Muzaffarnagar - 251001 (UP)	Ph.: 440739/411345 Mob: 09837078520	Disc harrow, Seed cum fertilizer, ridgr, Cultivator Land Leveller, Bind maker and Wheat thresher
	मेसर्स स्टार एग्रो इंडस्ट्रीज 1014, रामपुरा, रूड़की रोड़, मुजफ्फरनगर–251001 (उ.प्र.)		डिस्क हैरो, सीड कम फर्ओलाईजर, रीजर, कल्टीवेटर लैंड लेवलर, बांईड मेकर एवं गेहूँ थ्रेशर

376	M/s Swati Strowell Pvt. Ltd. 44-45, Industrial Area, Sector-1, Parwanoo (H.P.) मेसर्स स्वाति स्ट्रावाल प्रा.लि. 44–45, इण्डस्ट्रीयल एरिया, सैक्टर–1, पारवानो (एच.पी.)	Ph.: 01792-32570/32863 Fax.: 01792-32770	High density, Polyethylene, pipe (HDPE), Drip irrigation system, Sprinkler irrigation system, PVC pipe, Micro sprinkler हाई डेनसिटी, पॉलीथेलिन, पाईप (एच.डी.पी.ई.), ड्रिप इरीगेशन सिस्टम, स्प्रिंकलर इरीगेशन सिस्टम, पी.वी.सी. पाईप, माइक्रो स्प्रिंकलर
377	M/s Shri Ram Engineering Corporation, Behind Bus Stand, Abhanpur, Distt. Raipur (MP)–427852 मेसर्स श्रीराम इंजीनियरिंग कारपोरेशन बिहाईंड बस स्टैंड़, अभनपुर, जि. रायपुर (म.प्र.)–427852	Ph.: 74378/427252	Leveller, Cultivator, Thresher etc. लेवलर, कल्टीवेटर, थ्रेशर इत्यादि
378	M/s Solanki Tractor & Motors Pvt. Ltd.Taiyabbe Market, Ujjain Road, Dewas (MP) मेसर्स सोलंकी ट्रैक्टर एण्ड़ मोटर्स प्रा.लि. तैयाबी मार्केट, उज्जैन रोड़, देवास (म.प्र.)	Ph.: 07272-21516	Seed drill, Cultivator, M.B. Plough, Potato planter, Potato digger, Ridger, Harrow etc. सीड ड्रिल, कल्टीवेटर, एम.बी. प्लाऊ, आलू प्लान्टर, आलू डिगर, रीजर, हैरा इत्यादि।
379	M/s Standard Combines, Bhatinda Road, Handiya–148107 (Punjab)	Ph.: 01679-38033/37981	Self propelled combine harvester, Tractor operated combine harvester, Straw reaper

	मेसर्स स्टैंण्ड कम्बाईन्स भटिंड़ा रोड़, हान्डिया–148107 (पंजाब)		सेल्फ प्रोपल्ड़ कम्बाईन हारवेस्टर, ट्रैक्टर ऑपरेटिड़ कम्बाईन हारवेस्टर, स्ट्रा रीपर
380	M/s Super Agricultural Works Karan Rod, Shamli, Muzaffar Nagar (U.P.)	Ph.: 74515	Bullock drawn cultivator, Ridger and Thresher
	मेसर्स सुपर एग्रीकल्चरल वर्क्स कराना रोड़, शामली, मुजफ्फर नगर (उ.प्र.)		बुलक ड्रान कल्टीवेटर, रीजर एवं थ्रेषर
381	M/s. The Maharashtra Agro Industries Development Corporation Ltd., Ranjan House, IIIrd Floor, Parbhadevi, Mumbai - 25	Ph.: 022-4308211 Fax.: 022-4308618	Plough bullock drawn, Tillers, U-Type harrow, S-type cultivator, Foot sprayer, Rocking, Knapsack sprayer, Power sprayer, Disc harrow, Ridgr plough, Leveller (Bucket type), Paddy puddler, Winnowing fan (hand operated) U-type hoe
	मेसर्स दी महाराष्ट्र एग्रो इण्डस्ट्रीज डवलपमेन्ट कारपोरेशन लि., राजन हाऊस, तीसरी मंजिल, प्रभादेवी, मुम्बई–25		प्लघ बुलक ड्रान, टिलर्स, यू–टाईप हैरो, एस–टाईप कल्टीवेटर, फुट स्प्रेयर, रोकिंग, नेपसेक स्प्रेयर, पावर स्प्रेयर, डिस्क हैरो, रीजर प्लाऊ, लेवलर (बुकेट टाईप), पैडी पडलर, विनाइंग फेन (हैंड आपरेटिड़) यू–टाईप हो
382	M/s The Mysore Implement Factory Govt. of Mysore, Hassan		Weeding hoses, Garden shears, Hand fork, Grafting knife Pruning knife, Bullock carts axls, Country

			plough, Knife single, wheel barrow, Reaper cutter with blade
	मेसर्स दी मैसूर इम्पलीमेन्ट्स फैक्ट्री (गर्वमेन्ट ऑफ मैसूर) हासन		वीडिंग होसिस, गार्डन कैंची, हैंड फॉर्क, ग्राफ्टिंग चाकू, प्रनोनिंग चाकू, ब्लोक कार्टस एक्सल, कन्ट्री प्लाऊ, चाकू सिंगल, ब्हील बैरो, रीपर कटर विद ब्लैड़
383	M/s. The National Engg. Co. (M) Pvt. Ltd., Kakani Tower, 15 Khadar Nawaze, Khan Road, P.B. No. 4534, Chennai-600006	Ph.: 044-8279024/8278529/ 8279018 Fax: 044-8279296	3 Furrow plough, Puddler comb harrow cum leveler, M.B. plough, Power tiller with rotavator, Reaper, Diesel engine, cage wheel
	मेसर्स दी नैशनल इन्जीनियरिंग कम्पनी (मद्रास) प्रा.लि., काकानी टावर 15, खदर नवाज, खान रोड़, पोस्ट ब.न. 4534, चैन्नई–60006		3 फैरा प्लघ, पड़लर काम्ब हैरा कम लेवलर, एम.बी. प्लाऊ, पावर टिलर विद रोटावेटर, रीपर, डीजल इंजन, केज ब्हील
384	M/s The Oriental Science Aparatus Work shops (OSAW)Jawaharlal Nehru Marg, Opp. Civil Hospital, Ambala Cantt-01	Ph.: 0171-23834/641395 Fax: 0171-643180	Strip till drill, Grain grader cum seed cleaner, Universal moisture, meter
	मेसर्स दी ओरियंटल साईंस अपारेट्स वर्क्स शॉप, जवाहर लाल नेहरू मार्ग, अपोजिट सिविल हॉस्पीटल, अम्बाला कैन्ट (हरियाणा)		स्ट्रीप टिल ड्रिल, ग्रेन ग्रेडर कम सीड क्लीनर, यूनीवर्सल मोस्चर मीटर

385	M/s The Punjab Agricultural Syndicate, Kasmir Road, Batala (Punjab)	Ph.: 406	Disc harrow, Seed treatment drums, Levellers, Rotavator, Hole digger, Hand tools, Wheat thresher and winnowing machines, Tiller, Paddy transplanter, Desi plough, Mould board plough, bar harrow, Power grain cleaner, Lever harrow, Spring type harrow, Bund former
	मेसर्स दी पंजाब एग्रीकल्चरल सिंडिकेट, कश्मीर रोड़, बटाला (पंजाब)		डिस्क हैरो, सीड ट्रीटमेन्ट ड्रमस, लेवलर्स, रोटावेटर, होल डाईगर, हैंड टूल्स, गेहूँ थ्रेशर एवं विनोइंग मशीन्स, टिलर, पेडी ट्रांसप्लान्टर, देसी प्लाऊ, माऊल्ड बोर्ड प्लाऊ, बार हैरा, पावर ग्रेन क्लीनर, लेवलर हैरो, स्पिंग टाईप हैरो, बंड फार्मर
386	M/s The Gurdaspur Engineering Workshop Co-operative Industrial Society Ltd.G.T. Road, Mini Gurdaspur - 143521	Ph.: 01874-31331 Fax.: 01874-31041	Setter, Hatcher, Room Brooder, Scalder and other poultry equipments
	मेसर्स गुरूदासपुर इंजीनियरिंग वर्कशॉप को–ओपरेटिव इंडस्ट्रीयल सोसाईटी लि. जी.टी. रोड़, मिनी गुरूदासपुर–143521		सेटर, हैचर, रूम बोरोडर, स्केलडर एवं अदर पोलेटरी इक्वीपमेन्ट्स
387	M/s. Tractors & Farm Equipment Limited (TAFE)PB No. 3302,	Ph.: 8279073011-527303 (Delhi) (Delhi)Fax.: 8260224	Rigid tyne cultivator, Spring tyne cultivator, Mounted Disc harrow,

	Chennai-600034		Trailor, Seed drill, Cage wheels, Leveller, Port hole digger etc.
	मेसर्स ट्रैक्टर्स एण्ड़ फार्म इक्विपमेन्ट लि. (टैफे)पोस्ट बॉक्स नं. 3302, चैन्नई–		रिजड़ टाईन कल्टीवेटर, स्पिंग टाईन कल्टीवेटर, माऊंटिड डिस्क हैरो, ट्रेलर, सीड ड्रिल, केज ब्हील्स, लेवलर, पोर्ट होल डिगर इत्यादि।
388	M/s. The Sigma Steel Industries (Regd.) A-2, Industrial Estate, Ludhiana (Punjab)	Ph.: 0161-531546/533839 Fax.: 0161-531843	Knapsack sprayers plastic tank, Foot srayer, Hand compression sprayer, Hand rotary duster, Power sprayers cum duster etc.
	मेसर्स दी सिगमा स्टील इण्डस्ट्रीज (रजि.) ए–2, इण्डस्ट्रीयल एस्टेट, लुधियाना–3		नेपसेक स्प्रेयर्स प्लासिटक टेंक, फुट स्प्रेयर, हैंड कम्प्रेशन स्प्रेयर, हैंड रोटरी डस्टर, पावर स्प्रेयर्स कम डस्टर इत्यादि।
389	M/s. Thamsons Agril. Industries 2nd Floor, Ravi Chambers, near Relief Cinema, Ahmedabad-380001 (Gujarat)	Ph.: 079-5831533/6750934 Fax.: 079-6425623	Sprayer and dusters
	मेसर्स थामसन एग्रीकल्चरल इण्डस्ट्रीज द्वितीय तल, रवि चैम्बर्स, निकट रिलिफ सिनेमा, अहमदाबाद–01 (गुजरात)		स्प्रेयर्स एवं डस्टर्स
390	M/s Tusker Farm Equipments (P) Ltd, 47-A, Hanuman Road, Connaught Place, New Delhi-110001	Ph.: 011-334811/334812 / 3365827/ 3366529 Fax.: 011-3362731	Power Tiller with M.B. plough, Ridger, Rotavator and Trolley

	मेसर्स तुस्कर फार्म इक्वीपमेन्ट प्रा.लि. 47–ए, हनुमान रोड़, कनॉट प्लैस, नई दिल्ली–110001		पावर टिलर विद एम.बी. प्लघ, रीजर, रोटावेटर एवं ट्राली
391	M/s Thresher Manufcturing Corp. Mailer Kotla Road, Ludhiana (Pb)	Ph.: 811313/811314	Multi crop threshers
	मेसर्स थ्रेशर मेन्युफेक्चरिंग कारपोरेशन मेलार कोटला रोड़, लुधियाना (पंजाब)		मल्टीक्राप थ्रेसर्स
392	M/s. The National engg. Co. (Madras) Pvt. Ltd. Kakani Tower, 15 Khadar Nawaze, Khan Road, P.B. No. 4534, Chennai-600006	Ph.: 044-8279024/5278529 Fax: 044-8279296	Power tiller and its attachments
	मेसर्स दी नैशनल इन्जीनियरिंग कम्पनी (मद्रास) प्रा.लि. काकानी टावर 15, खदर नवाज, खान रोड़, पोस्ट बा.न. 4534, चैन्नई–60006		पॉवर टिलर एवं इट्स अटैचमेन्ट्स
393	M/s Tirupati Udyog HSIDC Indsl. Estate, Karnal (Haryana)	Ph.: 0184-261691	T.D. Cultivator, T.D. Harrow
	मेसर्स तिरूपति उद्योग एच.एस.आई.डी.सी. इंडस्ट्रीयल एस्टेट, करनाल (हरियाणा)		टी.डी. कल्टीवेटर, स्प्रेयर हैरो

394	M/s Tanwar Agro. Industries G.T. Road, Near Bus Stand, Hodal, Distt. Faridabad (Haryana)		T.D. Seed drill, Thresher, T.D. Cultivator, T.D. Harrow
	मेसर्स तनवर एग्रो. इण्डस्ट्रीज जी.टी. रोड़, नियर बस स्टेन्ड, होडल, जि. फरीदाबाद (हरियाणा)		टी.डी सीड ड्रिल, थ्रेशर, टी.डी कल्टीवेटर, टी.डी हैरो
395	M/s The Haryana Krishi Yantra Udyog, Haily Mandi, Gurgaon (Haryana)	Ph: 0124-374240	Tractor drawn trailed type disc harrow, Tractor trolley, Tractor mounted leveler, Tractor mounted type cultivator (Rigid & Spring loaded tractor) mounted maker
	मेसर्स दी हरियाणा कृषि यंत्र उद्योग हैली मण्ड़ी, गुड़गाँव (हरियाणा)		ट्रैक्टर ड्रान ट्रेल्ड़ टाईप डिस्क हैरो, टैक्टर ट्राली, टैक्टर माऊंटेड लेवलर, ट्रैक्टर माऊंटिड़ टाईप कल्टीवेटर (रीजिड़ एवं स्प्रिंग लोडिउ ट्रैक्टर), माऊंटिड मेकर
396	M/s U.P. State Agro Industrial Corporation Ltd., Talkatora Road, Lucknow - 226004 (U.P.)	Ph.: 0522-265490/265559 Fax.: 0522-216133	Cultivator, Harrow, Plough, Leveller, Ridger, Cage wheel, Thresher, Puddler, Water tanker, Oil Ghani etc.
	मेसर्स यू.पी. स्टेट एग्रो इण्डस्ट्रीयल कार्पोरेशन लि.ए तालकटोरा रोड़, लखनऊ– 226004 (उ.प्र.)		कल्टीवेटर, हैरो, प्लघ, लेवलर, रीजर, केज ब्हील, थ्रेशर, पुड़लर, वाटर टेंकर, तेल घानी इत्यादि।

397	M/s V.M. Thevar & Sons Melur (Madurai Distt.), Tamil Nadu	Ph.: 25233	Bose plough, Bund former, Ridge plough, Levelling board, Seed fertilizer drill
	मेसर्स वी.एम. थावर एण्ड संस मेलूर (मदूरई जिला), तमिलनाडु		बोस प्लाऊ, बंड फार्मर, रिज प्लघ, लेवलिंग बार्ड, सीड फर्टीलाईजर ड्रिल
398	M/s Vishwakarma Engg. Works Aji Indl. State-II, GIDC Plot No. 375, Rajkot–360003 (Gujarat)	Ph.: 387859/364595/231383	Power sugarcane crusher
	मेसर्स विश्वकर्मा इंजीनियरिंग वर्क्स अजी इंडस्ट्रीयल स्टेट–दूसरा, जी.आई. डी.सी. प्लॉट नं. 375, राजकोट–360003 (गुजरात)		पॉवर षुगरकेन क्रषन
399	M/s Vigneshwara Textile Engineers Vigneshwara Building, 84, Ext. Street No. 1, Singanoor, Coimbatore–641005	Ph.: 0422-574616 Fax.: 0422-575208	Decorticatos, Graders, Dryers
	मेसर्स विगनेशवर टैक्सटाईल इंजीनियरिंग विगनेशवर बिल्डिंग, 84, एक्सटैंशन स्ट्रीट नं. 1, सिंगनूर, कोयम्बटूर–641005		डीकारटीकेटस ग्रेडर्स, ड्रायर्स
400	M/s Vijay Engg. Works, Bhavnagar Road, Rajkot–360003 (Guj.)	Ph.: 0281-87207/87570 Fax.: 0281-87781	Diesel engine, Maize mill
	मेसर्स विजय इंजीनियरिंग वर्क्स, भावनगर रोड़, राजकोट–360003 (गुजरात)		डीजल इंजन, मेज मिल

401	M/s Vidisha Winnower 139, Factory Durga Marg, Vidisha (MP)	Ph.: 32665	Grain cleaner, Grader, Cultivator, seed drill etc.
	मेसर्स विदिशा विनोवर फैक्टरी 139, दुर्गा मार्ग, विदिशा (म.प्र.)		ग्रेन क्लीनर, ग्रेडर, कल्टीवेटर, सीड ड्रिल इत्यादि
402	M/s Yantra Vidyaloya Suruchi Campus, Bardoli–394601		Kitchen garden tools, Hand seed drill, Baroda hoe, hand chaff cutter, Duster, Cow drug, churner, solar oven
	मेसर्स यंत्र विद्यालय सुरूचि कैम्पस, बारदोली–394601		किचन गार्डन टूल्स, हैंड सीड ड्रिल, बरोदा हो, हैंड चफ कटर, डस्टर, काओ ड्रग, चरनर सोलर ऑवन
403	M/s Umiya Agril Industries 52-53, G.I.D.C. Visnagar - 384315 North Gujarat	Ph.: 02765-31593/31375	Spike tooth type thresher, Paddy thresher, Castor decorticator Tractor mounted reaper, Maize sheller, Seed cum fertilizer drill, Winnowing fan, Bund former, Tractor drawn plough
	मेसर्स उमिया एग्रीकल्चर इण्डस्ट्रीज 52–53, जी.आई.डी.सी. विसनगर – 384315, नार्थ गुजरात		स्पाईक टूथ टाईप थ्रेसर, पैडी थ्रेसर, कास्टर डेकोर्टीकेटर, ट्रैक्टर माऊंटिड़ रीपर, मेज शेलर, सीड कम फर्टीलाईजर ड्रिल, विनोइंग फेन, बंड फार्मर, ट्रैक्टर डिग प्लघ

404	M/s Universal Discs Pvt. Ltd. Indls. Road, Karnal (Haryana)	Ph.: 0184-251812	Disc, Spring
	मेसर्स यूनिवर्सल डिस्कस प्रा.लि. इंडस्ट्रीयल रोड़, करनाल (हरियाणा)		डिस्क, स्प्रिंग
405	M/s Vikram Autowage Jhajhar Road, Sampla, Rohtak (HR)		T.D. Harrow, Trolley
	मेसर्स विक्रम आटोवेग झझर रोड़, सम्पला, रोहतक (हरियाणा)		टी.डी हैरा, ट्राली
406	M/s Vinod Engg. Works Jhajhar Road, Sampla, Rohtak (HR)		T.D. Harrow, Trolley, T.D. Cultivator, T.D. Leveller, Bund Maker, Water tanker
	मेसर्स विनोद इंजीनियरिंग वर्क्स झझर रोड़, सम्पला, रोहतक (हरियाणा)		टी.डी हैरा, ट्राली, टी.डी कल्टीवेटर, टी.डी लेवलर, बंड मेकर, वाटर टेंकर
407	M/s Vishal Agril. Corporation Near Petrol Pump, Aligarh Road, Sasni, Hathras (UP)		T.D. Cultivator, T.D. Bund maker, T.D. Harrow
	मेसर्स विशाल एग्रीकल्चरल कारपोरेशन नियर पेट्रोल पम्प, अलीगढ़ रोड़, सासनी, हाथरस (उ.प्र.)		टी.डी कल्टीवेटर, टी.डी बंड मेकर, टी.डी हैरो
408	M/s Vshwakarma Engg. Works Hodal (Haryana)		Trolley

	मेसर्स विश्वकर्मा इंजीनियरिंग वर्क्स होडल (हरियाणा)		ट्राली
409	M/s Vijay Krishi Udyog G.T. Road, Hodal (Haryana)		Sowing Machine, Thresher, Water lifting device
	मेसर्स विजय कृषि उद्योग जी.टी. रोड़, होडल (हरियाणा)		सोविंग मशीन, थ्रेशर, वाटर लिफ्टिंग डिवाईस
410	M/s Vishwakarma Agro Industries Patra Road, Dirba Mandi, Sangrur (Pb)	Ph.: 42562/42722	Self propelled combine harvester, Straw reaper, Trolley, Harrow, Seed drill etc.
	मेसर्स विश्वकर्मा एग्रो इंडस्ट्रीज पत्रा रोड़, दीस्वा मण्डी, संगरूर (पंजाब)		सेल्फ प्रोपेल्ड़ कम्बाईन हारवेस्टर, स्ट्रा रीपर, ट्रोली, हैरो, सीड ड्रिल इत्यादि।
411	M/s Vishal Agril Works Bhagwan Singh Road, Distt. Patiala Samana–147101 (Punjab)	Ph.: 01764-21012	Straw reaper, Combine harvester, Seed drills, Hydraulic trolley etc.
	मेसर्स विशाल एग्री वर्क्स, भगवान सिंह रोड़, समाना– 147101, जि. पटियाला (पंजाब)		स्ट्रा रीपर, कम्बाईन हारवेस्टर, सीड ड्रिल्स, हाइड्रोलिक ट्राली इत्यादि।
412	M/s Vishwakarma Engineering Works, Malviya Chowk, Ganeshpur, Roorkee, Haridwar (U.P.)	Ph.: 0131-74744	Disc harrow (trailed type), Tiller, Trolley etc.
	मेसर्स विश्वकर्मा इन्जीनियरिंग वर्क्स मालवीय चौक, गणेशपुर, रूड़की, जि0 हरिद्वार (उ.प्र.)		डिस्क हैरो (ट्रेल्ड टाईप), टिलर, ट्राली इत्यादि।

413	M/s Vikrant Industries (Regd) P.B.No. 33, G.T. Rad, Khatouli-251201, Distt. Muzaffarnagar (U.P.) मेसर्स विक्रान्त इण्डस्ट्रीज (रजि.) पो.बा.नं. 33, जी.टी. रोड़, खतौली–01, जि. मुजफ्फरनगर (उ.प्र.)	Ph.: 01396-72320/72588	Tractor tillers, Harrow, M.B. plough, Disc plough, Tills type, Springs, Harrow ट्रैक्टर टिलर्स, हैरो, एम.बी. प्लघ, डिस्क प्लघ, टील्स टाईप, स्प्रिंग, हैरो
414	M/s Vishal Agro Industries 311, Catagorized Market, Bhopal (M.P.) मेसर्स विशाल एग्रो इण्डस्ट्रीज 311, कैटेगराइजड मार्किट, भोपाल (म.प्र.)	Ph.: 734003/733672	Thresher, Hydraulic trolley, Cultivator थ्रेशर, हाईड्रोलिक ट्राली, कल्टीवेटर
415	M/s Yantra Vidyalaya Suruchi Campus, Bardoli-394601 मेसर्स यंत्र विद्यालय सुरूचि कैम्पस, बारदोली–394601		Kitchen garden tools, Hand seed drill, Baroda hoe, hand chaff cutter, Duster, Cow drug, Churner, Solar oven किचन गार्डन टूल्स, हैंड सीड ड्रिल, बरोदा हो, हैंड चफ कटर, डस्टर, काऊ ड्रग, चरनर, सोलर ओवन
416	M/s Wavin India Lts., P.O. Box No. 18, Ambattar Industrial Estate, Chennai - 600058 (T.N.) मेसर्स वालिन इण्डिया लि.पो. बा.नं. 18, आमबत्तर इण्डस्ट्रीयल एस्टेट, चैन्नई–58 (तमिलनाडु)		Hand tools, Rake hand seed drills, Fertilizer Injector, Plant replacer, Solar Cooker, Level finder हैंड टूल्स, रेक हैंड सीड ड्रिल्स, फर्टीलाईजर इंजेक्टर, प्लांट रिपलेसर, सोलर कुकर, लेवल फाईन्डर